机器学习原理与Python实践

卓泽滨◎编著

清华大学出版社

北 京

内 容 简 介

本书结合大量实例详细介绍机器学习的相关算法原理并利用 Python 语言进行实践，内容涵盖机器学习的完整知识体系和深度学习的基础知识，如多层感知器和卷积神经网络等。本书除了项目实战外的各章均提供大量习题并给出参考答案和解题代码。通过阅读本书，读者可以较为全面、系统地掌握机器学习和深度学习的相关知识。

本书共 18 章，分为 3 篇。第 1 篇机器学习基础知识，主要介绍机器学习的基本概念、机器学习的基本流程与模型、搭建机器学习环境并进行应用实践、基于 Azure 的机器学习云平台搭建等相关知识；第 2 篇机器学习核心技术，主要介绍模型训练的数学原理、多样性特征解析、数据标准化与特征筛选、贝叶斯分类器、广义线性模型、支持向量机、决策树、人工神经网络、集成学习、模型的正则化、模型的评价与选择、无监督学习（如 K-Means 聚类、GMM 聚类、谱聚类、密度聚类等）；第 3 篇机器学习项目实战，采用行人检测和厨余垃圾处理的指标预测两个典型案例，带领读者进行项目实战，提高读者的实际开发水平。

本书内容丰富，讲解循序渐进，适合机器学习的入门与进阶人员阅读，也适合人工智能领域的开发者和爱好者阅读，还适合高等院校人工智能等相关专业作为教材，相关培训机构也可作为培训教材。

图书在版编目（CIP）数据

机器学习原理与 Python 实践 / 卓泽滨编著. -- 北京：
清华大学出版社, 2025. 1. -- ISBN 978-7-302-68147-2

Ⅰ. TP312.8

中国国家版本馆 CIP 数据核字第 2025W2F857 号

责任编辑：王中英
封面设计：欧振旭
责任校对：徐俊伟
责任印制：沈　露

出版发行：清华大学出版社
　　　　网　　　址：https://www.tup.com.cn，https://www.wqxuetang.com
　　　　地　　　址：北京清华大学学研大厦 A 座　　　邮　　编：100084
　　　　社 总 机：010-83470000　　　　　　　　　邮　　购：010-62786544
　　　　投稿与读者服务：010-62776969，c-service@tup.tsinghua.edu.cn
　　　　质量反馈：010-62772015，zhiliang@tup.tsinghua.edu.cn
印 装 者：三河市东方印刷有限公司
经　　销：全国新华书店
开　　本：185mm×260mm　　　　印　　张：22.25　　　字　　数：559 千字
版　　次：2025 年 3 月第 1 版　　　印　　次：2025 年 3 月第 1 次印刷
定　　价：99.80 元

产品编号：107941-01

随着大数据和人工智能的快速发展，机器学习在各行各业中的应用变得越来越广泛和深入，从推荐系统和图像处理到自然语言处理，都无不体现出机器学习技术的强大。在面对复杂的机器学习模型和大规模数据时，像 Excel 这样的传统数据处理工具往往显得力不从心，而 Python 作为一款高效、简洁的编程语言，不仅功能强大，而且有丰富的文档和社区支持，能轻松解决这些问题，因此成为机器学习领域的首选工具。

在长期的机器学习研究和应用实践中，笔者深刻地体会到了 Python 语言的巨大优势：它生态系统完整，拥有大量现成的数据分析和机器学习库，如 NumPy、pandas 和 scikit-learn 等，无论是数据预处理和特征解析，还是模型构建和结果分析等，这些库都能提供高效且简洁的解决方案，从而帮助研发人员较为轻松地实现复杂的机器学习算法应用。

为了帮助读者全面、深入地理解机器学习的基本原理并进行应用实践，笔者结合自己多年的机器学习研发和实践经验编写了本书。相信通过本书，可以帮助读者全面、系统、深入地掌握机器学习的相关基础知识和核心技术，从而对机器学习的相关算法原理和模型构建方法等知识有一个全面、深入的理解，为从事相关研发工作打好基础。

本书特色

❑ 内容丰富：详细讲解机器学习的基础知识和相关算法原理并进行应用实践，还对深度学习的基础知识进行讲解，从而帮助读者系统掌握机器学习完整的知识体系。

❑ 循序渐进：从机器学习的基本概念和环境搭建开始讲解，逐步深入机器学习的相关算法原理和模型构建等核心技术，最后进行项目实战，学习梯度非常平滑。

❑ 理论结合实践：不仅深入剖析机器学习的常用算法原理和模型构建方法，而且结合大量实例用 Python 语言进行实践，从理论和实践两个维度带领读者学习机器学习的相关知识。

❑ 案例实战：通过行人检测和厨余垃圾处理的指标预测两个典型案例带领读者进行项目实战，从而提高他们的实际动手能力和开发水平。

❑ 经验总结：讲解中给出笔者归纳和总结的大量实战经验及技巧，并给出多个"避坑"提示，帮助读者提高实战技能并避开一些弯路，从而更加顺利地进行机器学习应用实践。

❑ 配实训习题：除项目实战外的各章均提供大量的实训习题并给出参考答案和解题代码，让读者通过动手练习能够更好地掌握和巩固相关知识。

❑ 赠超值资料：附赠实例源代码和教学 PPT 等学习资料，便于读者高效、直观地学习，也方便高等院校相关授课老师教学时使用。

本书内容

本书共 18 章，分为 3 篇，分别是机器学习基础知识、机器学习核心技术、机器学习项目实战。

第1篇　机器学习基础知识

本篇包括第 1~4 章，首先介绍机器学习的基本概念，帮助读者理解机器学习的定义、作用和各种不同类型的机器学习方法；然后详细介绍机器学习的基本流程，从一元线性回归模型开始，逐步介绍模型的基本概念、训练过程和评价方法等；接着介绍 Python 开发环境的搭建和 MATLAB 常用工具箱的使用，以及多元线性回归和逻辑回归及其 Python 实现；最后介绍基于 Azure 的机器学习云平台搭建。

通过学习本篇内容，读者可以初步掌握机器学习的基础知识，为后续章节的算法学习和模型构建打好基础。

第2篇　机器学习核心技术

本篇包括第 5~16 章，主要介绍模型训练的数学原理、多样性特征解析、数据标准化与特征筛选、贝叶斯分类器、广义线性模型、支持向量机、决策树、人工神经网络（BP 神经网络、卷积神经网络）、集成学习、模型的正则化、模型的评价与选择、无监督学习（如 K-Means 聚类、GMM 聚类、谱聚类、密度聚类）等相关知识。本篇不但详细介绍机器学习相关算法和模型的基本原理，而且给出多个典型实例并用 Python 语言进行实现，从而带领读者进行机器学习应用实践。

通过学习本篇内容，读者可以全面、深入地理解机器学习的算法原理和模型构建方法等核心技术，为后续章节的机器学习项目实战打好基础。

第3篇　机器学习项目实战

本篇包括第 17、18 章，主要通过行人检测和厨余垃圾处理的指标预测两个典型案例带领读者进行项目实战，帮助读者将前面章节所学的知识应用到实际问题的解决之中。本篇不但详细介绍项目的技术清单、数据读取与预处理，而且详细介绍项目的模型筛选、训练与应用等。

通过学习本篇内容，读者可以巩固和应用前面章节所学的知识，并了解机器学习项目开发的基本流程，从而提高实际动手能力，为自己的职业道路奠定基础。

附录 A 主要介绍 Python 语言的基础知识，方便读者随时查阅 Python 语言的基础语法。

附录 B 主要介绍 Sklearn 模型和 Keras 模型的保存与导入方法。

读者对象

❑ 机器学习入门与进阶人员；

- ❑ 机器学习应用开发人员；
- ❑ 深度学习入门人员；
- ❑ 数据处理与分析人员；
- ❑ 人工智能技术爱好者；
- ❑ 高等院校人工智能相关专业的学生。

本书约定

- ❑ 部分章节标题和习题前标注了星号（*），表示这部分内容难度略大，属于拓展阅读部分。
- ❑ 讲解中穿插了"注意"和"提示"段落，用楷体编排，表示一些需要读者"避坑"的地方。
- ❑ 讲解中穿插了 Tips 段落，用楷体编排，表示一些知识点的小贴士。

配套资源获取

本书提供的程序源代码和配套教学 PPT 有两种获取方式：一是关注微信公众号"方大卓越"，回复数字"40"获取下载链接；二是在清华大学出版社网站（www.tup.com.cn）上搜索本书，然后在本书页面上找到"资源下载"栏目，单击"网络资源"或"课件下载"按钮进行下载。

售后支持

由于笔者水平有限，书中难免存在疏漏与不足之处，恳请广大读者批评与指正。读者在阅读本书时若有疑问，可发送电子邮件获取帮助，邮箱地址为 bookservice2008@163.com。

卓泽滨

2025 年 1 月

目录

第1篇　机器学习基础知识

第 3 篇　机器学习项目实战

第1篇
机器学习基础知识

第1章 机器学习的基本概念

机器学习离人们的生活并不遥远。当人们在淘宝、京东网站上进行购物的时候，常常会在推荐页中找到自己想要的产品，并且人们可能不会想到，商品推荐短视频也是机器学习的产物[①]。通过机器学习，计算机能够自动过滤掉垃圾邮件和短信。当人们使用浏览器搜索某个关键词时，是计算机通过机器学习技术，将网页以较佳的排序方式展现在人们的面前。不仅如此，在实时翻译、医学检测、自动驾驶和推荐系统等领域，都有机器学习所做的贡献。随着大数据时代的到来，计算机算力的提升，存储器价格的下降，更是让机器学习焕发出新的活力，成为时代的主流技术之一。有人曾总结了让面试官不放弃你的十大技术，机器学习就是其中之一

作为本书的第1章，本章将从机器学习的基本概念谈起，详细介绍机器学习的定义和相关概念，以及机器学习的作用和分类。

本章的主要内容如下：

☐ 机器学习的定义；
☐ 机器学习的作用；
☐ 机器学习的分类。

1.1 机器学习的定义

何谓机器学习？1959 年，Arthur Samuel 定义机器学习为：计算机在不直接编程的情况下，自动学会如何完成任务[②]。通过编程，我们直接告诉计算机该怎么完成任务。一旦任务超过编程时考虑的范围，程序将无法保持稳定性，我们称这种方式为编程驱动。使用编程驱动的方法，也许可以计算出 A 到 B 的最短路径，但却不能直接"指导"计算机如何分类图片，因为我们不可能让计算机涵盖世界上所有图片的特征。相反，基于数据驱动而非编程驱动的方式，让计算机从数据中"学习"规律，进而能够完成某项任务或工作。

举个简单的例子，假设小明的乒乓球技术很好但篮球技术却很差，如果翻译"小明的乒乓球谁也打不过"，通过编程驱动的方式，可以设计一个语法分析树，逐一分析每个中文的词性，根据词性再直译成英文为 No one can beat Xiao Ming in table tennis；"小明的篮球谁也打不过"该怎么翻译呢？通过分析语法来解析句子，再直译，显然得不到想要的翻译结果。

如果采用机器学习方式，事先把小明的篮球和乒乓球等相关数据全部输入计算机中，

---

① 某些短视频是用 Alibaba Wood 自动生成的，该 AI 能在 1 分钟内制作 200 多个推荐短视频。
② 原文为：It's the science of getting computers to learn without being explicitly programmed。

通过"统计+数据"的方法训练一个决策模型，如图 1.1 所示，该模型结合所输入的数据，"学"到小明篮球差这个事实，从而能够正确翻译。

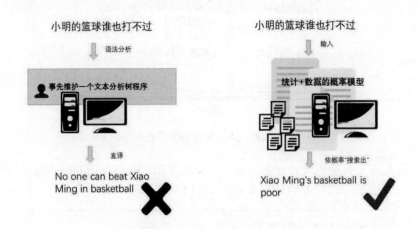

图 1.1 数据驱动方法与程序维护法在汉语翻译上的区别

可能有人会反驳说，如果知道小明的篮球差，那么在用编程驱动的方法翻译语句时，只要设置一个条件语句不就行了吗？区别就在这里，编程驱动需要让我们知道"小明篮球差"这一点，从而在编程时预防性地增加一个条件语句。而机器学习则不然，它并不需要程序员认识小明，它只需要有关小明的数据即可。

因此，这里给机器学习下一个定义：所谓机器学习，是计算机使用数据驱动的方法，训练出一个令人满意的模型，从而使用模型完成各种需要一定"知识"的任务。

1.1.1 机器学习的相关学科

在谈到机器学习时，经常会提及人工智能、大数据、数据挖掘和深度学习等相关概念。所谓大数据，简单来说就是海量的数据。随着网络普及和 Web 技术的发展，计算机算力飞速提升而存储器价格不断下跌，获取海量的数据已不再是什么难事，数据库技术也使得管理庞大的数据不再困难，大数据是人工智能等相关学科的支撑。假设小明是一个国际明星，那么可以很容易地获取到与他相关的许多数据。如果小明是一个普通人，因为缺乏相关数据，应用机器学习的方法则变得举步维艰。

数据挖掘（data mining）是从海量的数据中挖掘知识的一项技术，其包括机器学习、统计学习和数据库技术等。而人工智能更像一门科学，旨在为机器赋予视觉、听觉、触觉和推理等智能。人工智能（AI）不在乎如何实现，而在于能否实现。因此，无论直接编程还是数据驱动，只要能实现机器智能，都可称之为人工智能技术。在全球畅销书《人工智能：一种现代的方法》中便花费了大量篇幅介绍编程驱动的方法。如图 1.2 所示，人工智能是广义的概念，它与电信、电子、自控和统计学都有联系。数据挖掘是以数据驱动为主，从数据中挖掘知识的技术，是人工智能的一个子集。大数据作为数据驱动方法的支撑，也是人工智能得以迅速发展的支柱。

人工智能
编程驱动方法
自动控制原理
电子技术
数据挖掘
机器学习
统计学习
数据库技术
大数据

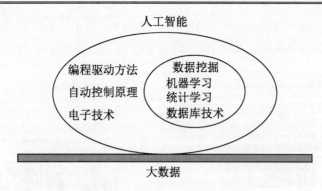

图 1.2　大数据、人工智能与数据挖掘的关系

机器学习是人工智能的一种计算方法，而深度学习（deep learning）则是以神经网络为主的机器学习方法之一，三者为从属关系，如图 1.3 所示。

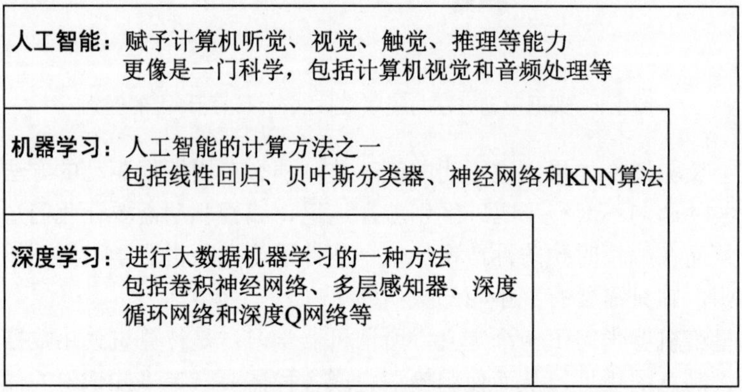

人工智能：赋予计算机听觉、视觉、触觉、推理等能力
更像是一门科学，包括计算机视觉和音频处理等
机器学习：人工智能的计算方法之一
包括线性回归、贝叶斯分类器、神经网络和KNN算法
深度学习：进行大数据机器学习的一种方法
包括卷积神经网络、多层感知器、深度
循环网络和深度Q网络等

图 1.3　人工智能机器学习和深度学习的关系示意

例如，在 2012 年 ImageNet 比赛中斩获优胜的 AlexNet 便是一种多层、多节点的卷积神经网络，也由此引发了深度学习的热潮。2015 年微软提出的神经网络模型在分类任务中的错误率仅为 4.9%，这个数字已经小于人类的错误率（5.1%）。再如，2016 年战胜李世石的 AlphaGo 也应用了深度强化学习的技术。由此可见，深度学习技术作为机器学习技术之一，正逐渐成为信息时代的主流技术。

1.1.2　机器学习与统计学习

同样是基于数据+统计的方法，从数据中寻找知识的技术，机器学习与统计学习有何区别呢？实际上，自机器学习出现以来，其与统计学习之间的关系至今没有定论。有人说“机器学习是大数据时代的统计学”，也有人认为“机器学习即统计学习”，还有人说“机器学习是被鼓吹出来的统计学习”，又“有人认为统计学习是一种小样本的机器学习”。

有学者则认为统计学习与机器学习的侧重点不同，统计学习关注的是模型参数的准确性，对未知数据的预测效果就没有那么重要了；而机器学习具有明确的目标，即提升模型的实用性。综合各种文献资料，我们总结出统计学习与机器学习的大致区别，如表 1.1 所示。

表 1.1 统计学习和机器学习的区别

区 别	统 计 学 习	机 器 学 习
求解模型参数方面	统计学习往往需要根据数据集对模型参数进行区间估计；在给出参数值的同时给出置信区间和相应的置信水平	机器学习只需要提供模型参数的点估计，不需要设置显著水平并给定置信区间
评价模型方面	在统计学习中，参数必须经过严格的诊断，如p-值、R方等	诊断一个机器学习模型，通常是考虑模型在测试集中的拟合优度
数据集划分方面	统计学习不需要对数据进行拆分	机器学习至少要将数据集拆分为训练集和测试集
侧重点方面	关注点在于模型参数的正确与否，而非模型解决问题的能力	重点关注模型的实用能力和泛化能力

1.2 机器学习的作用

机器学习主要解决三大问题：分类问题，如识别物体、评价事物、对事物进行分类；回归问题，如预测数值；聚类问题，如自动归类等。一些看似"高大上"的应用，本质上都属于上述三大问题之一。下面结合具体实例，讲解三大问题的含义。

1. 分类问题

分类问题的回答通常是一个离散型的变量。例如，在物体检测中，需要回答有与没有；在评价事物时，将其分为三六九等；在检测人是否患病时，回答是与不是。分类问题区别于聚类问题，它是根据已知的分类来分类的。后者则不然，聚类时通过相似性自动将数据聚合成类。

2. 回归问题

区别于输出离散型结果的分类问题，回归问题是指预测或估算数值型因变量的问题。例如，根据房屋的特征（面积、位置等）来预测其市场价格；根据历史销售数据和市场趋势预测未来的销售额；根据历史天气数据和当前气象条件来预测未来的气温、降水量等，我们称这种输出为数值型变量的问题为回归问题。

3. 聚类问题

同样是划分类别，区别于分类问题，聚类问题在问题之初没有事先给定类别。聚类算法依靠计算机通过计算数据之间的相似性，自动将相近的数据划分为同一类。例如，我们在清理手机中的垃圾数据时，通常会推荐重复的照片、截图或者看起来非常相似的图片，让用户判断是否需要删除，这就是聚类的应用。聚类是在没有任何已知信息的前提下，计算机根据数据相似性自主学习，将物体聚为多类的任务。应该说，分类问题是一种监督学习（见 1.3 节），而聚类则属于无监督学习。

1.3　机器学习的分类

在 1.2 节中我们了解了机器学习旨在回答分类、聚类和回归的问题。通过机器学习模型的学习方式，可以将机器学习分为监督学习、无监督学习和强化学习等，我们着重讨论监督学习和无监督学习。下面简要介绍这几种学习方式的定义与区别。

1.3.1　监督学习

以邮件过滤为例，在训练模型的过程中，我们需要输入一些已经归好类的邮件作为训练集。如果计算机得出的结论与当前分类不符，则要调整分类器的参数，直到误差在允许范围之内，并通过测试集的诊断为止。之后，计算机便可自动在无人干预的情况下完成邮件的过滤。

例如鸢尾花的识别问题。首先人们"告诉"计算机，具有某些特征（如颜色、花瓣的形状等）的鸢尾花属于某个类。然后计算机从这些已归好类的数据集中学习知识，从而能够在无人指示的情况下自动判断鸢尾花的类别。

再如股市行情的预测问题，我们将历史的股价数据、相应时间、公司当时的经营状况等作为输入数据让计算机学习。而后计算机能够自动根据时间、经营状况等估算出股价。

综上所述，在监督学习中，输入数据都是带有"参考答案"的，如图 1.4 所示，并且就像老师教导学生一样，实际输出通过影响误差，从而动态地调整模型参数，以降低下一次输出的误差。基于这一点，监督学习也被称为导师制学习。

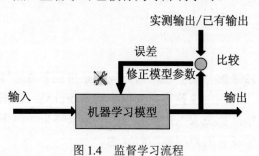

图 1.4　监督学习流程

1.3.2　无监督学习

回顾聚类问题，假如现在有一堆图片需要整理，图片里有动物，有风景。人类可以轻而易举地将它们分为两类。而计算机则不然，它会提取图片的轮廓，然后将轮廓相似的图片挑选出来，并据此将图片聚类（当然实际上不可能这么简单）。如图 1.5 所示，通过总结输入特征之间的相似性，从而将输入进行归类。

实际上，聚类正是一种无监督学习。在聚类问题中，人们并没有"告诉"计算机这样划分类别是错误的，计算机往往是根据数据特征的相似性自主学习。有时候，无监督学习可以取到意想不到的效果。

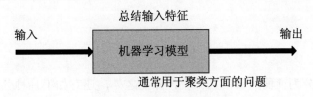

图 1.5　无监督学习流程

无监督学习经常被用在数据预处理中。例如输入参数过多的情况下，通过聚类能够将相似的参数归为一类，这样就可以减少参数的个数。

无监督学习大致可以用图 1.5 来描述，其被广泛应用于以下几个方面：

□ 聚类问题；

□ 参数压缩（变多输入为少输入或单输入）；

□ 异常检验（查找异常数据的检验方法）。

1.3.3　强化学习

不同于无监督学习，强化学习需要一定的反馈信息。同样区别于监督学习，该反馈信号并不是实际值与预测值的误差。强化学习的过程可以看成一个"试错"的过程，它的反馈信号来源于与环境的交互。例如在 AI 棋手的训练过程中，计算机通过与各种棋手对弈，从零开始学习并尝试各种下棋方法。假如某种方法取得胜利，那么计算机就会记住这种方法是有利的。相反，如果输了，计算机也会记住这种方法是不利于取胜的。

在上述例子中，与棋手对弈的胜负就是反馈信号。在一些文献里，反馈信号通常被称为回报（reward）。如果环境对计算机的输出的反馈是正面的，则机器学习模型会得到鼓励。相反，如果反馈为负面的，则模型会得到惩罚。因此，强化学习的过程实际上是追求高回报、趋利避害的过程，如图 1.6 所示。

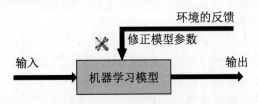

图 1.6　强化学习流程

再举一个例子，强化学习就好比饲养宠物。如果爱犬做出主人不喜欢的举动，如吃来路不明的食物、与其他狗狗打架、任意狂吠等，便会受到主人的苛责。当狗狗的行为令主人满意时，如主动逗小主人开心、看家等，主人可能就会给狗狗奖励一根肉骨头作为回报。这样久而久之，在与主人的"交互"中，狗狗便知道了如何做能够得到吃的。

强化学习通常应用在以下几个方面：

□ 机器人控制；

□ 游戏 AI，如 AlphaGo、机器人世界杯等；

□ 无人机、无人汽车的自动驾驶等。

1.3.4 其他

机器学习主要分为前面所讲的三大类，除此之外，还有如下几种分类：

□ 多任务学习：同时学习多个相关的任务，以提升模型的性能。通过信息共享，针对某个任务的学习可以通过在另外多个任务的学习中获益。

□ 半监督学习：在实际应用中，自带"标准答案"的数据往往比较缺乏。例如，在对网页进行分类时，要获取已经分好类的网页，需要花费大量的人力浏览整个网页，然后由专家再进行人工分类，在大数据时代，这种做法太落后了，因此需要在监督学习和无监督学习中达到一个平衡。通常的做法是假设输入与输出之间存在概率上的依赖，具体的实施细节已经超出本书范围，感兴趣的读者可以参阅参考文献[3]。

□ 实时学习：一般应用在高度动态的任务中。在这个过程中，模型不断地训练，其数据集是通过传感器等设备实时获取的。最典型的例子是自动驾驶技术，在路况千变万化的情况下，仅依靠过去的数据是不切实际的。

1.4 习　　题

1．请翻译 The pen is in the box 和 The box is in the pen，体会为什么编程驱动的方法不能完全实现人工智能[③]（pen 有围栏的意思）。

2．请简要说明统计学习与机器学习的区别。

3．数据挖掘与机器学习的关系是什么？与深度学习又有什么联系？

4．通过身高、体重年龄预测性别属于机器学习中的哪一类问题？

5．在中医学中，往往通过"望闻问切"来判断一个人是否罹患某种疾病，请问判断是否患某种病属于什么问题？

6．通过烟草的成分估算焦油的含量属于机器学习中的哪一类问题？

7．通过一个国家的综合国力等特征估算 GDP 属于哪一类问题？

8．英文字母的识别问题属于机器学习中的哪一类问题？

9．有人说无监督学习就是聚类，这样的说法是否有道理？试分析。

10．请分析监督学习和强化学习的具体区别。

参 考 文 献

[1] 吴军．智能时代[M]．北京：中信出版集团，2015.

[2] Lecun Y，Bengio Y，Hinton G．Deep learning．[J]．Nature，2015，521(7553)：436.

[3] Niyogi Partha．Manifold Regularization and Semi-supervised Learning：Some Theoretical Analyses[J]．Journal of Machine Learning Research，2013，14(1)：1229-1250.

---

③ 题目改自参考文献[2]。

第 2 章　机器学习的基本流程与模型

通过第 1 章的学习。读者已经了解了机器学习的基本概念，如数据集、训练模型等。这些概念究竟是指什么呢？机器学习的整个过程又是怎样的呢？如何训练模型？如何评估一个模型的好坏？这些也是我们必须掌握的基本知识。本章将结合几个简单案例，在回答上述问题的同时，介绍一些常见的机器学习模型及其使用方法。

通过本章的学习，读者可以了解如下内容：

- □ 机器学习涉及的基本概念；
- □ 三类重要的风险函数；
- □ 如何评价机器学习模型；
- □ 欠拟合与过拟合的概念；
- □ 一元非线性回归与 KNN 算法；
- □ 机器学习的完整过程。

2.1　从一元线性回归开始

所谓一元线性回归模型，恰如其名，其自变量只有一个，因变量是与自变量存在线性关系的数值变量。本节将以一个案例为基础，介绍模型、模型参数、模型训练过程及模型的评价指标。

2.1.1　实例：梅花鹿湿重预测

梅花鹿是我国的保护动物之一，其健康状况值得人们研究。如表 2.1 所示为 14 组不同性别、不同身体状况的梅花鹿体重-湿重数据。

表 2.1　梅花鹿体重与发酵肠湿重数据

序号	1	2	3	4	5	6	7	8	9	10	11	12	13	14
体重/kg	113	103	103	101	56.7	87.1	82.7	79.8	55.3	58.1	59.9	53.5	63.5	45.4
湿重	7.8	5.1	8.3	9.9	3.9	4.9	5.3	5.1	4.8	3.5	2.6	3.1	2.5	3.9

为了方便表述，这里使用 (x_i, y_i) 表示梅花鹿 i 的体重与湿重，其中 $i \in (1,2,\cdots,14)$。根据 1.1.2 节所述，机器学习区别于统计学习的一点是，它使用测试集来评价模型。因此需要把数据集按 7∶3 的比例拆分为训练集和测试集，如表 2.2 和表 2.3 所示。

表 2.2　训练集

序号	1	2	3	4	5	6	7	8	9	10
体重/kg	113	103	103	101	56.7	87.1	82.7	79.8	55.3	58.1
湿重	7.8	5.1	8.3	9.9	3.9	4.9	5.3	5.1	4.8	3.5

表 2.3　测试集

序号	11	12	13	14
体重/kg	59.9	53.5	63.5	45.4
湿重	2.6	3.1	2.5	3.9

猜测 x_i, y_i 之间存在线性关系，并根据猜想提出一元线性回归模型：

$$\hat{y} = \omega_1 x + \omega_0 \tag{2.1}$$

为了在训练模型时使观测值 y_i 具备"指导"作用，我们提出风险函数[①]来表征实际输出和模型输出的误差：

$$c(\omega_0, \omega_1) = \frac{1}{10} \sum_{i=1}^{10} (\hat{y}_i - y_i) \tag{2.2}$$

很明显，最理想的参数 ω_0, ω_1 应使得风险函数的取值最小：

$$\min_{\omega_0, \omega_1} c(\omega_0, \omega_1) \tag{2.3}$$

在统计学中，将风险函数设置为平方差的形式，以其值最小为目标的方法称为最小二乘法，式（2.2）的值称为均方误差（MSE）。

2.1.2　模型求解

为了使用模型，需要求出未知参数 ω_0, ω_1（有时也叫超参数[②]）。将表 2.2 的训练集数据代入式（2.1）中可得方程组：

$$y_i = \omega_1 x_i + \omega_0, \quad i \in (1, 2, \cdots, 10)$$

将上式改写成矩阵的形式，将训练集表示成矩阵：

$$X = \begin{vmatrix} 1 & 1 & \cdots & 1 \\ x_1 & x_2 & \cdots & x_{10} \end{vmatrix}^{\mathrm{T}}$$

矩阵中的数值 1 代表式（2.1）中的截距项，将参数表示为向量 $\boldsymbol{\omega} = (\omega_0, \omega_1)^{\mathrm{T}}$，从而得到式（2.1）的矩阵形式为：

$$\boldsymbol{y} = \boldsymbol{X}\boldsymbol{\omega}$$

将观测值 y_i 用一个列向量表示：$\boldsymbol{y} = (y_1, y_2, \cdots, y_{10})^{\mathrm{T}}$，便可将式（2.2）改写为：

$$c(\boldsymbol{\omega}) = \frac{1}{10} |\boldsymbol{X}\boldsymbol{\omega} - \boldsymbol{y}|^2$$

---

① 风险函数值越大，则模型在预测未知数据时的误差越大，故此得名。在某些文献中也将其称为损失函数或代价函数。
② 超参数（hyperparamater）指不是常数的参数。

要使得上式取得最小值，根据高等数学的方法，只要对上述等式求导并令其为 0 即可：

$$\frac{\partial c(\boldsymbol{\omega})}{\partial \boldsymbol{\omega}} = \frac{\partial |\boldsymbol{X}\boldsymbol{\omega} - \boldsymbol{y}|^2}{\partial \boldsymbol{\omega}} = 2\boldsymbol{X}^{\mathrm{T}}\boldsymbol{X}\boldsymbol{\omega} - 2\boldsymbol{X}^{\mathrm{T}}\boldsymbol{y} = 0$$

$$\rightarrow \boldsymbol{X}^{\mathrm{T}}\boldsymbol{X}\boldsymbol{\omega} = \boldsymbol{X}^{\mathrm{T}}\boldsymbol{y}$$

从而可以得到：

$$\boldsymbol{\omega} = (\boldsymbol{X}^{\mathrm{T}}\boldsymbol{X})^{-1}\boldsymbol{X}^{\mathrm{T}}\boldsymbol{y} \tag{2.4}$$

将数据代入式（2.4）中可得：

$$\boldsymbol{\omega} = \left(-0.3115, 0.0735\right)^{\mathrm{T}}$$

因此线性回归模型为：

$$\hat{y} = 0.0735x - 0.3115 \tag{2.5}$$

画出回归直线与观测数据，如图 2.1 所示。从图 2.1 中可以看出，模型的效果一般。为了更直观地看出模型的效果，下面使用几个指标量化地度量模型的拟合优度。

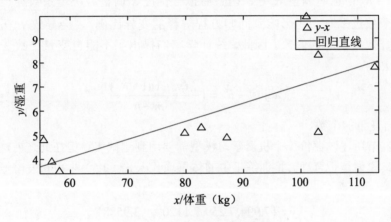

图 2.1　回归直线与观测数据

2.1.3　模型评价

一般，评价一个回归模型在当前数据集中的拟合优度的指标有很多，下面给出常用的指标。

□ SSE：残差平方和，用以表征预测值与实测值的差距。计算公式如下：

$$\mathrm{SSE} = \sum_{i=1}^{m}(\hat{y}_i - y_i)^2 \tag{2.6}$$

其中，m 为数据集的样本个数，在本例中，训练集 $m = 10$；测试集 $m = 4$；$\hat{y}_i$ 表示第 i 个样本个体的模型估算值。下面式子中的 m、$\hat{y}_i$ 的含义相同。

□ MSE：均方误差，用以表征预测值与实测值的平均差距。计算公式如下：

$$\mathrm{MSE} = \frac{1}{m}\sum_{i=1}^{m}(\hat{y}_i - y_i)^2 \tag{2.7}$$

❑ RMSE：均方根误差，以欧氏距离的方式度量估计值和实际值之间的偏差。计算公式如下：

$$\text{RMSE} = \sqrt{\frac{1}{m} \sum_{i=1}^{m} (\hat{y}_i - y_i)^2} \tag{2.8}$$

❑ R^2：也叫 R 方、拟合优度、可决系数、决定系数。无论统计学习还是机器学习的学者们，都经常用 R 方来量化地评价模型的拟合优度。在本书中统一将 R^2 称为 R 方，其计算公式如下：

$$R^2 = 1 - \frac{\sum_{i=1}^{m} (\hat{y}_i - y_i)^2}{\sum_{i=1}^{m} (\bar{y} - y_i)^2} \tag{2.9}$$

其中，$\bar{y}$ 为数据集中的实际输出 y 的均值。显而易见，R 方越接近 1，则模型的估算值与实际值的差距越小，模型拟合效果越好。

❑ $\text{adjust} - R^2$：也叫调整 R 方、调整后拟合优度、调整后决定系数等。当输入的自变量个数过多时，将影响到回归方程解释的变异比例[3]，会导致 R 方接近 1，造成拟合效果偏高的假象。因此，统计学家们提出了不随自变量个数变化而变化的调整 R 方：

$$\text{adjust} - R^2 = 1 - \frac{(m-1)(1-R^2)}{m-n} \tag{2.10}$$

其中，n 为自变量的个数。

如 1.1.2 节所述，评价一个机器学习模型需要用到测试集。但在此之前，有必要在训练集上先观察模型是否合理。将训练集中的体重项代入式（2.5）中可得发酵肠的湿重预测结果：

$$\hat{\boldsymbol{y}} = (7.994, 7.259, 7.1120, \cdots, 3.9588)^{\mathrm{T}}$$

将 $\hat{\boldsymbol{y}}$ 代入式（2.7）和式（2.8）中，可分别得出均方误差和均方根误差为：$\text{MSE} = 1.6705$，$\text{RMSE} = 1.2925$。

由于每一个个体的估计值与观测值的偏差平均为 1.3 左右，这个数字结合量纲来看似乎并非好的结论。为了进一步评价模型，可以考虑计算模型在训练集中的 R 方，求出均值后代入式（2.9）中可得：$R^2 = 0.5713 < 0.6$。很明显，模型的拟合优度较低，从图 2.1 中也可以看出这一点。此时应该放弃线性回归模型，改用其他模型解决该问题。但是为了方便读者了解机器学习的全过程，这里继续研究下去。

假设我们采纳了该模型，之后应该用测试集来评价模型的效果。将测试集 $\boldsymbol{x}' = (59.9, 53.5, 63.5, 45.4)^{\mathrm{T}}$（见表 2.3）代入模型 $\hat{\boldsymbol{y}} = 0.0735x - 0.3115$，可得 $\hat{\boldsymbol{y}}' = (4.0911, 3.6207, 4.3558, 3.0254)^{\mathrm{T}}$。根据公式分别计算 MSE、RMSE、$R$ 方：

$$\text{MSE}' = 1.6759, \quad \text{RMSE}' = 1.2946, \quad R^2{}' = -0.3653$$

可以看出，该模型在测试集中的结果实在乏善可陈。至此，应完全淘汰线性回归模型。

---

③ 有关变异比例的内容，可以参见参考文献[1]，读者只需要稍作了解即可。

2.2　机器学习模型

通过上述案例不难看出，要进行机器学习，首先需要提出一个模型，如前面的一元线性回归模型。除此之外，机器学习还有更多的模型等着读者前去探索。本节将重点介绍机器学习模型中的一些概率与基本术语，以便读者对机器学习模型有一个基本的认识，并且提高读者阅读文献的能力。

2.2.1　基本概念

1．样本与总体

在任何机器学习任务中，都必须具备进行模型学习和训练的数据集，该数据集就是样本。而机器学习的目标就是依靠有限的样本，尽量拟合、表征无限的总体。

对于机器学习问题，总体一般为无限总体，这一点与统计学相同。机器学习所要研究的正是总体的规律。但是，无论大数据时代数据量再怎么庞大，都不可能覆盖地球上过去的、现在的以及未来的所有梅花鹿数据。因此，样本总是有限的。一般，我们称从总体中随机抽样产生的数据集为样本，样本的每一条数据为个体。除因变量外，样本中每一个属性称为特征（feature），如图 2.2 所示。

梅花鹿样本数据：

体重/kg	性别	生殖状况	发酵肠容量		
113.4	M	P	8.6	1.9	3.7
103	M	P	5.9	1.1	3.6
103	M	P	12.8	1	2.4
101.2	M	P	11	0.8	3.5
56.7	M	N	5	0.7	0.9
87.1	M	N	7.5	0.5	1.7
82.7	M	N	9.2	0.6	2.9
79.8	M	P	4.9	0.7	2

图 2.2　样本、个体与特征示意

一个样本中的个体必须满足随机抽样的性质，不能破坏其随机性且个体应相互独立。在一些书籍中，也称特征为预报变量（predictor），称因变量为响应变量（response）。对于监督学习，每一个个体的响应变量都必须有一个观测值作为目标（target）。在分类任务中，也称因变量的观测值为标签（label）。

2．一般变量与随机变量

在数学上，一般将可以精确测量或严格控制的量称为一般变量。例如，如果知道正方形的边长 a，那么面积 $S = a^2$ 是一个确定的值，因此 S 属于一般变量。如果知道体重，求肺活量，那么同一体重的不同个体，即使是双胞胎，肺活量也有可能不同。通常称这类具有随机的、不可知因素作用，随个体不同而不同的变量为随机变量。如果说一般变量可以用 $x = \mu$ 表示，那么随机变量可以用 $x = \mu + \varepsilon$ 表示，其中，ε 为噪声项。不同个体的 ε 亦不同，但是在数据量足够大的情况下，根据大数定律和中心极限定理，ε 的均值应为 0，即 $E(\varepsilon) = 0$。

在统计学中，称随机变量组成的序列为随机向量。一般，样本中的每个特征都应该是一个随机变量。因此，也可以用随机向量 $\boldsymbol{x} = (x_{体重}, x_{性别}, x_{生殖状况}, x_{发酵肠容量})$，来表示图 2.2 所示的样本个体。有时候也称向量 $\boldsymbol{x}$ 为特征向量[④]。

2.2.2　参数模型与无参数模型

通过第 1 章的学习我们知道，分类问题是指输出为离散型包括枚举型和二值型的变量的问题，例如：

$$y = \{春,夏,秋,冬\}, \quad y = \{0,1,2,3\} \text{ 或 } y = \{-1,1\}$$

回归问题则指输出为连续型变量的问题。在机器学习中，称用于分类问题的模型为分类器（classifier），并用 $c(\bullet)$ 表示。用于回归问题的模型可以用 $r(\bullet)$ 表示，称为回归机（regressor）。

> 说明：这里我们使用 $c(\bullet)$ 表示分类器模型，使用 $r(\bullet)$ 表示回归模型。其中，括号内的点表示一个通用的输入变量。

如果模型的输出值不仅取决于特征 $\boldsymbol{x}$，而且取决于模型的参数，则这类模型也称为参数模型。因为在参数模型的训练过程中通过调整参数，可以使风险函数最低，因此也称参数模型为参数学习（parametric learning）。基于参数模型的特性，可以将模型写成函数表达式的形式：

$$\begin{cases} \hat{y} = r(\boldsymbol{x}, \boldsymbol{\omega}) \\ \hat{y} = c(\boldsymbol{x}, \boldsymbol{\omega}) \end{cases} \tag{2.11}$$

其中，向量 $\boldsymbol{\omega}$ 表示模型的参数。一般，$r(\boldsymbol{x}, \boldsymbol{\omega}), c(\boldsymbol{x}, \boldsymbol{\omega})$ 的表达式一经确定就不能改变，参数 $\boldsymbol{\omega}$ 的个数在训练过程中不会增加或凭空减少。模型的表达式在模型提出之前才能调整，在训练过程中一般是固定的。

根据数理统计的有关知识，在大样本条件下，观测目标 y 的表达式应满足：

$$\begin{cases} y = r'(\boldsymbol{x}, \boldsymbol{\omega}) + N(\mu, \sigma^2) \\ y = c'(\boldsymbol{x}, \boldsymbol{\omega}) + N(\mu, \sigma^2) \end{cases} \tag{2.12}$$

其中，$N(\mu; \sigma^2)$ 代表个体的不同而引起的噪声项，噪声满足均值为 μ、方差为 σ^2 的正态分

---

④ 注意要与线性代数上的特征向量区分开。

布。即使特征 x 相同，观测值 y 亦存在个体差异。通常，模型训练的过程实际上是选取不同的参数 $\boldsymbol{\omega}$，使得：

$$y - \hat{y} = N(\mu; \sigma^2) \tag{2.13}$$

并且满足：

$$\mu = 0$$

如果得出的噪声项不满足均值为 0 的条件，则说明数据量不够或者特征向量 x 考虑不周全。一般，称式（2.11）为经验模型，式（2.12）为理论模型，后者是理想化的概念，它并非由数据估计得来。常见的参数模型有线性回归和支持向量机等。

在某些机器学习算法中，不对模型的表达式的形式做出任何强烈的假设，即 $\hat{y}$ 并没有固定的函数形式，这种模型称为非参数模型。由于模型的形式是从训练集中动态生成的，因此也叫非参数学习（non-parametric learning）。例如即将在 2.5.2 节中介绍的 KNN 算法（也称 K 近邻算法）即为非参数模型的一种，参数与非参数模型的区别如表 2.4 所示。

表 2.4　参数模型与非参数模型的区别

参　数　模　型	非参数模型
预测值有具体的函数形式且与参数有关	预测值没有具体的函数形式，模型的形式根据训练集动态调整
训练过程为调整参数的过程	训练过程为调整模型的过程
参数模型的训练过程较快，不需要过多的数据，可以解释缺陷数据，有效避免过拟合	非参数模型的训练过程比较慢，需要的数据量较大且容易出现过拟合
适合用于简单问题	适合用于复杂问题和聚类问题

2.3　模型的训练过程

模型的训练过程是指模型在提出后，根据样本和风险函数，从而求出模型参数的过程。如 2.1.1 节所述，在提出模型之后，还需要根据风险函数最小求解模型的参数。因此，模型的训练过程实际上是提出风险函数、求解优化问题的过程。本节将介绍风险函数的 3 种形式，并简要地列举求解参数的方法。

2.3.1　风险函数

1. 最小二乘法

在 2.1 节中，我们使用最小二乘法作为训练模型的方法，其风险函数的形式为最小二乘，如式（2.14）所示：

$$\arg\min_{\boldsymbol{\omega}} c(\boldsymbol{\omega}) = \frac{1}{m} \sum_{i=1}^{m} (\hat{y}_i - y_i)^2 \tag{2.14}$$

善于思考的读者可能会存在疑问，为什么要选择 $(\hat{y}_i - y_i)^2$ 作为模型的风险函数呢？这是因为最小二乘法是线性最优无偏估计。

首先什么是无偏估计？如果点估计 $\hat{\theta}$ 是实际数 θ 的无偏估计，则满足：$E(\hat{\theta}) = \theta$。对线性回归而言，我们用 $\boldsymbol{\omega}_{\text{LSE}} = (\boldsymbol{X}^{\text{T}}\boldsymbol{X})^{-1}\boldsymbol{X}^{\text{T}}\boldsymbol{y}$ 去估计 $\boldsymbol{\omega}_{\text{True}}$，由于：

$$E(\boldsymbol{\omega}_{\text{LSE}}) = E[(\boldsymbol{X}^{\text{T}}\boldsymbol{X})^{-1}\boldsymbol{X}^{\text{T}}\boldsymbol{y}]$$

因为 $\boldsymbol{y} = \boldsymbol{X}\boldsymbol{\omega}_{\text{True}} + \boldsymbol{\varepsilon}$，在一般情况下，噪声项 $\boldsymbol{\varepsilon} \sim N(0, \sigma^2)$，于是上式可写作：

$$E(\boldsymbol{\omega}_{\text{LSE}}) = E[(\boldsymbol{X}^{\text{T}}\boldsymbol{X})^{-1}\boldsymbol{X}^{\text{T}}\boldsymbol{X}\boldsymbol{\omega}_{\text{True}} + (\boldsymbol{X}^{\text{T}}\boldsymbol{X})^{-1}\boldsymbol{X}^{\text{T}}\boldsymbol{\varepsilon}]$$
$$= E[(\boldsymbol{X}^{\text{T}}\boldsymbol{X})^{-1}\boldsymbol{X}^{\text{T}}\boldsymbol{X}\boldsymbol{\omega}_{\text{True}}] + E[(\boldsymbol{X}^{\text{T}}\boldsymbol{X})^{-1}\boldsymbol{X}^{\text{T}}\boldsymbol{\varepsilon}]$$

由于 $\boldsymbol{X}$ 是常量，常数的期望等于自身，且 $(\boldsymbol{X}^{\text{T}}\boldsymbol{X})^{-1}\boldsymbol{X}^{\text{T}}\boldsymbol{X} = 1$，噪声项的均值一般为 $E(\boldsymbol{\varepsilon}) = \boldsymbol{0}$，所以：

$$E(\boldsymbol{\omega}_{\text{LSE}}) = \boldsymbol{\omega}_{\text{True}}(\boldsymbol{X}^{\text{T}}\boldsymbol{X})^{-1}\boldsymbol{X}^{\text{T}}\boldsymbol{X} + (\boldsymbol{X}^{\text{T}}\boldsymbol{X})^{-1}\boldsymbol{X}^{\text{T}}E(\boldsymbol{\varepsilon})$$
$$= \boldsymbol{\omega}_{\text{True}}$$

所以 $\boldsymbol{\omega}_{\text{LSE}}$ 是 $\boldsymbol{\omega}_{\text{True}}$ 的无偏估计。

所谓有效性，是指在 θ 的无偏估计 $\hat{\theta}_1$、$\hat{\theta}_2$ 中，若 $\text{Var}(\hat{\theta}_1) < \text{Var}(\hat{\theta}_2)$，则称估计 $\hat{\theta}_1$ 的有效性大于 $\hat{\theta}_2$。现证明 $\boldsymbol{\omega}_{\text{LSE}}$ 的有效性是所有无偏估计中最高的：

由于 $E(\boldsymbol{\omega}_{\text{LSE}}) = \boldsymbol{\omega}_{\text{True}}$，所以在所有 $\boldsymbol{\omega}_{\text{True}}$ 的无偏估计中，应满足：

$$\boldsymbol{\omega}_{\text{unbias}} = [(\boldsymbol{X}^{\text{T}}\boldsymbol{X})^{-1}\boldsymbol{X}^{\text{T}} + \boldsymbol{C}]\boldsymbol{y}$$

直观地看出，若常数项 $\boldsymbol{C} \neq 0$，则必有 $\text{Var}(\boldsymbol{\omega}_{\text{unbias}}) > \text{Var}(\boldsymbol{\omega}_{\text{LSE}})$，因此，$\boldsymbol{\omega}_{\text{LSE}}$ 是所有无偏估计中最有效的估计。综上，最小二乘法是线性回归中的最优无偏估计。

2．极大似然法

极大似然法（MLE）估计参数是基于"最有可能出现"的思想的方法。举个例子，假设有 2 个盒子，其中一个盒子中有 99 个黑球、1 个白球；另一个盒子中有 99 个白球、1 个黑球。已知某人摸出了一个黑球，读者认为该黑球来自于哪个盒子？

显然，人们一般选择前者。推广到机器学习中，假设有一个个体为 (x_i, y_i)，在参数为 $\boldsymbol{\omega}_1$，特征取值为 x_i 的条件下，y_i 出现的概率为 $P(y_i | \boldsymbol{\omega}_1, x_i)$，其是一个条件概率；在参数为 $\boldsymbol{\omega}_2$ 时，y_i 出现的概率为 $P(y_i | \boldsymbol{\omega}_2, x_i)$，假如 $P(y_i | \boldsymbol{\omega}_1, x_i) > P(y_i | \boldsymbol{\omega}_2, x_i)$，那么读者会选取哪个参数作为模型的参数呢？显然选取 $\boldsymbol{\omega}_1$。一般情况下，假设有 m 个个体构成的样本 (x_i, y_i)，其中 $i \in (1, 2, \cdots, m)$，令：

$$L(\boldsymbol{\omega}; x_1, x_2, \cdots, x_m, y_1, \cdots, y_m) = \prod_{i=1}^{m} P(y_i | \boldsymbol{\omega}, x_i)$$

简记为：

$$L(\boldsymbol{\omega}) = \prod_{i=1}^{m} P(y_i | \boldsymbol{\omega}, x_i) \tag{2.15}$$

称 $L(\boldsymbol{\omega})$ 为似然函数。显然，为了取得最优的参数估计量，要使似然函数的值最大，即：

$$\arg\max_{\boldsymbol{\omega}} L(\boldsymbol{\omega}) = \prod_{i=1}^{m} P(y_i | \boldsymbol{\omega}, x_i)$$

我们通常对似然函数取自然对数，将乘法转化为加法，即：

$$l(\boldsymbol{\omega}) = \ln L(\boldsymbol{\omega}) = \sum_{i=1}^{m} \ln P(y_i \mid \boldsymbol{\omega}, x_i)$$

极大似然法的另一个问题是 $P(y_i \mid \boldsymbol{\omega}, x_i)$ 如何求取？实际上，不同的机器学习模型中对应的 $P(y_i \mid \boldsymbol{\omega}, x_i)$ 的表达式亦不同。例如逻辑回归时，y_i 服从伯努利分布；线性回归时服从正态分布。下面以线性回归为例，说明 y_i 为何服从正态分布。

在线性回归中，每一个个体的理论值为：

$$y_i = \omega_1 x_i + \omega_0 + \varepsilon_i$$

对于每一个 c_i，$i \subset (1, 2, \cdots, m)$，由于抽样是随机的，则应有 ε_i 相互独立。在大样本情况下，随机项应满足正态分布，并且 $E(\varepsilon_i) = 0$：

$$P(\varepsilon_i) = \frac{1}{\sigma\sqrt{2\pi}} \mathrm{e}^{-\frac{\varepsilon_i^2}{2\sigma^2}} \tag{2.16}$$

其中，σ^2 为噪声项 ε 的方差。在线性回归中，预测值为：

$$\hat{y}_i = \omega_1 x_i + \omega_0$$

从而：

$$\varepsilon_i = y_i - \hat{y}_i \tag{2.17}$$

将式（2.17）代入式（2.16）中可得：

$$P(y_i - \hat{y}_i) = \frac{1}{\sigma\sqrt{2\pi}} \mathrm{e}^{-\frac{(y_i - \hat{y}_i)^2}{2\sigma^2}}$$

因为 y_i 为观测值，实际上 $y_i - \hat{y}_i = y_i - (\omega_1 x_i + \omega_0)$，所以 $P(y_i - \hat{y}_i)$ 可以写成 $P(y_i \mid \boldsymbol{\omega}, x_i)$。因此在线性回归中：

$$P(y_i \mid \boldsymbol{\omega}, x_i) = \frac{1}{\sigma\sqrt{2\pi}} \mathrm{e}^{-\frac{(y_i - \hat{y}_i)^2}{2\sigma^2}}$$

即在同一 $x_i, \boldsymbol{\omega}$ 下，y_i 满足正态分布。

*3. 极大后验假设（MAP）与最小描述长度法

假设同样有一个容量为 m 的样本 (x_i, y_i)，$i \in (1, 2, \cdots, m)$。区别于极大似然法的似然函数，极大后验假设是找到参数 $\boldsymbol{\omega}_{\mathrm{MAP}}$ 让 $P(\boldsymbol{\omega}, x_i \mid y_i)$ 最大：

$$\arg\max_{\boldsymbol{\omega}} \prod_{i=1}^{m} P(\boldsymbol{\omega}, x_i \mid y_i) \tag{2.18}$$

根据贝叶斯公式：

$$P(\boldsymbol{\omega}, x_i \mid y_i) = \frac{P(y_i \mid \boldsymbol{\omega}, x_i) P(\boldsymbol{\omega}, x_i)}{P(y_i)}$$

由于分母项 $P(y_i)$ 与参数无关，所以对式（2.18）而言可以忽略：

$$P(\boldsymbol{\omega}, x_i \mid y_i) = P(y_i \mid \boldsymbol{\omega}, x_i) P(\boldsymbol{\omega}, x_i)$$

代入式（2.18）可得：

$$\arg\max_{\boldsymbol{\omega}} \prod_{i=1}^{m} P(y_i \mid \boldsymbol{\omega}, x_i) P(\boldsymbol{\omega}, x_i) \tag{2.19}$$

上式为极大后验假设的一般方法。结合编码长度的概念，我们引入 MAP 的另一种表达方式。

最佳编码长度：香农提出，对一个事件的最优编码长度为：

$$L(X) = -\log_2 P(X)$$

例如，投掷一枚均匀硬币，设事件 X "出现正面"的最优编码长度为 $L(X) = -\log_2 \dfrac{1}{2}$ $= 1$ b(bit)。也就是说，在不影响其他事件的情况下，可以用一位二进制数 0 或 1 表示。例如 0 代表正面，1 代表反面。

再如，投掷一个骰子，事件 X "出现 6"的最优编码长度为 $L(X) = -\log_2 \dfrac{1}{6} \approx 2.6$ b ≈ 3 b。也就是说可以用 3 个二进制数表示事件 X，如用 110 代表"出现 6"。

从上述例子中也可以看出，事件 X 出现的概率 $P(X)$ 越低，即事件不确定度越大，所用的编码长度越大。当 $P(X) = 1$ 时，事件 X 为确定事件（概率为 1），此时可不需要编码。

将式（2.19）中的概率替换为编码长度，可以得到极大后验假设法的另一种表达形式，即选取参数 $\boldsymbol{\omega}_{\text{MAP}}$，使得：

$$\arg\min_{\boldsymbol{\omega}} - \left[\sum_{i=1}^{m} \log_2 P(y_i \mid \boldsymbol{\omega}, x_i) + \log_2 P(\boldsymbol{\omega}, x_i) \right] \tag{2.20}$$

注意，式（2.20）只是式（2.19）的另一种表达形式。为了取得最优的参数，应该让 $P(\boldsymbol{\omega}, x_i \mid y_i)$ 的值总体最大，即不确定性最小，编码长度最小，因此式（2.20）亦称为最小描述法。式（2.20）在编码领域有深远的意义，在此不再赘述。

本节介绍了 3 种常见的风险函数，其原理如表 2.5 所示。

表 2.5　3 种风险函数

最小二乘法	极大似然法	极大后验假设
$\arg\min_{\boldsymbol{\omega}} c(\boldsymbol{\omega})$ $= \dfrac{1}{m} \sum_{i=1}^{m} (\hat{y}_i - y)^2$	$\arg\max_{\boldsymbol{\omega}} L(\boldsymbol{\omega})$ $= \prod_{i=1}^{m} P(y_i \mid \boldsymbol{\omega}, x_i)$	$\arg\max_{\boldsymbol{\omega}} \prod_{i=1}^{m} P(y_i \mid \boldsymbol{\omega}, x_i) P(\boldsymbol{\omega}, x_i)$ 或： $\arg\min_{\boldsymbol{\omega}} -$ $\left[\sum_{i=1}^{m} \log_2 P(y_i \mid \boldsymbol{\omega}, x_i) + \log_2 P(\boldsymbol{\omega}, x_i) \right]$
基于欧氏距离最小	基于 $P(y_i \mid \boldsymbol{\omega}, x_i)$ 最大	基于 $P(y_i \mid \boldsymbol{\omega}, x_i)$ 最大

机器学习的发展是不断向前的，以上 3 种风险函数并非全部。随着数学、信息论与机器学习的深度融合，相信学者们会提出更加高效的风险函数。

📖 **说明**：带*的内容为扩展内容，读者可根据需要选择阅读。

2.3.2　参数寻优方法简介

无论哪种风险函数，为了求解模型的参数，均需要找到风险函数的极大或极小值。因此，参数求解的问题可以视为最优化问题。在优化理论中，求解最优化问题的方法称为参数寻优方法。

在 2.1.2 节中，可以直接得出优化问题的最优解：$\boldsymbol{\omega} = (\boldsymbol{X}^\mathrm{T}\boldsymbol{X})^{-1}\boldsymbol{X}^\mathrm{T}\boldsymbol{y}$。但在一般情况下，优化问题并没有解析解。例如在 $\hat{y} = f(\boldsymbol{x}) = \boldsymbol{\omega}^\mathrm{T}\ln\boldsymbol{x}$ 的情况下，便不能直接得出解析解。此时，必须用数值逼近的方法才能找出风险函数 $c(\boldsymbol{\omega})$ 最值点。常见的参数寻优方法如表 2.6 所示，详细内容会在第 5 章介绍。

表 2.6　常见的参数寻优方法

参数寻优方法	简　要　说　明
线性搜索法	以二分、黄金分割比例逼近最优解的方法
最速下降法：梯度下降、坐标下降	选定步长，以迭代的形式逼近的方法
牛顿法与拟牛顿法	
模拟退火法	迭代时具有一定的容错性的方法
遗传算法 蚁群算法	属于粒子群算法。此时搜索的方式是一个种群而非一个个体
网格搜索法	列出参数的所有可能取值，从中选取最佳的参数。常结合交叉验证使用

2.4　模型的评价方法

区别于统计学习，评价一个机器模型是否有效，必须将数据集分为训练集与测试集。如图 2.3 所示，评价模型的第一步应先在训练集中计算相应的评价指标。如果在训练集中模型的表现已不尽如人意，那么此时就应该选择其他模型。例如在 2.1 节中，应该立刻抛弃线性回归模型。如果模型在训练集中的表现尚可采纳，那么第二步就应该考虑模型在测试集中的拟合优度。

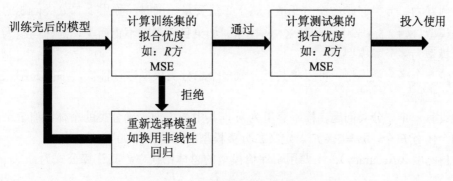

图 2.3　单个模型的评价流程

如果一开始有多个备选模型，并且这几个模型均通过了训练集拟合优度评价（第一步），那么此时应该将测试集拆分为验证集和测试集，并在验证集中选择效果最优的模型进行测试集验证；如果模型在测试集中的效果不理想，则应选择验证集中的次优再次进行测试，具体过程如图 2.4 所示。除此之外，还可以通过交叉验证的方法筛选模型，详细内容将在第 5 章和第 15 章介绍。

多个模型的评价方法：

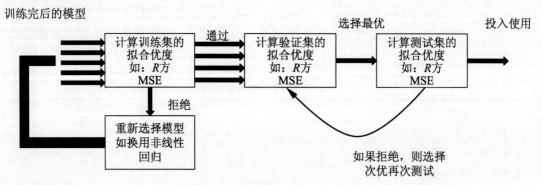

图 2.4　多个模型的评价与选取流程

2.4.1　评价拟合优度的常见指标

从图 2.4 中看，模型的拟合结果只能定性评价模型的好坏，并且很多情况下也画不出具体的图形。此时必须结合某些指标，根据模型的预测值与样本的实际值量化地评价模型的拟合优度。本节将介绍评价模型的拟合优度指标。

1．评价回归拟合优度的指标

评价回归模型的常见指标有 SSE、MSE、RMSE、R 方与调整 R 方，其值可由式（2.6）～式（2.10）算出，具体内容详见 2.1.3 节。

2．评价分类拟合优度指标

所谓分类问题，即输出为离散型变量的问题。如果目标类别有且仅有两类 $y=\{0,1\}$，则称该问题为二分类问题，输出变量 y 属于二值变量。同时，称用于二分类问题的模型为二分类模型，如 2.5.3 节中提到的 KNN 模型。如果目标类别不止两类，则称问题为多分类问题，模型为多分类模型。

评价一个多分类模型，可以将其拆分成多个二分类模型进行评价，下面介绍二分类模型的评价指标。

假设有一个二分类问题，样本容量为 m，其中被模型正确分类的个体共有 T 个，被误分类的个体有 F 个，$m=T+F$。定义二分类模型的评价指标如下。

☐ 精确度（Accuracy）：主要用于评价模型的总体错误率。其计算公式为：

$$\text{Accuracy}=\frac{T}{m}=1-\frac{F}{m} \tag{2.21}$$

有时候也采用 Jaccard 相似系数来度量模型的总体精确度。定义集合 A,B 为 $A=\left\{(x_i,y_i)\,|\,i\in(1,2,\cdots,m)\right\}$，$B=\left\{(x_i,\hat{y}_i)\,|\,i\in(1,2,\cdots,m)\right\}$，则 Jaccard 相似系数如下。

☐ Jaccard 相似系数：也称为 Jaccard 指数，用于衡量两个集合的相似性和多样性，其计算公式为：

$$J(A,B) = \frac{|A \cap B|}{|A \cup B|} \tag{2.22}$$

其中，$|A \cap B|$ 为集合 A,B 的交集的个体数，$|A \cup B|$ 为并集的个体数。

在二分类问题中，如果将正确分类记为 True、错误记为 False。将模型的预测结果划分为阳性（positive）和阴性（negative），那么分类结果可以划分为如下 4 种：

- TP（真阳性）：预测结果为阳性，观测值（实际值）亦为阳性；
- TN（真阴性）：预测结果为阴性，观测值亦为阴性；
- FP（假阳性）：预测结果为阳性但观测值为阴性，称为一类错误；
- FN（假阴性）：预测结果为阴性但观测值为阳性，称为二类错误。

通常将上述 4 个分类结果用如图 2.5 所示的模糊矩阵来表示。

- 模糊矩阵（Confusion Matrix）：用于直观地展示 TP、
  TN、FP 和 FN。

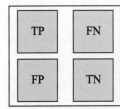

图 2.5　二分类任务模糊矩阵构成

在某些分类问题中，人们要求分类器尽量不犯某一类错误。例如在癌症预测中，如果分类器将患者预测为阳性（罹患癌症），但实际上患者并没有罹患癌症（FP），则会对患者造成很大的精神打击。

同样，在防盗系统中，在识别攻击行为时，要求尽量不能犯二类错误（FN）。本应该被识别为攻击的行为却没有被识别出来，可能会带来很大的经济损失。在这种情况下，犯一类错误的代价便没那么高了。

因此，仅评价模型的总体错误率是不够的，有时应该考虑分类器避免犯两类错误的能力。常见的评价这两种能力的指标如下。

- 准确率（Precision）：描述分类器避免第一类错误的能力。其计算公式如下：

$$\text{Precision} = \frac{\text{TP}}{\text{TP} + \text{FP}} \tag{2.23}$$

从式（2.23）中可以看出，准确率越高，则模型犯一类错误的可能性就越低。

- 召回率（Recall）：是度量模型避免第二类错误的能力。其计算公式如下：

$$\text{Recall} = \frac{\text{TP}}{\text{TP} + \text{FN}} \tag{2.24}$$

为了综合考虑模型犯一类错误和二类错误的能力，学者们提出了 F-Beta 值。

- F-Beta 值：综合评价模型犯第一类错误与第二类错误的指标，其计算公式如下：

$$F_{\text{beta}} = \left(\beta^2 + 1\right) \frac{\text{Precision} \cdot \text{Recall}}{\beta^2 \text{Precision} + \text{Recall}} \tag{2.25}$$

当 $\beta = 1$ 时，记为 F_1，均衡考虑准确率与召回率。

当 $\beta < 1$ 时，侧重考虑召回率。召回率对 F_{beta} 的影响更大。

当 $\beta > 1$ 时，侧重考虑准确率。准确率对 F_{beta} 的影响更大。

对于评价多分类模型，可以将其视为评价多个二分类模型。如图 2.6 所示，假设类别的取值为 $y = \{1,2,3,4,5,6\}$，样本 D 的容量为 m。将样本按类别 D 拆分成六个子数据集 $D_{1\sim6}$，同时统计出每个子数据集中正确分类和错误分类的个体数为 $T_{1\sim6}, F_{1\sim6}$。于是，可以根据式（2.21）至式（2.25）计算出模型在子数据集 $D_{1\sim6}$ 中的子指标，包括精确度、Jaccard 系数、

F-Beta 值等。之后，可以对得出的子指标取平均，从而得出多分类模型的拟合优度。当然，也可以将这些子指标构成一个报表来展示多分类模型在各个类别中的表现。

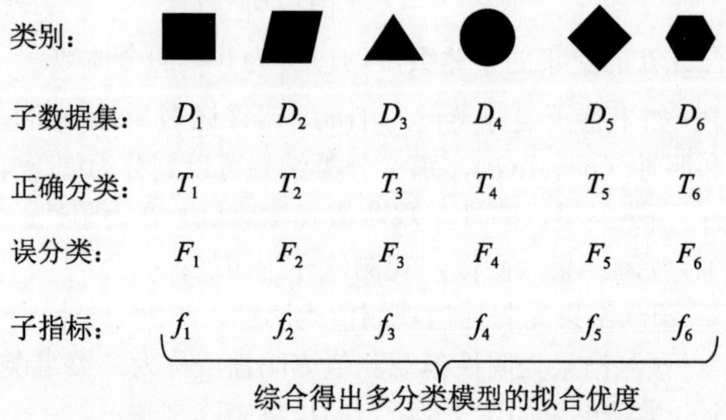

图 2.6　将多分类问题划分成多个二分类问题

以精确度为例，用图 2.6 所示的方法推导多分类问题的精确度计算。设样本容量为 m，因变量 y 的取值为 $y=\{1,2,\cdots,N\}$。按照上述方法，将样本拆分为子数据集 $D_{1\sim N}$，从而算出精确度：

$$\text{Accuracy} = \frac{\sum T_{1\sim N}}{m} = 1 - \frac{\sum F_{1\sim N}}{m}$$

上式亦可以表示为：

$$\text{Accuracy} = \frac{1}{m}\sum_{i=1}^{m} 1(\hat{y}_i = y_i)$$

其中，函数 $1(\hat{y}_i = y_i)$ 的取值为 1 且 $\hat{y}_i = y_i$。在后文中将频繁使用精确度来度量多分类模型的拟合优度。

例：假设有容量为 1000 的二分类样本，其中有 500 个个体为阳性、500 个个体为阴性。现在有一个分类器，依照样本的特征对样本进行分类，其中有 30 个本来为阳性的个体被识别成阴性（FN）、70 本来是阴性的个体被识别成阳性（FP），其余均识别正确，试计算模型在样本中的拟合优度。

首先计算模型的准确率，根据式（2.21）计算精确度为：

$$\text{Accuracy} = 1 - \frac{30 + 70}{1000} = 0.9$$

依题意，$\text{FN} = 30$、$\text{FP} = 70$、$\text{TP} = 470$、$\text{TN} = 430$，画出模糊矩阵如下：

$$\text{Confusion Matrix} = \begin{vmatrix} 470 & 30 \\ 70 & 430 \end{vmatrix}$$

计算准确率为：

$$\text{Precision} = \frac{470}{470 + 70} = 0.87$$

计算召回率为：

$$\text{Recall} = \frac{470}{470 + 30} = 0.94$$

计算 F_1 的值为：

$$F_1 = 2 \times \frac{0.87 \times 0.94}{0.87 + 0.94} = 0.90$$

假设模型更注重第二类错误，则设 $\beta = 0.75$，此时的 F 值为：

$$F' = (0.75 + 1) \times \frac{0.87 \times 0.94}{0.75^2 \times 0.87 + 0.94} = 1.00$$

假设模型更注重第一类错误，则设 $\beta = 1.25$，此时的 F 值为：

$$F'' = (1.25 + 1) \times \frac{0.87 \times 0.94}{1.25^2 \times 0.87 + 0.94} = 0.8$$

2.4.2　欠拟合与过拟合

所谓欠拟合，是指模型在训练集和测试集中的表现均不尽如人意，如 2.1 节中的线性回归模型就属于欠拟合，它一般是由于模型与数据不契合引起的。而过拟合则相反，其是由于回归曲线在训练集中的拟合效果"太好"，导致泛化能力过差，从而无法应对陌生数据。欠拟合、恰拟合、过拟合在训练集中的直观表现如图 2.7 所示。

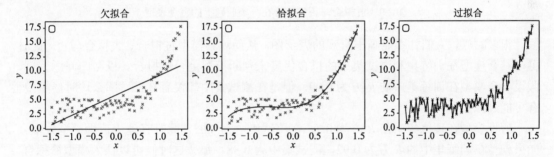

图 2.7　3 种拟合在训练集中的直观表现

过拟合与模型的种类有关，非参数模型如决策树和神经网络等很容易造成过拟合。另外，过拟合也与数据集有关，数据量太少而模型十分复杂也会导致过拟合现象；在样本容量少，特征较多的情况下也很容易导致过拟合。

可能有读者认为过拟合是一件好事，从图 2.7 中看难免有这种错觉，请读者认真观察图 2.8。

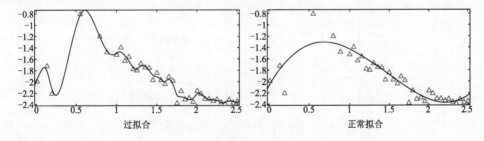

图 2.8　正常拟合与过拟合

在知道 x 的取值后，观测值 y 是一个随机变量，对应的存在一个概率密度函数 $p(y|x)$，而回归模型就是要找到这个概率密度的均值 $E(y|x)$。但在图 2.8 中可以看到，对于一些训

练集中的异常数据，过拟合能够"完美"地拟合出来，但是恰拟合却能够巧合地"避开"。这就好像过拟合太过执拗，以致于它只局限于当前的训练集。它虽然能不偏不倚地"串"中所有的训练个体，但是忘记了原来寻找均值的任务。因此，当过拟合模型被用在陌生数据中时，往往显得"手足无措"。正常拟合则不同，它努力地落在两个训练个体之间，努力地去拟合均值。于是对于一个陌生数据点，正常拟合能够"以不变应万变"，而过拟合就不知道该怎么"串"中数据了。

过拟合表现在分类问题上时，其直观感受如图 2.9 所示。

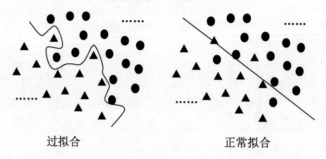

过拟合　　　　　　　　　　　　正常拟合

图 2.9　过拟合与正常拟合在分类问题上的直观表现

很多时候，人们并不能画出直观的表示图，从而观察模型过拟合、欠拟合与否。此时，可以结合模型在训练集和测试集中的拟合优度来判断模型是否恰拟合。以回归问题为例，假设一个模型在训练集中的 R 方为 0.99，但是在测试集中却仅有 0.75，那么这时候模型很有可能过拟合。

假设模型在训练集中的 R 方为 0.7，在测试集中为 0.65，此时有理由认为模型欠拟合。如果模型在训练集中的 R 方为 0.92，测试集中为 0.88，那么这时候可以认为模型恰拟合。

如果模型选择得当，那么模型的恰拟合与否往往取决于模型的训练程度，特别是对神经网络而言。基于这一点，可以根据模型在训练集和测试集上的拟合优度，从而在适当的时机停止模型的训练，以保证模型的恰拟合。以 R 方为例，模型效果与训练程度所呈现出来的趋势大体如图 2.10 所示。

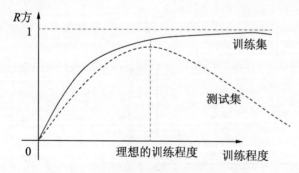

图 2.10　用评价指标衡量过拟合与欠拟合

理想的训练程度应为图 2.10 中的虚线所示，往左则有欠拟合的倾向，往右则倾向于过拟合。一般可以在模型测试集效果开始下降时提前终止模型训练。

同时要注意的是，由于模型的正则化（如神经网络的 Dropout 正则化，详细内容将在第 14 章介绍），一些模型可能要经历多个峰谷。因此一般理想的训练程度很难界定，需要建模者本身对当前问题、选择的模型有一定的工程经验。

2.4.3 防止过拟合的办法

当模型出现欠拟合时，应该重新选取其他模型或增大数据量。但是过拟合的出现往往存在许多影响因素，如模型过于复杂、数据量不够、数据划分不合理等。如果模型出现过拟合，一般应采取如下措施：

- 从数据预处理下手，如过滤一些多余的特征，对数据进行降维等。
- 提前终止训练过程，在训练过程中画出类似图 2.10 所示的曲线，当发现模型具有过拟合倾向时及时停止（该方法一般用在神经网络模型中）。
- 降低模型的复杂度，如将一元二次方程改为一元一次方程。
- 对模型进行正则化，详细内容将会在第 14 章介绍。
- 将容易过拟合的模型进行 Bagging 集成，亦可以在一定程度上缓解过拟合。有关 Bagging 集成的内容将在第 13 章介绍。

2.5 简单的机器学习模型

为了帮助读者认识更多的机器学习模型，更快地入门机器学习，本节将介绍一些简单的机器学习模型。这些模型虽然使用简单，但是在许多具体的实际问题中经常使用。另外，这些模型也经常用作复杂模型的子模型或进行数据预处理等。

2.5.1 一元非线性回归

很多时候，特征与目标之间并不存在线性关系，或者线性关系微弱。这个时候就需要用到非线性回归。一元非线性回归模型是指：输入只有一个特征，用于解决回归问题且表达式不是线性函数的模型。常见的一元非线性回归模型如表 2.7 所示。

表 2.7 常见的一元非线性回归模型及其表达式

函 数 名 称	函数表达式
指数函数	$y = a\mathrm{e}^{bx}$
傅里叶函数	$y = a_0 + a_1\cos(\omega x) + b_1\sin(\omega x) + \cdots + a_n\cos(n\omega x) + b_n\sin(n\omega x)$
高斯函数	$y = a_1\mathrm{e}^{-\left(\frac{x-b_1}{c_1}\right)^2} + a_2\mathrm{e}^{-\left(\frac{x-b_2}{c_2}\right)^2} + \cdots + a_n\mathrm{e}^{-\left(\frac{x-b_n}{c_n}\right)^2}$
一元多次函数	$y = \omega_0 + \omega_1 x + \omega_2 x^2 + \cdots + \omega_n x^n$
幂函数	$y = ax^b + c$

对于以上模型的训练，均可以使用最小二乘法来训练模型。如果模型参数不存在解析解，则应用数值逼近的方法求取模型的参数。

2.5.2　MATLAB 曲线拟合工具

利用 MATLAB 工具箱 cftool 可以便捷地进行一元线性和非线性回归,并进行模型评价,下面以一个例子讲解 cftool 的使用方法。

例:面团在发酵时,由于酵母的无氧呼吸产生二氧化碳,从而导致面团体积膨胀,如表 2.8 所示为面团体积与发酵时间数据,请拟合出面团体积与发酵时间的回归曲线。

表 2.8　面团体积与发酵时间

序　　号	x	y	序　　号	x	y
1	2.2	106.42	7	9.9	110.49
2	3.1	108.20	8	10.8	110.59
3	4.4	109.58	9	14.1	110.60
4	5.2	109.50	10	15.2	110.90
5	7.3	110.00	11	15.7	110.76
6	8	109.93	12	18.1	111.00

注:本节主要展示 cftool 工具的应用,因此本节并不打算将数据分为测试集和训练集,请读者自行尝试划分。

先将数据输入 MATLAB 中:

```
>> x = [2.2 3.1 4.4 5.2 7.3 8 9.9 10.8 14.1 15.2 15.7 18.1];
>> y = [106.42 108.20 109.58 109.50 110.00 109.93 110.49 110.59 110.60
110.90...
110.76 111.00];                    %将数据输入变量x、y中
>> cftool                          %打开 MATLAB cftool 工具箱
```

打开 cftool 工具箱后,会弹出如图 2.11 所示的窗口。

单击 Data 导入数据,将变量 x、y 导入 cftool 中,如图 2.12 所示。

图 2.11　导入数据集

图 2.12　创建数据集并命名

创建完数据集后，单击 Close 按钮返回到初始界面，单击 Fitting 按钮创建新拟合，如图 2.13 所示。

命名并设置新拟合，并使用一元三次模型进行回归分析，如图 2.14 所示。

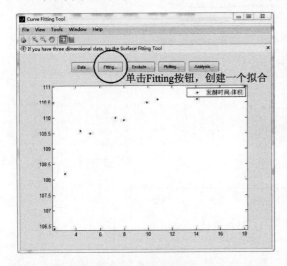

图 2.13 创建新拟合

图 2.14 选择拟合模型

选择好模型后，单击 Apply 按钮，模型的参数及拟合优度会在 Results 窗口中显示。

```
Linear model Poly3:
    f(x) = p1*x^3 + p2*x^2 + p3*x + p4
Coefficients (with 95% confidence bounds):
    p1 =     0.003664  (0.0008675, 0.00646)
    p2 =      -0.1354  (-0.2199, -0.05083)
    p3 =        1.649  (0.8959, 2.401)
    p4 =          104  (102.1, 105.8)
Goodness of fit:
  SSE: 1.236
  R-square: 0.9365
  Adjusted R-square: 0.9127
  RMSE: 0.3931
```

从 Coefficients 项中可以看到模型的参数，括号内为区间估计，其属于统计学的范畴，可以忽略。于是得到面团体积与发酵时间的回归曲线如下：

$$y = 0.003664x^3 - 0.1354x^2 + 1.649x + 104$$

从 Goodness of fit（拟合优度）项中，可以得到模型在数据集中的 SSE、RMSE、R 方与调整 R 方。从 R 方中可以看出，该模型的拟合效果比较优越。另外，cftool 工具还可以可视化拟合曲线，如图 2.15 所示。

再次声明，在机器学习中为了评估模型效果，必须将数据分为两部分。该例为突出重点而省略了这一步，这是不对的。请读者仔细观察图 2.15，曲线的末端有所上翘。耐人寻味的一点是，体积能够随时间推移无限增大吗？结合实际情况，发酵时间超过一定限度，体积总会达到饱和。因此，该模型实际上并不准确。因此，划分数据集的作用不言而喻。

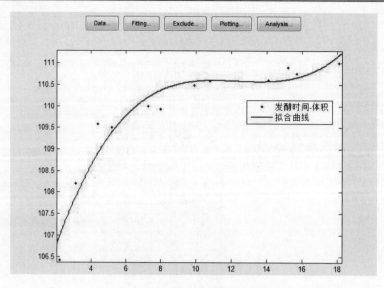

图 2.15　拟合效果可视化窗口

🖱Tips：在使用 cftool 工具进行曲线拟合时，导入的数据可能存在离群点或异常点。这个时候可以选择在 MATLAB 环境中对数据进行预处理，即选择性地删除异常数据点。另外，也可以直接将数据导入 cftool 中。然后在图 2.13 中单击 Exclude 按钮，根据条件设置自动过滤选项。继续执行到图 2.14 这一步，在 Exclusion rule 下拉列表框中选择设置好的自动过滤器即可。

2.5.3　KNN 算法

KNN 算法属于典型的拙算法（dummy algorithm），它不需要求解优化问题，只需要存储训练集的信息即可完成模型训练。因此，KNN 算法也属于非参数模型（见 2.2.2 节）。

存储所有训练集的信息，并选取一个整数 k 就可以构成 KNN 模型。在使用模型时，首先输入未知个体，然后按照某种距离度量（如欧氏距离），找到训练集中离未知个体最近的 k 个近邻个体，依照这 k 个近邻点估算未知个体的因变量 y。

假设输入有两个特征，令 $k = 3$，测试个体用三角表示，为了判断、预估测试数据的 y 值，首先在输入数据周围找到 3 个近邻点，如图 2.16 所示。

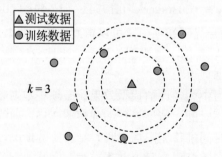

图 2.16　k=3，二特征 KNN 算法示意

根据问题类型进行相应的操作：

❑ 如果问题为回归问题，则将这 k 个近邻点的输出平均值作为未知个体的输出。

❑ 如果问题为分类问题，则将这 k 个近邻点按"投票"的方式输出未知个体的类别。

以下为一个应用 KNN 算法解决分类问题的有趣案例，请读者仔细阅读。

例：假设两军对垒，红方用三角形表示，记为 1；蓝方用正方形表示，记为 0。已知两军各军团的位置坐标如表 2.9 所示，现有一未知军团的坐标为（58,41），求该军团属于哪个阵营？图 2.17 中的圆点为未知军团。

表 2.9　各军团的位置及所属阵营

坐 标　1	坐 标　2	所 属 阵 营
51	92	1
14	71	0
60	20	0
82	86	1
74	74	1
87	99	1
23	2	0
21	52	1
1	87	0
29	37	0
1	63	0

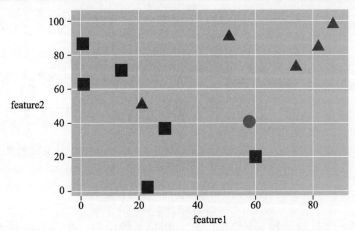

图 2.17　各军团的位置（圆点为所求军团）

🔔注：为了解释 KNN 算法，这里忽略了数据集的划分和模型评价。

通过分析可知，本例的问题为分类问题。依照"物以类聚"的思想，求解该未知军团的所属阵营可以依据周围军团的所属阵营判断。因此可以考虑使用 KNN 算法，令 $k=3$，两个军团之间的"距离"用欧氏距离表示：

$$d_{ij} = \sqrt{x_1^2 + x_2^2}$$

依照上式，找出未知军团与其他军团的 3 个最近"距离"为：

$$dist = (445, 857, 1345)$$

它们对应的阵营分别是：0，0，1。根据投票原则，未知军团应属于 0 阵营（正方形）管辖。

🔖**Tips**：*从上述实例中可以看出，如果 k = 2 则投票结果可能为一比一，从而无法判断个体的所属类别。因此，对于 KNN 算法，k 必须取为奇数。另外，聪明的读者可能发现，k 的取值不同，所得的结果未必一样。在实际应用中，KNN 算法与线性回归一样，都需要用测试集来评价其拟合的好坏。因此，通常是先遍历多个 k，之后测试模型在测试集中的拟合优度，最后找出拟合效果最佳时 k 的取值。*

2.6　小　　结

经过前面几个章节的学习，相信读者对机器学习的过程已有了大概了解，本节将对机器学习的完整过程做一个总结，加深读者的理解。

对于监督学习，不论回归还是分类，在解决之前首先要提出一个模型/算法，如图 2.18 所示，并将数据集划分为两部分。常用的划分比例为 7：3，其中 70%为训练集。

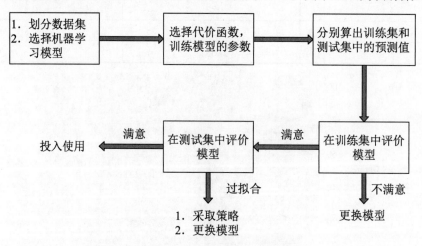

图 2.18　机器学习的完整过程示意

然后应选择一个风险函数（见 2.3.1 节），根据风险函数，在训练集上训练出模型的参数。得出参数后，将训练集、测试集加入模型中得出预测值。然后在训练集中，根据某拟合优度指标，评价模型的效果。如果模型在训练集中的表现不尽如人意，则模型欠拟合，此时应考虑更换模型；如果模型在训练集中的效果可嘉，则进入测试集评价阶段。根据测试集的评价结果，评估模型是否过拟合；如果过拟合，则采取相应的方法进行更正或直接更换算法。通过两次验证之后，模型才可以投入使用。

当然，在实际过程中可能存在多个算法，此时应该将数据集划分为三部分，即训练集、测试集和验证集，并根据验证集进一步地过滤，或者将多个模型进行交叉验证，从而筛选最优的模型。应该注意，这里介绍的机器学习过程是十分简单的，实际中往往会结合工程增添更多的步骤，如缺失值处理、异常值检验、特征降维、自然语言处理或图像处理等。

2.7　习　题

1．有一个梅花鹿的数据样本，如表 2.10 所示。

表 2.10　梅花鹿数据样本

序　号	体重/kg	性　别	生 殖 状 况	RR	CA	CO
1	113.4	M	P	8.6	1.9	3.7
2	103	M	P	5.9	1.1	3.6
3	103	M	P	12.8	1	2.4
4	101.2	M	P	11	0.8	3.5
5	56.7	M	N	5	0.7	0.9
6	87.1	M	N	7.5	0.5	1.7
7	82.7	M	N	9.2	0.6	2.9
8	79.8	M	P	4.9	0.7	2

请指出特征、特征向量、个体和样本容量，并思考"序号"是否属于一个特征，为什么？

2．在 2.1.3 节中，测试集的 R 方为负数，这意味着什么？

3．是否所有模型的训练都需要风险函数？请举例说明。

4．调整 R 方有什么作用？为什么调整 R 方总小于 R 方？

5．请简要说明最大似然法的基本原理。

6．请简要说明最大后验法的基本原理，并说明最小描述法如何表示最大后验法的。

7．请简述什么是过拟合，导致过拟合的原因有哪些？

8．请根据机器学习的完整流程，重新解决 2.5.1 节中的例题。

9．在 2.5.3 节中忽略了数据集的划分。请结合机器学习的完整流程和分类问题的评价指标，重做 2.5.3 节中的例题。

*10．在 2.5.3 节中，细心的读者可能会发现，k 的选取会影响预测结果，请思考如何选取 k 值，尝试提出自己的做法。

11．测得一组弹簧的形变 x 与相应的外力 y 数据如表 2.11 所示。

表 2.11　弹簧与应力数据表

x	y	x	y
3.08	2.0	6.25	4
3.76	2.4	6.74	4.4
4.31	2.8	7.40	4.8
5.02	3.2	8.54	5.6
5.51	3.6	9.24	6.0

选择合适的机器学习模型，训练并预测 $x = 8$ 时，外力的大小（请务必划分数据集）。

12. 为了验证某射线的杀菌作用，用固定强度的某射线照射杀菌，设照射时间为 x，照射后剩余的细菌数为 y，实验数据如表 2.12 所示。

表 2.12　照射时间与剩余细菌数

x	y	x	y	x	y
6	783	48	154	90	28
12	621	54	128	96	20
18	433	60	102	102	16
24	431	66	75	108	12
30	287	72	55	114	9
36	251	78	43	120	7
42	175	84	31		

请用 MATLAB cftool 进行非线性回归分析并评价该模型（划分数据集），同时估算细菌的初始数量。

13. 有数据如表 2.13 所示，请利用 KNN 算法，判断特征为（61,46,61）个体的所属类别。

表 2.13　样本特性与所属类别

特征 1	特征 2	特征 3	所属类别
51	92	14	0
71	60	20	0
82	86	74	0
74	87	99	1
23	2	21	1
52	1	87	1
29	37	1	1
63	59	20	1
32	75	57	0
21	88	48	1

参 考 文 献

[1] 何晓群，刘文卿. 应用回归分析[M]. 北京：中国人民大学出版社，2001.

[2] 茆诗松，程依明，等. 概率论与数理统计[M]. 北京：高等教育出版社，2011.

[3] 史春奇，卜晶祎，等. 机器学习算法背后的理论与优化[M]. 北京：清华大学出版社，2019.

第 3 章　搭建机器学习环境 并进行应用实践

通过第 2 章的学习，我们初步了解了机器学习的一般流程、多种风险函数、常见的一元回归模型与 cftool 工具等。但是，仅仅会使用 GUI[①]环境的 cftool 还是不够的。由于本书中介绍的大部分模型是基于 Python 实现的，所以读者有必要了解 Python 的基本语法知识，以便理解书中的代码。

本章首先介绍 Python 环境的搭建，鉴于 MATLAB 的功能正在日益完善，亦会简单介绍一下 MALTAB 机器学习的常用工具箱。然后重点介绍多元线性回归模型的原理及其 Python 实现和正则化。同时介绍一个简单而有用的分类器——逻辑回归，最后介绍分类问题中会遇到的困难和解决办法。

通过本章的学习，读者可以掌握以下内容：

❑ 如何在计算机上搭建 Python 环境；

❑ MATLAB 的一些常用工具箱的使用；

❑ 多元线性回归模型及其 Python 实现；

❑ 正则化的定义和正则化缓解过拟合的原理；

❑ 逻辑回归模型及其 Python 实现；

❑ 类别不均衡问题的定义及其解决方法；

❑ 多分类问题化成二分类问题的方法。

🔔注意：如果读者难以理解本章的代码，请先仔细阅读附录。

3.1　搭建 Python 开发环境

工欲善其事，必先利其器。机器学习是一门非常依赖实际操作的技术，可以说实际操作与理论同样重要。因此，在深入讲解理论知识之前，必须构建一个机器学习的操作平台。用于机器学习的平台有很多，如统计学的 R 语言、用于科学计算的 MATLAB 及炙手可热的 Python 语言等。其中，Python 的应用最为广泛，其第三方模块如 Sklearn、Keras、TensFlow、PyTorch[②]，无论在机器学习还是深度学习中都广为大家所接受。

---

① 图形用户界面是指采用图形方式显示的计算机操作界面，如 Windows 操作系统就是一种 GUI 环境。

② 由于在用 Python 中导入第三方模块时其代码使用的是小写的英文字母，因此后文亦用小写英文字母来表示，以方便读者阅读。

如图 3.1 所示[③]，在编程语言流行指数（PYPL index）中，Python 语言在众多语言中排名第二，在搜索次数方面排名第三（TIOBE index），足见其应用之广泛。

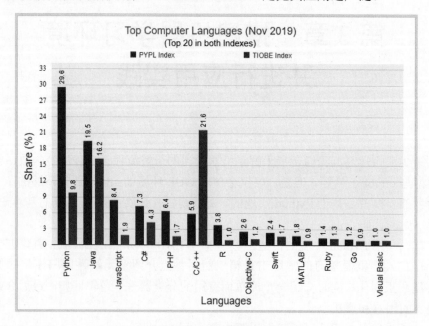

图 3.1　计算机编程语言排行榜（2019.11）

鉴于 Python 的应用日益广泛，这里以 Python 语言为主进行实际操作演示。但在此之前，我们需要搭建一个简单的开发环境，已经构建好开发环境并且有一定基础的读者可以跳过本节内容。

🔔 **注意**：鉴于使用 macOS、Linux 的读者都具有一定的技术基础，因此本节主要介绍 Windows 下的 Python 环境搭建过程。

3.1.1　安装 Anaconda

Anaconda 发行版是一个开源的 Python/R 数据科学和机器学习平台，支持 Windows、Linux 和 macOS 等系统。安装 Anaconda 的计算机可以独立地完成开发和测试等任务，并能够快速获得 Python、R 语言等数据语言有用的包。安装完 Anaconda 之后，无须再安装 Python。读者可以在 Anaconda 的官网 https://www.anaconda.com/ 上下载安装包。如果读者需要下载历史发行版或者提高下载速度，也可以在清华镜像源中下载[④]。

这里选用 Anaconda3-2019.10-Windows-x86_64.exe 版本，下载完安装包后，双击 EXE 文件，按照指引完成下载步骤。在高级设置中选中第一个复选框，如图 3.2 所示。

完成安装后，运行 Anaconda 3，弹出如图 3.3 所示的窗口，单击 Spyder 页面下的 Launch 按钮可打开 Python 的一个集成开发环境（IDE）——Spyder。

---

③ 图片来源于 http://statisticstimes.com/tech/top-computer-languages.php。
④ 下载网址为 https://mirrors.tuna.tsinghua.edu.cn/anaconda/archive/。

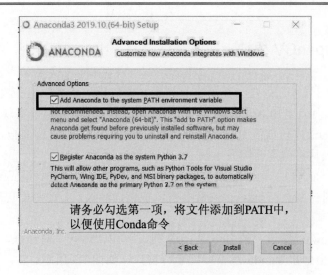

图 3.2　Anaconda 高级设置

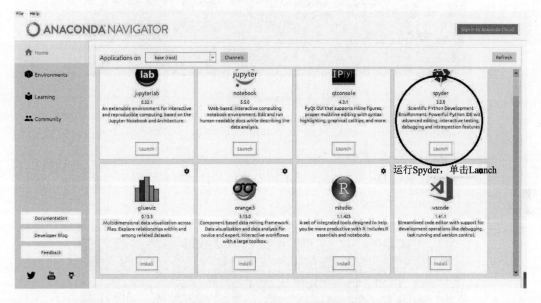

图 3.3　打开 Anaconda 并运行 Spyder

　　注意，本书中的所有代码都是使用 Spyder 进行编译的，读者也可以尝试使用其他开发平台，如 Jupyter、IPython、PyCharm 等。

Tips：这里使用的 Spyder 与 MATLAB 比较类似，使用 Spyder 编程时不用创建一个工程，因此其广泛用于科研和教学中。值得一提的是，在工作时，针对一个项目一般要创建一个工程。因此 Spyder 很少用于工作中，业界普遍使用的编辑器是 PyCharm。此外，微软的 Visual Studio 亦集成了用于 Python 开发的插件，并且也是通过工程来管理代码的。如果读者觉得Anaconda 占用的磁盘空间太大，也可以直接从 Python 的官网中下载3.6及以上版本的 Python，网址为 https://www.python.org/，并用 Python 自带的 IDLE 编程即可。

3.1.2　安装 OpenCV 模块

Python 语言的强大之处之一在于它有许多开源的模块，善用这些模块将会让 Python 变得无所不能。例如，利用 NumPy、Matplotlib 和 SciPy 模块就可以实现 MALTAB 的诸多功能。有时在 Python 中可能没有预先安装想要的模块，这时候就需要自己动手下载。例如常用的 OpenCV 模块，就需要读者下载。

要安装任意一个模块，可以使用 Python 的 pip 工具，自动获取相应的安装包并安装所需的模块。读者只需要在 Windows 的命令窗口中直接输入一行命令即可实现模块的安装，具体步骤如下。

首先按 Windows（键盘上的窗口键）+R 键，弹出"运行"对话框，输入 cmd 并单击"确定"按钮，就会弹出 Windows 命令提示符窗口，如图 3.4 所示。

图 3.4　Windows 命令窗口

为了安装 OpenCV 模块，可以直接在 Windows 命令窗口中输入如下命令：

```
pip install opencv-python
```

按 Enter 键开始获取 OpenCV 最新版本的安装包并自动将模块安装至 Python 环境中，如图 3.5 所示。

图 3.5　下载 OpenCV 安装包并自动安装

安装完后打开 Spyder，创建一个 test.py 文件并输入如下代码进行测试。

测试代码test.py

```
import cv2                      #导入 OpenCV 包，如果在此句出现错误，则证明安装失败
img = cv2.imread(r'C:\Users\yeshe47\Desktop\test.jpg',1)
        #读取测试文件，本计算机的文件路径为 C:\Users\yeshe47\Desktop\test.jpg,
        #代码中的 r 是为了便于输入文件路径，1 为图片标签，以方便使用和识别
cv2.imshow("1", img)            #将标签 1 的图片用 IMG 的格式打开
cv2.waitKey()                   #显示图片，等待输入
```

🔔**注意**：务必加上最后一句，否则无法显示图片。

运行 test.py 文件后，将显示测试文件的图片，如图 3.6 所示。

图 3.6 测试代码的运行结果

有时经常需要安装特定版本的模块，而 pip 和 Conda 默认安装的是最新版本。如果要指定安装的版本，可以在模块名后面加上"=="和版本序号，例如下面的命令即可安装 3.4.2 版本的 OpenCV。

```
pip install opencv-python==3.4.2
```

🖱️**Tips**：如果读者使用 Anaconda 一站式安装 Python 和 IDE 环境，那么可以在命令窗口中输入 conda install opencv-python 来安装 OpenCV 模块。另外，无论 pip 还是 conda，都是从国外的网站上将安装包下载下来再安装的，因此在国内下载的时候，可能会出现延迟和错误。可以使用镜像源来提高下载速度，而且可以避免一些不必要的错误。对于 pip 命令，可以在 install 后面加上相应的源位置：

```
pip install -i https://pypi.tuna.tsinghua.edu.cn/simple opencv-python
```

如果用 conda 来安装，可以在第一次使用前输入如下命令来配置默认源。

```
conda config --add channels https://mirrors.tuna.tsinghua.edu.cn/anaconda/
pkgs/free/
conda config --add channels https://mirrors.tuna.tsinghua.edu.cn/anaconda/
pkgs/main/
conda config --add channels https://mirrors.tuna.tsinghua.edu.cn/anaconda/
cloud/pytorch/
conda config --add channels https://mirrors.tuna.tsinghua.edu.cn/anaconda/
pkgs/r
conda config --set show_channel_urls yes
```

除了 OpenCV 模块外，还有许多第三方模块需要下载。安装模块的方法大同小异，大部分情况下用 pip 即可安装。安装了 Anaconda 的读者也可以尝试采用 conda 命令来安装。有时候采用 conda 安装会更加方便、完整。

3.2　MATLAB 常用工具箱简介

在 2.5 节中，我们介绍了一元非线性回归及 MATLAB 的 cftool 回归工具，读者可能已经感受到了工具箱的强大之处。许多 MATLAB 的 GUI 应用不仅可以省去大部分的编程工作，而且能够快捷地提供许多可视化的结果。

本节主要介绍机器学习中一些常见的工具箱，高效地利用这些工具箱将会大大减少学习成本。虽然如此，也希望读者不要过分依赖于工具箱。为了提高模型的可控性，还需要读者提高自身的编程能力。

3.2.1　函数句柄与搜索路径

在许多工具箱中，函数句柄经常作为输入使用，因此这里有必要先了解函数句柄。函数句柄（function handle）是 MATLAB 中的一类特殊数据结构，类似 C 语言中的指针，能够将一个函数封装成一个变量，并作为其他函数的输入。函数句柄可以用"@+函数名"的形式调用，如 ezplot(@rosenbrock)。

要使自定义的函数能够在 MATLAB 中直接使用，必须要将相应的函数文件（M 文件）添加到 MATLAB 的搜索路径中。例如，在桌面上创建一个 M 文件并自定义一个函数如下：

示例文件：**rosenbrock.m**

```
function f = rosenbrock(x)
    f = 100*(x(2) - x(1)^2)^2 + (1 - x(1))^2
end
```

如果在 MATLAB 的命令窗口中直接调用 rosenbrock 函数，则会出现如下错误：

```
>> rosenbrock([1,1])
??? Undefined function or method 'rosenbrock' for input arguments of type
'double'.
```

以上错误信息的大致意思是由于 rosenbrock 未定义而导致错误。实际上，这个错误是由于 rosenbrock.m 文件没有被 MATLAB 引擎搜索到。因此，要将 rosenbrock.m 文件添加到搜索文件中才可避免该错误。首先，在 MATLAB 命令窗口中输入 pathtool 命令，弹出对话框如图 3.7 所示。通过 Add Folder 添加所需的路径，单击 Save 按钮保存解即可完成搜索路径的添加。

添加完搜索路径后，再次调用 rosenbrock 函数即可得出结果。

```
>> rosenbrock([1,1])
f = 0
ans = 0
```

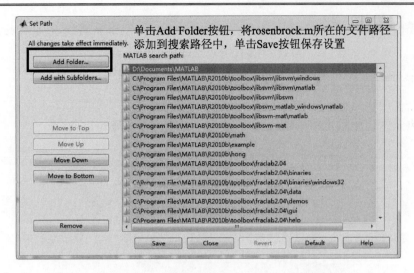

图 3.7　将 rosenbrock 函数所在的文件路径添加到搜索路径中

3.2.2　优化工具箱

优化工具箱（Optimization tool）是一个十分有用的工具。根据 2.3.1 节的介绍我们知道，模型的训练过程实际上是风险函数的寻优过程。使用 MATLAB 优化工具箱，可以求解各种无约束、带约束优化问题。

在 MATLAB 命令窗口中输入 optimtool 即可打开优化工具箱窗口，如图 3.8 所示。

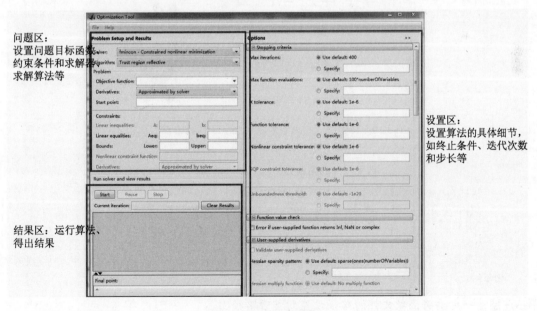

图 3.8　优化工具箱窗口

优化工具箱的详细用法不在本书的讨论范围之内，本节只是简略介绍其用法与注意事项。如果读者想要深入了解该工具箱，可以阅读帮助文档。选择图 3.8 中的 Help 菜单，然后选择相应的子菜单即可。

这里仍旧以 rosenbrock.m 文件为例，该文件中的 rosenbrock 函数[⑤]的数学表达式如下：

$$f(x_1, x_2) = 100\left(x_2 - x_1^2\right)^2 + \left(1 - x_1\right)^2$$

求解在约束条件 $x_1^2 + x_2^2 \leqslant 1$ 下，函数 $f(x_1, x_2)$ 的最小值。

首先，使用优化工具箱求解相应的问题。注意，如果一个函数有多个特征，则一定要用向量来表示它。如图 3.9 所示，将特征设置为单独变量是不可取的。

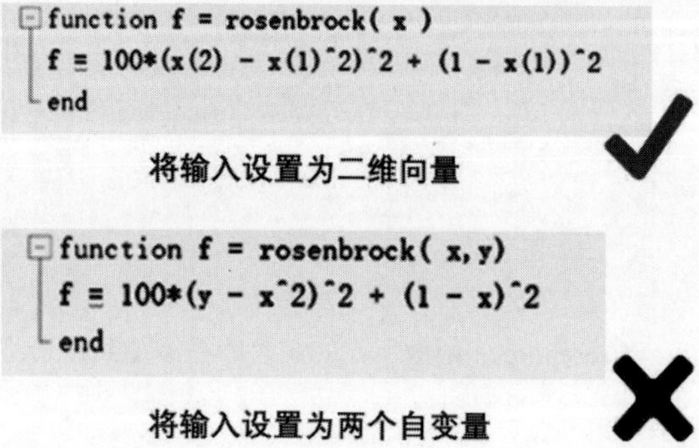

图 3.9　必须将函数的输入设置为向量

从约束条件中可以看出，rosenbrock 函数的约束条件为非线性约束。为此，需要建立约束函数的 M 文件以生成函数句柄。但请注意，一定要将约束条件转化成如图 3.10 所示的小于或等于 0 的形式。就这样，我们将约束条件写成相应的函数文件，以作为函数句柄。

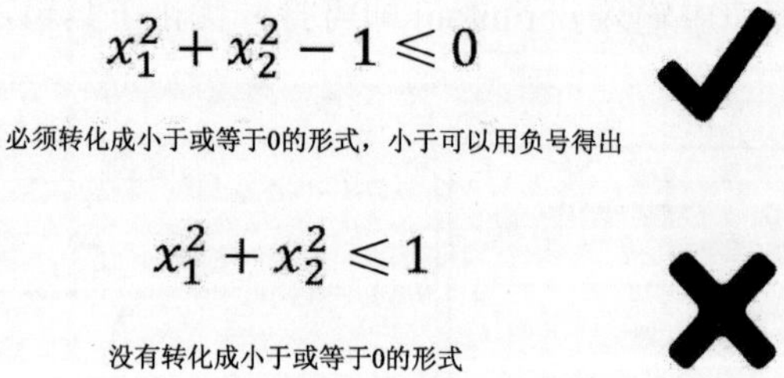

图 3.10　将不等式约束条件转化成小于或等于 0 的形式

约束条件的函数文件：constrain_sample.m

```
function [uc,uceq] = constrain_sample(x)
    %uc 表示 unlinear constrain、uceq 为… equation。
    %对照图 3.10，将不等式约束条件表达为方程（默认小于等于 0）
    uc = x(1)^2 + x(2)^2 - 1;
    uceq = [ ];      %非线性约束条件包含等式与不等式条件，由于没有等式条件，所以设为空
end
```

🔔注意：一定要将函数文件的路径设置到搜索路径上。

完成约束条件的设置后，打开优化工具箱，选择相应的求解器并设置算法，将问题输入问题区中。完成问题区的设置之后，单击结果区中的 Start 按钮，然后查看相应的结果，

---

⑤　在凸优化理论中，rosenbrock 函数是一个常用的测试函数。

如图 3.11 所示。

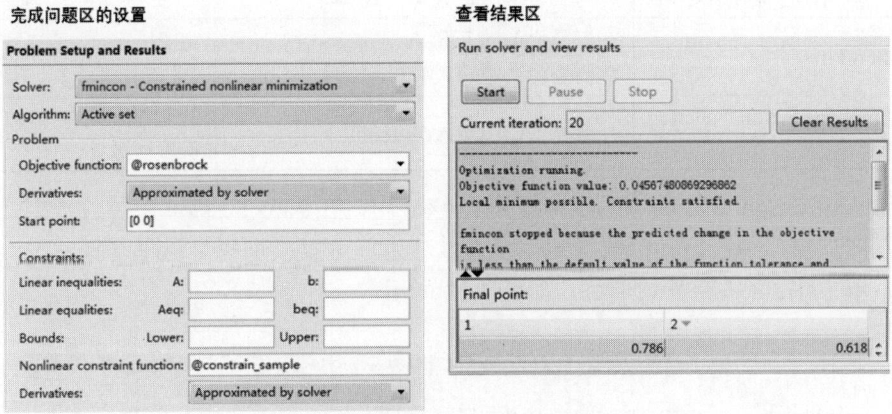

图 3.11　设置问题区并查看运行结果

从结果区中可以看出，函数在点 $(0.786, 0.618)$ 取得最小值，其最小值为 0.0457。

3.2.3　统计与机器学习工具箱

MATLAB 2016 及以上版本提供了一个强大的机器学习工具箱 Statistics and Machine Learning Toolbox，其官方介绍如下[⑥]：

Statistics and Machine Learning Toolbox 提供了用于描述数据、分析数据及为数据建模的函数和 App。用户可以使用描述性统计量和绘图进行探索性数据分析，对数据进行概率分布拟合，生成进行蒙特卡洛仿真的随机数并执行假设检验。回归算法和分类算法允许通过数据进行推断并构建预测模型。

对于多维数据分析，Statistics and Machine Learning Toolbox 提供了特征选择、逐步回归、主成分分析（Principlc Component Analysis，PCA）、正则化及其他降维方法，让用户能够识别影响模型的变量或特征。

统计与机器学习工具箱提供了有监督和无监督的机器学习算法，包括支持向量机（SVM）、提升决策树和装袋决策树、KNN、K 均值、K 中心点、层次聚类、高斯混合模型（GMM）及隐马尔可夫模型，可以使用许多统计算法和机器学习算法来计算因为太大而无法存储在内存中的大型数据集。

统计与机器学习工具箱包含 4 个 GUI 应用，具体打开方式和使用方法如表 3.1 所示。

表 3.1　统计与机器学习工具箱GUI应用一览表

应用名称	打开方式	用途
Classification Learner	在工具栏App中打开 在命令窗口中输入classificationLearner	训练各种分类器模型
Regression Learner	在工具栏App中打开 在命令窗口中输入regressionLearner	训练各种回归机

---

⑥ 见参考文献[2]。

续表

应 用 名 称	打 开 方 式	用 途
Distribution Fitter	在工具栏App打开 在命令窗口中输入dfittool	拟合一组数据的概率分布 （非参数检验）
Probability Distribution Function Tool	在命令窗口中输入disttool	绘制各种分布函数和概率密度函数

以 Classification Learner 应用为例，打开该应用，在 New Session 中导入数据。导入数据后，在图形窗口中会自动生成数据一览并默认生成分类模型树。这里选择 KNN 模型进行展示，单击 Train 按钮开始训练，如图 3.12 所示。

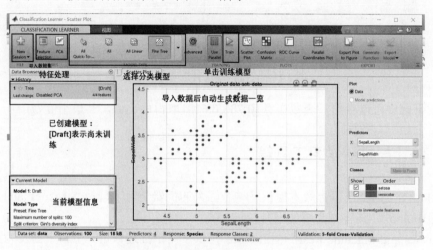

图 3.12　Classification Learner 示意 1

训练完成后，可以在绘图区画出一些可视化的评价指标，如图 3.13 所示。

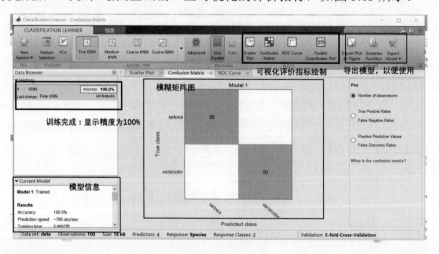

图 3.13　Classification Learner 示意 2

从图 3.13 中可以看出模型的精确度较高。也可以在 Current Model 中查看模型参数，如近邻个数 k 的取值，并且可以在 Export Model 中将模型导出到工作区中，以便后继使用。

除了上述 GUI 应用工具外，就像 Python 的模块一样，统计与机器学习工具箱提供了许多有用的函数，读者可以自行登录 MathWork 官网参阅相应的帮助文档。

3.2.4　深度学习工具箱

第 1 章中讲过，深度学习是机器学习的一种方法。深度学习主要采用多层的神经网络来完成机器学习任务。鉴于深度学习的应用日益广泛，MATLAB 单独提供了一个深度学习工具箱，以下是其官方文档的描述[⑦]。

Deep Learning Toolbox 提供了一个通过算法、预训练模型和应用程序来设计和实现深度神经网络的框架。可以使用卷积神经网络（ConvNet、CNN）和长短期记忆（LSTM）网络对图像、时序和文本数据执行分类和回归。应用程序和绘图可帮助用户可视化激活值、编辑网络架构和监控训练进度。

对于小型训练集，可以使用预训练深度网络模型（包括 SqueezeNet、Inception-v3、ResNet-101、GoogLeNet 和 VGG19）以及从 TensorFlow-Keras 和 Caffe 导入的模型中执行迁移学习。

要加速对大型数据集的训练，可以将数据分布到桌面计算机上的多核处理器和 GPU 中（使用 Parallel Computing Toolbox），或者扩展到群集和云端。

深度学习工具箱提供了多个 GUI 应用，其打开方式与用途如表 3.2 所示。

表 3.2　深度学习GUI应用一览表

应 用 名 称	打 开 方 式	用 　 途
Deep Network Designer	在工具栏App中打开 在命令窗口中输入deepNetworkDesigner	编辑和设计深度学习网络
Neural Network Start	在命令窗口中输入nnstart	一个"傻瓜"式的神经网络工具，以对话框的形式指引使用，可用于神经网络分类、回归和聚类
Neural Network Tool	在命令窗口中输入nntool	进行多种神经网络模型的训练

以 Neural Network Start 工具为例，打开该工具，弹出如图 3.14 所示的对话框。

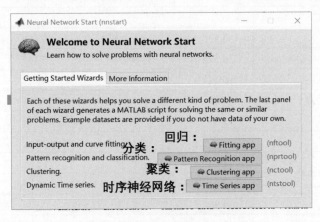

图 3.14　Neural Network Start 工具

---

⑦　见参考文献[3]。

根据英文指示，用户可以轻松完成各种设计网络模型的训练与应用。

3.2.5　其他有用的工具

除了前面介绍的工具箱之外，比较有用的工具箱还有计算机视觉工具箱（Computer Vision Toolbox）、信号处理工具箱（Signal Processing Toolbox）、图像处理工具箱（Image Processing Toolbox）和文本分析工具箱（Text Analysis）。在实际应用中，机器学习的输入不仅包括数值型，还包括图像、语音信号和一系列文本等，而这些工具箱可用于处理这种类型的输入，使之转化为数字特征。善用这些工具箱，将会搭建一座通往实际应用的桥梁，让机器学习不再是屠龙之技。

3.3　多元线性回归及其 Python 实现

通过第 2 章的学习，想必读者已经对一元线性回归有了深刻的理解。一元线性回归推广到多个特征即为多元线性回归模型，它在许多实际问题中亦有广泛运用，本节将以一个案例为基础，讲解使用多元性回归模型的一般步骤和 Python 实现。

3.3.1　案例：Boston 房价预测

已知 Boston 城市的 4 个地段以及每个地段的各项数据如表 3.3 所示[8]。

表 3.3　Boston房价（部分数据）

序号	1	2	3	4
犯罪率	0.00632	0.02731	0.02729	0.03237
住宅用地所占比例	18	0	0	0
非零售业务比例	2.31	7.07	7.07	2.18
是否邻河	0	0	0	0
氮氧化物浓度	0.538	0.469	0.469	0.458
平均房间数	6.575	6.421	7.185	6.998
旧房比例	65.2	78.9	61.1	45.8
与就业中心的距离	4.09	4.9671	4.9671	6.0622
与铁路距离	1	2	2	3
财产税	296	242	242	222
师生比例	15.3	17.8	17.8	18.7
黑人比例	396.9	396.9	392.83	394.63
贫困人口比例	4.98	9.14	4.03	2.94
价格中位数（$1000）	24	21.6	34.7	33.4

---

[8] 表 3.3 和表 3.4 以及表 3.8 至表 3.11 均来自参考文献[4]。

要求依照给定数据训练一个模型，然后根据每个地段的各项数据，使用该模型预测该地段的平均房价。

根据我们的生活经验，可以猜测房价与这些特征（各项数据）之间存在线性关系：

$$\hat{y} = \boldsymbol{\omega}^{\mathrm{T}} \boldsymbol{x} \tag{3.1}$$

其中，$\boldsymbol{x} = \left(1, x_{犯罪率}, x_{ZN比例}, \cdots, x_{贫困人口比例}\right)^{\mathrm{T}}$，$\boldsymbol{\omega} = (\omega_0, \omega_1, \cdots, \omega_{13})^{\mathrm{T}}$。1 与 ω_0 表示截距项，y 为价格的预测值，式（3.1）即为多元线性回归模型。

最理想的参数 $\boldsymbol{\omega}$ 应使风险函数最小：

$$\arg\min_{\boldsymbol{\omega}} c(\boldsymbol{\omega}) = \frac{1}{m} \sum_{i=1}^{m} \left(\boldsymbol{\omega}^{\mathrm{T}} \boldsymbol{x}_i - y_i\right)^2 \tag{3.2}$$

其中，m 为训练集的个体数，根据 2.1.2 节的介绍，用矩阵的形式可以表示为：

$$\arg\min_{\boldsymbol{\omega}} c(\boldsymbol{\omega}) = \frac{1}{m} \left| \boldsymbol{X}\boldsymbol{\omega} - \boldsymbol{y} \right|^2 \tag{3.3}$$

在式（3.3）中对 $\boldsymbol{\omega}$ 求偏导并令其为 0 的方式解出 $\boldsymbol{\omega}$：

$$\boldsymbol{\omega} = (\boldsymbol{X}^{\mathrm{T}}\boldsymbol{X})^{-1} \boldsymbol{X}^{\mathrm{T}} \boldsymbol{y} \tag{3.4}$$

解出模型的参数之后，根据式（2.6）、式（2.7）和式（2.9）就可以计算出模型在训练集、测试集中的评价指标了，由此决定是否采纳该模型。

3.3.2 多元线性回归的一般步骤

通过 3.3.1 节中的案例介绍，想必读者对多元线性回归有了深刻的理解。本节归纳出多元线性回归的一般步骤如下：

❑ 问题提出：根据多特征的输入 $\boldsymbol{x} = \left(x^0, x^1, \cdots, x^n\right)^{\mathrm{T}}$ 预测数值连续型随机变量 y。

❑ 假设模型：假设输入与输出之间存在线性关系，提出模型 $\hat{y} = \boldsymbol{\omega}^{\mathrm{T}} \boldsymbol{x}$。

❑ 模型训练：提出一个风险函数 $c(\boldsymbol{\omega})$，可以是最小二乘、极大似然或最小描述，然后将参数求解问题转化为优化问题，从而求解出参数 $\boldsymbol{\omega}$。

❑ 评价模型：使用 R 方、MSE 或者调整 R 方等评价指标，分别计算模型在训练集和测试集中的拟合优度。

3.3.3 Python 实现

仍旧以 3.3.1 节的案例为例，由于 Python 的 Sklearn 模块自带 Boston 数据集，所以可以通过 sklearn.datasets 模块的 load_boston 函数直接导入数据集。为了进行模型评价，需要将数据集按比例拆分成训练集和测试集。拆分数据集可以通过 sklearn.model_selection 模块的 train_test_split 函数实现，设置参数 test_size 的值来调整拆分比例。这里令 test_size=0.3，即将数据按 7∶3 的比例进行拆分。

然后实例化一个 sklearn.linear_model 模块的 LinearRegression 类，再通过实例对象的 .fit() 接口对模型进行训练，代码如下（代码文件为 linear_regression.py[⑨]）。

---

⑨ 书中展示的所有代码文件可从 https://github.com/1259975740/Machine_Learning/ 上获取。

```
"""模型训练"""
#导入 Sklearn 自带的数据集 load_boston
from sklearn.datasets import load_boston
from sklearn.model_selection import train_test_split  #该模块用于拆分数据集
#导入 LinearRegression 类，用于产生线性回归模型
from sklearn.linear_model import LinearRegression
import matplotlib.pyplot as plt      #导入画图模块 pyplot 并更名为 plt
boston = load_boston()               #导入 Boston 数据集
X,y = boston.data,boston.target      #将数据集的特征、因变量分别赋值给变量 X 和 y
lr = LinearRegression()              #创建线性回归模型
X_train,X_test,y_train,y_test = train_test_split(X,y,test_size=0.3,
random_state=1)
#将数据集按照 7∶3 的比例进行划分
lr.fit(X_train,y_train)              #训练线性回归模型
print('模型的截距项：',lr.intercept_) #输出模型参数
for i in range(0,13):
    print('模型的ω%d 项：%f'%(i+1,lr.coef_[i]))
```

运行上述代码，得出多元线性回归模型的表达式如下：

$$y = 46.42 - 0.097x_1 + 0.061x_2 + 0.060x_3 + \cdots - 0.060x_{13}$$

Tips：初学编程的读者在阅读时可能会感到疑惑，什么是类、实例、对象和接口呢？在面向对象的编程中，通常将许多变量（称为属性）和函数（称为接口）封装在一个类中。类是一个抽象的概念，一般情况下需要实例化一个对象方可使用。打个比方，类与对象就如鱼是一个种类，而水里的鱼是实实在在的一个个体一样。前者为类，后者为对象。而调用对象中封装好的函数，即接口，就可以修改对象中的属性。通常，许多属性都是封装的和不可见的，使用者也无须知道它们的存在。通过将代码封装成一个类，再通过实例化对象使用这个类。这样可以避免重复编程，使编程更简洁，此即为面向对象的编程方法。

得到模型后，需要在训练集和测试集中查看模型的拟合优度，以审核模型的效果。这里分别计算模型在训练集、测试集中的 R 方和 MSE，计算方法如 2.1.3 节所述。在 Python 中，可以通过 sklearn.metrics 模块的 r2_score、mean_squared_error 函数计算模型的 R 方和 MSE，代码如下（接上段代码）。

```
"""模型评价"""
#导入函数 r2_score、mean_squared_error，用于评价模型
from sklearn.metrics import r2_score,mean_squared_error
y_train_pred = lr.predict(X_train)                    #模型在训练集中的预测值
mse_train =mean_squared_error(y_train,y_train_pred)   #在训练集中的 MSE
r2_train = r2_score(y_train,y_train_pred)             #在训练集中的 R 方
#输出 R 方与 MSE
print("训练集 MSE：%.3f\n 训练集 R 方：%.3f"%(mse_train,r2_train))
y_test_pred = lr.predict(X_test)                      #数据集为测试集
mse_test = mean_squared_error(y_test,y_test_pred)
r2_test = r2_score(y_test,y_test_pred)
#输出拟合优度值
print("测试集集 MSE：%.3f\n 测试集集 R 方：%.3f"%(mse_test,r2_test))
```

为了直观地评估模型的效果，可以画出 y_i，$\hat{y}_i$ 与个体构成的曲线，也可以以预测值为 x 轴，以实际值为 y 轴画出所有个体，如图 3.15 所示，画图的实现代码如下。

```
"""画图代码"""
"""由于 Matplotlib 模块默认不显示中文，因此需要额外设置中文字体"""
font1 = {'family' : 'SimHei',
'weight' : 'normal',
'size'   : 16,
}
plt.rcParams['font.sans-serif']=['SimHei']                #画图时显示中文字体
plt.rcParams['axes.unicode_minus'] = False
"""画出图 3.15"""
plt.figure(figsize=(12,4))                                #创建画布
plt.subplot(121)
plt.plot(y_test,"-",linewldth=1.5,label='实际值')         #画出测试集中的实际数据点
#画出测试集中的拟合数据点
plt.plot(y_test_pred,"--",linewidth=1.5,label='预测值')
plt.legend(loc='best',prop=font1)                         #设置标签位置
plt.xlabel('个体',fontsize=20)                            #设置 X 轴
plt.ylabel('输出值',fontsize=20)                          #设置 y 轴
plt.subplot(122)
plt.plot(x_test,y_test_pred,'o')                          #以实际值为 x 轴，以预测值为 y 轴
plt.plot([-10,60],[-10,60],'k--')                         #画出对角线
plt.axis([-10,60,-10,60])                                 #设置图形范围
plt.xlabel('预测值',fontsize=20)
plt.ylabel('实际值',fontsize=20)
r2 = 'R$^2$ = %.3f' %r2_test
mse = 'MSE = %.3f' %mse_test
plt.text(-5,50,mse,fontsize=20)                           #画出左上角的文字
plt.text(-5,35,r2,fontsize=20)
```

运行上述代码，可以算出模型在训练集中的 R 方和 MSE 分别为 0.710 和 23.513；模型在测试集中的 R 方和 MSE 分别为 0.784 和 19.830。输出图像如图 3.15 所示。

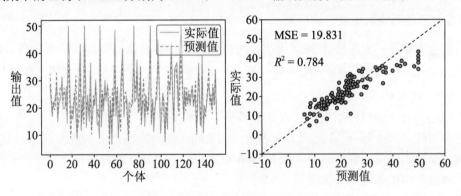

图 3.15　可视化拟合优度（测试集）

从图 3.15 左图中可以看出实际数据与拟合数据的走向基本一致。从右图中可以看出，实际值与预测值都集中在对角线上，可见数据的偏差不大。在回归任务中，画出形如图 3.15 所示的图是一种常见的可视化方法，通过这类图像可以大致判断拟合的效果，有时候还可以发现一些数字指标看不到的信息。

Tips：Matplotlib 是 Python 中一个常用的画图模块，读者可以根据 3.1.2 节介绍的方法，使用 pip install 命令来安装该模块。如果使用 Anaconda 一站式安装 Python 和 IDE，那么在安装过程中已经将 Matplotlib 模块安装好了，只需要直接用 import 方法导

入对应的库就可以使用了。另外，就如上面代码展示的一样，可以通过 subplot 函数画出多幅图像。

3.3.4　Ridge 回归

2.4.2 节曾提过拟合的问题。所谓过拟合，是指模型在训练集中表现优异，而在测试集中其拟合效果就差强人意了。为了减少过拟合的程度，其中一种有效的方法是对模型进行正则化，正则化是指在风险函数中加入正则项。以线性回归为例，可将式（3.2）的风险函数改写为：

$$\arg\min_{\boldsymbol{\omega}} c(\boldsymbol{\omega}) = \frac{1}{m}\sum_{i=1}^{m}\left(\boldsymbol{\omega}^{\mathrm{T}}\boldsymbol{x}_i - y_i\right)^2 + \alpha\|\boldsymbol{\omega}\|_{l2}^2$$

其中，$\|\boldsymbol{\omega}\|_{l2}$ 为 $l2$ 范数，$\|\boldsymbol{\omega}\|_{l2} = \sqrt{\omega_0^2 + \omega_1^2 + \cdots + \omega_n^2}$，$n$ 为特征个数。同样对 $\boldsymbol{\omega}$ 求导并令其为 0，可得：

$$\boldsymbol{\omega} = (\boldsymbol{X}^{\mathrm{T}}\boldsymbol{X} + \alpha\boldsymbol{I}_m)^{-1}\boldsymbol{X}^{\mathrm{T}}\boldsymbol{y} \tag{3.5}$$

其中，α 为正则化系数、$\alpha\|\boldsymbol{\omega}\|_{l2}^2$ 为补偿项，风险函数包含该项的线性回归，也称为 Ridge 回归。

由于风险函数中包含补偿项，使得参数 $\boldsymbol{\omega}$ 无法无限地往最优值靠拢，所以可以防止模型过度拟合训练集。另外，正则化可以解释为"牺牲"一定的精确度来降低预测值 $\hat{y}_i$ 的方差。方差反映一组数据的波动水平，方差降低意味着 $\hat{y}$ 的波动不大，这样就加强了模型对陌生数据的处理能力。但相对的，MSE 可能会增大。物极必反，如果正则化系数 α 设置得非常大，那么 $\left(\boldsymbol{\omega}^{\mathrm{T}}\boldsymbol{x}_i - y_i\right)^2$ 项的作用就会降低，导致方差接近 0，从而使误差非常大，模型欠拟合。

更深一层的解释是，对于式（3.4）而言，如果输入的各个特征 x_i 存在线性关系，那么 $\boldsymbol{X}^{\mathrm{T}}\boldsymbol{X}$ 很有可能是病态矩阵，即行列式 $\det\left|\boldsymbol{X}^{\mathrm{T}}\boldsymbol{X}\right| \approx 0 \neq 0$。于是它的逆或者说伪逆将会对数值的波动十分敏感。表现为 $\boldsymbol{X}$ 变化很小，而得出的 $\boldsymbol{\omega}$ 千差万别。但加入正则项后，总可以找到一个 α，使得 $\det\left|\boldsymbol{X}^{\mathrm{T}}\boldsymbol{X} - \alpha\boldsymbol{I}_m\right| = 0$，$\boldsymbol{X}^{\mathrm{T}}\boldsymbol{X} - \alpha\boldsymbol{I}_m$ 为一个可逆、非奇异的矩阵，从而使 $\boldsymbol{\omega}$ 对 $\boldsymbol{X}$ 的变化就相对不敏感了。

正则化的数学解释相对复杂，在此读者先了解其简单的工作原理即可，详细的数学解释将会在后续章节中展开。在此读者应着重学习 Ridge 回归的 Python 实现方法，仍旧以 3.3.1 节为例，设置正则化系数 $a = 0.5$，用 Boston 数据集训练 Ridge 回归模型，并计算模型在训练集和测试集中的 R 方与 MSE。

在 Python 中，可以用 sklearn.linear_model 模块的 Ridge 类实现 Ridge 回归，并通过设置类的初始化参数 alpha 来调整正则化系数 α 的值，代码如下。

```
…续上节代码
"""Ridge 回归"""
from sklearn.linear_model import Ridge    #导入 Ridge 类，用于产生 Ridge 回归
rdg = Ridge(alpha = 0.5)                   #使用 Ridge 回归模型设置 alpha 为 0.5
rdg.fit(X_train,y_train)                    #训练 Ridge 回归模型
y_train_pred = rdg.predict(X_train)        #计算训练集中的拟合值
#计算训练集中的 MSE 与 R 方
mse_train_2 = mean_squared_error(y_train,y_train_pred)
r2_train_2 = r2_score(y_train,y_train_pred)       #计算模型的 R 方
y_test_pred =rdg.predict(X_test)                  #计算模型在测试集中的预测值
```

```
mse_test_2 = mean_squared_error(y_test,y_test_pred)
r2_test_2 = r2_score(y_test,y_test_pred)
#输出评价指标
print("训练集 MSE: %.3f\n 训练集 R 方: %.3f"%(mse_train_2,r2_train_2))
print("测试集集 MSE: %.3f\n 测试集集 R 方: %.3f"%(mse_test_2,r2_test_2))
```

运行以上代码，可得模型在训练集中的 R 方和 MSE 分别为 0.709 和 23.658，模型在测试集中的 R 方和 MSE 为 0.788 和 19.426。

对比普通的线性回归可以看出，模型在训练集中的 R 方有所降低，而测试集中的 R 方有所提高，这其实是 Ridge 正则化导致模型泛化能力增强的结果。

Tips：对象的某些属性可以在初始化类时就进行赋值。在 Python 面向对象实现中，一般通过 __init__ 函数实现对象属性初始化赋值。就如上述代码中的 rdg 对象，其属性 alpha 就是通过初始化赋值的。当然，这些是 Ridge 类的底层代码，读者大可不管。如果读者感兴趣想观察它们的实现，可以直接在各 IDE 中打开其源码。本书主要介绍机器学习的相关内容，因此很多概念为了方便读者理解，使用了容易理解的词，如使用"参数""函数"来描述一些"属性""接口"之类的名词。

还有一个问题，如何选取正则化系数 α 的值呢？遗憾的是，α 的选取至今未存在标准的方法。只能通过遍历 α 的所有取值，再结合实际拟合优度来选择（如第 5 章中将会介绍的交叉验证法和网格寻优法）。

3.4　逻辑回归及其 Python 实现

逻辑回归与它的名称相反，逻辑回归实际上用于解决分类问题。在回归问题中，有时候使用线性回归的拟合效果很牵强，那么就应该使用非线性回归。分类问题亦如此，如图 3.16 所示[⑩]。对于一个分类问题，如果可以找到一个超平面，使得超平面两边的数据点能够正确分类，则称其为线性可分问题。反之，如果找不到一个超平面使得数据点能够正确分类，则称该问题为线性不可分问题。

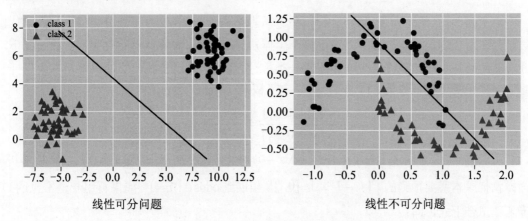

线性可分问题　　　　　　　　　　　线性不可分问题

图 3.16　线性可分问题与不可分问题

---

⑩ 画图代码见 pic3.16.py。

对于某些线性不可分问题，在误差允许的条件下，也可以视为线性可分，如图 3.17 所示。

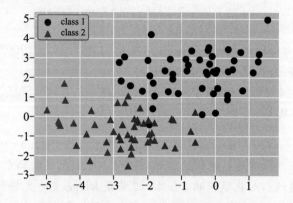

图 3.17　可视为线性可分问题的不可分问题

因此，线性分类器具有相当广泛的应用，逻辑回归即是其中之一。当然，使用核函数的方法，逻辑回归也可以用于解决线性不可分问题。读者可以参阅 7.5.2 节的内容，了解核函数的概念和原理。

🖐Tips：图 3.16 和图 3.17 所示的数据集可以用 sklearn.datasets 模块画出。sklearn.datasets 可以方便、快捷地产生分类和回归数据集。除了 load_xxx 函数导入 Sklearn 自带 的数据集，如 Boston、IRIS 数据集外，还可以用 make_xxx 函数自动产生分类或 回归数据集。例如：用 make_classification 产生二分类和多分类数据集；用 make_regression 产生回归数据集。关于 make_xxx 函数还有很多形式，这里就不 再赘述了。另外，也可以使用 fetch_xxx 从远程下载数据集，但由于网络原因， 国内用户可能下载不了。

3.4.1　逻辑回归的原理

再次强调，虽然名为逻辑回归,但模型本质上是一个分类器。对于二分类问题 $y=\{0,1\}$，假设存在一个容量为 m 的样本，对于每个个体 i，用向量 $\boldsymbol{x}_i$ 表示其特征向量。一般情况下，分类器的回答不应该是"某个体属于哪一类"，而是"个体属于某一类的概率是多少"。因此记 y_i 属于类 1 的概率为 $P(y_i=1|\boldsymbol{x}_i)$，定义概率（odds）为：

$$\text{odds} = \frac{P(y_i=1|\boldsymbol{x}_i)}{P(y_i=0|\boldsymbol{x}_i)} = \frac{P(y_i=1|\boldsymbol{x}_i)}{1-P(y_i=1|\boldsymbol{x}_i)} \tag{3.6}$$

可以看到，当 $P(y_i=1|\boldsymbol{x}_i) \to 1$ 时，$\text{odds} \to \infty$；反之，当 $P(y_i=1|\boldsymbol{x}_i) \to 0$ 时，$\text{odds} \to 0$。这样就把原本所要预测的 $P(y_i=1|\boldsymbol{x}_i) \in [0,1]$，拓展到 $\text{odds} \in [0,\infty)$。如果再用一个常见的初等函数拟合上式，即：

$$\text{odds} = \frac{P(y_i=1|\boldsymbol{\omega},\boldsymbol{x}_i)}{1-P(y_i=1|\boldsymbol{\omega},\boldsymbol{x}_i)} = \exp(\boldsymbol{\omega}^{\mathrm{T}}\boldsymbol{x}_i) \tag{3.7}$$

对式（3.7）进行一些变换，就可用线性预测器 $\boldsymbol{\omega}^{\mathrm{T}}\boldsymbol{x}_i$ 来预测 $P(y_i=1|\boldsymbol{\omega},\boldsymbol{x}_i)$ 的取值：

$$\boldsymbol{\omega}^{\mathrm{T}}\boldsymbol{x}_i = \log\left(\frac{P(y_i=1|\boldsymbol{\omega},\boldsymbol{x}_i)}{1-P(y_i=1|\boldsymbol{\omega},\boldsymbol{x}_i)}\right)$$

于是将 $\mathrm{odds}\in[0,\infty)$ 拓展到 $\log(\mathrm{odds})\in(-\infty,+\infty)$，同时将问题转化为线性回归问题。从上式中亦可以看出逻辑回归本质上属于线性分类器，用它来解决线性不可分问题势必会存在误差。

同样由式（3.7）可以得出：

$$P(y_i=1|\boldsymbol{\omega},\boldsymbol{x}_i) = f(\boldsymbol{\omega},\boldsymbol{x}_i) = \frac{1}{1+\mathrm{e}^{-\boldsymbol{\omega}^{\mathrm{T}}\boldsymbol{x}_i}} \tag{3.8}$$

式（3.8）即为逻辑回归模型。

在 2.3.1 节中曾经讲过，对于不同模型，在同一 $\boldsymbol{\omega},\boldsymbol{x}_i$ 下，y_i 服从不同的分布。我们已经证明线性回归对应正态分布，因为：

$$P(y_i|\boldsymbol{\omega},\boldsymbol{x}_i) = P(y_i=1|\boldsymbol{\omega},\boldsymbol{x}_i)^{y_i}\bullet P(y_i=0|\boldsymbol{\omega},\boldsymbol{x}_i)^{1-y_i} \tag{3.9}$$

所以在逻辑回归模型下，y_i 服从概率 P 与 $\boldsymbol{\omega},\boldsymbol{x}_i$ 有关的伯努利分布。

3.4.2　逻辑回归的训练

有了 $P(y_i|\boldsymbol{\omega},\boldsymbol{x}_i)$ 的表达式，可以很容易想到使用极大似然法：

$$\arg\max_{\boldsymbol{\omega}} L(\boldsymbol{\omega}) = \prod_{i=1}^{m} P(y_i|\boldsymbol{\omega},\boldsymbol{x}_i) = \prod_{i=1}^{m} P(y_i=1|\boldsymbol{\omega},\boldsymbol{x}_i)^{y_i}\bullet P(y_i=0|\boldsymbol{\omega},\boldsymbol{x}_i)^{1-y_i}$$

$$= \prod_{i=1}^{m} f(\boldsymbol{\omega},\boldsymbol{x}_i)^{y_i}\bullet\left(1-f(\boldsymbol{\omega},\boldsymbol{x}_i)^{1-y_i}\right)$$

将似然函数取对数，整理可得：

$$\arg\max_{\boldsymbol{\omega}} l(\boldsymbol{\omega}) = \arg\max\ln\left(L(\boldsymbol{\omega})\right) = \sum_{i=1}^{m} -\ln(1+\mathrm{e}^{\boldsymbol{\omega}^{\mathrm{T}}x_i}) + \sum_{i=1}^{m} y_i\boldsymbol{\omega}^{\mathrm{T}}\boldsymbol{x}_i$$

可以看出，求解模型的过程实际就是求解优化问题。对于上述优化问题，很难找到像式（3.4）这样的解析解。因此，需要使用迭代的方法求解数值解，详细算法将在第 5 章介绍。结合 3.2.2 节所学，也可以使用 MALTAB 优化工具箱求解模型参数。

3.4.3　分类阈值的选取

通过极大似然法可以求出模型的参数 $\boldsymbol{\omega}$，用式（3.8）可以计算出概率 $P(y_i=1|\boldsymbol{\omega},\boldsymbol{x}_i)$。一般认为，当 $P(y_i=1|\boldsymbol{\omega},\boldsymbol{x}_i)\geqslant0.5$ 时，可认为 $y_i=1$。但在实际应用中，取 0.5 作为划分阈值并不理想。因此在机器学习领域里引入了诸多方法以选取合适的阈值，并顺势引入了新的评价分类模型的方法。

1．选取阈值点

假设存在一个具有两个特征的数据集，如图 3.18 左图所示。

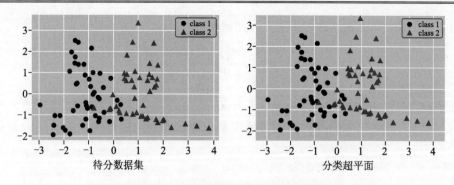

图 3.18　待分类数据集与分类超平面

从图 3.18 中可以直观地看出，该问题明显属于线性不可分问题，但在误差允许范围之内，仍旧可以用线性分类器求解。应用逻辑回归，可以得出一个分类超平面，如图 3.18 右图所示，并得到形如式（3.7）的逻辑回归模型。于是，对于每个个体 x_i，都有：

$$\hat{y}_i = \begin{cases} 1 & P\left(y_i = 1 \mid \boldsymbol{\omega}, \boldsymbol{x}_i\right) \geqslant b \\ 0 & P\left(y_i = 1 \mid \boldsymbol{\omega}, \boldsymbol{x}_i\right) < b \end{cases}$$

由于 b 的选择不能主观断定，所以学者们引入了 ROC（Receiver Operating Characteristic）曲线，以寻找最优的阈值。首先分别定义假阳性率（FPR）和真阳性率（TPR）为：

$$\text{FPR} = \frac{\text{FP}}{\text{FP} + \text{FN}} \text{、} \quad \text{TPR} = \text{Recall} = \frac{\text{TP}}{\text{FP} + \text{FN}} \tag{3.10}$$

其中，FP、FN 和 TP 等定义见 2.4.1 节。

对于每个阈值 b，都可以计算出相应的 FPR、TPR。分别以 FPR、TPR 为 x 轴和 y 轴，描出所有 b 值对应的 FPR、TPR 构成的曲线，这条曲线即为 ROC 曲线。

于是，对图 3.18 所示的数据集，在测试集上画出模型的 ROC 曲线如图 3.19 所示 [11]。

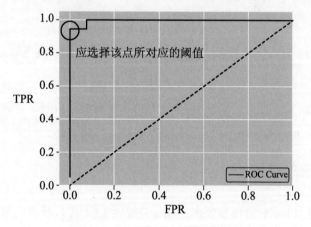

图 3.19　测试集上的 ROC 曲线

显然，我们希望 TPR 越高、FPR 越低，因此应该选择图 3.19 中的圆圈部分。查出此处的阈值为 $b = 0.612$。可见，0.5 为阈值不一定是最好的。

同理，对于每一个阈值点，也可以通过式（2.23）和式（2.24）计算出相应的准确率

---

⑪ 画图代码可参阅文件 demo_for_3.4.3.py。

（Precision）、回报率（Recall），并画出准确率-回报率曲线来选择阈值。

2. 用AUC评价模型

从 2.4.1 节中我们了解到，评价分类问题的指标有精确度、Jaccard 系数、准确率、回报率和 F-Beta 值。除此之外，基于 ROC 曲线，机器学习学者们提出了另一个指标 AUC（Area Under Curve，曲线下面积）。由于 ROC 曲线落在 $[0,1]$ 处，如果 ROC 曲线以下的面积接近 1，则证明该算法较为优异。这是因为如果 AUC 接近 1，则表示无论阈值 b 取值为多少，分类器都能正确分类，所以模型的稳定性强。另外，AUC 接近 1，意味着 TPR 亦趋近 1，模型的准确性较高。

因此，可以根据 AUC 的值评价模型的效果。就上例而言，可以目测出 ROC 曲线所围成的 AUC 已经接近 1，可见该模型的效果可嘉。

3.4.4　实例：鸢尾花分类问题

现在有收集 150 条鸢尾花的特征与类别构成的数据（该数据集可以通过 Sklearn 自带的数据集导入），其中类别 $y=\{0,1,2\}$，部分数据展示如表 3.4 所示。

表 3.4　鸢尾花特征与类别数据（部分）

萼　　长	萼　　宽	瓣　　长	瓣　　宽	类　　别
5.3	3.7	1.5	0.2	1
5	3.3	1.4	0.2	0
7	3.2	4.7	1.4	0
6.4	3.2	4.5	1.5	0
6.9	3.1	4.9	1.5	0

为了简化问题，这里将 $y=2$ 的所有数据点剔除，使之成为二分类问题。要求根据花的四个特征和提供的数据集，训练一个逻辑回归模型。

首先通过 sklearn.datasets 模块的 load_iris 函数导入 IRIS 数据集，删除类别为 $y=2$ 的所有个体后，将数据集按 7∶3 的比例拆分成训练集和测试集，代码如下。

代码文件：logistic_regression.py

```
iris = load_iris()              #导入数据集
idx = iris.target!=2            #以下 3 行代码剔除了类别为 2 的鸢尾花（共 0,1,2）
X = iris.data[idx]              #将特征与因变量赋值为 X, y
y = iris.target[idx]
X_train,X_test,y_train,y_test = train_test_split(X,y,test_size=0.3,
random_state=1)                 #按 7∶3 的比例拆分数据集
```

🔔注意：这里省略了导入模块的代码，读者可直接参照代码文件进行获取。

通过 sklearn.linear_model 模块的 LogisticRegression 类，设置参数 penalty 为 none，从而产生一个逻辑回归模型。然后分别在训练集和测试集中计算模型的精确度、准确率、召回率和 F1 值并将它们构成一个报表。该报表可以用 sklearn.metrics 模块的 classification_ report 函数得到，实现代码如下（接上面的代码）。

```
lg = LogisticRegression(penalty='none')              #生成逻辑回归模型
lg.fit(X_train,y_train)                              #训练模型
"""模型评价"""
y_train_pred = lg.predict(X_train)                   #计算模型的预测值
#输出准确率、召回率、F1值、精确度等构成的报表
print(classification_report(y_train,y_train_pred))
y_test_pred = lg.predict(X_test)
print(classification_report(y_test,y_test_pred))
```

运行上述代码，输出结果如下：

```
             precision    recall  f1-score   support

        0[12]1.00        1.00      1.00        36
        1        1.00    1.00      1.00        34

    accuracy                       1.00        70
   macro avg[13]       1.00    1.00      1.00        70
             precision    recall  f1-score   support

        0        1.00    1.00      1.00        14
        1        1.00    1.00      1.00        16

    accuracy                       1.00        30
   macro avg     1.00    1.00      1.00        30
```

从结果报表中可以看出，无论在测试集中还是训练集中，模型的拟合优度都是一流的。实际上，鸢尾花识别问题是一个线性可分问题，因此使用线性分类器能够正确地拟合它。至此，该问题已经告一段落。但为了巩固所学，这里将继续画出 ROC 曲线并计算 AUC 的值。

在 Python 中可以用 sklearn.metrics 模块中的 roc_curve、auc 函数，画出 ROC 曲线并计算 AUC 的值，代码如下。

```
"""画出 ROC 曲线并计算 AUC"""
y_score = lg.decision_function(X_test)               #计算属于各类的概率
#找到阈值拐点，并计算 TPR 和 FPR
fpr,tpr,thresholds = roc_curve(y_test,y_score)
print('AUC 的值:',auc(fpr,tpr))                       #计算并输出 AUC
plt.figure()                                         #以下代码画出 ROC 曲线
plt.plot(fpr,tpr,'k',label='ROC Curve')
plt.plot([0,1],[0,1],'k--')
plt.axis([-0.05,1,0,1.05])                           #画中间的虚线
plt.xlabel('FPR')
plt.ylabel('TPR')
plt.legend(loc='best')
```

运行以上代码即可画出 ROC 曲线，如图 3.20 所示，并得到 AUC 的值为 1，从而进一步证明了模型是可取的。

---

⑫ 0 为类别 0。将所有属于 0 的个体构成一个子数据集，然后计算模型在该子数据集中的拟合优度指标（support 为子数据集的个体数）。

⑬ 将模型在各子数据集（子数据集由总数据集按类别划分而成）中的拟合优度取平均值得出。

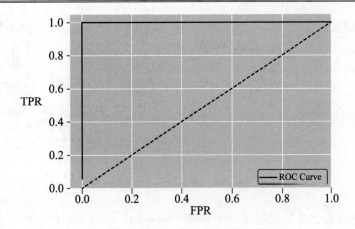

图 3.20　鸢尾花分类模型的 ROC 曲线

Tips：使用 sklearn.metrics 模块可以计算出模型的拟合优度，如上述的 classification_report、roc_curve 和 auc 函数等。但在使用之前，务必要导入函数。除此之外，metrics 中的 make_scorer 函数可以将 metrics 中的评价指标函数如 accuray_score 等封装到一个对象中，从而作为另一个函数的输入参数。这种做法通常在交叉验证（将后续章节介绍）及训练神经网络时。

3.4.5　类别不均衡

　　就像硬币的两面一样，泾渭分明，机器学习也一样，如果训练集中两个类别的个体数为 1∶1，则分类器不能"蒙混过关"。设想如果两类的个体数比例达到 95∶5，那么一个只会点头的分类器也许能达到 95% 的精确度！这显然不是我们想要的。一般，我们称两个类别个体数相差过大为类别不均衡问题。

　　在实际应用中，这种 95∶5 的数据集是很常见的。例如，设计一个邮件过滤器时，人们都愿意提供他们的垃圾邮件，但在提供包含个人隐私的有效邮件时往往会犹豫不决。考虑到类别不均衡将会对模型产生严重的负面影响，本节将讨论类别不均衡的解决办法。

1．欠采样

　　解决类别不均衡的一种方法是降低多数类的个体数，将该方法称为欠采样（under-sampling）。最容易想到的剔除方法是随机抽样删除，但因为随机抽样的方法剔除多数类个体会导致信息丢失，为了解决这个问题，学者们提出了如下思想并衍生了诸多方法。

　　一种是分组综合的思想。其是从多数类中随机采样，然后与少数类组合成多个类别平衡的训练集，接着训练多个模型再综合考虑其结果，如图 3.21 所示。

　　分组综合实现衍生的欠采样的方法有：简单集成（EasyEnsamble）和平衡级联（BalanceCascade）。两者的主要区分在于如何从子模型得到结果上。前者主要属于 Bagging 集成，后者使用了 Boost 集成。关于集成模型的内容将在第 13 章介绍。

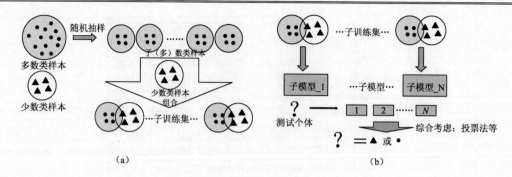

图 3.21　欠采样的基本思想

　　另一种缓解信息丢失的思想是原型选择（prototype selection），这种方法只保留多数类中具有代表性的样本，典型的方法是基于 K 近邻算法的 NearMiss，其子方法和基本算法如表 3.5 所示。

表 3.5　NearMiss方法与实现思路

NearMiss方法	基 本 算 法
NearMiss-1	找出每个多数类个体的 k 个距离它最近的少数类个体（近邻），保留那些到近邻平均距离较小的个体
NearMiss-2	找出每一个多数类个体的 k 个距离它最远的少数类个体，保留那些到它们平均距离较小的个体
NearMiss-3	对于每个少数类个体，保留 k 个距离它最近的多数类近邻，从而确保每一个少数类个体都能被多数类个体包围

　　另一种原型选择的算法是保留聚类中心：即采用聚类的算法，将特征相似的多数类个体聚成 M 个簇，仅保留 M 个簇的中心即可。

　　区别于原型保留，利用某种规则清理数据亦是欠采样的一种思想。常见的一种清理数据的方法仍是基于 KNN 算法：找出每个多数类个体的 k 个近邻，根据其与 k 个近邻的某种关系，考虑是否剔除这个个体。例如，编辑近邻算法[14]、重复编辑近邻算法[15] 和 AllkNN 就是采用了这种方法。

　　清理数据法的一种最简单的实现为 CNN（Condensed Nearest Neighbours，卷积神经网络）算法[16]，原理如下：

> 设少数类个体构成的集合为 D_1，多数类个体构成的集合为 D_2，从 D_2 中随机抽取一个个体 $\boldsymbol{x}_i$。定义数据集如下：
>
> $$D=D_1-\boldsymbol{x}_i, \quad S=D_2-\boldsymbol{x}_i$$
>
> while　数据集 D 还在变化：
> 　　1. 在 D 中训练一个 KNN 模型，k=1
> 　　2. 用该模型对 S 进行分类，将错误分类的个体构成的集合记为 S'
> 　　3. 更新数据集：$D=D+S'$，$S=S-S'$
> 输出数据集 D 代替原有的数据集

　　通常经过 CNN 算法后数据集仍旧处于不平衡状态，这时候往往结合 KNN 与 CNN 来

---

[14] Edited Nearest Neighbours，见参考文献[5]。

[15] Repeated Edited Nearest Neighbours，见参考文献[6]。

[16] 注意与卷积神经网络（CNN）的区分。

剔除多数类数据点。例如近邻清理法则[⑰]算法，就用额外的 KNN 模型根据 NearMiss 方法，对 CNN 输出的数据集进一步剔除。

另一种是基于 Tomek links。其定义为：假设两个不同类别的个体 x_i, y_j，设 $d(x_i, y_j)$ 为样本的距离[⑱]，如果不存在第 3 个样本个体 x_o 或 y_o，使得 $d(x_o, y_j) < d(x_i, y_j)$ 或 $d(x_i, y_o) < d(x_i, y_j)$ 则称 (x_i, y_j) 为一个 Tomek links 对，如图 3.22 实线部分所示。

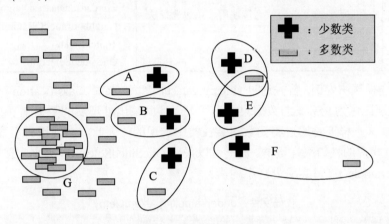

图 3.22　Tomek links 对示意

从图 3.22 中可以直观地看出，Tomek links 包括多数类的边界点，如 A、B、C，或噪声项，如 D、E、F。但是对于 95∶5 的畸形数据来说，即使删除所有的 Tomek links，也只是杯水车薪。虽然如此，我们还可以清理多余数据。例如虚线 G 内的个体分布比较密集，这时候就可以选择性地删除部分个体。实际上，上述的 CNN 算法正是实现了这一点。于是基于 CNN 与 Tomek links 就诞生了一种单边选择[⑲]算法，它剔除了多数类的边界、噪声项和多余数据。

综上所述，欠采样的方法如表 3.6 所示。如何选择这些算法，目前还没有通用的法则。如何选择算法，与其说是一门技术，不如说是一门艺术。根据实际效果选择算法才是合适的，这个原则也将贯穿机器学习的始末。

表 3.6　欠采样方法总结

思　想	典 型 算 法	相关的Python模块与类
分组综合	EasyEnsamble、BalanceCascade	imblearn.ensamble EasyEnsembleClassifier BalancedBaggingClassifier BalancedRandomForestClassifier
原型保留	NearMiss、聚类中心法	imblearn.under_sampling NearMiss ClusterCentroids

⑰ Neighboorhood Cleaning Rule，见参考文献[7]。

⑱ 请注意距离的定义，可以是欧氏距离或曼哈顿距离。

⑲ One-Sided Selection，详见参考文献[8]。

续表

思　　想	典 型 算 法	相关的Python模块与类
数据清理	1. 基于KNN：编辑近邻法、重复编辑近邻法、CNN、近邻清理法则 2. 基于Tomek links：直接使用、单边选择法	imblearn.under_sampling EditedNearestNeighbours RepeatedEditedNearestNeighbours AllkNN CondensedNearestNeighbour NeighbourhoodCleaningRule TomekLinks OneSidedSelection

以单边选择算法为例，首先通过 sklearn.datasets 库的 make_classification 产生一个容量为 1000、类别比例为 95：5 的数据集，进行欠采样并输出处理后的数据集。与前面类似，imblearn 实现欠采样亦是通过将函数封装在类中实现的。因此，在使用时需要先实例一个对象，再通过相应的接口采样数据。这里可以采用 OneSidedSelection 类来实现单边欠采样，并通过.fit_resample()接口实现类别不均衡。

代码文件：undersampling_example.py

```
from sklearn.datasets import make_classification
from imblearn.under_sampling import OneSidedSelection #载入单边选择包
#按照 95：5 的比例产生二分类数据集
X,y = make_classification(n_samples=1000,n_features=2,
                          n_redundant=0,weights=(0.95,0.05),
                          random_state=37)
print('多数类个数: ',X[y==0].shape[0])
print('少数类个数: ',X[y==1].shape[0])
method = OneSidedSelection()                              #建立单边选择算法类
#进行单边选择并输出欠采样处理后的数据集
X_resample,y_resample = method.fit_resample(X,y)
print('欠采样后多数类个数: ',X_resample[y_resample==0].shape[0])
print('欠采样后少数类个数: ',X_resample[y_resample==1].shape[0])
```

运行上述代码，输出结果为"多数类个数：942；少数类个数：58；欠采样后多数类个数：826；欠采样后少数类个数：58"。

2. 过采样

过采样旨在增加少数类样本来解决类别不均衡。同样，利用随机采样复制部分少数类样本的方法会导致过拟合。这是因为某些数据存在重复、权重变大现象，模型过分学习这些数据，从而导致泛化能力降低。因此，为了避免直接复制数据，可以考虑采用插值的方法。结合 K 近邻算法，学者们提出了 SMOTE（Synthetic Minority Over-sampling Technique，合成少数类过采样技术）算法：

假设训练集的少数类个体数为 T，向量 $\boldsymbol{x}_i$，$i \in (1,2,\cdots,T)$ 为其特征向量。定义每一个少数类个体需要合成的个体数为 $N(N>1)$，算法如下：

```
For i=1 to T:
1. 找出每一个 xi 的 k 个近邻
2. For j=1 to N:
```

从 k 个近邻中随机抽取一个近邻 $\boldsymbol{x}_j$，同时根据 $\boldsymbol{x}_j$ 合成新个体：

$$\boldsymbol{x}_{\text{newj}} = \boldsymbol{x}_i + \text{rand}(0,1)(\boldsymbol{x}_j - \boldsymbol{x}_i)$$

可以看出，SMOTE 算法合成的少数类个体数为 NT，其中，N 需要人工选定。为了避免人工选择，学者们提出了另一种自适应综合过采样算法（ADASYN），具体如下：

设多数类样本的个体数为 T'，少数类为 T；Δ 为一个个体的 k 个近邻中属于多数类的个体数；计算不平衡度：$d=T/T'$，计算所需增加的个体数：$G=(T-T')$

For i=1 to T:
　　找出 $\boldsymbol{x}_i$ 的 k 个近邻，并得出 Δ_i；定义比例 $r_i=\Delta_i/k$
For i=1 to T:

　1. 计算 $\hat{r}_i = r_i / \sum\limits_{i=1}^{T} r_i$

　2. 计算每个 $\boldsymbol{x}_i$ 所需增加的个体数：$g_i = \hat{r}_i ? G$

　3. For j=1 to g_i
随机从 $\boldsymbol{x}_i$ 的 k 个近邻中选择一个个体 $\boldsymbol{x}_i$，产生新个体：

$$\boldsymbol{x}_{\text{newj}} = \boldsymbol{x}_i + \text{rand}(0,1)(\boldsymbol{x}_j - \boldsymbol{x}_i)$$

无论 SMOTE 还是 ADASYN，少数类个体都以插值的方式产生新个体，这或多或少造成了某些区域个体过于密集的问题（overlapping），如图 3.22 的 G 所示。由于处于边界的个体更容易被错分，所以可以考虑适当地调整边界样本的权重以产生更多的个体，而不是让每个个体都产生同样个数的新个体，边界 SMOTE（Borderline SMOTE）算法就是基于这种想法实现的。

对于带有离散变量的混合特征 $\boldsymbol{x}_i$，$(\boldsymbol{x}_j - \boldsymbol{x}_i)$ 无法计算。因此，在产生新个体时，可以考虑用近邻中出现频率最高的值替代差值，如 SMOTENC 算法。

针对产生新个体 $\boldsymbol{x}_{\text{newj}}$ 的方式，SVM-SMOTE 算法结合了支持向量来合成新个体，从而避免了插值产生新个体造成的密集问题。

结合聚类中心，Kmeans-SMOTE 算法考虑对少数类进行聚类，对聚类中心进行 SMOTE，同时降低其余数据点产生新个体的数量。

综上所述，过采样的方法如表 3.7 所示。同样，如何选择这些算法需要根据实践的检验。

表 3.7　过采样方法总结

算　　法	特　　点	相关的Python模块
SMOTE	基于KNN，以插值的方式生成新个体	imblearn.over_sampling SMOTE
ADASYN	无须选择*N*的SMOTE	ADASYN
边界SMOTE	加大边界个体产生新个体的数量	BorderlineSMOTE
SMOTENC	解决了离散型特征难以进行减法运算的问题	SMOTENC
SVM-SMOTE	结合支持向量生成新个体	SVMSMOTE
Kmeans-SMOTE	使用聚类中心进行SMOTE	KMeansSMOTE

同样用 make_classification 函数产生不均衡数据集，并使用边界 SMOTE 算法进行过采样。

代码文件：oversampling_example.py

```
from sklearn import datasets
from imblearn.over_sampling import BorderlineSMOTE #导入边界 SMOTE 包
X,y = datasets.make_classification(n_samples=1000,n_features=
2,n_redundant=0,
weights=(0.95,0.05),random_state=37)          #按照 95：5 的比例产生二分类数据集
print('多数类个数：',X[y==0].shape[0])
print('少数类个数：',X[y==1].shape[0])
BorderlineSMOTE_method = BorderlineSMOTE() #建立边界 SMOTE 算法类
#进行边界 SMOTE 过采样，并输出过采样后数据
X_resample,y_resample = BorderlineSMOTE_method.fit_resample(X,y)
print('欠采样后多数类个数：',X_resample[y_resample==0].shape[0])
print('欠采样后少数类个数：',X_resample[y_resample==1].shape[0])
```

运行以上代码，可得输出结果为"多数类个数：94；少数类个数：58；欠采样后多数类个数：942；欠采样后少数类个数：942"。

Tips：imblearn 模块为 Sklearn 的扩展模块，亦需要通过 pip 下载和安装。可以看到，使用欠采样后，多数类个体数量降低，而少数类不变。但是，似乎欠采样得出的结果并不能完全解决类别不均衡问题，而过采样则可以比较完美地解决。因此在实际应用中，通常先进行欠采样，再使用过采样。这样做的好处是，在一定程度上避免了过采样的信息重复问题，同时也解决了欠采样无法解决类别不均衡的问题。

3．调整分类阈值

由于分类器本质上输出的不是 y 属于哪个类，而是 y 属于这个类的概率是多少，所以除了从数据集入手解决类别不均衡问题外，还可以调整分类器的阈值 b。3.4.3 节曾经讲过用 ROC 曲线寻找阈值，部分原因正是为了解决类别不均衡问题。除此之外，还可以直接设置阈值为：

$$b = \frac{T'}{T + T'}$$

其中，T' 为多数类样本的个体数，T 为少数类样本的个体数。

3.4.6　多分类转换为二分类

对于某些模型而言，如逻辑回归、支持向量机等，它们的输出为一个概率值或两种可能的取值，因此它们不可以直接运用于多分类问题中。可以考虑将多分类数据集"分而治之"，从而转换为多个二分类问题，进而采用多个二分类模型来解决。对数据集"分而治之"，有如下方法。

1. One vs Remain

假设一共有 C 个类别，使用 One vs Remain（OvR）的方法首先需要训练 C 个分类器，再根据这 C 个分类器判断最终分类。以 $C = 4$ 为例，如图 3.23（a）所示，首先将数据集按 y 划分为 4 份（不一定是等份），对于一份数据集，将其标记为对勾，将剩余的数据集标记成叉号并组成一个子训练集，共 C 组。训练 C 个模型，综合这 C 个模型的输出结果得出最

终的结论。

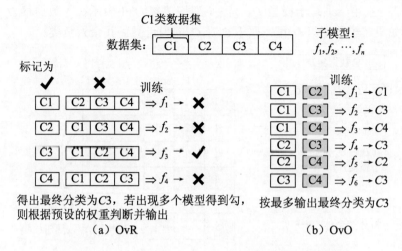

图 3.23　当 C=4 时使用 OvR 与 OvO 方法求解多分类问题

2. One vs One

One vs One（OvO）为每次从所有类别中挑选两个类别的数据集，进而训练 $\dfrac{C(C-1)}{2}$ 个分类器，并根据投票原则判断最终的分类。如图 3.23（b）所示，以 $C=4$ 为例，使用两两组合的数据集作为训练集来训练多个分类器，按照投票法决定最终结果。

仍旧以鸢尾花分类问题为例，这次我们保留所有类别。使用 OvR 的方式，应用逻辑回归模型进行多分类，代码如下。

代码文件：ovr.py

```
#使用 OvR 方法将多分类转换为二分类
lg = LogisticRegression(multi_class='ovr',penalty='none')
iris = load_iris()                          #导入数据集，这次保留所有类别
X = iris.data;
y = iris.target
lg.fit(X,y)                                 #训练模型
y_pred = model.predict(X)                   #输出预测值
print(classification_report(y,y_pred))      #输出结果报表
```

注意：为了突出重点，上述代码没有划分数据，这样做是不对的。

*3. Many vs Many

除了 OvR 和 OvO 以外，Many vs Many（MvM）亦是一种有效的办法。这里介绍一种常用的 MvM 方法，即纠错编码法（ECOC）。假设数据集共有 C 类，数据集的容量为 D。首先将数据集分成为 M 等份，记每份为 D_i，$i \in (1,2,\cdots,M)$。对每个 D_i，从 C 类中任选 n_1 个类别，记为正类、其余的 $n_2 = n - n_1$ 为反类，训练 M 个二分类模型 f_i。

输入一个待分类特征向量 $\boldsymbol{x}$，令全体 f_i 对其预测，得到 f_i 对 $\boldsymbol{x}$ 的预测结果向量，从而

根据距离判断 x 的所属类别。以 $C=4, M=5$ 为例，其方法如图 3.24 所示。首先将数据集拆分成 5 等份，分别用于训练子模型 f_i，其中，对应位置为 +1 表示在子数据集 D_i 中，类 C_i 被标为正类。如果在子数据集 D_1 里，属于 C_1、C_4 的为正类，其余为负类。

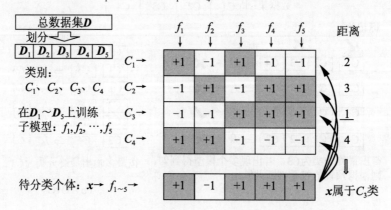

图 3.24　以 $C=4$ 为例，利用多对多解决多分类问题

根据以上划分训练出 $f_{1\sim5}$ 之后，将待分类个体通过模型 $f_{1\sim5}$ 分别得出 5 个分类结果。之后，将这些结果构成一个向量 r，并计算其与 $C_i = (f_{i1}, f_{i2}, \cdots f_{i5})$ 的距离，距离最近的 C_i 即为未知个体 x 的所属类。

3.5 习　题

1. 请用 MATLAB 优化工具中的 fminuc 求解器解决下列带非线性约束的规划问题。

$$\min_x f(x) = x_1 \exp\left(-\left(x_1^2 + x_2^2\right)\right) + \frac{\left(x_1^2 + x_2^2\right)}{15}$$

约束条件：$\dfrac{x_1 x_2}{2} + (x_1 + 2)^2 + \dfrac{(x_2 - 2)^2}{2} \leqslant 2$

2. 如果第 1 题中的目标函数改为最大化，该如何解决？试着再次用 MATLAB 优化工具来解决。

3. 请使用 MATLAB 优化工具中的 fminuc 求解器解决下列问题：

$$\min_x f(x) = x_1^2 + x_2^2$$

$$s.t. \begin{cases} x_1 \geqslant 0.5 \\ x_1 + x_2 \geqslant 1 \\ x_1^2 + x_2^2 \geqslant 1 \\ 9x_1^2 + x_2^2 \geqslant 9 \\ -x_1^2 + x_2 \leqslant 0 \\ x_1 - x_2^2 \leqslant 0 \end{cases}$$

4. 在多元线性回归中，如果输入特征的量纲不同即特征的取值范围相差很大，那么会对模型造成什么影响？

5．sklearn.datasets 模块包含许多可供使用的数据集[20]，下面请使用 datasets 的 diabetes 和 linnerud 数据集分别训练多元线性回归模型，输出模型参数并在测试集中对其进行评价。

6．已知火灾面积与诸多因素有关[21]，收集的数据如表 3.8 所示。

表 3.8　火灾数据表（部分）

X	Y	月份	星期	FFMC	DMC	DC	ISI	温度（℃）	湿度/%	风速/m/s	降水量/mm	火灾面积/m²
2	2	Aug	Tue	94.8	108.3	647.1	17	24.6	22	4.5	0	8.71
4	5	Sep	Wed	92.9	133.3	699.6	9.2	24.3	25	4	0	9.41
2	2	Aug	Tue	94.8	108.3	647.1	17	24.6	22	4.5	0	10.01
2	5	Aug	Fri	93.9	135.7	586.7	15.1	23.5	36	5.4	0	10.02
6	5	Apr	Thu	81.5	9.1	55.2	2.7	5.8	54	5.8	0	10.93

请下载完整的数据表 forestfires.csv[22]，结合下述代码训练一个能够预测火灾面积的线性回归模型。

代码文件：code_q6.py

```
#以 pandas.dataframe 的格式读取数据集
fire_df = pd.read_csv(r'路径\forestfires.csv',sep=',',engine='python')
#重命名表头，可省略
fire_df.rename(columns = lambda x:x.replace(' ','_'),inplace=True)
month = {'jan':1,'feb':2,'mar':3,'apr':4,'may':5,'jun':6,'jul':7,'aug':8,
'sep':9,'oct':10,'nov':11,'dec':12}#定义字典,将数据集中的月份日期改为响应的数字
week = {'mon':1,'tue':2,'wed':3,'thu':4,'fri':5,'sat':6,'sun':7}
fire_df['month'] = fire_df['month'].replace(month)
fire_df['day'] = fire_df['day'].replace(week)
fire = np.array(fire_df)                        #将 dataframe 转换为 np.array
X = fire[:,0:np.shape(fire)[1]-1];
y = fire[:,-1]
```

注意：使用 pandas 包导入 csv 文件时默认的变量类型为 dataframe。在 Jupyter 和 Spyder 的变量窗口中可以相当方便地查看 dataframe 数据，请读者善加利用。

7．Ridge 回归通过在风险函数中加入_____项，从而缓解_____。

8．评估一个计算机 CPU 的相对性能可以根据计算机时钟周期、内存容量、Cache 容量等来估计，下面收集了计算机的相对性能（ERP）与上述特征的数据表，如表 3.9 所示。

表 3.9　计算机相对性能与特性（部分）

MYCT	MMIN	MMAX	CACH	CHMIN	CHMAX	PRP	ERP
125	256	6000	256	16	128	198	199
29	8000	32000	32	8	32	269	253
29	8000	32000	32	8	32	220	253
29	8000	32000	32	8	32	172	253
29	8000	16000	32	8	16	132	132

---

[20] 详细介绍请参阅 https://scikit-learn.org/stable/datasets/index.html#datasets。

[21] 引用自参考文献[12]。

[22] 数据集可以从 UCI 或 https://github.com/1259975740/Machine_Learning 上下载。

请下载数据 machine_perform.xlsx，训练一个多元线性回归模型并对其进行评价，必要时可以使用 Ridge 回归。

☎提示：用 pandas 读取 XLSX 文件的代码为 pandas.read_excel(r'文件路径')。

9．如图 3.25 所示，试判断哪几个样本是线性可分的？

10．XOR（异或）属于线性可分问题吗？可否用线性分类器？为什么？

11．在图 3.25 中，哪些数据集可以用逻辑回归进行分类？

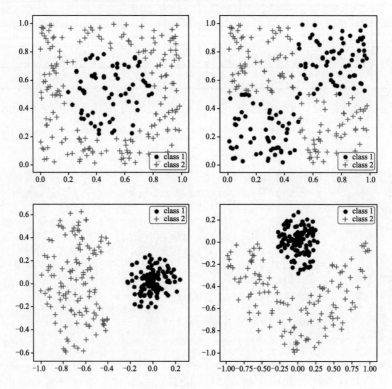

图 3.25　问题 9 的样本

12．逻辑回归属于_____分类器，适用于解决线性_____（可分/不可分）问题，在误差允许的条件下，也可以解决_____问题。

13．请画出 3.4.4 节中准确率-回报率曲线。

14．KNN 算法属于_____（线性/非线性）分类器。

15．在 3.4.4 节的案例中，阈值 b 应如何确定？

16．使用逻辑回归解决 2.5.3 节中的军团识别问题。

17．使用 Sklearn 模块里 datasets 包中内置的数据集 breast_cancer 训练一个用于乳腺癌诊断的逻辑回归模型，选择合适的阈值 b 并进行评价。

18．请用以下代码产生 90∶10 的比例的数据集，并使用至少 10 种方法解决类别不均衡问题。同时尝试画出处理后的数据。

```
X,y = make_classification(n_samples=1000,n_features=2,
n_redundant=0,weights=(0.90,0.10),random_state=37)
```

19．机器学习在医学中的一个重要应用为假定诊断。例如，在 2020 年新型冠状病毒的诊断中，为了降低医院工作者的负担，一些学者们提出了用机器学习的方法，根据疑似患者的一些病理特征，如体温、是否恶心、是否疼痛等来预断病人是否患病。为了训练出机器学习模型，学者们收集了诸多患者数据，如表 3.10 所示。

表 3.10　新型冠状病毒患者数据（部分示例）

体温/℃	恶心症状	肌肉酸疼	咳嗽不止	血尿	肺门肿大	是否感染
35.5	no	yes	no	no	no	no
35.9	no	no	yes	yes	yes	no
35.9	no	yes	no	no	no	no
36	no	no	yes	yes	yes	no
36	no	yes	no	no	no	no

请下载数据 diagnosis.xlsx，设计一个逻辑回归模型并在测试集上进行评价。

☎提示：先将(yes,no)转为(1,0)，实现代码见 code_in_q19。

20．什么是类别不均衡？会造成什么样的后果？解决方法有哪些？

21．在 3.4.5 节的欠采样实例中，可以看到多数类个体数从 942 降低到了 826，虽然如此，数据集还是存在严重的不均衡问题，有些读者可能会想到通过重复多次欠采样来降低多数类个体数。请思考这样做可行吗？请提出自己的解决方案。

22．已知给汽车评分可以从价格、汽车大小和性能等指标入手，评价一辆车是否物有所值。现在收集的数据如表 3.11 所示。

表 3.11　汽车评价数据（部分）

总体价格	保养要求	车　门　数	核载人数	车厢大小	安　全　性	评　　分
vhigh	vhigh	2	2	small	low	unacc
vhigh	vhigh	2	2	small	med	unacc
vhigh	vhigh	2	2	small	high	unacc

各变量的取值范围为：总体价格和保养要求为（low, med, high, vhigh）；车门数为（2,3,4,5more）；核载人数为（2,4,more）；车厢大小为（small, med, big）；安全性为（low, med, high）；评分为（unacc, acc, good, vgood）。

请下载数据集 car.xlsx，训练一个多分类逻辑回归模型。数据处理部分的参考代码如下。

参考代码：code_q22.py

```
#使用pandas读取文件，注意修改路径
cars_df = pd.read_excel(r'D:\桌面\我的书\chapter03\数据集\car.xlsx')
#定义字典，用于替换文字
buying_maint_safety = {'low':0,'med':1,'high':2,'vhigh':3}
doors = {'5more':5}
persons = {'more':6}
boot = {'small':0,'med':1,'big':2}
cars_df['总体价格'] = cars_df['总体价格'].replace(buying_maint_safety)
cars_df['保养要求'] = cars_df['保养要求'].replace(buying_maint_safety)
cars_df['安全性'] = cars_df['安全性'].replace(buying_maint_safety)
cars_df['车门数'] = cars_df['车门数'].replace(doors)
```

```
cars_df['核载人数'] = cars_df['核载人数'].replace(persons)
cars_df['车厢大小'] = cars_df['车厢大小'].replace(boot)
cars = np.array(cars_df)
```

参 考 文 献

[1] Python 安装模块的方法. https://blog.csdn.net/weixin_42141390/article/details/104423761.

[2] https://ww2.mathworks.cn/products/statistics.html#exploratory-data-analysis.

[3] https://ww2.mathworks.cn/help/deeplearning/.

[4] Liu X Y，Wu J X，Zhou Z H. Exploratory Undersampling for Class-Imbalance Learning[J]. IEEE Transactions on Systems Man & Cybernetics Part B，2009，39（2）：539-550.

[5] Wilson，Dennis L. Asymptotic Properties of Nearest Neighbor Rules Using Edited Data[J]. IEEE Transactions on Systems，Man and Cybernetics，1972，SMC-2（3）：408-421.

[6] Tomek I. An Experiment with the Edited Nearest-Neighbor Rule[J]. IEEE Transactions on Systems Man and Cybernetics，1976，6（6）：448-452.

[7] Laurikkala J. Improving Identification of Difficult Small Classes by Balancing Class Distribution[C]// Conference on AI in Medicine in Europe：Artificial Intelligence Medicine. Springer-Verlag，2001.

[8] Kubat M，Matwin S. Addressing the Curse of Imbalanced Training Sets: One-sided Selection[C]// ICML. 1997，97：179-186.

[9] Chawla N V，Bowyer K W，Hall L O，et al. SMOTE: Synthetic Minority Over-sampling Technique[J]. Journal of Artificial Intelligence Research，2011，16（1）：321-357.

[10] He H，Bai Y，Garcia E A，et al. ADASYN: Adaptive Synthetic Sampling Approach for Imbalanced Learning[C]//2008 IEEE International Joint Conference on Neural Networks（IEEE World Congress on Computational Intelligence）. IEEE，2008：1322-1328.

[11] PyPI. https://pypi.org/project/imbalanced-learn/#id37.

[12] 周志华. 机器学习[M]. 北京：清华大学出版社，2016.

[13] Czerniak J，Zarzycki H，Application of Rough Sets in the Presumptive Diagnosis of Urinary System Diseases[J]. Artifical Inteligence and Security in Computing Systems，ACS'2002 9th International Conference Proceedings，Kluwer Academic Publishers，2003：41-51.

第4章 基于 Azure 的机器学习
云平台搭建

通过前 3 章的学习，相信读者已经具备了进行机器学习的基本能力。然而，在实际应用中，仅在个人计算机上实现机器学习通常只是实验性的。面对企业级业务需求，通常需要在云端和浏览器上搭建更加高效的机器学习平台，如图 4.1 所示。

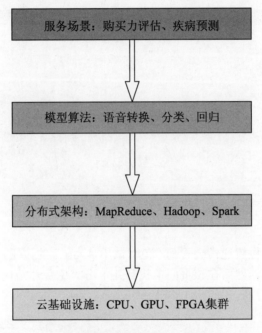

图 4.1 云端机器学习服务器架构

通过分布式计算架构，模型的训练、应用等任务可以下发到各个计算节点，并以友好的界面方式展示给用户。本章将结合微软的 Azure 机器学习平台，带领读者体验云端机器学习的构建和操作流程。

通过本章的学习，读者可以掌握以下内容：

❏ 如何注册 Azure 账户并登录 Azure 门户；

❏ 如何创建 Azure 机器学习工作区；

❏ 如何使用 Azure ML Notebook 实现机器学习算法。

△注意：本章内容主要是让读者了解和掌握 Azure 机器学习平台的基本使用方法。

4.1　注册 Azure

为了使用 Azure 机器学习平台，首先需要注册一个 Azure 账户。本节将详细介绍如何完成 Azure 账户的注册过程。

4.1.1　注册步骤

在进行机器学习任务之前，需要拥有一个 Azure 账户。具体注册步骤如下。

首先在浏览器地址栏中输入 https://azure.microsoft.com/zh-cn/products/machine-learning/，按 Enter 键进入 Azure ML 官方网站，如图 4.2 所示。

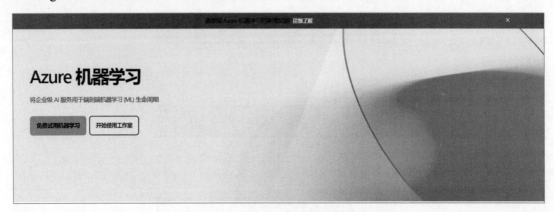

图 4.2　Azure 机器学习首页

在官网首页的显著位置通常会看到"免费试用 Azure"的按钮，如图 4.3 所示。单击该按钮进入免费试用页面，然后在该页面中找到并单击"免费开始使用"按钮将引导用户进入账户注册页面。

图 4.3　免费试用 Azure 机器学习

　　在注册页面中，系统会提示用户输入一些个人的基本信息，如姓名、电子邮件地址、银行卡信息等。请确保填写的信息真实准确，因为这些信息将用于账户的验证和后续服务的使用。完成基本信息的填写后，Azure 可能会发送验证码到注册的邮箱中进行身份验证。输入收到的验证码，完成验证过程。

　　接下来系统会要求用户选择一个订阅计划。Azure 提供了多种订阅计划，包括免费试用和付费订阅。建议新用户选择免费试用计划，以便在不产生费用的情况下体验 Azure 服务。虽然是免费试用，但是 Azure 可能会要求用户提供信用卡信息以验证身份。请放心，除非超出免费试用的使用限制，否则 Azure 不会扣费。值得一提的是，Azure 对每个新注册的用户提供了 200 美元的免费额度，如图 4.4 所示。在注册验证过程中，Azure 可能会向用户的信用卡收取 1 美元的临时授权费用，验证完成后将会返还。

图 4.4　Azure 免费额度

　　填写所有必填项后，单击"注册"按钮，系统将会处理用户的注册请求，几分钟内即可完成账户创建。此时，用户已经成功注册了一个 Azure 账户，接下来将进入 Azure 门户界面。

4.1.2　登录 Azure

　　注册完成后，系统会自动引导用户进入 Azure 登录页面。在登录页面中，输入注册时使用的电子邮件地址和密码，然后单击"登录"按钮，如图 4.5 所示。首次登录时，Azure 可能会要求用户阅读并接受其服务条款和隐私政策。请仔细阅读这些条款，并单击"接受"按钮继续。

　　成功登录后，用户将进入 Azure 门户页面。在门户页面中可以看到各种 Azure 服务的概览和控制面板。为了更好地管理和使用这些服务，单击右上角的"我的门户"链接，将进入 Azure 的主要工作页面，在这里可以开始使用 Azure 的各种服务，如图 4.6 所示。

图 4.5　登录 Azure

图 4.6　Azure 门户页面

在注册和使用 Azure 的过程中，有几点需要特别注意：

☐ 为了确保账户安全，请使用一个强密码，并定期更改密码。同时，建议启用双重认证以增加账户的安全性。

☐ 虽然 Azure 提供免费试用的服务，但是该试用有一定的使用限制和有效期。请详细阅读免费试用的具体条款，以避免超出限制后产生费用。

☐ 在注册过程中用户提供的信用卡信息仅用于身份验证，Azure 不会在免费试用期间扣费。但在试用期结束后，如果用户继续使用 Azure 服务，则可能会产生费用，请留意相关通知。

通过以上详细步骤，将成功注册并登录到 Azure 门户，为后续使用 Azure 机器学习平台做好准备。接下来我们将介绍如何创建 Azure 机器学习工作区，并逐步引导用户完成一个实际的机器学习项目，包括数据处理、模型训练、评估和部署。读者可以充分利用 Azure 平台的强大功能提升机器学习应用能力。

4.2　创建 Azure 机器学习工作区

Azure 机器学习工作区是一个集成环境，用户可以在其中管理数据集、训练模型并部署机器学习解决方案。本节将详细介绍如何创建一个 Azure 机器学习工作区。

4.2.1　订阅

在创建机器学习工作区之前，需要确保你已经订阅了 Azure 服务。以下是具体步骤。首先在 Azure 门户页面中单击左侧导航栏中的"订阅"选项，弹出"订阅"页面，如图 4.7 所示。

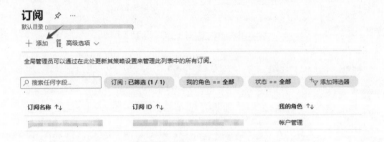

图 4.7　"订阅"页面

在"订阅"页面中，单击页面顶部的"+ 添加"按钮，新建一个订阅，如图 4.8 所示。在弹出的页面中选择"免费使用版"，并按照提示填写必要的个人信息完成订阅。

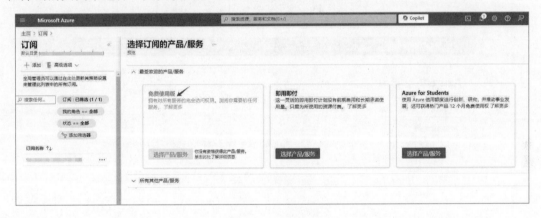

图 4.8　添加订阅

4.2.2　创建机器学习工作区

订阅完成后，接下来需要创建一个机器学习工作区。具体步骤如下。

在 Azure 门户页面的顶部搜索栏中输入"机器学习"，如图 4.9 所示。

在搜索结果中，选择"Azure 机器学习"服务，单击"+ 创建"按钮，弹出 Azure 机器学习页面。接下来，需要在该页面中配置机器学习工作区，如图 4.10 所示。首先在"基本信息"选项卡中填写必要的信息：

- ❑ 选择刚才创建的订阅。
- ❑ 如果已有资源组，则可以选择一个现有的资源组；如果没有，可以单击"新建"链接，创建一个新的资源组并为其命名。
- ❑ 为机器学习工作区命名，确保该名称在整个 Azure 中是唯一的。

□ 选择一个最近的区域，以优化性能和成本。

图 4.9　搜索机器学习服务

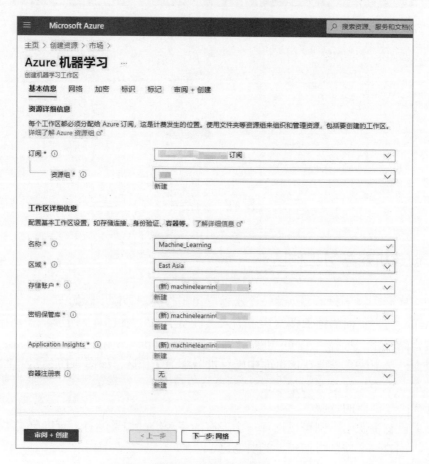

图 4.10　基本信息配置

默认情况下，可以使用公共终结点，如图 4.11 所示。对于大多数初学者来说，默认设置已经足够。高级用户可以选择配置虚拟网络以增强安全性。

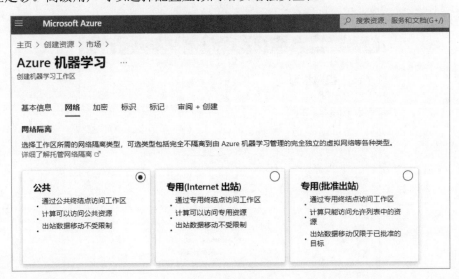

图 4.11　网络配置

此外有 3 个可选项：在"加密"选项卡中，可以使用自带密钥进行加密；在"标识"选项卡中可以配置托管标识，用户可以通过托管标识对其他 Azure 服务进行身份验证；在"标记"选项卡中可以为资源添加标记，有助于后续的管理和计费，如图 4.12 所示。

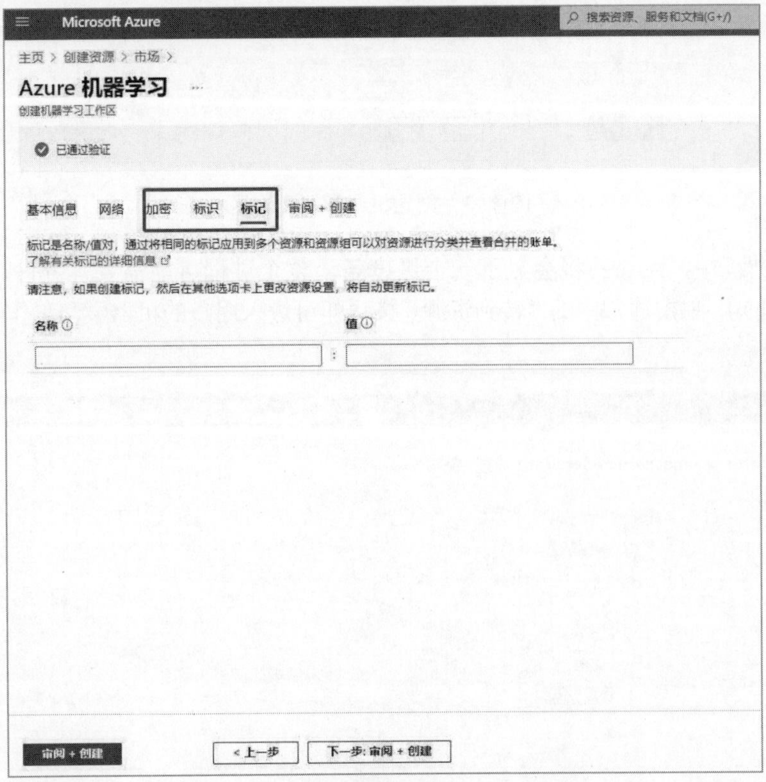

图 4.12　"加密""标识""标记"选项卡

填写所有必填项后，单击页面底部的"审阅 + 创建"按钮，Azure 将会进行验证以确保所有信息正确无误。验证通过后，再次单击"创建"按钮，开始创建机器学习工作区，如图 4.13 所示。

图 4.13　创建机器学习工作区

在创建过程中，Azure 将会显示一个进度条，整个过程可能需要几分钟。创建完成后会看到一个通知，单击通知中的"转到资源"按钮即可进入用户的机器学习工作区，如图 4.14 所示。

图 4.14　转到资源

4.3　使用 Azure 机器学习 Notebook

在完成了 Azure 账户的注册和机器学习工作区的创建后，接下来我们将探讨如何使用 Azure 机器学习 Notebook 进行编程和实验。Azure AI Notebook 提供了一种便捷的工具，允许用户在云端进行机器学习编程和实验。

4.3.1　启动工作室

首先，我们需要进入 Azure 机器学习工作。在 Azure 门户页面中单击"机器学习"服务，找到并进入之前创建的机器学习工作区。在工作区的概览页面中单击"启动工作室"按钮，如图 4.15 所示，工作室将会在新标签页中打开。

图 4.15　启动工作室

进入工作室后将会看到一个名称为"Azure AI 机器学习工作室"的界面，如图 4.16 所示。在左侧导航栏中找到并选择 Notebooks 选项，进入 Notebook 管理页面。

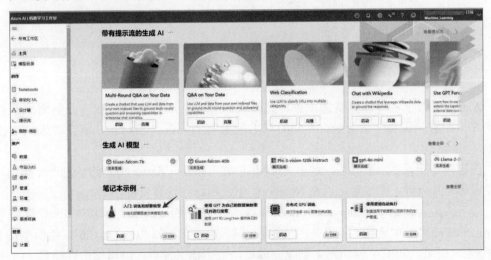

图 4.16　Azure AI 机器学习工作室

在 Notebook 管理页面中可以看到一些示例 Notebook。为了帮助用户快速入门，Azure 提供了一些预先配置好的 Notebook 示例。找到名称为"入门：训练和部署模型"的示例 Notebook，单击"启动"按钮，将打开一个新的 Notebook 编辑器页面。

整个创建过程大约耗时 25 分钟，创建完成后会自动进入 Notebook 页面。

4.3.2　新建 Notebook

打开示例 Notebook 后，需要创建一个计算实例来运行代码。单击页面中的"创建计算"按钮，如图 4.17 所示。

图 4.17　创建计算实例

Azure 提供了多种计算资源配置，如图 4.18 所示。用户可以根据自己的需求选择合适的算力配置。需要注意的是，不同的算力配置有不同的计费标准，请合理选择以控制成本。

在选择好计算资源配置后，单击"审阅+创建"按钮，Azure 将开始创建计算实例。创建过程耗时几分钟，完成后可以在 Notebook 中使用这些计算资源。

接下来需要新建一个 Jupyter Notebook 文件。在左侧文件浏览器中右击一个文件夹，在弹出的快捷菜单中选择"新建文件"命令，输入文件名，如"test1.ipynb"，然后单击"审阅+创建"按钮，如图 4.19 所示。创建完成后，双击该文件以，编辑器中打开它。

图 4.18　算力配置计费标准

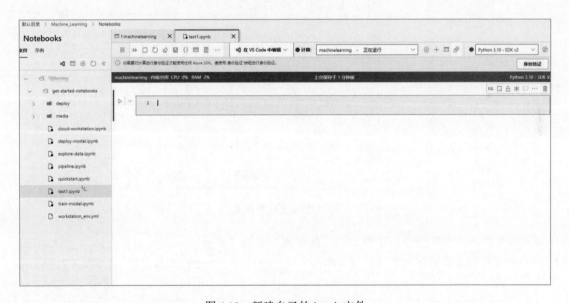

图 4.19　新建自己的.ipynb 文件

4.3.3　在 Notebook 中执行简单的机器学习任务

首先，我们需要将本地的表格数据上传到 Azure 机器学习工作区中。本地数据文件名为 data.csv，部分数据如表 4.1 所示。

表 4.1 data.csv

age	income	gender	target
25	50000	M	0
35	65000	F	1
45	85000	M	0
50	90000	F	1
23	48000	F	0

这个数据集包含多个样本，每个样本有 4 个属性：年龄（age）、收入（income）、性别（gender）和目标变量（target），目标变量表示客户是否流失（1 表示流失，0 表示未流失）。

首先，打开 Azure 机器学习工作室。在左侧导航栏中找到并选择"数据"选项，在弹出的"数据"页面中单击顶部的"+ 创建"按钮，在弹出的"创建数据资产"页面中输入对应的名称和说明，如图 4.20 所示。

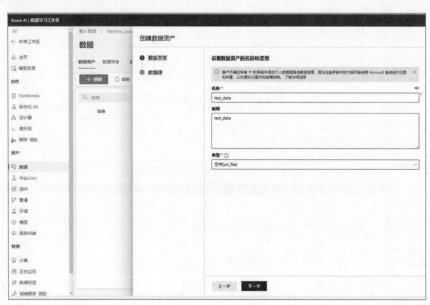

图 4.20 创建数据集

单击"下一个"按钮，在弹出的"数据源"页面中选择"从本地文件上传"，然后单击"下一个"按钮。在弹出的"目标存储类型"页面中选择"Azure Blob 存储"，如图 4.21 所示。

图 4.21 选择"Azure Blob 存储"方式

在"文件选择"页面中单击"浏览"按钮，选择本地的 data.csv 文件，检查无误后，单击"创建"按钮。上传完成后，data.csv 文件将会出现在数据集列表中。

现在，可以在 Notebook 中加载该数据集并执行相应的机器学习任务了，具体步骤如下。

1. 设置环境

首先确保已经安装了必要的 Python 包。你可能需要安装 pandas、scikit-learn 和 azureml。可以在 Notebook 中运行以下命令安装这些包：

```
!pip install pandas scikit-learn azureml-core
```

2. 导入必要的库

接下来导入要使用的库：

```
import pandas as pd
from sklearn.model_selection import train_test_split
from sklearn.linear_model import LogisticRegression
from sklearn.metrics import accuracy_score
from azureml.core import Workspace, Dataset
```

3. 加载数据集

从 Azure ML 工作区中加载上传的 data.csv 数据集：

```
from azureml.core import Workspace, Dataset
import pandas as pd

# 获取工作区
ws = Workspace.from_config()

# 获取已命名的数据资产
dataset = Dataset.get_by_name(workspace=ws, name='test_data', version=1)

# 下载文件到本地
local_path = dataset.download(target_path='.', overwrite=True)[0]

# 使用 pandas 读取 CSV 文件
df = pd.read_csv(local_path)

# 显示数据
print(df.head())
```

4. 数据预处理

对数据进行一些基本的预处理，如将性别编码为数值。

```
# 性别编码
df['gender'] = df['gender'].map({'M': 0, 'F': 1})

# 查看数据
print(df.head())
```

5. 准备训练和测试数据

将数据集划分为特征（X）和目标变量（y），并进一步分割为训练集和测试集。

```
# 定义特征和目标变量
X = df[['age', 'income', 'gender']]
y = df['target']

# 划分训练集和测试集
X_train, X_test, y_train, y_test = train_test_split(X, y, test_size=0.2,
random_state=42)
```

6. 训练机器学习模型

使用逻辑回归模型进行训练。

```
# 创建逻辑回归模型
model = LogisticRegression()

# 训练模型
model.fit(X_train, y_train)
```

7. 预测和评估

使用测试集进行预测并评估模型性能。

```
# 预测
y_pred = model.predict(X_test)

# 计算准确率
accuracy = accuracy_score(y_test, y_pred)
print(f'模型准确率: {accuracy:.2f}')
```

8. 预测新数据

可以用训练好的模型对新数据进行预测，例如：

```
# 新数据
new_data = pd.DataFrame({
    'age': [30],
    'income': [70000],
    'gender': [1]                                    # 1 表示女性
})

# 预测新数据
new_pred = model.predict(new_data)
print(f'新数据的预测结果: {new_pred[0]}')         # 0 表示未流失，1 表示流失
```

新数据预测结果正确。在上面的步骤中，我们演示了如何在 Azure 机器学习工作区中上传本地数据文件，并在 Notebook 中执行简单的机器学习任务。具体步骤包括：上传数据、安装必要的 Python 包、导入库、加载数据集、进行数据预处理、划分训练和测试数据集、训练机器学习模型、预测和评估模型性能以及对新数据进行预测。整个流程展示了从数据准备到模型训练和评估的完整过程。

除此之外，Azure AI 工作室还提供了许多功能，可以进一步帮助用户执行机器学习和数据分析任务，这些功能如下：

□ 自动化 ML：提供自动化的机器学习模型训练和优化功能。

□ 设计器：允许用户通过拖曳组件的方式构建和部署机器学习模型。

❑ 提示流：提供数据提示流的创建和管理功能。

❑ 跟踪：提供实验跟踪和管理功能。

❑ 数据：支持数据集的管理和浏览。

❑ 作业（Job）：管理和监控机器学习作业。

❑ 组件：提供机器学习组件的管理功能。

❑ 管道：管理和执行机器学习管道。

❑ 环境：管理和配置计算环境。

❑ 模型：管理和部署机器学习模型。

❑ 服务终端：提供 API 服务终端的管理。

❑ 计算：管理计算资源。

❑ 正在监视：监控机器学习资源和任务。

❑ 数据标签：提供数据标签功能。

❑ 链接服务：管理链接服务。

以上功能为用户提供了丰富的工具和资源，帮助用户更高效地完成机器学习和数据分析任务。有兴趣的读者可以自行查阅资料，尝试使用这些功能来扩展和优化自己的机器学习项目。

4.4 习　　题

1. 简要描述机器学习的整个过程，然后画出简单的流程图或思维导图。

2. 根据房产的尺寸（X），预测该房产的能量损耗（Y）可以用机器学习的方法。收集的数据如表 4.2 所示。

表 4.2　房产尺寸（X）与能源损耗（Y）表（部分）

X1	X2	X3	X4	X5	X6	X7	X8	Y
0.98	514.5	294	110.25	7	2	0	0	15.55
0.98	514.5	294	110.25	7	3	0	0	15.55
0.98	514.5	294	110.25	7	4	0	0	15.55
0.98	514.5	294	110.25	7	5	0	0	15.55
0.9	563.5	318.5	122.5	7	2	0	0	20.84

请从 GitHub 网站上下载数据 ENB2012_data.csv，并使用 Azure Notebook 部署一个回归模型。

第2篇
机器学习核心技术

第 5 章 模型训练的数学原理

完成入门篇的学习，相信读者已经能够用 Python 实现简单的机器学习项目了。然而，无论使用 Python 还是 MATLAB 工具箱，我们都在使用一个灰盒子模型，我们只知其然，而不知其所以然。对于托管式机器学习服务，虽然简单，但却完全是黑盒子模型，我们甚至不知其然。总而言之，机器学习实践很重要，一串代码并不意味着我们学会了所有的内容。鉴于此，本章从训练模型的风险函数讲起，着重讨论机器学习中的参数寻优法。希望读者学完本章内容，能够对机器学习的理论知识有更深刻的了解。

通过本章的学习，读者可以掌握以下内容：
- 风险函数的原理；
- 常用的步长搜索算法；
- 常见的优化算法；
- 随机搜索算法；
- 交叉验证与网格寻优法的概念；
- 网格寻优法的 Python 实现。

注意：本章中的所有向量均属于列向量。

5.1 风 险 函 数

本节将在 2.3.1 节内容的基础上进一步介绍 3 种风险函数的原理。

5.1.1 最小二乘法

根据 2.3.1 节的介绍，我们知道，最小二乘法是线性回归中最有效的无偏估计。从数学公式上看，最小二乘法旨在选择未知的参数，使得模型的预测值与实际值之间的方差达到最小：

$$\min_{\boldsymbol{\omega}} c(\boldsymbol{\omega}) = \sum_{i=1}^{m} (\hat{y}_i - y_i)^2$$

其中，m 为样本容量。从概率论的角度来解释，实际上，最小二乘法与极大似然法类似，也是基于概率最大的角度寻找参数的，证明如下。假设噪声 $\varepsilon_i \sim N(0, \sigma^2)$：

$$P(\varepsilon_i) = \frac{1}{\sqrt{2\pi\sigma^2}} e^{-\frac{\varepsilon_i^2}{2\sigma^2}}$$

在 $\boldsymbol{\omega}, \boldsymbol{x}_i$ 确定的情况下，观测量 y_i 的随机因素来源于噪声项，因此 $P(y_i \mid \boldsymbol{\omega}, \boldsymbol{x}_i) = P(\varepsilon_i)$，通过极大似然估计：

$$\arg\max_{\boldsymbol{\omega}} L(\boldsymbol{\omega}) = \prod_{i=1}^{m} P(y_i \mid \boldsymbol{\omega}, \boldsymbol{x}_i) = \prod_{i=1}^{m} P(\varepsilon_i)$$

对上式取自然对数可得：

$$\arg\max_{\boldsymbol{\omega}} \ln L(\boldsymbol{\omega}) = \sum_{i=1}^{m} \ln P(\varepsilon_i)$$

$$= \sum_{i=1}^{m} -\frac{1}{2} \ln(2\pi\sigma^2) - \sum_{i=1}^{m} \frac{\varepsilon_i^2}{2\sigma^2}$$

由于 σ 属于常数，于是，最大化似然函数可看成：

$$\arg\max_{\boldsymbol{\omega}} \ln L(\boldsymbol{\omega}) = \arg\min_{\boldsymbol{\omega}} \sum_{i=1}^{m} \varepsilon_i^2$$

注意 $\hat{y}_i - y_i = \varepsilon_i$，代入上式即可得到最小二乘的形式。因此最小二乘法是噪声服从正态分布的一种特殊情况，本质上也是为了找寻 $P(y_i \mid \boldsymbol{\omega}, \boldsymbol{x}_i)$ 的最大化。从这个角度来说，证明了极大似然法求得的参数 $\boldsymbol{\omega}_{\text{MLE}}$ 也是线性回归中的最优无偏估计。

5.1.2　极大似然法

极大似然法可以从概率论的角度直观解释，即选择参数 $\boldsymbol{\omega}_{\text{MLE}}$，使得 $\prod_{i=1}^{m} P(y_i \mid \boldsymbol{\omega}, \boldsymbol{x}_i)$ 最大。但从另一个角度来说，极大似然法本质上是相对熵的最小化过程。为了便于读者理解，这里有必要介绍信息论中有关熵的概念。

1．信息熵

2.3.1 节曾经谈到一个事件的最优编码长度为：

$$L(X) = -\log_2 P(X)$$

对于一个随机变量 x，其取值是随机的。如果 x 为连续变量，则可以用概率密度函数 $P(x)$ 来表示；如果为离散变量，则用分布列表示。应用编码长度的概念，可以将随机变量 x 的编码长度用平均最优编码长度来表示：

$$\overline{L}(x) = -\sum_i P(x_i) \log_2 P(x_i)$$

$$\text{or} \quad = -\int_x P(x) \log_2 P(x) \mathrm{d}x$$

例如，有一枚具有 8 个面的骰子，其结果点数是一个离散随机变量，平均最优编码长度为：

$$\overline{L}(x) = -\sum_{i=1}^{8} P(x_i) \log_2 P(x_i) = 3$$

也就是说，结果点数可以用三位二进制数表示，如 $(111)_2$ 表示 8。在通信领域，称 $\overline{L}(x)$ 为随机变量 x 的信息量，也叫信息熵：

$$H(x) = \overline{L}(x) = -\sum_i P(x_i) \log_2 P(x_i)$$

$$\text{or} = -\int_x P(x) \log_2 P(x) \mathrm{d}x$$

实际上，期望编码长度 $\overline{L}(x)$ 为信息熵 $H(x)$ 的一种信道编码解释，信息熵的定义不止如此。例如，信息熵在热力学中表示混乱程度。但另一种常见的解释是不确定性公理化解释，即信息熵越大，不确定性越大。

假设 $p(x), q(x)$ 是随机变量 x 取值的两个概率密度函数，则 $q(x)$ 已知，想知道 $p(x)$ 需要的信息熵为：

$$D_{\mathrm{KL}}(p \| q) = \sum_i p(x_i) \log_2 \frac{p(x_i)}{q(x_i)} = -\sum_i p(x_i) \left(\log_2 \frac{1}{p(x_i)} - \log_2 \frac{1}{q(x_i)} \right)$$

$$= -H(x_p) + \left(-\sum_i p(x_i) \log_2 q(x_i) \right)$$

称 $D_{\mathrm{KL}}(p \| q)$ 为分布 $p(x)$ 相对 $q(x)$ 的相对熵[①]或 KL 散度，可以很容易地证明两个分布的 KL 散度 $D_{\mathrm{KL}}(p \| q) \geqslant 0$。在上式中，第一项为 x 在 $p(x)$ 分布下的平均编码长度，第二项为 $q(x)$ 的编码长度在分布 $p(x)$ 中的均值，相对熵即为两个编码长度之差。或者说，度量使用基于 $q(x)$ 的编码来表示来自 $p(x)$ 的样本平均所需的额外的比特数，即两个分布的不相似度。可以看出，如果 $p(x), q(x)$ 完全相同，则 KL 散度为 $D_{\mathrm{KL}}(p \| q) = 0$。

2．极大似然法的相对熵解释

对于一个机器学习问题，记特征向量为 $\boldsymbol{x}$，模型的参数为 $\boldsymbol{\omega}$，因变量为 y。模型的理想参数为 $\boldsymbol{\omega}$，应使得预测分布 $p(y | \boldsymbol{\omega}, \boldsymbol{x})$ 接近实际分布 $p(y | \boldsymbol{x})$。换句话说，参数 $\boldsymbol{\omega}$ 要让 $D_{\mathrm{KL}}(p(y | \boldsymbol{x}) \| p(y | \boldsymbol{\omega}, \boldsymbol{x}))$ 接近 0 或取得最小值。为了方便表述，用 p 表示数据的观测分布 $p(y | \boldsymbol{x})$，用 q 表示模型的预测分布 $p(y | \boldsymbol{\omega}, \boldsymbol{x})$，用 p_i 表示 $p(y_i | \boldsymbol{x}_i)$，用 q_i 表示 $p(y_i | \boldsymbol{\omega}, \boldsymbol{x}_i)$，于是目标转换为找到一个参数 $\boldsymbol{\omega}$，使得：

$$\arg \min_{\boldsymbol{\omega}} D_{\mathrm{KL}}(p \| q) = \arg \min_{\boldsymbol{\omega}} -H(p) - \sum_i p_i \log_2 q_i$$

由于 $H(p), p_i$ 与参数 $\boldsymbol{\omega}$ 无关，于是上式可化为：

$$\arg \min_{\boldsymbol{\omega}} D_{\mathrm{KL}} = \arg \min_{\boldsymbol{\omega}} -\sum_i \log_2 q_i$$

$$= \arg \max_{\boldsymbol{\omega}} \sum_i \log_2 p(y_i | \boldsymbol{\omega}, \boldsymbol{x}_i)$$

$$= \arg \max_{\boldsymbol{\omega}} \log_2 L(\boldsymbol{\omega})$$

由此可见，KL 散度最小与极大似然法是等价的。

*3．极大似然与 Fisher 信息量

通过前面的分析，我们知道最小二乘法属于极大似然法的特殊情况。极大似然从概率论来看是要找到参数 $\boldsymbol{\omega}$，使得 $p(y_i | \boldsymbol{\omega}, \boldsymbol{x}_i)$ 总体最大，从信息论的角度看，是要让相对熵最小。这里只是主观地分析极大似然的合理性，下面结合 Fisher 信息量讨论极大似然法的优越性。

我们知道，一个函数在某点的导数表示函数在该点的斜率。斜率越大，表明函数越陡峭，极值也就越容易被区分。因此，对数似然函数 $l(\boldsymbol{\omega}) = \ln L(\boldsymbol{\omega})$ 取得最小值的难易程度，

---

① 在很多教材中也称为信息增益（information gain）。

可以用函数的导数来度量。为此定义 score 函数如下：

$$S(x, \omega) = \frac{\partial}{\partial \omega} l(x, \omega)$$

☝注意：$l(\omega)$ 是 x, ω 的函数，实际上应写作 $l(x, \omega)$，$l(\omega)$ 是简化写法，$L(\omega)$ 亦然。

很明显，函数 $S(x, \omega)$ 是一个列向量，其对 x 的均值为：

$$E(S(x, \omega)) = \int \frac{\partial \ln L(x, \omega)}{\partial \omega} L(x, \omega) \mathrm{d}x$$

$$= \int \frac{1}{L(x, \omega)} \cdot \frac{\partial L(x, \omega)}{\partial \omega} L(x, \omega) \mathrm{d}x$$

$$= \frac{\partial}{\partial \omega} \int L(x, \omega) \mathrm{d}x$$

对于任意参数 ω，由于概率的总和为 1，所以 $\int L(x, \omega) \mathrm{d}x = 1$，因此 score 函数对 x 均值（期望）为：

$$E(S(x, \omega)) = \frac{\partial}{\partial \omega} \int L(x, \omega) \mathrm{d}x = 0$$

鉴于 score 函数的均值恒为 0，因此无法有效衡量 $L(x, \omega)$ 对 ω 的斜率。为了衡量不同参数 ω 下似然函数的波动情况，可以考虑使用 score 平方的均值来衡量，于是定义 Fisher 信息量矩阵如下：

$$F(\omega) = E(S^2(x, \omega)) = \int_x \left(\frac{\partial}{\partial \omega} l(x, \omega) \right) \left(\frac{\partial}{\partial \omega^{\mathrm{T}}} l(x, \omega) \right) L(x, \omega) \mathrm{d}x$$

信息量矩阵中的每个元素 (i, j) 为：

$$F_{i,j}(\omega) = \int_x \left(\frac{\partial}{\partial \omega^i} l(x, \omega) \right) \left(\frac{\partial}{\partial \omega^j} l(x, \omega) \right) L(x, \omega) \mathrm{d}x$$

其中，ω^i 表示向量 ω 的第 i 个元素，$i \in (1, 2, \cdots, n)$。如果似然函数对于参数 ω 存在连续的二阶偏导数，为了方便表示，这里把二阶偏导矩阵 $\frac{\partial^2}{\partial \omega \partial \omega^{\mathrm{T}}} l(x, \omega)$ 记为 $l''(x, \omega)$，由于：

$$l''(x, \omega) = \frac{L''(x, \omega)}{L(x, \omega)} - \left(\frac{\partial}{\partial \omega} l(x, \omega) \right) \left(\frac{\partial}{\partial \omega^{\mathrm{T}}} l(x, \omega) \right)$$

对于第一项，结合 $\int L(x, \omega) \mathrm{d}x = 1$，所以：

$$E\left(\frac{L''(x, \omega)}{L(x, \omega)} \right) = \frac{\partial^2}{\partial \omega \partial \omega^{\mathrm{T}}} \int L(x, \omega) \mathrm{d}x = \mathbf{0}_{n \times n}$$

所以：

$$E(l''(x, \omega)) = -E\left[\left(\frac{\partial}{\partial \omega} l(x, \omega) \right) \left(\frac{\partial}{\partial \omega^{\mathrm{T}}} l(x, \omega) \right) \right]$$

$$= -E(S^2(x, \omega)) = -F(\omega)$$

因此，Fisher 信息量也可以用似然函数的二阶导来表示。在高等数学中，二阶导数表示凹度。很容易证明 $F(\omega) \geqslant \mathbf{0}_{n \times n}$，因此 Fisher 信息量表示似然函数在 ω 处的起伏程度。如果

$F(\boldsymbol{\omega}_{\text{True}})$ 值越大，则意味着似然函数在参数真实值 $\boldsymbol{\omega}_{\text{True}}$（最值点）处起伏越大。换句话说，似然函数对参数 $\boldsymbol{\omega}$ 越敏感，那么就越容易找到真实值或逼近真实值的点。反之，似然函数在参数 $\boldsymbol{\omega}_{\text{True}}$ 越平缓，其值对 $\boldsymbol{\omega}$ 不敏感，那么就很难找到逼近于 $\boldsymbol{\omega}_{\text{True}}$ 的 $\boldsymbol{\omega}$。

记极大似然法得出的参数为 $\boldsymbol{\omega}_{\text{MLE}}$。由于最值点或极值点的导数为 0，所以一般有 $S(\boldsymbol{x}, \boldsymbol{\omega}_{\text{MLE}}) = \dfrac{\partial}{\partial \boldsymbol{\omega}} l(\boldsymbol{x}, \boldsymbol{\omega}_{\text{MLE}}) = 0$。根据泰勒公式，将 $S(\boldsymbol{x}, \boldsymbol{\omega}_{\text{MLE}}) = 0$ 表示为：

$$0 = S(\boldsymbol{x}, \boldsymbol{\omega}_{\text{MLE}})$$

$$\xrightarrow{\text{Taylor}} 0 = S(\boldsymbol{x}, \boldsymbol{\omega}) + (\boldsymbol{\omega}_{\text{MLE}} - \boldsymbol{\omega}) \cdot l''(\boldsymbol{x}, \boldsymbol{\omega}) + o\big((\boldsymbol{\omega}_{\text{MLE}} - \boldsymbol{\omega})^2\big)$$

把 $\boldsymbol{\omega}_{\text{True}}$ 代入上式，整理可得：

$$\sqrt{m}(\boldsymbol{\omega}_{\text{MLE}} - \boldsymbol{\omega}_{\text{True}}) = -\sqrt{m} S(\boldsymbol{x}, \boldsymbol{\omega}_{\text{MLE}}) \cdot \big(l''(\boldsymbol{x}, \boldsymbol{\omega}_{\text{True}})\big)^{-1} + o\big((\boldsymbol{\omega}_{\text{MLE}} - \boldsymbol{\omega})^2\big)$$

其中，m 为样本容量，在 $m \to \infty$ 时，可忽略泰勒余项，于是：

$$\lim_{m \to \infty} \sqrt{m}(\boldsymbol{\omega}_{\text{MLE}} - \boldsymbol{\omega}_{\text{True}}) = -\sqrt{m} S(\boldsymbol{x}, \boldsymbol{\omega}_{\text{MLE}}) \cdot \big(l''(\boldsymbol{x}, \boldsymbol{\omega}_{\text{True}})\big)^{-1}$$

由于 $l(\boldsymbol{x}, \boldsymbol{\omega}_{\text{True}})$ 本为累加形式，所以根据大数定律：

$$\lim_{m \to \infty} -l''(\boldsymbol{x}, \boldsymbol{\omega}_{\text{True}}) = -E\big(l''(\boldsymbol{x}, \boldsymbol{\omega}_{\text{True}})\big) = F(\boldsymbol{\omega}_{\text{True}})$$

根据中心极限定理：

$$\sqrt{m} S(\boldsymbol{x}, \boldsymbol{\omega}_{\text{MLE}}) \xrightarrow{p} N\big(\boldsymbol{0}, F(\boldsymbol{\omega}_{\text{True}})\big)$$

同时：

$$\text{Var}\big(\sqrt{m} S(\boldsymbol{x}, \boldsymbol{\omega}_{\text{MLE}}) \cdot F^{-1}(\boldsymbol{\omega}_{\text{True}})\big) = F^{-1}(\boldsymbol{\omega}_{\text{True}}) \cdot \sqrt{m} S(\boldsymbol{x}, \boldsymbol{\omega}_{\text{MLE}}) \cdot F^{-1}(\boldsymbol{\omega}_{\text{True}})$$

$$\xrightarrow{p} F^{-1}(\boldsymbol{\omega}_{\text{True}})$$

于是，藉由极大似然估计得出的参数 $\boldsymbol{\omega}_{\text{MLE}}$ 应满足：

$$\sqrt{m}(\boldsymbol{\omega}_{\text{MLE}} - \boldsymbol{\omega}_{\text{True}}) \xrightarrow{p} N\big(\boldsymbol{0}, F^{-1}(\boldsymbol{\omega}_{\text{True}})\big)$$

这说明，当样本容量足够大时，极大似然估计得到的参数 $\boldsymbol{\omega}_{\text{MLE}}$ 服从正态分布，根据中心极限定律，$\boldsymbol{\omega}_{\text{MLE}}$ 的均值为 $\boldsymbol{\omega}_{\text{True}}$，因此也称 $\boldsymbol{\omega}_{\text{MLE}}$ 为 $\boldsymbol{\omega}_{\text{True}}$ 的渐进[②]无偏估计，其协方差矩阵为 $\dfrac{F^{-1}(\boldsymbol{\omega}_{\text{True}})}{m}$。

根据 Cramer-Rao 不等式，一个无偏估计的方差存在下界，即：

$$\text{Var}\big(\hat{\theta}_{\text{unbias}}\big) \geqslant \frac{1}{m F(\theta)}$$

因此，渐进无偏估计 $\boldsymbol{\omega}_{\text{MLE}}$ 为参数真实值 $\boldsymbol{\omega}_{\text{True}}$ 的最有效估计。

综上所述，对于极大似然估计，得出的参数 $\boldsymbol{\omega}_{\text{MLE}}$ 是真实参数 $\boldsymbol{\omega}_{\text{True}}$ 渐进无偏估计且为无偏估计中的最有效估计。同时，在 $\boldsymbol{\omega}_{\text{MLE}}$ 估计下，$\sum_{i=1}^{m} p(y_i \mid \boldsymbol{\omega}, \boldsymbol{x}_i)$ 取得最大值、KL 散度和相对熵的最小值。

---

② 表示只有在大样本条件下成立。

5.1.3　极大后验假设法

2.3.1 节曾经简略地介绍了极大后验假设，其目的是找到一个 $\boldsymbol{\omega}_{\mathrm{MAP}}$，使得 $P(\boldsymbol{\omega}, \boldsymbol{x}_i | y_i)$ 总体最大。根据贝叶斯定理，可转化为：

$$\arg\max_{\boldsymbol{\omega}} \prod_{i=1}^{m} P(\boldsymbol{\omega}, \boldsymbol{x}_i | y_i) = \prod_{i=1}^{m} P(y_i | \boldsymbol{\omega}, \boldsymbol{x}_i) \cdot P(\boldsymbol{\omega}, \boldsymbol{x}_i)$$

同样，定义函数 $\mathrm{PL}(\boldsymbol{x}, \boldsymbol{\omega})$：

$$\mathrm{PL}(\boldsymbol{x}, \boldsymbol{\omega}) = \prod_{i=1}^{m} P(y_i | \boldsymbol{\omega}, \boldsymbol{x}_i) \cdot P(\boldsymbol{\omega}, \boldsymbol{x}_i)$$

对函数 $\mathrm{Pl}(\boldsymbol{x}, \boldsymbol{\omega})$ 取自然对数：

$$\mathrm{Pl}(\boldsymbol{x}, \boldsymbol{\omega}) = \ln \mathrm{PL}(\boldsymbol{x}, \boldsymbol{\omega}) = \sum_{i=1}^{m} \left(\ln P(y_i | \boldsymbol{\omega}, \boldsymbol{x}_i) + \ln P(\boldsymbol{\omega}, \boldsymbol{x}_i) \right)$$

注意，上式第一项为似然函数，因此极大后验假设实际上是最大化：

$$\arg\max_{\boldsymbol{\omega}} \mathrm{Pl}(\boldsymbol{x}, \boldsymbol{\omega}) = \arg\max_{\boldsymbol{\omega}} \left(l(\boldsymbol{x}, \boldsymbol{\omega}) + \sum_{i=1}^{m} \ln P(\boldsymbol{\omega}, \boldsymbol{x}_i) \right)$$

就像 Ridge 回归与普通线性回归一样，上式相当于给似然函数增添了补偿项，因此也叫 $\mathrm{Pl}(\boldsymbol{x}, \boldsymbol{\omega})$ 为补偿似然函数（Penalized max-likelihood function），将极大后验假设称为补偿极大似然法。

令 $\mathrm{Pl}(\boldsymbol{x}, \boldsymbol{\omega})$ 对 $\boldsymbol{\omega}$ 求偏导并令其为 0，可得：

$$\frac{\partial \mathrm{Pl}(\boldsymbol{x}, \boldsymbol{\omega})}{\partial \boldsymbol{\omega}} = \frac{\partial l(\boldsymbol{x}, \boldsymbol{\omega})}{\partial \boldsymbol{\omega}} + \frac{\partial \sum_{i=1}^{m} \ln P(\boldsymbol{\omega}, \boldsymbol{x}_i)}{\partial \boldsymbol{\omega}} = 0$$

由于上述等式右边第二项不是一个常数，因此根据该方程求解得出的参数 $\boldsymbol{\omega}_{\mathrm{MAP}?} \neq \boldsymbol{\omega}_{\mathrm{MLE}?}$。而 $\boldsymbol{\omega}_{\mathrm{MLE}}$ 是参数真实值的渐进无偏估计，所以 $\boldsymbol{\omega}_{\mathrm{MAP}}$ 必然不是无偏的。

在 3.3.4 节中我们谈到，引入补偿项是为了防止过拟合。在这里也是如此，正因为 MLE 是渐进无偏且最有效的估计，在少数样本的情况下得到的分布 $P(y | \boldsymbol{\omega}, \boldsymbol{x})$ 过分依赖少量的、无法正确反映总体的样本，进而导致无法接近真实的分布 $P(y | \boldsymbol{\omega}, \boldsymbol{x})$。通过引入补偿项，可以防止这种情况发生。但在大样本中，MAP 的效果往往不如 MLE，这也是引入补偿项使得最优解 $\boldsymbol{\omega}_{\mathrm{MAP}}$ 偏离真实值的原因。

5.1.4　基于信息论的风险函数

由于最小二乘法是极大似然法的特殊情况，所以无论最小二乘法还是极大似然法，其本质都是为了令 KL 散度或相对熵最小。除了相对熵以外，度量相似度的尺度还有交叉熵（Cross Entropy）：

$$H\left(p(y | \boldsymbol{x}), p(y | \boldsymbol{\omega}, \boldsymbol{x}) \right) = \sum_i p(y_i | \boldsymbol{x}_i) \log_2 \frac{1}{p(y_i | \boldsymbol{\omega}, \boldsymbol{x}_i)}$$

用 p 表示 $p(y | \boldsymbol{x})$，用 q 表示 $p(y | \boldsymbol{\omega}, \boldsymbol{x})$，结合相对熵的定义，用相对熵表示交叉熵：

$$H(p,q) = D_{\text{KL}}(p \parallel q) + H(p)$$

在神经网络、决策树中，有时候采用交叉熵作为风险函数。因为 $H(p)$ 与参数无关，所以最小化交叉熵也是最小化相对熵的过程，也属于极大似然法的范畴。

除此之外，在深度学习中，生成对抗网络（GAN）经常采用另一种风险函数，定义 JS 散度为：

$$D_{\text{JS}}(p \parallel q) = \frac{1}{2} D_{\text{KL}}\left(p \parallel \frac{p+q}{2} \right) + \frac{1}{2} D_{\text{KL}}\left(q \parallel \frac{p+q}{2} \right)$$

JS 散度区别于 KL 散度，它可以作为距离度量，因为 $D_{\text{JS}}(p \parallel q) = D_{\text{JS}}(q \parallel p)$，而 $D_{\text{KL}}(p \parallel q) \neq D_{\text{KL}}(q \parallel p)$。换句话说，JS 散度具有交换性，而 KL 散度直观上是一个距离，不具有交换性。另外，KL 散度在 $q \to 0$ 时趋于无穷大，容易导致内存溢出（overflow）。

5.2　模型训练与优化问题

无论选择哪种风险函数，它们都有一个目标，即将似然函数或补偿似然函数最大化。以似然函数为例：

$$\arg\max_{\boldsymbol{\omega}} l(\boldsymbol{\omega}) = \sum_{i=1}^{m} \ln p(y_i \mid \boldsymbol{\omega}, \boldsymbol{x}_i) \tag{5.1}$$

为了方便表述，后面将 $\ln p(y_i \mid \boldsymbol{\omega}, \boldsymbol{x}_i)$ 简记为 $l_i(\boldsymbol{\omega})$，表示样本个体 i 的风险值。并记个体 i 的特征向量 $\boldsymbol{x}_i$ 的第 j 个特征为 x_i^j，$j \in (1, 2, \cdots, n)$，共有 n 个特征。

如果对参数 $\boldsymbol{\omega}$ 有先验的知识，如电路的参数要求等，此时问题为带约束条件的优化问题：

$$\arg\min_{\boldsymbol{\omega}} l(\boldsymbol{\omega}) = -\sum_{i=1}^{m} l_i(\boldsymbol{\omega}) \tag{5.2}$$

$$\text{s.t. } \boldsymbol{\omega} \in C^n$$

由此可见，模型训练过程可以看成无约束和约束优化问题的寻优过程。

5.3　线　性　搜　索

无论式（5.1）还是式（5.2），对 $l(\boldsymbol{\omega})$ 求导令其为 0，求解方程得出解析解是十分困难的。因此一般常用数值迭代的方法求解参数，求解优化问题的常用迭代格式为：

$$\boldsymbol{\omega}_{k+1} = \boldsymbol{\omega}_k + \alpha \boldsymbol{d}_k$$

其中，$\boldsymbol{\omega}_0$ 为初始向量，$\boldsymbol{d}_k$ 为 $l(\boldsymbol{\omega})$ 在 $\boldsymbol{\omega}_{k+1}$ 的下降方向，实数 $a > 0$ 为步长。

给定 $\boldsymbol{d}_k, \boldsymbol{\omega}_0$，我们总希望能够找到一个步长，使得：

$$l(\boldsymbol{\omega}_k + \alpha \boldsymbol{d}_k) = \arg\min_{\alpha} l(\boldsymbol{\omega}_k + \alpha \boldsymbol{d}_k) \tag{5.3}$$

这实际上又产生了一个一元优化的子问题。一般，将满足式（5.3）的步长 α 称为精确线性搜索步长，反之为非精确线性搜索步长。为了便于区分，这里将函数 $l(\boldsymbol{\omega}_k + \alpha \boldsymbol{d}_k)$ 记为 $\alpha(\alpha)$，于是，总希望找到一个步长 α 使得：

$$\arg\min_{\alpha} \alpha(\alpha)$$

但在一般情况下，由于迭代算法本身产生的 $\boldsymbol{\omega}_k$ 是一个近似点，因此也就没有必要花费过多的时间去寻找精确搜索步长，并且在实际情况中，每一步迭代都去寻找精确的步长是不太现实的。所以，我们常用非精确线性搜索的方法找到不太精确的步长，下面介绍几种常见的非精确步长的搜索方法。

5.3.1　0.618 法

0.618 法也叫黄金分割法，其基本实现是给定步长区间 $[a,b]$，每次迭代任取两点 $\lambda_i < \mu_i$，通过比较 $\alpha(\lambda_i)$ 与 $\alpha(\mu_i)$，缩小区间 $[a,b]$ 直到逼近一个点。由于每次缩小要求等比例缩放，即 $b_{i+1} - a_{i+1} = \tau(b_i - a_i), \tau \in (0,1]$，可得：

$$\lambda_i = \alpha_i + (1-\tau)(b_i - a_i)$$
$$\mu_i = a_i + \tau(b_i - a_i)$$

我们称 $\tau = 0.618$ 的方法即为黄金分割法，其具体算法如下：

给定初始区间 $\alpha \in [a_1, b_1]$ 和用于结束迭代的 $\varepsilon \geqslant 0$，令 $i=1$，计算

$$\lambda_1 = a_1 + (1-0.618)(b_1 - a_1)$$
$$\mu_1 = a_1 + 0.618(b_1 - a_1)$$

```
while |b_i - a_i| > ε:                    #当 b_i 不等于 a_i 时
    if α(λ_i) > α(μ_i):
        (a_{i+1}, b_{i+1}) = (λ_i, b_i)
        else:
        (a_{i+1}, b_{i+1}) = (a_i, μ_i)
λ_{i+1} = a_{i+1} + 0.382(b_{i+1} - a_{i+1})
μ_{i+1} = a_{i+1} + 0.618(b_{i+1} - a_{i+1})
i = i+1
输出：α = (a_i + b_i)/2
```

实际上，$\tau = 0.618$ 是根据 $\mu_{i+1} = \lambda_i$ 或 $\lambda_{i+1} = \mu_i$ 取得的，以 $\alpha(\lambda_i) > \alpha(\mu_i)$ 为例，此时 $\lambda_{i+1} = \mu_i$，即：

$$a_{i+1} + (1-\tau)(b_{i+1} - a_{i+1}) = a_i + \tau(b_i - a_i)$$

可得：$\tau^2 = 1-\tau$，$\tau = 0.618$。也就是说，0.618 法中求取 μ_i, λ_i 时利用了 μ_{i-1}, λ_{i-1} 的信息。

与黄金分割法类似，以区间逼近的形式求取极小值的方法还有二分法、斐波那契法等。这些方法的区别在于 τ 的取值，这里不再赘述。可以看到，当函数 $\alpha(\alpha)$ 是一个多峰函数时，基于比较 $\alpha(\lambda_i), \alpha(\mu_i)$ 缩放区间的方法大概率得不到最优解。同时，初始区间的选取也带有一定的主观性。

5.3.2　步长选取准则

上述方法有一个共同特点，即选取 λ, μ 来缩放区间 $[a,b]$，并没有规定步长应满足的条

件，基于这一点，我们提出另一类步长搜索方法，当步长满足一定原则时停止迭代。为了便于区分，这里用 $\nabla l(\boldsymbol{\omega})$ 表示步长 α 为常数时，似然函数对参数 $\boldsymbol{\omega}$ 的梯度。

1. Goldstein准则

Goldstein 准则要求步长 α_k 满足：

$$\alpha(\alpha_k) \leqslant \alpha(0) + \rho\alpha_k\nabla l(\boldsymbol{\omega}_k)^{\mathrm{T}} \cdot \boldsymbol{d}_k \tag{5.4}$$

$$\alpha(\alpha_k) \geqslant \alpha(0) + (1-\rho)\alpha_k\nabla l(\boldsymbol{\omega}_k)^{\mathrm{T}} \cdot \boldsymbol{d}_k \tag{5.5}$$

其中，$\boldsymbol{d}_k$ 为当前迭代点的下降方向。实数 ρ 为待定量，满足 $0 < \rho < 1/2$。

由于梯度 $\nabla l(\boldsymbol{\omega})$ 是指向"高处"的方向，与下降方向相反，所以 $\nabla l(\boldsymbol{\omega}_k)^{\mathrm{T}} \cdot \boldsymbol{d}_k \leqslant 0$。因此，式（5.4）的目的是确保 $\alpha(\alpha_k) \leqslant \alpha(0)$，即所选步长必须使函数值下降；在式（5.5）不等式右边的第二项中，由于 $(1-\rho)\alpha_k\nabla l(\boldsymbol{\omega}_k)^{\mathrm{T}} \cdot \boldsymbol{d}_k < \rho\alpha_k\nabla l(\boldsymbol{\omega}_k)^{\mathrm{T}} \cdot \boldsymbol{d}_k$，所以直观地看，若 α 满足式（5.4），则 α 越小，式（5.5）越难成立，从而确保每次迭代 α 的值不会太小，以加速迭代过程。

2. Wolfe-Powell准则

将步长 α_k 满足：

$$\alpha(\alpha_k) \leqslant \alpha(0) + \rho\alpha_k\nabla l(\boldsymbol{\omega}_k)^{\mathrm{T}} \cdot \boldsymbol{d}_k \tag{5.6}$$

$$\nabla l(\boldsymbol{\omega}_k + \alpha_k\boldsymbol{d}_k)^{\mathrm{T}} \cdot \boldsymbol{d}_k \geqslant \rho_1\nabla l(\boldsymbol{\omega}_k)^{\mathrm{T}} \cdot \boldsymbol{d}_k \tag{5.7}$$

🔔**注意**：$\nabla l(\boldsymbol{\omega}_k + \alpha_k\boldsymbol{d}_k)$ 为似然函数在点 $\boldsymbol{\omega}_k + \alpha_k\boldsymbol{d}_k$ 处的梯度，此时 α_k 是常数，变量为 $\boldsymbol{\omega}_k$。

其中，$0 < \rho < \rho_1 < 1$，ρ 和 ρ_1 均需要自己选取。

同样，式（5.6）与 Goldstein 准则完全相同，是为了保证步长往函数下降的选取方向。我们知道，极值点是局部或全局最优解的所在，但在 Goldstein 中，无论式（5.4）还是式（5.5）都只考虑让函数值快速地下降，并没有考虑到极值点的任何信息，这就容易导致极值点没有落在满足 Goldstein 准则的区间内。

那么式（5.7）是如何防止这种情况发生的呢？下降方向 $\boldsymbol{d}_k$ 与梯度 $\nabla l(\boldsymbol{\omega}_k + \alpha_k\boldsymbol{d}_k)$ 总是相反的，所以 $\nabla l(\boldsymbol{\omega}_k + \alpha_k\boldsymbol{d}_k)^{\mathrm{T}} \cdot \boldsymbol{d}_k \leqslant 0$。由于步长 α 越接近极值点，梯度就越靠近于 0，也就是说 $\nabla l(\boldsymbol{\omega}_k + \alpha_k\boldsymbol{d}_k)^{\mathrm{T}} \cdot \boldsymbol{d}_k$ 的值应增大。所以，$\nabla l(\boldsymbol{\omega}_k + \alpha_k\boldsymbol{d}_k)^{\mathrm{T}} \cdot \boldsymbol{d}_k \geqslant \rho_1\nabla l(\boldsymbol{\omega}_k)^{\mathrm{T}} \cdot \boldsymbol{d}_k$ 可以让 α 往极值点靠拢，同时引入 ρ_1 可以在一定程度上让 α 往非极值点的方向迭代，从而有概率地避免局部收敛，得到精确搜索步长。

因为 $\nabla l(\boldsymbol{\omega}_k + \alpha_k\boldsymbol{d}_k)^{\mathrm{T}} \cdot \boldsymbol{d}_k > 0$ 是很有可能的，这时对式（5.7）略作修改即可：

$$\left|\nabla l(\boldsymbol{\omega}_k + \alpha_k\boldsymbol{d}_k)^{\mathrm{T}} \cdot \boldsymbol{d}_k\right| \leqslant \rho_1\left|\nabla l(\boldsymbol{\omega}_k)^{\mathrm{T}} \cdot \boldsymbol{d}_k\right| \tag{5.8}$$

称式（5.6）和式（5.8）的步长选取准则为强 Wolfe-Powell 准则。

5.3.3　对应的搜索算法

与 0.618 法类似，可以采用缩放区间的方式，根据 5.3.2 节中的步长原则来搜索步长 α，具体算法如下：

```
给定区间[a_1,b_1]，要求 a_1,b_1>0。在[a_1,b_1]选择步长 α_1，定义当前迭代次数 i=1
while |b_i−a_i|>ε:                        #当 b_i 不等于 a_i 时
    if α_i 满足式（5.4）:
        if α_i 满足式（5.5）:
    输出：α_i
        else:
    (a_{i+1},b_{i+1})=(α_i,b_i)           #注意等式右边为步长，请勿混淆
    else:
    (a_{i+1},b_{i+1})=(a_i,α_i)           #注意勿混淆 α,a
    令：α_{i+1}=\frac{a_{i+1}+b_{i+1}}{2},i=i+1
输出：α_{i+1}=\frac{a_{i+1}+b_{i+1}}{2}
```

如果对上述算法稍作修改，即可将其应用于初始步长区间为无穷区间 $[a_1,+\infty)$ 的情况。

如果根据 Wolfe-Powell 准则搜索步长，则将迭代终止条件中的式（5.5）改为式（5.7）或式（5.8）即可。

一般情况下，迭代步长较大容易发散，而步长小则很难收敛。因此，应让 α 逐渐减小。这样在还没有接近极值时，以大步长下降，增大收敛速度；在接近极值时，以小步长下降，提高收敛精度并加快收敛。一般称步长递减的搜索算法为回溯算法，具体如下：

```
设置初始步长为 α=α_1，并确定常数 t∈(0,1)，定义当前迭代步数 i=1
while 1:
    if α_i 满足式（5.4）:
        if α_i 满足式（5.5）、式（5.7）或式（5.8）:
    输出：α_i
    else:
α_{i+1}=tα_i，令 i=i+1
```

无论区间逼近还是回溯算法，它们均属于非精确搜索算法。依据 5.3.2 节中定义的准则找到的步长有可能不是极值，更不用说最值了。但是，步长选择作为优化算法的子问题，不应该过分关注其精度。此外，优化算法本身得到的参数 $\boldsymbol{\omega}$ 也未必是似然函数的最小值。因此，使用非精确步长也就绰绰有余了。

5.4　常见的优化算法

5.3 节介绍了常见迭代格式 $\boldsymbol{\omega}_k+\alpha_k\boldsymbol{d}_k$ 中步长的选择算法。为了寻求最优化，人们希望每次迭代尽量满足 $l(\boldsymbol{\omega}_{k+1})\leqslant l(\boldsymbol{\omega}_k)$，同时也希望能够找到最优解而不是局部最优，因此允许在迭代过程中偶尔出现似然函数值增大的情况，而如何选择变化方向 $\boldsymbol{d}_k$ 就显得尤为重

要。本节将基于变化方向的选取，介绍一些常见的优化算法。

5.4.1 梯度下降法

根据高等数学的知识，函数某点的梯度代表函数值增大最快的方向，于是可以考虑选择似然函数梯度的负方向 $-\nabla l(\boldsymbol{\omega})$ 作为参数的变化方向：

$$\boldsymbol{\omega}_{k+1} = \boldsymbol{\omega}_k - \alpha \nabla l(\boldsymbol{\omega}_k)$$

在步长合适的情况下，$-\nabla l(\boldsymbol{\omega}_k)$ 能够保证每次迭代均有 $l(\boldsymbol{\omega}_{k+1}) \leqslant l(\boldsymbol{\omega}_k)$，并且每次下降都是往最陡、变化量最大的方向前进，因此该方法也叫最速下降法，具体的算法如下：

> 给出初始点 $\boldsymbol{\omega}_1$，定义当前迭代次数为 $k=1$，精度 $\varepsilon > 0$
> while $\left| \nabla l(\boldsymbol{\omega}_k) - 0 \right| > \varepsilon$:　　　　　　　#当梯度不等于 0 时，这是浮点数比较常用的手段
> $\quad \boldsymbol{d}_k = -\nabla l(\boldsymbol{\omega}_k)$
> 　　使用线性搜索法找到步长 α_k　　　　　#见 5.3 节
> 　　　令 $\boldsymbol{\omega}_{k+1} = \boldsymbol{\omega}_k + \alpha_k \boldsymbol{d}_k$　，$k = k+1$
> 输出：$\boldsymbol{\omega}_k$

假设使用精确搜索法搜索到精确步长，即 $\left. \dfrac{dl(\boldsymbol{\omega}_k + \alpha \boldsymbol{d}_k)}{d\alpha} \right|_{\alpha = \alpha_k} = 0$，容易得出 $\boldsymbol{d}_k^{\mathrm{T}} \boldsymbol{d}_{k+1} = 0$。

从几何角度来看，即相邻次迭代步长的变化方向是垂直的。假设参数是二维的，则每次迭代的方向大致为锯齿状，如图 5.1 所示。

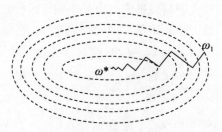

图 5.1 梯度下降法精确步长情况下的迭代过程

由于每次迭代都与上次迭代垂直，加上回溯算法中步长逐渐衰减，所以收敛变得相当困难。

5.4.2 坐标下降法

不同于梯度下降法直接选择最陡的方向前进，坐标下降是考虑某一维下降最快。由于参数 $\boldsymbol{\omega}_k$ 为一个向量：$\boldsymbol{\omega}_k = \left(\omega_k^0, \omega_k^1, \cdots, \omega_k^n \right)^{\mathrm{T}}$，于是坐标下降的方向为：

$$\boldsymbol{d}_k = -\left. \frac{\partial l(\boldsymbol{\omega})}{\partial \omega^j} \right|_{\boldsymbol{\omega}_k} \qquad i = \arg\max_j \left. \frac{\partial l(\boldsymbol{\omega})}{\partial \omega^j} \right|_{\boldsymbol{\omega}_k}$$

上式表示每次迭代都会沿着某个坐标轴方向来更新参数 $\boldsymbol{\omega}_k$ 的值，该方向为偏导数最大的方向，坐标下降也因此得名。其具体算法与梯度下降法类似，这里不再赘述。

5.4.3　牛顿法

由数学知识可知，如果似然函数在某点处二阶可微，则可以将其进行泰勒展开：

$$l(\boldsymbol{\omega}) = l(\boldsymbol{\omega}_k) + \nabla l(\boldsymbol{\omega}_k)^{\mathrm{T}}(\boldsymbol{\omega} - \boldsymbol{\omega}_k) + \frac{1}{2}(\boldsymbol{\omega} - \boldsymbol{\omega}_k)^{\mathrm{T}} \nabla^2 l(\boldsymbol{\omega}_k)(\boldsymbol{\omega} - \boldsymbol{\omega}_k) + o\left((\boldsymbol{\omega} - \boldsymbol{\omega}_k)^2\right)$$

忽略泰勒余项，定义：

$$f_k(\boldsymbol{\omega}) = l(\boldsymbol{\omega}_k) + \nabla l(\boldsymbol{\omega}_k)^{\mathrm{T}}(\boldsymbol{\omega} - \boldsymbol{\omega}_k) + \frac{1}{2}(\boldsymbol{\omega} - \boldsymbol{\omega}_k)^{\mathrm{T}} \nabla^2 l(\boldsymbol{\omega}_k)(\boldsymbol{\omega} - \boldsymbol{\omega}_k)$$

用函数 $f_k(\boldsymbol{\omega})$ 近似似然函数在点 $\boldsymbol{\omega}_k$ 附近的函数值，并将 $f_k(\boldsymbol{\omega})$ 取得极小值时的 $\boldsymbol{\omega}$ 作为下次迭代的参数值 y_{ij}，令 $\nabla f_k(\boldsymbol{\omega}) = \mathbf{0}$ 可得：

$$\nabla^2 l(\boldsymbol{\omega}_k)(\boldsymbol{\omega} - \boldsymbol{\omega}_k) + \nabla l(\boldsymbol{\omega}_k) = \mathbf{0}$$

从而：$\boldsymbol{\omega}_{k+1} = \boldsymbol{\omega}_k - \left(\nabla^2 l(\boldsymbol{\omega}_k)\right)^{-1} \nabla l(\boldsymbol{\omega}_k)$，称 $\nabla^2 l(\boldsymbol{\omega}_k)$ 为海塞矩阵（Hessian Martrix），这里假设 $\nabla^2 l(\boldsymbol{\omega}_k)$ 对所有的 k 都是可逆的。可以看出，在牛顿法中步长固定为 1，下降方向为 $\boldsymbol{d}_k = -\left(\nabla^2 l(\boldsymbol{\omega}_k)\right)^{-1} \nabla l(\boldsymbol{\omega}_k)$。牛顿法使用二次函数近似原函数，并用二次函数的最小值点作为下一次迭代起点，如图 5.2 所示。

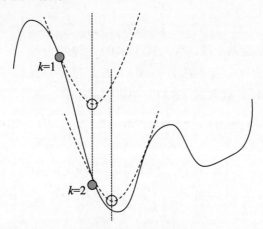

图 5.2　牛顿法示意

从图 5.2 中可以直观地看出，牛顿法的收敛过程比较快。

因为下降的步长可以根据 5.3 节所讨论的方法进行调整，无须设置为 1，所以：

$$\boldsymbol{\omega}_{k+1} = \boldsymbol{\omega}_k - \alpha_k \left(\nabla^2 l(\boldsymbol{\omega}_k)\right)^{-1} \nabla l(\boldsymbol{\omega}_k)$$

一般称引入步长因子的牛顿法为阻尼牛顿法。

在上述方法中，如果要找到最优解，则要求初始点在最优解的邻域内，否则顶多得到局部最优解，这个条件相当严苛。另外，在牛顿法中，海塞矩阵可能是奇异的（不可逆）或接近奇异，此时计算矩阵的逆会消耗大量计算资源，因此基于牛顿法的缺点衍生了许多较为实际的算法。

5.4.4　拟牛顿法

牛顿法的一个主要优点是收敛速度快（见图 5.2），并且利用了似然函数的二阶导的信息。但是，牛顿法的一个主要缺点就是海塞矩阵的计算过于复杂。对于许多问题，海赛矩阵无法求出，或者需要花费大量的计算资源，或者算出来的海赛矩阵是奇异的。而似然函数的一阶导数的求解则相对容易，于是拟牛顿法提出用一阶导数去近似海塞矩阵，从而减少计算量。

1. DFP方法

在迭代点 $\boldsymbol{\omega}_k$ 处，将 $\nabla l(\boldsymbol{\omega}_k)$ 进行一阶泰勒展开，忽略余项：

$$\nabla l(\boldsymbol{\omega}) \approx \nabla l(\boldsymbol{\omega}_k) + \nabla^2 l(\boldsymbol{\omega}_k)(\boldsymbol{\omega} - \boldsymbol{\omega}_k) \tag{5.9}$$

将 $\boldsymbol{\omega} = \boldsymbol{\omega}_{k-1}$ 代入式（5.9）可得：

$$\nabla l(\boldsymbol{\omega}_k) - \nabla l(\boldsymbol{\omega}_{k-1}) \approx \nabla^2 l(\boldsymbol{\omega}_k)(\boldsymbol{\omega}_k - \boldsymbol{\omega}_{k-1})$$

为了方便表述，记：

$$\boldsymbol{s}_{k-1} = \boldsymbol{\omega}_{k-1} - \boldsymbol{\omega}_k \ , \ \boldsymbol{y}_{k-1} = \nabla l(\boldsymbol{\omega}_k) - \nabla l(\boldsymbol{\omega}_{k-1}) \ , \ \boldsymbol{H}_k = \left(\nabla^2 l(\boldsymbol{\omega}_k)\right)^{-1}$$

于是式（5.9）可改写为：

$$\boldsymbol{s}_{k-1} \approx \boldsymbol{H}_k \boldsymbol{y}_{k-1} \tag{5.10}$$

设 $\boldsymbol{H}_k = \boldsymbol{H}_{k-1} + \boldsymbol{E}_k$，忽略泰勒余项，代入式（5.10）可得：

$$\boldsymbol{E}_k \boldsymbol{y}_{k-1} = \boldsymbol{s}_{k-1} - \boldsymbol{H}_{k-1} \boldsymbol{y}_{k-1} \tag{5.11}$$

不妨设 $\boldsymbol{E}_k = a_k \boldsymbol{u} \boldsymbol{u}^{\mathrm{T}} + b_k \boldsymbol{v} \boldsymbol{v}^{\mathrm{T}}$，代入式（5.11）中可得：

$$a_k \left(\boldsymbol{u}^{\mathrm{T}} \cdot \boldsymbol{y}_{k-1}\right) \boldsymbol{u} + b_k \left(\boldsymbol{v}^{\mathrm{T}} \cdot \boldsymbol{y}_{k-1}\right) \boldsymbol{v} = \boldsymbol{s}_{k-1} - \boldsymbol{H}_{k-1} \cdot \boldsymbol{y}_{k-1}$$

比较两端，令：

$$\begin{cases} a_k \left(\boldsymbol{u}^{\mathrm{T}} \cdot \boldsymbol{y}_{k-1}\right) = 1 \\ \boldsymbol{u} = \boldsymbol{s}_{k-1} \end{cases} \begin{cases} b_k \left(\boldsymbol{v}^{\mathrm{T}} \cdot \boldsymbol{y}_{k-1}\right) = -1 \\ \boldsymbol{v} = \boldsymbol{H}_{k-1} \cdot \boldsymbol{y}_{k-1} \end{cases}$$

于是 $\boldsymbol{E}_k$ 可表示为：

$$\boldsymbol{E}_k = \frac{\boldsymbol{s}_{k-1} \boldsymbol{s}_{k-1}^{\mathrm{T}}}{\boldsymbol{s}_{k-1}^{\mathrm{T}} \boldsymbol{y}_{k-1}} - \frac{\boldsymbol{H}_{k-1} \boldsymbol{y}_{k-1} \boldsymbol{y}_{k-1}^{\mathrm{T}} \boldsymbol{H}_{k-1}}{\boldsymbol{y}_{k-1}^{\mathrm{T}} \boldsymbol{H}_{k-1} \boldsymbol{y}_{k-1}}$$

于是就得到 $\left(\nabla^2 l(\boldsymbol{\omega}_k)\right)^{-1}$ 的一个近似表达式：

$$\boldsymbol{H}_k = \boldsymbol{H}_{k-1} + \boldsymbol{E}_k$$

从而得到 DFP 算法如下：

给出初始点 $\boldsymbol{\omega}_1$ 和初始矩阵 $\boldsymbol{H}_1$，定义当前迭代次数为 $k=1$，以及精度 $\varepsilon > 0$，计算 $\boldsymbol{d}_1 = -\boldsymbol{H}_1 \nabla l(\boldsymbol{\omega}_1)$

while $\left|\nabla l(\boldsymbol{\omega}_k) - 0\right| > \varepsilon$：

　　使用线性搜索法找到步长 $\boldsymbol{\alpha}_k$　　　　　　　　　　　#见 5.3 节

　　令 $\boldsymbol{\omega}_{k+1} = \boldsymbol{\omega}_k + \alpha \boldsymbol{d}_k$，并计算 $\boldsymbol{E}_k$

　　$\boldsymbol{H}_{k+1} = \boldsymbol{H}_k + \boldsymbol{E}_k$，$\boldsymbol{d}_{k+1} = -\boldsymbol{H}_{k+1} \nabla l(\boldsymbol{\omega}_{k+1})$，$k = k+1$

输出：$\boldsymbol{\omega}_k$

2. BFGS算法

BFGS 算法与 DFP 算法的唯一区别在于，DFP 算法是近似计算 $\left(\nabla^2 l\left(\boldsymbol{\omega}_k\right)\right)^{-1}$ 而 BFGS 算法是近似计算 $\nabla^2 l\left(\boldsymbol{\omega}_k\right)$。与 DFP 算法类似，定义 $\boldsymbol{B}_k = \nabla^2 l\left(\boldsymbol{\omega}_k\right)$，同理可得[③]：

$$\boldsymbol{B}_k = \boldsymbol{B}_{k-1} + \frac{\boldsymbol{y}_{k-1}\boldsymbol{y}_{k-1}^{\mathrm{T}}}{\boldsymbol{y}_{k-1}^{\mathrm{T}}\boldsymbol{s}_{k-1}} - \frac{\boldsymbol{B}_{k-1}\boldsymbol{s}_{k-1}\boldsymbol{s}_{k-1}^{\mathrm{T}}\boldsymbol{B}_{k-1}}{\boldsymbol{s}_{k-1}^{\mathrm{T}}\boldsymbol{B}_{k-1}\boldsymbol{s}_{k-1}}$$

具体算法过程与 DFP 算法类似，下降方向为 $\boldsymbol{d}_k = -\boldsymbol{B}_k^{-1}\nabla l\left(\boldsymbol{\omega}_k\right)$。

这两个算法有什么不同呢？的确，从形式上看是完全一样。假设两个算法的初始矩阵满足 $\boldsymbol{H}_1 = \boldsymbol{B}_1^{-1}$ 且初始点 $\boldsymbol{\omega}_1$ 亦相同、步长亦采用相同的搜索算法，那么两种方法的下一个迭代点也相同。但是可以证明的是，即便如此，也不是每次迭代都满足 $\boldsymbol{H}_k = \boldsymbol{B}_k^{-1}$。作为海塞矩阵的近似，$\boldsymbol{B}_k$ 的稳定性更好[④]。

5.4.5　收敛速率

似然函数从初始点开始，每次迭代的函数值构成一个数列：

$$\left\{l\left(\boldsymbol{\omega}\right)\right\} = l\left(\boldsymbol{\omega}_1\right), l\left(\boldsymbol{\omega}_2\right), \cdots, l\left(\boldsymbol{\omega}_k\right), l\left(\boldsymbol{\omega}_{k+1}\right), \cdots$$

无论全局最小还是局部最小，数列最终都会收敛于某个值 $l\left(\boldsymbol{\omega}^*\right)$。借助衡量数列收敛速率的方法来评价算法，如果存在 $\gamma > 0$，使得：

$$\lim_{k \to \infty} \frac{\left|l\left(\boldsymbol{\omega}_{k+1}\right) - l\left(\boldsymbol{\omega}^*\right)\right|}{\left|l\left(\boldsymbol{\omega}_k\right) - l\left(\boldsymbol{\omega}^*\right)\right|^\nu} = \gamma$$

则称数列 $\left\{l\left(\boldsymbol{\omega}\right)\right\}$ 以 ν 阶速率收敛于 $l\left(\boldsymbol{\omega}^*\right)$。可以看出，$\nu$ 越大则越容易收敛。在相同条件下，收敛速率越大，所需迭代次数就越少。特别的是，我们称 $\nu = 1$ 为线性收敛速率，$\nu = 2$ 为二次收敛速率。对于上述所有算法，这里不加证明即给出结论：在精确步长条件下，梯度下降法和坐标下降法的收敛速率是线性的，而牛顿法和拟牛顿法的收敛速率是二次的。

虽然牛顿法和拟牛顿法达到了收敛所需要的迭代次数，并且远少于梯度下降法和坐标下降法，但是在每次迭代过程中，牛顿法需要大量的计算工作，因此并不意味着使用牛顿法求解参数所需的时间就少。

5.4.6　几何分析

前面几节介绍了梯度下降、坐标下降和牛顿法，它们的比较如表 5.1 所示。

---

③ 详细推导过程可见参考文献[9]第 103 页。
④ 详细证明过程可参阅参考文献[9]第 105 页。

表 5.1　各类算法比较

	梯度下降法	坐标下降法	牛　顿　法
下降方向	$d_k = -\nabla l(\boldsymbol{\omega}_k)$	$d_k = \dfrac{\partial l(\boldsymbol{\omega})}{\partial \omega^i}\Big|_{\boldsymbol{\omega}_k}$ 其中 $i = \arg\max_i = \left\|\dfrac{\partial l(\boldsymbol{\omega})}{\partial \omega^i}\Big\|_{\boldsymbol{\omega}_k}\right\|$	$d_k = -\left(\nabla^2 l(\boldsymbol{\omega}_k)\right)^{-1} \nabla l(\boldsymbol{\omega}_k)$
收敛速率	一阶	一阶	二阶

我们知道，一个函数的梯度方向是函数值变化最大的方向，梯度的负方向为函数值下降最快的方向。以二维参数为例，假设每次迭代的变化 $\Delta\boldsymbol{\omega}_k$ 为单位长度，则可以把梯度下降法的某次迭代用图 5.3 来表示。

同样，从几何角度看坐标下降法与梯度下降法如图 5.4 所示。

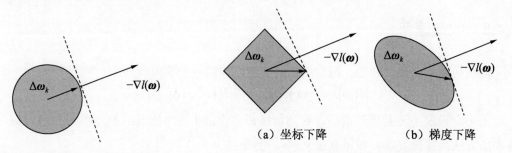

图 5.3　梯度下降法的下降方向　　　　图 5.4　坐标下降和梯率下降示意

假设 $\left|\Delta\boldsymbol{\omega}_k\right| = 1$，无论哪种方法，都是让约束在某个单位几何图形上的变化 $\Delta\boldsymbol{\omega}_k$，在梯度负方向 $-\nabla l(\boldsymbol{\omega}_k)$ 的投影最大，而这个几何图形就是相应的范数。例如，梯度下降法对应 l_2 范数，坐标下降法对应 l_1 范数，牛顿法对应二次范数。而 l_2 范数对应欧氏距离，即单位圆；l_1 范数对应曼哈顿距离，即正方体；二次范数则对应一个变化的椭圆。

顺带一提，根据 5.4.1 节的分析可知，梯度下降法每次迭代相邻的两个方向都是垂直的，因此最速下降并不一定收敛得最快。而坐标下降法和牛顿法不是以最速方向迭代的，从几何原理上讲，可以避免梯度下降法由于方向垂直导致的收敛速度变慢的问题。

5.5　随机搜索算法

5.4 节介绍了常见的优化算法，区别于一般的规划问题，机器学习的似然函数的复杂度非常高，由于似然函数：

$$\arg\min_{\boldsymbol{\omega}} l(\boldsymbol{\omega}) = -\sum_{i=1}^{m} l_i(\boldsymbol{\omega})$$

可以看出，似然函数是 m 个 $l_i(\boldsymbol{\omega})$ 相加而来。由于 m 是样本容量，而样本容量的个数少则数百个，多则上千万。对上述方法，无可避免地都需要求梯度 $-\nabla l(\boldsymbol{\omega}_k)$。也就是说，我们要对所有样本的 $l_i(\boldsymbol{\omega}_k)$ 求导，并且每次迭代都需要这么做。可以想象，这将会是多么庞大的计算工作！

基于以上原因，在计算梯度时，可以在训练样本中随机地选取 m' 个个体，重新构成新的似然函数 $\ell(\boldsymbol{\omega}) = -\dfrac{m}{m'}\sum_{i=1}^{m'} l_i(\boldsymbol{\omega})$。最简单的情况是只抽取一个样本来构成新的似然函数 $\ell(\boldsymbol{\omega}) = -m l_i(\boldsymbol{\omega})$。这样，在参数寻优时，就不用对所有的 $l_i(\boldsymbol{\omega}_k)$ 求导。在某些文献中，也称这 m' 个个体组成的子样本为 mini-batch。

一般，将用 mini-batch 构成的 $\ell(\boldsymbol{\omega})$ 替代似然函数 $l(\boldsymbol{\omega})$ 的算法称为随机搜索算法。下面以梯度下降为例，解释随机搜索算法。

5.5.1　随机梯度下降法

随机梯度下降法（Stochastic Gradient Descend，SGD）的具体算法如下：

> 给出初始点 $\boldsymbol{\omega}_1$，定义当前迭代次数为 $k=1$，精度 $\varepsilon>0$
> while $\left|\nabla l(\boldsymbol{\omega}_k)-0\right|>\varepsilon$：
> 随机选取 mini-batch，定义函数 $\ell(\boldsymbol{\omega}) = -\dfrac{m}{m'}\sum_{i=1}^{m'} l_i(\boldsymbol{\omega})$
> $\boldsymbol{d}_k = -\nabla\ell(\boldsymbol{\omega}_k)$
> 　　使用线性搜索法找到步长 α_k
> 　　令 $\boldsymbol{\omega}_{k+1} = \boldsymbol{\omega}_k + \alpha_k\boldsymbol{d}_k$，$k=k+1$
> 输出：$\boldsymbol{\omega}_k$

对于每次迭代，都要更新 mini-batch，以防止某些个体被忽略。可以看到，每次计算得到的 $-\nabla\ell(\boldsymbol{\omega}_k)$ 很难与 $-\nabla l(\boldsymbol{\omega}_k)$ 重合。因此，随机梯度下降法实际上是单次迭代的开销与精度之间的取舍。

对于 SGD，我们不加证明地给出两个结论（缺点）：

❏ SGD 不能保证收敛到极小值；

❏ SGD 的收敛速率 $v<1$。

基于以上两个缺点，机器学习的学者们提出了一些改进算法。例如，采用隐式 SGD（Implicit SGD 或 ISGD），当更新参数时使用函数值以未来参数的导数作为下降方向，即 $\boldsymbol{\omega}_{k+1} = \boldsymbol{\omega}_k - \alpha_k\nabla\ell(\boldsymbol{\omega}_{k+1})$，从而加快了 SGD 的收敛速度。除了 ISGD 以外，改进算法还有如下几种方法，下面展开介绍。

5.5.2　单位化梯度

对每个 $\boldsymbol{\omega}_k$，梯度 $\nabla\ell(\boldsymbol{\omega}_k)$ 都不相同，因此在每次迭代时寻找步长（不精确步长）都需要经过反复计算。在许多模型训练中，为了简化计算，通常将步长固定为常数，但是 $\nabla\ell(\boldsymbol{\omega}_k)$ 的不同导致选取一个全局步长变得很困难。

另外，不同的 $\nabla\ell(\boldsymbol{\omega}_k)$ 还会影响 $\Delta\boldsymbol{\omega}_k$，从而导致每次的变化长度并非单调递减（尽管使用了回溯算法搜索步长）。非单调递减的 $\Delta\boldsymbol{\omega}_k$ 会导致收敛困难，如图 5.5 所示，在快要收敛的时候，大变化量往往会将 $\boldsymbol{\omega}_k$ 打回原形。

因此我们考虑将梯度的大小设为单位长度，从而减少计算量，使 $\Delta \boldsymbol{\omega}_k$ 单调变化：

$$\boldsymbol{\omega}_{k+1} = \boldsymbol{\omega}_k - \frac{\alpha_k}{\left|\nabla \ell(\boldsymbol{\omega}_k)\right|} \nabla \ell(\boldsymbol{\omega}_k)$$

另一种单位化梯度的算法为 AdaGrad，它同时将历史的梯度信息融合到当前算法中，其基本方程如下：

图 5.5　变化长度引起的收敛困难

$$r_{k+1} = r_k + \nabla \ell(\boldsymbol{\omega}_{k+1})^{\mathrm{T}} \nabla \ell(\boldsymbol{\omega}_{k+1})$$

$$\boldsymbol{\omega}_{k+1} = \boldsymbol{\omega}_k - \frac{\alpha_k}{\sqrt{r_{k+1}}} \nabla \ell(\boldsymbol{\omega}_{k+1}) \tag{5.12}$$

虽然 r_{k+1} 将历史的 $\nabla \ell(\boldsymbol{\omega}_k)$ 都用于单位化梯度，但是随着迭代次数的增加，梯度的大小会逐渐低于单位长度甚至变为无穷小。因此往往将式（5.12）进行衰减调整：

$$r_{k+1} = \eta r_k + (1-\eta) \nabla \ell(\boldsymbol{\omega}_{k+1})^{\mathrm{T}} \nabla \ell(\boldsymbol{\omega}_{k+1}) \tag{5.13}$$

其中，$\eta \in (0,1)$。通过引入衰减系数 η，我们将梯度尽量单位化，同时将所有历史信息引入其中。一般将使用式（5.12）和式（5.13）的随机梯度下降法称为 RMSprop 算法。

5.5.3　动量法

假设似然函数是一个超平面，将参数看成一个小球，其值就是当前小球的位置，于是将目标视为让小球达到最低点。动量法（Classical Momentum，CM）将梯度视为变化的"力"，在力的作用下，小球会获得加速度，从而得到速度。由于惯性的作用，小球具有速度后就不必再跟随力（梯度）的方向下降。

惯性法的基本方程如下：

$$\boldsymbol{v}_{k+1} = \alpha \boldsymbol{v}_k - \eta \nabla \ell(\boldsymbol{\omega}_{k+1}) \tag{5.14}$$

$$\boldsymbol{\omega}_{k+1} = \boldsymbol{\omega}_k + \boldsymbol{v}_{k+1} \tag{5.15}$$

式（5.14）表示下一刻的速度与当前的速度有关，等式右边第一项表示速度会随着运动过程衰减，$\alpha < 1$ 表示衰减系数，右边第二项代表"力的大小"，而系数 $\eta \in (0,1)$ 相当于质量的倒数，从而组合成外部的力给小球造成的"加速度"。

另一种动量法与 ISGD 类似，速度的更新与小球未来的位置有关：

$$\boldsymbol{v}_{k+1} = \alpha \boldsymbol{v}_k - \eta \nabla \ell(\boldsymbol{\omega}_{k+1})$$

一般称这种方法为 Nesterov's 加速梯度法（NAG）。已被证明，NAG 能够达到二阶收敛速率，其详细推导可参阅参考文献[10]。

5.5.4　单位化结合动量法

将 CM 算法进行修改，令 $\eta = -(1-\alpha)$，于是式（5.14）可改写为：

$$\boldsymbol{v}_{k+1} = \eta_1 \boldsymbol{v}_k + (1-\eta_1) \nabla \ell(\boldsymbol{\omega}_{k+1}) \tag{5.16}$$

通过对式（5.15）引入步长可得：

$$\boldsymbol{\omega}_{k+1} = \boldsymbol{\omega}_k - \alpha_k \boldsymbol{v}_{k+1} \tag{5.17}$$

结合 RMSprop 方法，引入历史梯度信息：

$$r_{k+1} = \eta_2 r_k + (1-\eta_2)\nabla\ell(\boldsymbol{\omega}_{k+1})^{\mathrm{T}}\nabla\ell(\boldsymbol{\omega}_{k+1}) \tag{5.18}$$

结合单位化的思想，将式（5.17）改写为：

$$\boldsymbol{\omega}_{k+1} = \boldsymbol{\omega}_k - \frac{\alpha_k}{\sqrt{r_{k+1}}}\boldsymbol{v}_{k+1}$$

对式（5.16）和式（5.18）进行如下修正：

$$\hat{\boldsymbol{v}}_{k+1} = \frac{\boldsymbol{v}_{k+1}}{(1-\eta_1^{k+1})} \quad , \quad \hat{r}_{k+1} = \frac{r_{k+1}}{(1-\eta_2^{k+1})}$$

于是：

$$\boldsymbol{\omega}_{k+1} = \boldsymbol{\omega}_k - \frac{\alpha_k}{\sqrt{\hat{r}_{k+1}}}\hat{\boldsymbol{v}}_{k+1}$$

一般称使用上式更新步长的方法为 Adam。可见 Adam 将单位化与动量法结合在一起，既结合 RMSprop 使 $\Delta\boldsymbol{\omega}_k$ 尽量单位化，又具备动量法的"惯性"特点，从而提高了算法的收敛速度，减轻了计算工作。

综上所述，随机搜索算法是指使用 mini-batch 来计算梯度的优化算法。在大量样本中，由于直接计算梯度不太现实，因此采用随机搜索算法来缩短运算时间。随机搜索算法结合梯度下降衍生出了许多实用的算法，如表 5.2 所示。

表 5.2　随机搜索算法一览

算　　法	特　　点	应　　用
随机梯度下降：SGD、ISGD	mini-batch 替代全部样本计算梯度	线性回归、逻辑回归、支持向量机、贝叶斯网络等
动量法：CM、NAG	利用物理学中的惯性原理，下降方向不完全依赖于目前的梯度	人工神经网络、深度学习，如深度神经网络（DNN）、递归神经网络（RNN）
步长调整：AdaGrad、RMSprop	使用历史梯度单位化 $\Delta\boldsymbol{\omega}_k$	用于数据集比较稀疏的情况，如自然语言处理和图像识别等
步长调整+动量法：Adam	结合上述两种方法的特点并进行修正	人工神经网络

与梯度下降法类似，基于牛顿法的随机搜索改进理论亦如雨后春笋。例如对内存要求较少的 L-BFGS、用于处理分散数据的 OWL-QN、使用 mini-batch 估计似然函数的 O-LBFGS 等。由于基于牛顿法的随机搜索算法的实际应用范围仍旧不广泛，许多理论还不成熟，所以在此不予介绍，感兴趣的读者可以查阅相关文献进行学习。

Tips：在第 3 章中，我们曾经用 Sklearn 模块的 LinearRegression、LogisticRegression 类实现了线性回归和逻辑回归模型的训练。由于训练算法及训练过程都被封装成.fit()接口了，所以使用时不需要专门训练算法。当然，可以通过 print 函数打印出实例化的对象以观察其使用的算法：

```
lr = LogisticRegression()    #实例化一个 LogistcRegression 类
print(lr)
```

```
LogisticRegression(C=1.0, class_weight=None, dual=False, fit_intercept=
True,intercept_scaling=1, l1_ratio=None, max_iter=100,multi_class='auto',
n_jobs=None, penalty='l2',random_state=None, solver='lbfgs', tol=0.0001,
verbose=0,warm_start=False)
```

可以看到，其 solver 为 LBFGS。实际上，可以在实例化对象的时候调整 solver
参数，即可设置训练算法。

5.6　约束优化方法

在 5.2 节中曾经提到，如果对参数有先验的认识，比如我们知道 STM32 电路板的电压
不能大于 3.3 V 等，那么在某些情况下，参数应满足某些约束条件：$\boldsymbol{\omega} \in C^n$。问题转化为
约束优化问题，其基本形式为：

$$\arg\min_{\boldsymbol{\omega}} l(\boldsymbol{\omega}) = -\sum_{i=1}^{m} \ln p(y_i \mid \boldsymbol{\omega}, \boldsymbol{x}_i)$$

$$\text{s.t.} \begin{cases} c_j(\boldsymbol{\omega}) = 0 \\ c_j'(\boldsymbol{\omega}) \leqslant 0 \end{cases} j \in (1, 2, \cdots, n)$$

（5.19）

其中，n 为参数的维度。另外，在一些模型中，其训练过程也往往是带约束优化问题，以
支持向量机为例，其基本形式为：

$$\min_{\boldsymbol{\omega}, b} \frac{1}{2} \boldsymbol{\omega}^2$$

$$\text{s.t.} \; y_i(\boldsymbol{\omega}^{\mathrm{T}} \boldsymbol{x}_i + b) \geqslant 1$$

在实际应用中一般使用一些技巧将带约束优化问题转化为无约束优化问题，因而采用
5.4 节和 5.5 节中的方法来解决。

通过引入罚函数，设 μ, λ 分别对应约束条件 $c_j(\boldsymbol{\omega})$，$c_j'(\boldsymbol{\omega})$，于是将式（5.19）转化为：

$$\arg\min_{\boldsymbol{\omega}, \mu, \lambda} Q(\boldsymbol{\omega}, \mu, \lambda) = L(\boldsymbol{\omega}) + \frac{1}{2\mu} \sum_{i=1}^{n} c_j^2(\boldsymbol{\omega}) - \lambda \sum_{i=1}^{n} \frac{1}{c_j'(\boldsymbol{\omega})}$$

上式即为罚函数。对于罚函数等式右边第二项，如果参数不满足等式条件，则罚函数
趋于无穷大；第三项使得当迭代点由可行域内部接近边界时，罚函数值趋于无穷大。使用
罚函数，即可将约束问题转化为无约束问题。

5.7　其他优化算法

除了前面几节所介绍的算法外，机器学习中常用的求解参数的算法还有网格寻优法。
另外，由于传统的寻优算法往往得不到全局最优解，所以一些较为新兴的智能优化算法有
概率得到全局最优。但是不得不说，由于这些智能寻优算法求解参数需要花费太多的时间，
在机器学习中尚未得到广泛应用，所以本节将重点介绍网格寻优法。

5.7.1　网格寻优法

在 2.5.3 节中结合一个案例介绍了 KNN 算法。读者可能会思考，不同的 k 值会带来不同的效果，那么该如何选择 k 值呢？聪明的读者可能会想到用遍历法，只要遍历所有可能的 $k \in \{1, 2, \cdots, m-1\}$，然后在训练集上训练 $m-1$ 这个模型，然后在测试集中评价它们，从中找出最好模型对应的 k 值不就解决了吗？

这看上去是一个好办法，但是测试集已经用来筛选模型了，如果再用来评价模型，则失去了测试模型效果的意义。为此，可以考虑将数据按 $7 : 1.5 : 1.5$ 的比例拆分成训练集、验证集和测试集。这样就能在训练集中训练模型，在验证集中筛选模型，在测试集中评价模型了。除此之外，还可以使用交叉验证的方法筛选模型。

1. 交叉验证

三分数据集虽然能够解决测试集被使用的问题，但是在筛选模型时却存在些许侥幸。例如，验证集中所抽取的 15% 的数据恰好能被有效拟合，这时候就有可能"错过"实际上最好的参数。为了解决这个问题，可以考虑使用交叉验证的方法。

首先将数据集复制成 k 折（注意不是划分），每折（fold）数据按照相同的比例划分为训练集和验证集。例如，复制 5 折，每折按 $4 : 1$ 进行划分，如图 5.6 所示。然后将模型依次在每折数据的训练集中进行训练并在测试集中计算其拟合优度，之后将每折的拟合优度取平均值作为模型最终的拟合优度。最后从中筛选出总拟合优度最大的模型对应的参数即可。

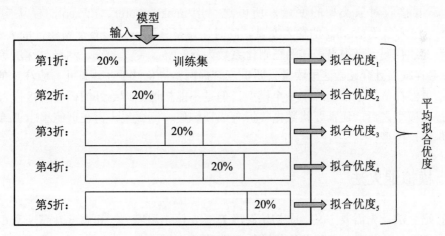

图 5.6　交叉验证评估模型效果

2. 网格法

网格寻优法与用大步长遍历参数的方法类似。在优化问题中，遍历所有的参数寻找极值点实际上是最有效的方法，但其缺点很明显——所需的运算量太大了！因此，网格寻优法一般用于寻找一个参数的最优解，如 KNN 中的 k 值、Ridge 回归中的正则化系数 α 值（见 3.3.4 节）或 mini-batch 中的子样本容量 m'。当然，网格寻优法有时候也可以用于多个参数，如决策树中树的深度和最少叶子节点数等。但总体来说，网格寻优法一般有锦上添花之用。

　　网格寻优法首先将参数的可能取值构成一个离散的参数网格，并将网格中的参数对应的模型作为子模型，之后再结合交叉验证等方法筛选模型即可。

　　网格寻优法可以用 sklearn.model_selection 模块的 GridSearchCV 类实现，以 Ridge 回归为例，取网格参数为 $\alpha \in (0.01, 0.1, 0.5, 1.0, 1.5)$，定义交叉验证用到的拟合优度指标为 R 方，其 Python 实现代码如下。

代码文件：ridge_gridsearch.py

```
from sklearn.linear_model import Ridge
from sklearn.model_selection import GridSearchCV      #导入网格搜索模块
from sklearn.metrics import make_scorer,r2_score
from sklearn import datasets
boston = datasets.load_boston()                       #导入 Boston 数据集
X,y = boston.data, boston.target
grid = {'alpha':[0.01,0.1,0.5,1.0,1.5]}               #生成参数网格
#定义一个 scorer 类用于设置 GridSearchCV 的参数 scoring
r2_scorer = make_scorer(r2_score)
model = Ridge()                                       #选择模型
#设置交叉验证的折数 cv=5
ridge_gs = GridSearchCV(model,param_grid=grid,cv=5,scoring=r2_scorer)
ridge_gs.fit(X,y)                                     #进行网格寻优
print(ridge_gs.best_params_)                          #输出最佳参数
```

其中，变量 grid = {'alpha':[0.01,0.1,0.5,1.0,1.5]}用于定义参数网格并从中筛选最佳的 α。通过 GridSearchCV 类中的参数 scoring，可以设置交叉验证用到的拟合优度指标。由于参数 scoring 需要接收对象类型的变量，所以这里用 make_scorer、r2_score 模块定义变量 r2_scorer，作为参数 scoring 的输入变量。同时，调整参数 cv，设置交叉验证的 K 值。

　　运行上述代码，可得出最佳的正则化系数为 $\alpha = 1.5$。交叉验证、网格寻优法等内容在第 15 章会详细展开介绍，这里读者只要重点掌握网格寻优法的实现即可。应注意的是，交叉验证法虽然在每折中都训练了一个模型，但是不能把这些训练好的模型直接投入使用。在筛选最佳模型之后，还需要将数据集拆分成训练集、测试集，再在训练集中训练模型，用测试集评价模型。

5.7.2　模拟退火法

　　模拟退火法首先需要定义一个初始温度 T_{initial}、停止温度 T_{final} 和温度升高速率 C。温度从初始温度开始，以速率 C 随着迭代次数逐渐升温 $T_{k+1} = CT_k$，$C > 1$。而参数更新方法可以选择 5.4 节或 5.5 节中的所有方法，从而：

$$\boldsymbol{\omega}_{k+1} = \boldsymbol{\omega}_k + \Delta \boldsymbol{\omega}_k$$

　　于是风险函数的变化量为：$\Delta l(\boldsymbol{\omega}_{k+1}) = l(\boldsymbol{\omega}_{k+1}) - l(\boldsymbol{\omega}_k)$。由于步长问题，虽然沿着梯度方向下降，但是 $\Delta l(\boldsymbol{\omega}_{k+1}) > 0$ 是可能的。如果 $\Delta l(\boldsymbol{\omega}_{k+1}) \leqslant 0$，则接受该变化，否则以概率

$$p = \exp\left(-\frac{\Delta l(\boldsymbol{\omega}_{k+1})}{T_{k+1}}\right)$$ 接受 $\boldsymbol{\omega}_{k+1}$。

由于温度随迭代次数呈指数型下降，并且在 $\Delta l(\boldsymbol{\omega}_{k+1}) > 0$ 时依概率接受 $\boldsymbol{\omega}_{k+1}$，且概率 p 与温度有关。随着迭代次数的增加，接受反方向变化的概率逐渐变低。因此，在模拟退火法中，迭代初期算法具备一定的"容错"能力，有利于跳出局部最小值，收敛到全局最小。

5.7.3　遗传算法

目前谈论的算法都属于个体算法的范畴，另一种更新方式是粒子群算法，遗传算法就是其中的一种。

区别于前面介绍的所有算法，遗传算法每次迭代时需要生成 n 个遗传个体，并假设 $\boldsymbol{\omega}$ 的可行域为 $[C_1, C_2]$，我们可以让 $|C_2 - C_1|$ 的值很大，从而防止主观因素渗入，然后依据该范围对参数 $\boldsymbol{\omega}$ 的所有取值进行编码。假设 $\boldsymbol{\omega} \in [0, 255]$，编码精度为 1，则参数可以用 8 位二进制来编码，如 11111111 表示 255，11111110 表示 254，我们将编码后的参数值称为基因型。

得到编码方式后，初始化每个遗传个体的参数，编码得到基因型为 $\boldsymbol{\omega}_{i1}, i \in (1, 2, \cdots, n)$。定义适应度函数为目标函数 $l(\boldsymbol{\omega})$，称其为个体 i 的适应度。之后对于每次迭代 k，依照每个个体的适应度进行筛选，将 $l(\boldsymbol{\omega})$ 的个体剔除[⑤]，将剩余的个体进行配对，产生 n 个子代。之后根据这些子代进行筛选，直到达到目标或最大迭代次数。

每次迭代的配对可以利用其基因型来产生子代。例如对两个父代的基因型进行交叉互换、直接保留、变异等，如图 5.7 所示。

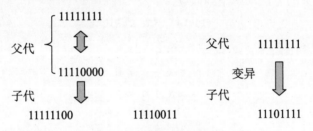

图 5.7　交叉互换与变异

除了遗传算法外，较为常用的粒子群算法还有蚁群算法。因篇幅所限，感兴趣的读者可以自行查阅相关文献进行学习。

5.8　习　　题

1．最小二乘法_____极大似然法的一种误差服从_____的特殊情况，极大似然法的目的是最大化_____，或者说最小化_____熵。

2．为什么说最大后验假设属于极大似然法的正则化形式？

*3．JS 散度与 KL 散度有什么区别和联系？

---

⑤ 因为目标函数要求最小化。

4．用 Python 代码实现 5.3 节中的所有算法。

5．如何修改 5.3.3 节的算法，使得 b_1 可取无穷大？

6．使用 5.4 节中的算法找到 Rosenbrock 函数的最小值，表达式如下：

$$f(x) = 100\left(x_2 - x_1^2\right)^2 + \left(1 - x_1\right)^2$$

7．使用 5.4 节中的算法找到 Wood 函数的最小值，表达式如下：

$$f(x) = 100\left(x_1^2 - x_2\right)^2 + \left(x_1 - 1\right)^2 + \left(x_3 - 1\right)^2 + 90\left(x_3^2 - x_4\right)^2$$
$$+ 10.1\left[\left(x^2 - 1\right)^2 + \left(x_4 - 1\right)^2\right] + 19.8(x_2 - 1)(x_4 - 1)$$

8．使用 5.4 节中的算法找到 Powell 函数的最小值，表达式如下：

$$f(x) = \left(x_1 + 10x_2\right)^2 + 5\left(x_3 - x_4\right)^2 + \left(x_2 - 2x_3\right)^4 + 10\left(x_1 - x_4\right)^4$$

9．使用 5.4 节中的算法找到立方体函数的最小值，表达式如下：

$$f(x) = 100\left(x_2 - x_1^3\right)^2 + \left(1 - x_1\right)^2$$

☎提示：6～9 题中的所有函数的最小值都为 1。

10．什么是收敛速率？收敛速率越高阶，则训练时间越短，这句话对吗？

11．梯度下降又称_____，其收敛速率为_____，对应_____范数。

12．牛顿法的收敛速率一般为_____，对应_____范数。

*13．使用 Python 实现 SGD、AdaGrad、CM 和 Adam，步长可设为固定值。

14．使用罚函数的方法求解下列问题：

（a）
$$\min x^2 \quad \text{s.t. } x \geqslant 0$$

（b）
$$\min x_1 - 2x_2$$
$$\text{s.t.}\begin{cases} x_1 - x_2 \geqslant 0 \\ x_1 + x_2 \leqslant 4 \\ x_1 \leqslant 3 \end{cases}$$

15．使用 KNN 算法在 Sklearn 自带的数据集 breast_cancer 中训练一个分类模型，要求用网格寻优法寻找最佳的 k 值。

*16．在全国大学生数学建模比赛中，2013B 题为碎纸片拼图问题。该问题实际上是一个 TSP 问题，可以用各种寻优算法求解。请登录 CUMCM 官网下载题目并完成第一个问题。

参 考 文 献

[1] 极大似然估计. https://en.wikipedia.org/wiki/Maximum_likelihood_estimation.

[2] Fisher 信息量. https://en.wikipedia.org/wiki/Fisher_information.

[3] Fisher 信息量. https://www.zhihu.com/question/26561604.

[4] 生成对抗网络 GANs. https://www.cnblogs.com/fxjwind/p/9275744.html.

[5] Ly A，Marsman M，Verhagen J，et al．A tutorial on Fisher information[J]．Journal of Mathematical Psychology，2017，80：40-55.

[6] Efron B，Hinkley D V．Assessing the Accuracy of the Maximum Likelihood Estimator：Observed Versus Expected Fisher Information[J]．Biometrika，1978，65（3）：457-483.

[7] Giuseppe B．Machine Learning Algorithms[M]．Southeast University Press，2019，3.

[8] 史春奇，卜晶祎等. 机器学习算法背后的理论与优化[M]. 北京：清华大学出版社，2019.

[9] 杨庆之．最优化方法[M]. 北京：科学出版社，2015.

[10] Sutskever I，Martens J，Dahl G，et al．On the Importance of Initialization and Momentum in Deep Learning[C]//International Conference on Machine Learning．2013：1139-1147.

第 6 章　多样性特征解析

在前面章节的学习中，我们使用的数据都是以"表格"的形式呈现的：一个样本的个体可以看成向量，向量包含许多称为特征的元素。在实际情况中，这种较为格式化的数据确实不少，如大部分的 SQL 数据库就是基于这种数据结构存储的。但是在大部分的机器学习应用中，需要用到文本、网页、语音文件或者图像这些不怎么规范的数据，如需要从微博、朋友圈或推特等社交网站中收集数据，这些数据显然不能与数据库相提并论。此时就要用某些技术把这类不能够直接拿来训练模型的数据，整理成系统的、可供分析的数据，我们称这个过程为特征工程。

本章旨在介绍如何将文本文件、图像转换为机器学习能够接受的数据格式，并着重介绍部分算法的原理和应用。应该说，特征工程是机器学习的一项外沿技术。因此，读者应着重学习特征工程的 Python 实现。

通过本章的学习，读者可以掌握以下内容：
❑ 有序、无序类别变量的定义与处理方法；
❑ 数值变量转化为离散型变量的方法；
❑ 文本处理的方法与 Python 实现；
❑ 图像处理的方法与实现。

6.1　类别变量处理

即使规范的表格数据，在某些特征中往往采用定性而非定量表示。例如：在表示价格时，一般用字符串 low、med、high、vhigh 表示，而不采用具体的数值；表示年龄时，可以用 young 和 old 取代具体岁数。还有一些特征是对属性的描述，如性别、颜色、种类或名称等。我们称这类定性表示的变量为类别型（Categorical）变量，它们的值一般为字符串。

在机器学习中，无论模型的表达式，还是模型训练，都要求所有特征用数值而非字符串表示。因此，有必要先讨论类别型变量的处理方法。

6.1.1　有序类别变量

对于一些采用定性表示的特征，往往有大小之分，如年龄老幼、价格高低和质量优劣等，我们称这些带有固有顺序的变量为有序类别变量。对于有序类别变量，在提供给机器学习模型之前，往往先用一个顺序序列来替代字符串。

借用 pandas 模块中 dataframe 数据格式的一些操作，可以实现有序变量的数值表示。

以价格为例,假设价格离散化为 low、med、high、vhigh。首先用 numpy.random 模块的 choice 函数产生 20 组价格数据。为了供给机器学习模型使用,只需要将数据转化为 dataframe 格式,再用 replace 接口替代字符串即可,实现代码如下。

示例代码：categorical_data_managing.py

```
import numpy as np          #导入 NumPy 模块并更名为 np,用于产生随机数据
import pandas as pd         #导入 pandas 模块
#np.random.choice 能够根据元组随机产生数据,参数 size 用于定义数据长度
test_data = np.random.choice(('low','med','high','vhigh'),size=(20))
#pd.DataFrame 将 np.array 格式转换为 dataframe,注意要定义键值(列名)"Price"
test_df= pd.DataFrame({"Price":test_data})
#定义字典,用于将字符串转换成数字变量
price_change = {'low':1,'med':2,'high':3,'vhigh':4}
#使用 replace 方法替代字符串
test_df['Price'] = test_df['Price'].replace(price_change)
```

Tips: pandas 模块可以通过 read_xxx 函数来导入数据文件,如 csv、xlsx 等,并将导入数据用 pandas.dataframe 格式表示。此外,使用 dataframe 格式可以非常方便地查看数据,以集成开发环境 Spyder 为例,可以在变量窗口中快捷地查看 dataframe 数据,如图 6.1 所示。

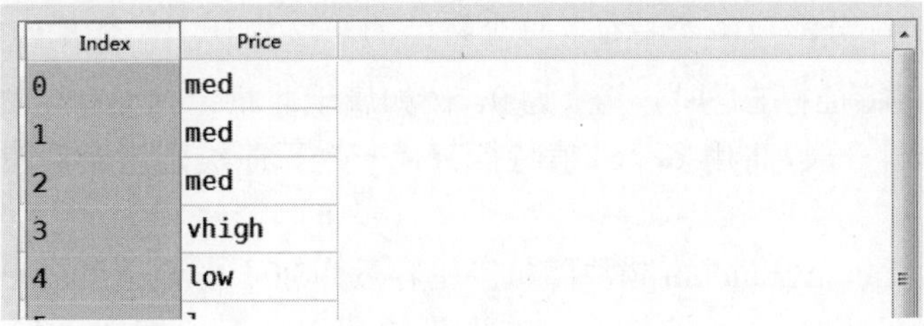

Index	Price
0	med
1	med
2	med
3	vhigh
4	low

图 6.1 未转换前的 test_df 展示(Spyder)

在上述代码中,字典 price_change = {'low':1,'med':2,'high':3,'vhigh':4}用于产生一个字符串到数值的映射。值得注意的是,在用顺序序列替代字符串的过程中,同时确定了各个字符串之间的"距离",如上例中 med − low = 1。因此,在定义映射关系时需要慎重考虑。

举个例子,我们经常计算两个个体在某个特征上的差异,例如 2.5.3 节中的 KNN 算法。人们无法计算字符串'vhigh'和'high'之间的距离,但是却可以计算数字 x 与 y 的曼哈顿距离[①]为 $\|x-y\|_{l1} = |x-y|$。然而,人们不能主观地认为'vhigh'和'high'之间的差距等同于'low'与'med'的差距。因此在实际应用中,应该根据'vhigh'和'high'的取值范围来选取合适的映射,如 {'low':1,'med':2,'high':3,'vhigh':3.5}等。

注意,上述方法需要程序员找出类别变量的所有取值,然后定义一个字典。试想,假如一个类别变量的取值有无限个,那么上述方法还可行吗?实际上,sklearn.preprocessing 模块中的 LabelEncoder 类可以实现直接转换,而不需要事先定义字典。然后分别通过 fit_transform、inverse_transform 接口,将字符串转换为数字标签,并查看转换后各个数字的含义,实现代码如下。

---

① 对应 $l1$ 范数。

```
from sklearn.preprocessing import LabelEncoder        #导入 LabelEncoder 模块
le = LabelEncoder()                        #实例一个 LabelEncoder 对象
test_df = le.fit_transform(test_df)                        #转换数据
span = list(set(test_df))              #将 span 赋值为 test_df 的取值范围（转换后）
le.inverse_transform(span)             #数据拟转换，可以查看各个数字的含义
```

🖱Tips：值得注意的是，LabelEncoder 方法不能自定义每个类别的取值，并且每个字符串
　　　　对应的数字也都是随机映射的。换句话说，如果用在类别有序、有大小之分或层
　　　　次分明的情况下，LabelEncoder 模块只能将字符串转换为标签。因此，
　　　　LabelEncoder 方法具有很大的局限性，在一般情况下常用于无序类别变量中，或
　　　　用在单纯地将字符串转换为离散型数值的场景。

6.1.2　无序类别变量

　　数据中的某些特征描述如姓名、性别、肤色和发型等是没有顺序的。例如，我们不能
定义"北上广深" 4 个城市的"距离"。因此，采用字典{'北京':1,'上海':2,'广州':3,'深圳':4}
来映射字符串是不可取的，这会产生"上海"大于"北京"的假象。

　　基于以上原因，我们可以考虑使用多个二值的特征表示每个类。以"北上广深"为
例，将城市这个特征分解成 4 个特征，每个特征的取值为{0,1}。如果一个城市属于北京，
就把其中一个二值特征标志为 1，其余为 0。例如属于北京记为 1000，如果属于上海则记
为 0100，以此类推。一般，将用多个二值特征替代一个无序类别型变量的方法称为 one-hot
编码法。

　　同样，这里用 numpy.random 模块随机产生容量为 20、由无序类别变量构成的数据集。
要将该数据集用于机器学习任务中，首先需要用 one-hot 编码无序类别变量。使用
sklearn.preprocessing 模块中的 LabelBinarizer 类可以快速实现 one-hot 编码，并可以调用对
象的 .classes_ 属性查看编码后每个二值特征的含义，代码如下。

示例代码nominal_class.py

```
import numpy as np              #导入 NumPy 模块，并更名为 np，用于产生随机数据
import pandas as pd                #导入 pandas 模块
from sklearn.preprocessing import LabelBinarizer
test_data = np.random.choice(('Beijing','Shanghai','Guangzhou','Shenzhen'),
size=(20))
#np.random.choice 能够根据元组随机产生数据，参数 size 用于定义数据长度
test_df= pd.DataFrame({"City":test_data})
#pd.DataFrame 将 np 格式转换为 dataframe 格式，注意要定义键值"City"
one_hot = LabelBinarizer()            #实例一个 LabelBinarizer 对象
test_df_trans = one_hot.fit_transform(test_df)    #使用 one-hot 算法转换数据
print(one_hot.classes_)            #显示转换后各个特征的意义
```

我们可以在 Sypder 的变量窗口查看转换前和转换后的数据，如图 6.2 所示。
　　通过代码 print(one_hot.classes_)的输出结果 array(['Beijing', 'Guangzhou', 'Shanghai',
'Shenzhen'], dtype='<U9')，可以看出每个特征的含义。这里第一个特征代表北京，而第二个
特征代表广州。这和"北上广深"的顺序存在差异，因此在转换之后，务必要查看每个特
征的含义。

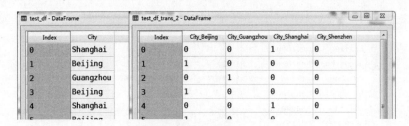

图 6.2　转换前和转换后数据一览（Spyder）

另外，也可以调用 pandas 模块的 get_dummies 函数，将 dataframe 格式的数据集通过 one-hot 编码法转换为二值特征：

```
test_df_trans_2 = pd.get_dummies(test_df)
```

运行上述代码，并在变量窗口上查看变量 test_df_trans_2，如图 6.3 所示。

Index	City_Beijing	City_Guangzhou	City_Shanghai	City_Shenzhen
0	0	0	0	1
1	0	1	0	0
2	0	1	0	0
3	0	0	0	1

图 6.3　转换后的数据

另外，对于出生地和所在地这两类特征，都可以用城市表示。如果分别对单一特征采用 one-hot 编码，则未免造成存储容量的浪费。因此，可以考虑只对一个特征进行 one-hot 编码，另一个特征直接与之对应即可（如图 6.4 所示）。通过实例化 MultiLabelBinarizer 类可直接实现，其实现代码如下。

示例代码：multi_nominal_class.py

```
test_data = np.random.choice(('Beijing','Shanghai','Guangzhou','Shenzhen'),
size=(20,2))                          #产生 20 组二维数据
#将数据转化为 dataframe 格式
test_df= pd.DataFrame({"所在地":test_data[:,0],'出生地':test_data[:,1]})
one_hot = MultiLabelBinarizer()       #实例化一个 MultiLabeBinarizer 类
test_df_trans = one_hot.fit_transform(test_data)  #使用 one-hot 算法转换数据
one_hot.classes_                      #显示转换后各个特征的意义
```

注意：MultiLabelBinarizer 类的 fit_transform 接口不能用 dataframe 格式作为输入，否则会得到其他结果，因此这里用变量 test_data 作为 .fit_transform 方法的输入。

运行上述代码，在变量窗口查看转换前后的数据，如图 6.4 所示。同样，可以通过 one_hot.classes_ 查看各个二值特征的含义。

Tips：无论使用 LabelBinarizer、pandas.get_dummies 还是 MultiLabelBinarizer，都是将单一地输出 y，转换为一个离散取值的 0/1 向量。这种用法其实在寻常的分类问题中并不常见，这会导致离散输出 y 变为一个 0/1 向量。换句话说，原本单一输出的分类问题转换为多输出的多标签问题。因此，one-hot 编码法通常用于特征处理特别是自然语言处理中，不常用于离散化输出变量 y，如果输出变量 y 为无序变量，可以考虑使用 6.1.1 节介绍的 LabelEncoder 类来实现。

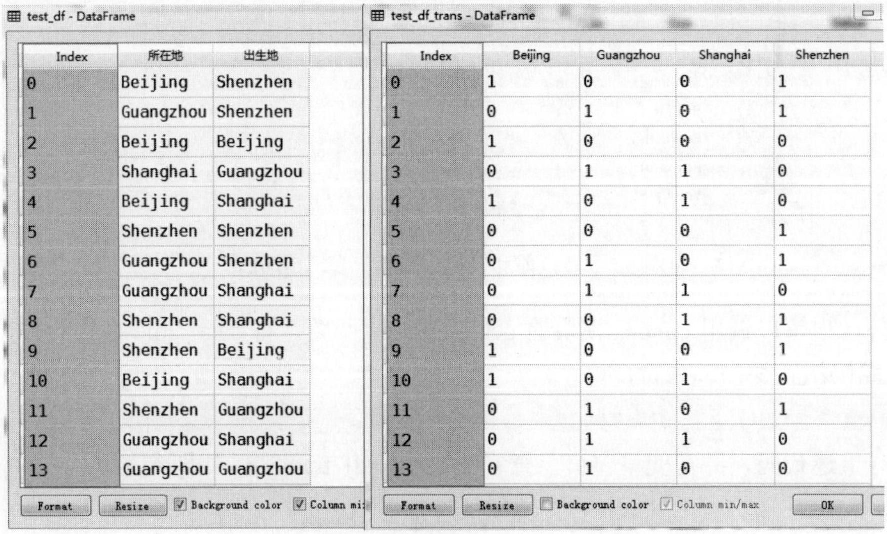

图 6.4　转换前后的数据展示（Spyder）

6.1.3　字典变量

很多时候，我们的训练个体是一个文档而非一个向量。例如，从朋友圈中截取的简短文本，从邮箱中获取的一封邮件。有时候，我们会将短文的关键词提取出来，并统计这个词在短文中出现的次数，从而构成一个关键词频数表。这样的频数表可以用 Python 的字典来表示，因此也称为字典变量。

假如有这样一个应用场景：要求学生写一篇关于水果的作文，并从这些作文中统计出学生的偏好。此时可以考虑收集所有学生的文章，将有关水果的单词提取出来，然后统计其出现的个数，再加上署名，从而构成一个字典向量，代码如下。

实现代码：dictionary_trans.py

```
#数字为相应的词频
doc_1 = {"Apple":3,"Banana":4,"Cherry":5,"Orange":5,'Author':'Zhang'}
doc_2 = {"Apple":1,"Banana":10,"Cherry":3,"Orange":1,'Author':'Wang'}
doc_3 = {"Apple":2,"Banana":8,"Cherry":5,"Orange":7,'Author':'Chen'}
doc_4 = {"Apple":0,"Banana":1,"Cherry":8,"Orange":2,'Author':'Zhuo'}
doc_counts = [doc_1,doc_2,doc_3,doc_4]              #构成一个 4 维的字典向量
```

为了将数据转换为机器学习可以接受的表格格式，首先需要将字典向量 doc_counts 转换为一个频数表，同时对特征 Author 进行 one-hot 编码，并最终转换为 dataframe 格式，代码如下。

```
from sklearn.feature_extraction import DictVectorizer
vec = DictVectorizer(sparse=False)          #用于将字典向量转化为行向量构成的矩阵
doc_trans = vec.fit_transform(doc_counts)
columns_name = vec.feature_names_                #获取生成的特征名称
doc_df = pd.DataFrame(doc_trans,columns=columns_name)  #构成 dataframe
```

其中，DictVectorizer 可以将字典向量中的每个字典转换为向量（np.array 数组），同时可采用.feature_names_查看向量的每个元素的名称。同样，可以在变量窗口中查看 dataframe 格

式的变量 doc_df，如图 6.5 所示。

Index	Apple	Author=Chen	Author=Wang	Author=Zhang	Author=Zhuo	Banana	Cherry	Orange
0	3	0	0	1	0	4	5	5
1	1	0	1	0	0	10	3	1
2	2	1	0	0	0	8	5	7
3	0	0	0	0	1	1	8	2

图 6.5　doc_df 数据一览（Sypder）

6.1.4　变量离散化

有时候，将数值变量以离散形式呈现更方便。例如，根据征信积分将客户分成差、一般和良好，比用积分表示更有效。因此，如何将一个数值连续的变量转换为离散型变量，亦是需要掌握的技能之一。

在 Python 中，NumPy 模块中的 digitize 函数可以根据预设的阈值，将数值变量离散成由 0 开始的整数顺序序列。其中，参数 bins 为阈值，超过这个阈值则进 1，具体代码如下。

示例代码：dicretizate.py

```python
import numpy as np
#创建一个实例数据
credit_score = np.array([-100,-45,-60,-81,12,20,30,200,234,231,500])
#使用 digitize 函数离散化，并设置阈值为[-60,200]，比较方式为大于
score_disc = np.digitize(credit_score,bins=[-60,200],right=True)
print(score_disc)
```

代码运行结果为：[0 1 0 0 1 1 1 1 2 2 2]。上述代码将征信积分小于或等于-60 的设为 0，处于(-60,200]的设为 1，将大于 200 的设为 2。

6.2　文　本　处　理

在实际应用中，数据集很有可能是非结构化的文本，如邮件、朋友圈或微博，当然也有可能是报纸、网页或书籍。一般，我们将这些非结构化的文本文件构成的数据集称为语料库（corpus）。本节将介绍如何处理这些文本，使之成为可供分析的表格。一般将文本处理成特征向量的过程称为自然语言处理（NLP）。

下面以一封恶作剧邮件为例，分析文本处理的过程。由于实际应用时，语料库通常用字符串列表[2]（list）来表示，为了便于展示同时模拟实际应用，这里将该邮件拆分成一个字符串列表如下。

示例代码：text_handling.py

```python
data = ['    Your Apple ID has been Locked!!!      ',
'This Apple ID has been locked for security reasons.!!! It looks like your
account is outdated and requires updated account ownership information,$$##
```

---

② 类似于 C 语言中的数组。

```
so we can protect your account and improve our services to maintain your
privacy.',
'To continue using the Apple ID service, we advise you to update the
information about your account ownership.']
```

6.2.1　文本预处理

在一些文本中，常常因为居中或缩进而导致两边存在多余的空格。由于空格并不影响词义的理解，所以可以考虑将其删除。通过字符串类型的 strip 方法，可以快速去除这些空格，以测试邮件为例，实现代码如下。

```
#采用 strip 方法去除两边的空格
data_strip = [string.strip() for string in data]
```

处理后，两边多余的空格被去除，如首句变成'Your Apple ID has been Locked'。

一方面，由于文本分析的关键在于词义，并且为了便于之后的处理，可以将所有的文本转换为小写。实现代码如下。

```
data_lower = [string.lower() for string in data_strip]
```

另一方面，由于标点符号 !"#,$%\()*/<>=[]_^{}- 等没有实际的含义，所以可以删除或用空格替代标点符号，代码如下。

```
import string                      #导入 string 模块用于识别英文标点符号
data_replace_pun = []
for i in data_lower: 对 data_lower 中的每一条字符串进行如下处理
    #识别标点符号并用空格替代
    tmp = " ".join("".join([" " if ch in string.punctuation else
            ch for ch in i]).split())
    data_replace_pun.append(tmp)
```

上述处理删除了多余空格，将字符串全部转换为小写字符并将标点符号用空格替代。以第一条字符串为例，其转换过程如图 6.6 所示。

Tips：条件表达式" " if ch in string.punctuation else ch for ch in i 的含义为是对于字符串 i 的每个字符（character）ch，若 ch 属于标点符号（punctuation），则将其用空格替换，否则保留原样。之所以要用 split 进行拆分再用 join 合并，是因为如果字符串中有多个连续的标点符号，那么替换标点符号时将会产生连续的空格。而运用拆分再合并的方法，可以除去这些连续的空格。

另外，代码[string.lower() for string in data_strip]可以生成一个 list 变量，其意思非常明显。这种表达式对习惯用其他语言的人来说可能非常陌生，实际上，Python 被称为可运行的源码就是因为其入门容易。

图 6.6　文本预处理过程（下画线为连续空格）

6.2.2　词汇处理

1．将字符串拆分成单词

在替换标点符号时，我们将字符串列表的每个字符串拆分为一个个单词来处理。这实际上提供了一种文本处理思路——对单词而不是整条句子进行处理。通过 For 循环，可以遍历语料库中的每条文本，即遍历字符串列表中的每个字符串。然后对每个字符串使用 NLTK 模块中的 word_tokenize 函数，可以轻松地将其拆分成一个个单词。

```
from nltk.tokenize import word_tokenize    #导入 tokenize 包
for s in data_replace_pun:                 #对语料库中的每个文本进行处理
    s_tokens = word_tokenize(s)            #把 s 拆分成一个个单词
    print(s_tokens)                        #输出 s_tokens
...                                        #续下文
```

🔔注意：拆分完成后，每个单词都是一个 str 类型的变量，因此 s_tokens 是一个由多个 str 类型的变量构成的列表

2．停用词过滤

运行上述代码，可将句子拆分成单词。以首句为例，它被拆分为['your', 'apple', 'id', 'has', 'been', 'locked']。由于停用词[③]i、you、to、the 或 and 等，它们在英语文献中大量使用。而一个句子的主要信息往往集中在谓语部分，并且大量研究证明这些停用词即使被删除，也不会影响文章所要表达的信息。

停用词过滤的方法很简单，首先导入某部收集了停用词的字典，然后依次扫描当前句子，对于每个词都在字典中查找有无与之匹配的词。如果有则过滤，反之则保留，代码如下。

```
from nltk.corpus import stopwords                  #导入停用词字典
stopwds = stopwords.words('english')
          #导入所有停用词到 stopwds 变量中，读者可以在命令窗口中输入 print(stopwds)
          #查看所有的停用词
...                                                #续上文的 for 循环
#只保留 s_tokens 中的非 stopwds 的单词
tokens_remove = [word for word in s_tokens if word not in stopwds]
    print(tokens_remove)
...
```

其中，[word for word in s_tokens if word not in stopwds]将那些不属于 stopwds 中的单词输出，其余则过滤。以首句为例，运行上述代码后，首句转换为['apple', 'id', 'locked']。

3．保留词根

我们知道，一个英语单词通常都由其词根和词缀构成，如 addiction=ad+dict+ion，并且单词还有相应的时态和数量变化，如 go→gone，goose→geese。对于单词的时态和数量变

---

③ 也叫 stop words，译为停用词。

化，由于单词本质含义没有改变，所以可以将其还原为一般时态和单数。一个单词的本意主要来源于这个单词的词根，例如 addict 和 addiction 都有相同的词根 dict。这意味着两个不同的单词，它们在本质上都具有相同的意思。因此对于每个单词，可以考虑只保留其词根。虽然这么做会使文章难以阅读，但是能更好地被计算机所接受。利用 NLTK 模块中的 PorterStemmer 类可以便捷地实现这一点：

```
from nltk.stem.porter import PorterStemmer
stemmer = PorterStemmer()                    #实例化一个 PorterStemmer 对象
…#续上文的 for 循环
#stemmer.stem()函数可还原单词到其词根
tokens_stem = [stemmer.stem(word) for word in tokens_remove]
    print(tokens_stem)
…
```

运行上述代码即可将语料库中的所有单词还原成词根，以首句为例，其被还原为['appl', 'id', 'lock']。

4．词性标注

将词按它们的词性（parts-of-speech，POS）进行标注的过程称为词性标注（tagging）。在某些应用中，经常需要标注所有文本，并以词性为特征、以词性的频数构成新的数据集。另外，有时候会针对某些词性的单词进行特定处理，如只保留动词等，亦需要对文本进行词性标注。词性标注可以用 pos_tag 函数实现，代码如下。

```
from nltk import pos_tag                      #导入词性标注
…#续上文的 for 循环
    tokens_tag = pos_tag(s_tokens)            #对 s_tokens 进行标注
    print(tokens_tag)
…
```

上述代码以首句为例，将输出：[('your', 'PRP$'), ('apple', 'NN'), ('id', 'NN'), ('has', 'VBZ'), ('been', 'VBN'), ('locked', 'VBN')]。对于每个标签的具体含义，可以参阅参考文献[3]。

如图 6.7 所示，上述处理流程先是将字符串拆分成单词，并以单词为单位，剔除了常见词汇，将词还原成词根。当然，在此之前可以通过 pos_tag 函数标注每个单词的词性。

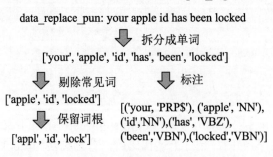

图 6.7　词汇处理过程

⏻Tips：实际上，词性标注的实现是很复杂的。一般来说，可以将词性标注问题视为一个"序列标注"问题。而后者亦需要机器学习实现，因此上述标注函数实际上是集成了一个"预训练"的机器学习模型。同理，该模型也是通过数据集训练而来。另外，自然语言处理的简单应用有文本分类、文本聚类。但二者实际上不需要词性标注即可进行。词性标注在自然语言处理中一般用于语法分析，或句子的完整性、顺序性评价。

6.2.3　特征提取

经过 6.2.2 节的处理，对于语料库中的每个文本文件，我们得到了词根所构成的单词数组['appl', 'id', 'lock']等，将它再次组合成一个字符串列表 data2：

```
data2 = []                              #用于构成经过自然语言处理 II 后的语料库
…                                       #续上文 for 循环
data2.append(" ".join(tokens_stem))     #构成新的字符串，每个单词以空格隔开
```

运行上述代码，即可再次得到字符串列表。

1. BOW方法

BOW（Bag of Words）用一组乱序的单词来代表一个文本。在 BOW 方法中，语料库中的所有单词构成文本的特征，该单词在文本中出现频数为对应特征的值。使用 sklearn.feature_extraction.text 模块中的 CountVectorizer 类，可快速实现语料库的 BOW 处理：

```
from sklearn.feature_extraction.text import CountVectorizer
vectorizer = CountVectorizer()            #实例一个 CountVectorizer 对象
bow = vectorizer.fit_transform(data2)   #使用 BOW 方法将字符串转换为特征向量
#下面将 bow 转换为 dataframe 格式
data3 = bow.toarray()                    #以 numpy.array 形式输出 BOW 处理后的语料库
data3_fea = vectorizer.get_feature_names()      #输出每列的特征名称
#以 dataframe 格式输出语料库
data3_df = pd.DataFrame(data3,columns=data3_fea)
```

运行上述代码，即可得到经过 BOW 方法处理的语料库，其 dataframe 格式如图 6.8 所示。

Index	account	advis	appl	continu	id
0	0	0	1	0	1
1	3	0	0	0	1
2	1	1	1	1	1

图 6.8　经过 BOW 处理的语料库数据（Spyder）

显然，BOW 无法表示单词在句子中的位置。在实际应用中，忽略单词的位置将会产生错误。假设文本中仅有两个句子"我喜欢樱桃"和"我讨厌辣椒"，用 BOW 方法表示后，我们无法判断到底喜欢樱桃还是辣椒。为了解决这个问题，可以采用连续两个词（2-grams）作为一个特征，如（我，喜欢）、（喜欢，樱桃）、（我，讨厌）、（讨厌，辣椒），这样就可以在一定程度上避免单词无序造成的影响。

在 Python 中，只要调整 CountVectorizer 的初始化参数 ngram_range 即可实现，具体可参阅参考文献[4]和代码文件，这里不再赘述。

Tips：由于 BOW 方法将语料库中包含的所有单词都转换为一个特征，所以一个文档通过 BOW 模型转换为向量后，通常会生成一个非常大的向量。然而在该向量中，

只有少数特征的取值不为 0，绝大多数的特征取值都为 0。换句话说，一个文档不可能包含语料库中的所有词汇。因此，如果直接存储数据集，则会造成大量存储空间的浪费。由于数据在转换后比较稀疏，所以可以考虑存储那些不等于 0 的特征，以及它们在矩阵中的位置即可。这样可以大大节省存储空间。不过读者无须担心，因为这些工作 Python 都为我们做好了。

2．TF-IDF 方法

如果一个词在语料库中重复出现，那么这个词的信息量相对较低。例如，在一组有关棋类运动的语料库中，单词 chess 的出现次数有上千次。有可能语料库中所有的文本都会出现 chess，这时使用该单词作为数据集的一个特征不会起太大的作用。因此，BOW 方法以频数作为特征的取值并不合理。对于那些重复多次的词，显然不应该赋予较大的值。

为了解决这个问题，我们引入如下概念：假设存在一个由 n 个文本文件 doc 构成的语料库 C，则某个单词 term 在一个文本中的频率记为该文本的词频（term frequency）：

$$\text{tf(term,doc)} \quad \forall \text{doc} \in C, \text{term} \in \text{doc}$$

同时定义包含单词 term 的文本文件个数为文本频率（document frequency）：df(doc,term)。为了计算方便，定义逆文本频率（inverse document frequency）如下：

$$\text{idf(term)} = \log \frac{n}{1 + \text{df(doc,term)}}$$

如果 term 在文本 doc 出现的次数太频繁，则 tf(term,doc) 越大，意味着单词 term 很可能是该文本文件的主题单词，所以应赋予较大的值。相反，如果 idf(term) 越小，则意味着该单词几乎出现在语料库的所有文件中，这个单词可能没有太大意义，所以可以赋予较小的值。综上所述，定义某个单词的 tf-idf 为：

$$\text{tf-idf(term,doc,C)} = \text{tf(term,doc)} \times \text{idf(term)}$$

将 BOW 中的频数用 tf-idf 替代，就可以兼顾词的重复性问题。一般称这种用 tf-idf 替代频数的 BOW 方法为 TF-IDF 方法。

TF-IDF 方法可以用 sklearn.feature_extraction.text 模块的 TfidfVectorizer 类实现，通过 .fit_transform 函数即可将字符串转换成特征向量，代码如下。

```
rom sklearn.feature_extraction.text import TfidfVectorizer#导入相应的模块
vectorizer = TfidfVectorizer()                    #实例相应的对象
#使用 TF-IDF 方法将字符串列表转换为特征向量矩阵
tf_idf = vectorizer.fit_transform(data2)
"""构造 dataframe"""
data4 = tf_idf.toarray()                          #以 numpy.array 形式输出语料库
data4_fea = vectorizer.get_feature_names() #输出每列的特征名称
data4_df = pd.DataFrame(data4,columns=data4_fea)  #以 dataframe 格式输出
```

运行上述代码，即可将 BOW 中的频数替换成 tf-idf，变量 data4_df 如图 6.9 所示。

Index	account	advis	appl	continu	id
0	0	0	0.522842	0	0.52284
1	0.526273	0	0.136233	0	0.13623
2	0.296267	0.389555	0.230077	0.389555	0.23007

图 6.9　TF-IDF 方法处理后的语料库

6.2.4　网页处理

很多时候，许多语料库文件都是从网页上获取的，此时文本文件通常为 HTML 格式。因此，首先需要将文本从 HTML 格式中提取出来，再用 TF-IDF 方法将文本转换为机器学习所能使用的数据格式。以下是一个案例[④]。

文件：html_handling.py

```
html_doc = """
<html><head><title>The Dormouse's story</title></head>
<body>
<p class="title"><b>The Dormouse's story</b></p>
<p class="story">Once upon a time there were three little sisters; and their
names were
<a href="http://example.com/elsie" class="sister" id="link1">Elsie</a>,
<a href="http://example.com/lacie" class="sister" id="link2">Lacie</a> and
<a href="http://example.com/tillie" class="sister" id="link3">Tillie</a>;
and they lived at the bottom of a well.</p>
<p class="story">...</p>
"""
```

要获取上述 HTML 文件的文本，只需要输入如下代码即可：

```
from bs4 import BeautifulSoup          #导入 BeautifulSoup 包
soup = BeautifulSoup(html_doc,'lxml')
text = soup.get_text()                 #获取所有文本
```

运行结果如下，可以看出，网页中除文本以外的内容都被剔除了。

```
The Dormouse's story
Once upon a time there were three little sisters; and their names were
Elsie,
Lacie and
Tillie;
and they lived at the bottom of a well.
```

BeautifulSoup 除了可以用于提取所有文本外，还可以指定提取的内容，如仅保留标题等。感兴趣的读者可以参阅参考文献[6]，这里不再赘述。

6.2.5　汉语言处理

随着我国经济水平和综合国力的提高，汉语也成为广泛使用的语言。汉语语料库非常庞大，自然语言处理领域也逐渐将研究重心转向中文。

汉语言体系包括中、日、韩等语言，其与英语的一个明显区别在于，汉语需要分词，而英语以空格为单位分词，基本不会有太大差错。而汉语分词一般有两种方法，一是使用自启发算法——双向最常匹配法，结合汉语字典解决；二是用机器学习的方法，这也是当今常用的方法。也就是说，使用第二种方法，将汉语文档转换为可供机器学习的向量，这又是一个机器学习问题。

---

④ 案例来源于参考文献[6]。

顺带一提，自然语言处理发展至今已经比较完善了。加之深度学习的不断发展，出现了另一种文档转向量的方法——词向量法。这种方法使用一个三层神经网络，自动提取出一个单词的"含义"或上下文，被广泛用在文本自动摘要、相似度比较（不是简单地进行查重）等领域。

这里推荐一个我国自主开发的汉语言处理模块——HanLP。HanLP 本质上是一个汉语言处理的 API，可以通过 Python 或 Java 进行调用。读者可以用 pip 命令 pip install pyhanlp 进行安装。

6.3　图　像　处　理

计算机视觉是机器学习的一个重要领域，图像作为其数据集，往往需要转化成表格格式以供模型训练。本节重点介绍如何将一张图像转换为一个向量。

6.3.1　图像读取

图像处理的第一步是将图像以数据的形式读入。我们知道，一张图像由像素构成。一张分辨率为 333×500 的图像代表它的高度方向有 333 个像素，宽度方向共 500 个像素（pixel）。如果图像是一张灰度图像，则每个像素可以视为一个[0,255]范围内的整数。换句话说，它可以视为一个 333×500 的矩阵，矩阵中的每个元素的取值为[0,255]。

生活中常见的图像一般为彩色图像。区别于灰度图像，彩色图像的每个像素一般有 3 个通道[5]，这些通道的含义与图像的编码方式有关。最常用的编码方式为 RGB，3 个通道的含义分别为红色像素、绿色像素和蓝色像素。于是上述图像就可以由 3 个 333×500 的矩阵表示，每个元素的取值为[0,255]。RGB 之所以能够表示彩色图像，是基于所有颜色都可由红、绿和蓝这三原色构成。除了 RGB 之外，常见的编码方式还有 HSV，每个通道分别代表色调、饱和度和明度，取值同样为[0,255]。其余的编码方式还有 HLS（色调、亮度和饱和度）和 YUV（亮度、色彩 1、色彩 2）等。

Python 中最常用的处理图像的模块有 OpenCV 模块（以下简称 cv2 模块），虽然在 Matplotlib 模块中也可以读取并处理图像，但是较之 OpenCV，其功能则弱得多。为了贴合实际应用，本节主要基于 cv2 模块来讲解。

在 cv2 模块中，可以通过函数 imread 以矩阵的方式将图像读入 Python 环境。imread 函数需要输入两个参数，首先是文件路径，其次为读取图像的方式。读取图像的方式共有 3 种：

- cv2.IMREAD_COLOR：三通道图像读入，每个通道对应 BGR（注意与 RGB 的区分）。忽略透明度通道。
- cv2.IMREAD_GRAYSCALE：将图像以灰度图像读入。
- cv2.IMREAD_UNCHANGED：四通道图像读入，保留图像的透明度，一般很少用。

---

[5] 当然也有 4 通道图像，最后一个通道为 α，即透明度。

☎提示：也可以用 1 表示 cv2.IMREAD_COLOR，用 0 表示 cv2.IMREAD_GRAYSCALE，用-1 表示 cv2.IMREAD_UNCHANGED。

　　读取图像后，即可在 Python 环境中出现相应的图像矩阵。如果要将图像再度显示出来，则可以使用 Matplotlib 模块中的 imshow 函数。也可以用 cv2 模块中的 imshow 函数将图像在单独的窗口中显示，代码如下。

实例代码：image_handling.py

```
import cv2                              #导入 Opencv 模块
import matplotlib.pyplot as plt
import numpy as np
img = cv2.imread('test.jpg',0)         #用灰度通道读取图像 test.jpg
cv2.imshow("test picture",img)         #用 cv 模块显示图像，窗口标签为 test picture
cv2.waitKey()                          #用 cv 模块读取图像时必须加入这一句
plt.imshow(img,cmap='gray')            #使用 plt 模块展示图像
plt.axis('off'), plt.show()
```

☎提示：cv2 模块的 imread 函数无法读取中文路径。

　　运行上述代码，即可将矩阵 img 以图像形式输出，如图 6.10 所示。

图 6.10　cv 模块显示（左）与 plt 模块显示（右）

　　可以在控制台输入 print(img)查看变量 img 的构成，也可以在 Spyder 的变量窗口中查看，结果如下，可以看到，图像以矩阵的形式被读取到开发环境中。

```
array([[ 83,  87, 104, ...,  106, 143, 172],
       [ 75,  81, 105, ...,  110, 157, 185],
       [ 67,  85, 123, ...,  130, 180, 198],
       ...,
       [109, 108, 148, ...,  152, 141, 186],
       [127, 145, 179, ...,  154, 124, 135],
       [124, 152, 198, ...,  213, 177, 145]], dtype=uint8)
```

　　通过 cv 模块的 imwrite 函数，可以将矩阵以图像形式保存到指定的路径中。

```
cv2.imwrite(r'image.jpg',img)   #将图像 img 保存到当前路径中并命名为 image.jpg
```

🐾Tips：当调用 cv2.imread 函数读图像时，默认是以 BGR 即蓝-绿-红的编码方式打开的，而 cv2.imshow 亦是用 BGR 的方式显示图像。但 Matplotlib 则不然，其 imshow 函数是以 RGB 方式展示图像的。如果直接用 plt.imshow 函数展示从 cv2 模块中读取的图像，那么就会出现颜色失真（但不会报错）现象，因此应该先转换图像的编码方式。可以用 cv2 模块的 cvtColor 函数实现。具体如下：

```
img_RGB=cv2.cvtColor(img,cv2.COLOR_BGR2RGB)                    #转换编码方式
```

除此之外，cvtColor 函数还可以用于将 BGR 转换为其他编码，如 HLS，只要将上述参数修改为 cv2.COLOR_BG2HLS 即可。

6.3.2　图像转换

使用过 Photoshop（PS）的读者应该知道，它可以用来进行如模糊处理、锐化、压印和轮廓识别等。实际上，这些应用是基于一个叫图像核（Image Kernels）的矩阵实现的。对图像中的每个像素使用图像核来处理，就可以实现上述应用。图像核也被广泛应用于特征提取领域，用于识别图像的重要部分。其实现原理如下：

首先定义一个 3×3 图像核如下：

$$K = \begin{pmatrix} 0.0625 & 0.125 & 0.0625 \\ 0.125 & 0.25 & 0.125 \\ 0.0625 & 0.125 & 0.0625 \end{pmatrix}$$

对于图像中的每一个像素，找到与这个像素相邻的像素，构成一个与图像核同维度的矩阵。以 6.3.1 节中的测试图像为例，取像素 img[1][1]=81[⑥]，取相邻像素构成矩阵如下：

$$I = \begin{pmatrix} 83 & 87 & 104 \\ 75 & 81 & 105 \\ 67 & 85 & 123 \end{pmatrix}$$

将矩阵 K 和 I 对应的元素相乘后相加（即进行离散的卷积运算），可得：

$$p = 0.0625 \times 83 + 0.125 \times 87 + 0.0625 \times 104 + 0.125 \times 75$$
$$+ 0.25 \times 81 + 0.125 \times 105 + 0.0625 \times 67 + 0.125 \times 85$$
$$+ 0.125 \times 123 \approx 96$$

上式实际上是矩阵的卷积运算，记为 $I*K$。于是，对图像除边界外的所有像素进行卷积运算，并用 p 取代原来的像素值，就可以实现图像的模糊处理功能，代码如下。

```
kernels = np.array([[0.0625,0.125,0.0625],
                    [0.125,0.25,0.125],
                    [0.0625,0.125,0.0625]])          #定义图像核
img_blur = cv2.filter2D(img,-1,kernels)              #进行核处理
```

对比原图与卷积处理后的图像，如图 6.11 所示。可以看出，图像模糊处理可以使图像更加"平滑"，这也是动态检测常用的预处理手段。

图 6.11　模糊处理前（左）与处理后（右）

---

⑥ 注意 Python 索引以 0 开始。

另外，不同的图像核对应不同的图像处理功能。常用的图像核矩阵如图 6.12 所示，建议读者结合 filter2D 函数一一尝试。

$$\begin{pmatrix} 0.0625 & 0.125 & 0.0625 \\ 0.125 & 0.25 & 0.125 \\ 0.0625 & 0.125 & 0.0625 \end{pmatrix} \quad \begin{pmatrix} 0 & -1 & 0 \\ -1 & 5 & -1 \\ 0 & -1 & 0 \end{pmatrix}$$

模糊处理　　　　　　　　锐化

$$\begin{pmatrix} -2 & -1 & 0 \\ -1 & 1 & 1 \\ 0 & 2 & 2 \end{pmatrix} \quad \begin{pmatrix} -2 & -1 & -1 \\ -1 & 8 & -1 \\ -1 & -1 & -1 \end{pmatrix}$$

压印　　　　　　　　轮廓标记

图 6.12　常用的图像核矩阵及其功能

Tips：所谓模糊处理，也叫低通滤波和平滑处理。经过模糊处理后，图像的各个像素之间的差值降低，因此图像看起来变得"模糊"。另外，像素的差异也减小了。读者可将像素值想象为直方图，于是图像由原来的参差不齐变得平滑起来，因此模糊处理也叫平滑处理。另外，如果某像素的像素值偏离大众，那么它将会被调整为众数值。这种处理方法实际上是一种低通滤波，因为它减弱了图像的高频噪声和异常值，使图像更加平滑和一致。另外，锐化和轮廓标记与模糊处理相反，前者增大了像素点原本的差异。因此也称其为高通滤波，意思为过滤掉大众化的特征，保留个性化的特征。

6.3.3　图像缩放

图像的大小千差万别，但机器学习要求个体的维度相同。另外，某些图像由于过于高清，其构成需要特别庞大的数据。就上节例子而言，$333 \times 500 = 166\ 500$，有可能我们收集到的图像数量都没有一张图像的像素数那么多。因此，统一图像尺寸，同时进行缩小处理就显得十分必要。一般称这个过程为图像缩放。

图像缩放存在许多算法，这些算法旨在构建一个目标图像到源图像的映射。首先是位置的映射。假设源图像的大小为 $\boldsymbol{S}_x \times \boldsymbol{S}_y$，目标图像为 $\boldsymbol{T}_x \times \boldsymbol{T}_y$，则目标图像的某个像素 (x', y') 对应的源图像位置为：

$$\begin{cases} x = \mathrm{int}\left(x \times \dfrac{\boldsymbol{S}_x}{\boldsymbol{T}_x} \right) \\ y = \mathrm{int}\left(y \times \dfrac{\boldsymbol{S}_y}{\boldsymbol{T}_y} \right) \end{cases}$$

int 为取整函数。找到源图像的映射位置后，令目标像素等于源像素，即 $p_{\mathrm{tgt}}(x', y') = p_{\mathrm{src}}(x, y)$，即可实现图像的缩放，这种方法称为最近邻插值法。

除了最近邻插值法之外，常用的缩放算法还有二线性插值、双立方插值和兰索斯（Lanczos）插值等。这些方法的区别在于目标图像的像素值计算，其位置映射方法都是相同的。区别于最近邻插值，这些算法是依照源图像对应的位置和其周围的像素值来计算目标像素值的。以二线性插值为例，找到源图像的位置后，目标图像的像素取值为：

$$p_{\text{tgt}}(x',y') = \alpha\beta p_{\text{scr}}(x+1,y+1) + (1-\alpha)\beta p_{\text{scr}}(x,y+1)$$
$$\alpha(1-\beta)p_{\text{scr}}(x+1,y) + (1-\alpha)(1-\beta)p_{\text{scr}}(x,y)$$

其中，$\alpha, \beta \in [0,1]$。

在 cv 模块中，可以直接使用函数 resize 缩放图片，通过调整参数 interpolation 选择缩放算法。参数 interpolation 的可选取值如下：

- INTER_NEAREST：最近邻插值；
- INTER_LINEAR：双线性插值（默认方法）；
- INTER_AREA：区域插值法；
- INTER_CUBIC：4×4 像素邻域内的双立方插值；
- INTER_LANCZOS4：8×8 像素邻域内的兰索斯插值。

在机器学习任务中，常用的像素尺寸有 32×32、64×64、96×96、255×255。以 96×96 为例，压缩图像的代码如下。

```
#通过第 2 个参数（96,96）设置目标图像的尺寸
img_resize = cv2.resize(img,(96,96),interpolation=cv2.INTER_NEAREST)
```

运行上述代码即可实现图像的缩放，结果如图 6.13 所示。

图 6.13　缩放处理前（左）与缩放处理后（右）

🖱Tips：应该说，图像缩放是一个常用的预处理，特别是使用除神经网络外的机器学习模型。一方面，缩放处理能够压缩图像的维度，使得机器学习模型的输入维度降低，这将大大提高模型的训练效率。另一方面，缩放能够将不同维度的图像设置成同一维度，从而方便供给机器学习使用。但是缩放的缺点亦有很多，如一个行人的长方形图像，如果将其压缩为正方形，势必会导致图像中的行人失去原来的轮廓。这样的失真的图像给机器学习模型进行训练，就会导致模型学习到错误的特征，使得预测效果降低。

6.3.4　边缘检测

边缘检测是从图像中提取有用结构信息的技术，目前广泛应用于计算机视觉等领域。常用的边缘检测算法有很多，本节将介绍一种广为应用的算法——Canny 边缘检测。

1．高斯滤波

边缘检测首先需要对图像进行平滑处理，降低各像素之间的差异，消除图像噪声。例如 6.3.2 节中的图像核处理方法，首先根据高斯滤波器生成图像核矩阵的每个元素：

$$h_{ij} = \frac{1}{2\pi\sigma^2}\exp\left(-\frac{\left(i-(k+1)\right)^2+\left(j-(k+1)\right)^2}{2\sigma^2}\right); 1<i,j\leqslant(2k+1)$$

其中，图像核的尺寸为 $(2k+1)\times(2k+1)$，参数 σ 可根据需要调整，一般取 1.4。图像核的维度将影响 Canny 算法的性能，维度越大，经滤波处理后图像越平滑，但会影响边缘检测的效果。因此，在实际应用中一般取 $k=2$，即图像核为 5×5 的矩阵。构成图像核后，需要对图像核的每个元素进行归一化处理，以保证图像核的所有元素之和为 1。

之后对图像除边缘以外的每个像素进行卷积运算，并将结果代替原有的像素值（见6.3.2 节）$p=H*I$，其中，I 是由像素 p 和其近邻像素构成的与高斯核 H 维度相同的矩阵。经过上述运算，即可过滤图像的噪声，使图像更加平滑，相邻像素的灰度值相差减小。

2．非极大值抑制

非极大值抑制，顾名思义是一种对非极大值像素进行抑制的方法。为了检测边缘，首先需要找到图像中每个像素与相邻像素值之间的差异。为了度量该差异，我们引用高等数学中梯度的概念来表示某像素与近邻之间的差异。梯度越大，代表该像素与近邻差异越大，则该像素很有可能属于边界。基于这个原理，我们抑制梯度小的像素，并初步地找到图像的边缘。

为了度量相邻像素之间的差异，需要定义像素的梯度：

$$\begin{cases} G = \sqrt{G_x^2 + G_y^2} \\ \theta = \arctan\left(\dfrac{G_x}{G_y}\right) \end{cases}$$

其中，G_x, G_y 分别为像素在 x, y 方向上的梯度，θ 为梯度的方向。为了计算像素点 (x,y) 的梯度，需要使用 Sobel 算子[7]：

$$S_x = \begin{pmatrix} -1 & 0 & 1 \\ -2 & 0 & 2 \\ -1 & 0 & 1 \end{pmatrix}, S_y = \begin{pmatrix} 1 & 2 & 1 \\ 0 & 0 & 0 \\ -1 & -2 & -1 \end{pmatrix}$$

定义像素点 (x,y) 与其近邻像素的灰度值构成的矩阵为 I，则 G_x, G_y 的大小为：

---

[7] 计算梯度的大小还可以使用其他算子。

$$\begin{cases} G_x = S_x * I \\ G_y = S_y * I \end{cases}$$

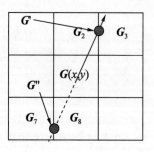

由于边缘像素的灰度值与近邻像素的差异最大，换句话说，边缘像素的梯度最大，所以，如果一个像素的近邻像素的梯度大于该像素梯度，则证明该像素非边缘像素。

根据梯度的概念，只要比较某个像素点的梯度与梯度方向（正反方向）上两个近邻像素的梯度，即可判断该像素点的梯度是否为近邻中最大的点。因此，只要比较像素 (x, y) 与梯度正负方向上的两个像素点的梯度即可，如图 6.14 所示。

图 6.14　比较梯度值

在图 6.14 中，梯度 G' 的值可以根据 G_2, G_3，与像素 p_2, p_3 到梯度线的距离进行加权平均算出，G'' 亦然。比较 $G(x, y)$ 与 G', G'' 的大小，如果 $G(x, y)$ 是三者中的最大值，则意味着像素 (x, y) 的梯度在近邻中最大，即属于边缘像素，反之则非边缘。根据像素的灰度值是否属于边缘进行调整，以抑制非边缘像素的灰度值

$$\begin{cases} p(x, y) = 0 & G(x, y) \neq \max(G, G', G'') \\ p(x, y) = 255 & G(x, y) = \max(G, G', G'') \end{cases}$$

灰度值为 0 意味着全黑，于是非极大值的像素点被抑制。

3．双阈值检测

通过非极大值抑制之后，一些杂散噪声和颜色变化仍有可能不被抑制。考虑到噪声和颜色的变化产生的梯度较低，因此可以使用阈值对低梯度的像素进行抑制。首先确定像素点中的最大梯度 G_{max}，分别定义高低阈值为 $T_H = \frac{2}{3} G_{max}, T_L = \frac{1}{3} G_{max}$。对通过非极大值抑制的每个像素点，比较其梯度与两阈值的大小。如果 $G(x, y) < T_L$，则令 $p(x, y) = 0$；如果 $G(x, y) \geqslant T_H$，则 $p(x, y) = 255$；如果 $T_L \leqslant G(x, y) < T_H$，则检测该像素点与高于 T_H 的像素点是否近邻，即判断该像素点的 8 个近邻中是否有高梯度像素点，如果存在则 $p(x, y) = 255$，否则 $p(x, y) = 0$。

因此，经过高斯滤波、非极大值抑制和双阈值检验后，就可以将图像的边缘识别出来，并标记为 255。我们称，将图像进行上述处理，从而实现边缘检测的算法为 Canny 算法。

在 cv 模块中，Canny 函数可以快速实现 Canny 边缘检测。Canny 函数要求输入图像、双阈值检验中的阈值。鉴于梯度大小是由像素本身的灰度值算出，因此可以根据像素中最大的灰度估算最大梯度值，从而实现测试图像的 Canny 检测，代码如下。

```
Gmax = np.max(img_resize)                    #估算最大梯度
Tl = int(Gmax*1/3)                           #计算低阈值
Th = int(Gmax*2/3)                           #计算高阈值
img_canny = cv2.Canny(img,Tl,Th)             #Canny 边缘检测
```

运行上述代码，即可实现边缘识别，边缘检测前后对比如图 6.15 所示。

除了 Canny 检测之外，常用的边缘检测算法还有 Sobel 和拉普拉斯等。这些算法皆大同小异，因此这里介绍其 Python 实现，代码如下。

```
sobelXY = cv2.Sobel(img, cv2.CV_64F, 1, 1, ksize=3)
laplacian = cv2.Laplacian(img, cv2.CV_16S, ksize=3)
```

```
sobelXY = cv2.convertScaleAbs(sobelXY)        #将浮点数转化成整数
laplacian = cv2.convertScaleAbs(laplacian)
```

Sobel 和拉普拉斯检测算法的处理效果如图 6.16 所示。

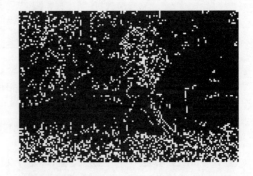

图 6.15　边缘检测结果对比

图 6.16　Sobel 检测（左）与拉普拉斯（右）检测

从图 6.15 与图 6.16 中可以看出，Canny 边缘检测得到的边缘最详细，拉普拉斯检测次之，Sobel 最粗略。在工程应用中，没有最好的方法，只有最合适的方法。因此，选择哪种边缘检测算法，需要根据实际效果而定。

Tips：与图像核处理的锐化和轮廓加强一样，边缘检测亦是通过加强像素之间的差距来抑制共性的结果，因此在计算机视觉领域，边缘检测被称为高通滤波。正如其名，边缘检测一般用于识别出图像的边缘。但作为图像的特征提取手段之一，其通常用于传统的动态监测算法，配合形态学处理除去噪声点，加强轮廓，从而将轮廓清晰地展示出来。当然，有时候边缘检测后的图像也会转换为向量后供机器学习使用。

6.3.5　Harris 边角检测

边角检验可以检测出图像边缘的交叉部分。其中，Harris 算法的基本思想是利用一个固定的窗口在图像上平滑移动，然后比较移动前后窗口内像素的灰度变化情况。如图 6.17 所示，如果任意方向上的移动都存在大幅度的灰度变化，则认为窗口内存在角点。

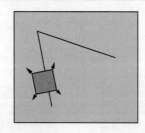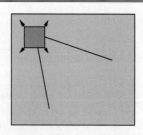

平坦地区：
任意方向移动，灰度
变化不明显

边缘：
沿边缘移动，灰度
变化不明显

角：
任意方向移动，灰度
变化明显

图 6.17　不同区域移动窗口时像素灰度的变化情况

使用 Harris 算法，首先定义窗口尺寸为 $k \times k$，用符号 W 表示。设窗口内的某个像素 $x, y \in W$，像素值为 $p(x, y)$。将窗口平移 (u, v) 个位置，则平移前后窗口像素的像素值变化总量为：

$$D(u, v) = \sum_{x, y \in W} \left[p(x+u, y+v) - p(x, y) \right]^2$$

如果窗口的中心像素属于角点，则移动前后该点的像素值变化最大。因此，可以考虑给中心点加权，以便更好地识别边角点。

定义窗口的权重函数为 $w(x, y)$，平移前后的加权距离为：

$$E(u, v) = \sum_{x, y \in W} w(x, y) \left[p(x+u, y+v) - p(x, y) \right]^2$$

如图 6.18 所示，最简单的权重函数为均匀分布，即窗口内像素的权重均为 1。为了提高窗口中心像素的权重，也可以将窗口函数设为正态函数。

$$w(x, y) =$$

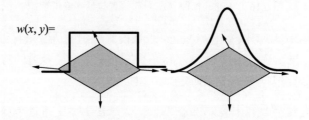

图 6.18　窗口函数的设定

为了简化计算，先对函数 $p(x+u, y+v)$ 在 $(0, 0)$ 处进行泰勒展开可得：

$$p(x+u, y+v) = p(x, y) + p_x(x, y)u + p_y(x, y)v + o(u^2, v^2)$$

其中，$p_x(x, y)$、$p_y(x, y)$ 为像素点 (x, y) 的梯度，可以用 6.3.4 节中的 Sobel 算子算出。忽略泰勒余项，将上式代入 $E(u, v)$ 可得：

$$E(u, v) \approx \sum_{x, y \in W} w(x, y) \left[p_x(x, y)u + p_y(x, y)v \right]^2$$

$$= \sum_{x, y \in W} w(x, y)(u, v) \begin{pmatrix} p_x^2 & p_x p_y \\ p_x p_y & p_y^2 \end{pmatrix} \begin{pmatrix} u \\ v \end{pmatrix}$$

$$= (u, v) \boldsymbol{M} \begin{pmatrix} u \\ v \end{pmatrix}$$

可以看出，加权距离 $E(u,v)$ 与矩阵 $\boldsymbol{M}$ 的值有关，矩阵 $\boldsymbol{M}$ 为偏导数矩阵：

$$\boldsymbol{M}=\sum_{x,y\in W}w(x,y)\begin{pmatrix}p_x^2 & p_xp_y \\ p_xp_y & p_y^2\end{pmatrix}$$

由于偏导数矩阵的特征值分别表示变化最快和最慢的方向，综合考虑这两个方向，定义角点响应函数如下：

$$R=\lambda_1\lambda_2-c\left(\lambda_1+\lambda_2\right)^2$$

其中，λ_1,λ_2 为矩阵 $\boldsymbol{M}$ 的特征值，c 为经验常数，可取值为 0.04～0.06。根据 R 取值的大小，判断该窗口是否包含角点。如果 R 为大数值正数，则包含角点；如果 R 为大数值负数，则包含边缘；如果 R 为小数值，则为平坦区。

同样，通过 cv 模块中的 cornerHarris 函数可以实现 Harris 边角检测。该函数调用格式为 cornerHarris(img,w,g,c)。其中，w 为窗口尺寸，g 为计算梯度时 Sobel 算子的尺寸，c 为角点响应函数中的经验常数。设置 w 为 2×2，g 为 3×3，经验常数为 0.04，对示例图像进行 Harris 边角检测：

```
img_corners = cv2.cornerHarris(img,2,3,0.04)
```

运行上述代码即可识别出角点，如图 6.19 所示。

图 6.19　边角检测结果

💡Tips：一个图片的边角，通常是图像中信息量最大的地方，因此边角也叫关键点。为什么其信息量最大呢？例如在拼图游戏中，一般人们会优先寻找包含边角的板块，而后是包含边缘的板块，最后断断续续地拼接只有图形内部的板块。因此，可以认为边角点的信息量是最大的。如果只保留信息量最大的边角点，而将其余的像素忽略，则可以使得机器学习模型专注学习最大信息的点，而不用兼顾信息较少的地方。实际上，包括边缘检测，都是用一种人工提取特征的方式，在实际应用时效果并不好。而与此相反，使用深度学习的方式，不需要用复杂的算法来提取特征，只需要将图像直接输入模型中，神经网络可自动提取特征。当然，这个过程人们是不可见的，换句话说这其实是一个黑盒子模型，但这种方式在计算机视觉领域的应用效果非常好。

6.3.6　图像转特征

1. 直接法

经过前面的学习，我们了解了图像处理的诸多方法。我们最终的目标是将图像转换成机器学习所能使用的向量格式。其中一个最简单也是最常用的方式是将图像按行展开，比96×96 的图像可以展开成一个包含 9216 个元素的向量。应用 NumPy 模块的 flatten 函数可以快速实现上述操作：

```
img_rs = cv2.resize(img,(10,10),interpolation=cv2.INTER_LINEAR)
#使用双线性插值法缩放图像，目标图像为10×10
img_fea = img_rs.flatten()                      #图像转特征
```

如图 6.20 所示，上述代码可将缩放后的图像展开成一个长度为 100 的向量。

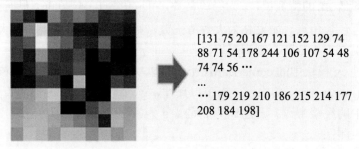

图 6.20　图像转特征

2．取值统计法

对于彩色图像，以三通道为例，如果将其用上述方法展开成 3 个向量再拼接，则需要太多的存储空间。3 个通道代表不同的颜色，并且像素值的取值为[0,255]之间的整数。联想到文本处理时忽略单词顺序的方法，我们打乱像素的原有位置，计算每个通道取值的频数作为其特征即可。如此就可以得到长度为3×256=768 的向量，从而降低存储空间，但其信息损失也是不言而喻的。

仍旧以测试图像为例，用三通道读取测试图像到变量 img 中。由于 cv2.imread 默认使用 BGR 读取图像，所以需要用 cv2.cvtColor 函数先将图像转换为 RGB 编码，然后对图像进行上述操作并画出三个通道的频数分布图，实现代码如下。

```
"""彩色图像转特征"""
img = cv2.imread('test.jpg',1)                      #用三通道读取图像
img = cv2.cvtColor(img,cv2.COLOR_BGR2RGB)           #将 BGR 编码转为 RGB
channels = ["R","G","B"]
for i, channel in enumerate(channels):              #遍历 3 个通道
    hist = cv2.calcHist([img],[i],None,[256],[0,256])  #计算频数分布
    #画出每个通道的频数分布
    plt.plot(hist,color=channel,linewidth=(i+1)*2,label=channel)
    plt.xlim([0,256])                               #设置画图范围
plt.legend()                                        #显示图例
plt.show()
observation = np.array(img_fea).flatten()           #转为向量
```

运行上述代码，画出 3 个通道取值的频数分布如图 6.21 所示。可以看出，测试图像的颜色以深色和浅色居多。其中，深色以蓝色为主，浅色以绿色为主。至此，就可以将彩色图像转换为可供机器学习处理的数据了。

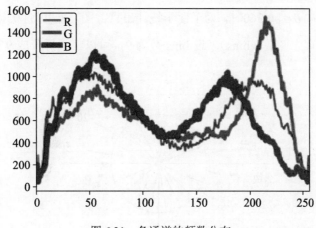

图 6.21　各通道的频数分布

3．方向梯度直方图

方向梯度直方图（Histogram of Oriented Gradient，HOG）通过计算和统计图像局部区域的梯度、方向信息来构成特征，从而描述物体的形状与外表。HOG 结合支持向量机（见第 10 章内容）常用于进行图像识别，特别是在行人检测领域取得了巨大的成功。

使用 HOG 方法只能转换灰度图像，并且需要选择很多参数，如检测窗口（detect window）尺寸、块（block）尺寸、胞元（cell）尺寸、块滑动步长（stride）、窗口滑动步长及直方图柱数（bins）。限于篇幅原因，这里只能简要介绍其原理。

HOG 方法通过检测窗口和块对图像进行分割，并以胞元为单位，计算并统计胞元内像素的梯度方向与取值。这里先介绍检测窗口、块和胞元的概念及它们之间的联系。

❑ 检测窗口：将图像滑动地分割成多个大小相同的窗口，如果滑动后剩余图像的像素不足以构成又一个窗口，则用 0 像素进行填充。因此，检测窗口的个数取决于滑动的步长和图像的尺寸，并且彼此之间可能存在重叠（当滑动步长小于窗口长度或宽度时）。

❑ 块：将每个窗口滑动分割成多个大小相同的块，分割方法与窗口分割一样。因此，块之间也可以存在重叠部分。

❑ 胞元：直接静态、无重叠地将窗口划分成多个胞元，胞元是特征提取的基本单元，是梯度统计的场所。

那么，如何统计梯度的大小和方向呢？对于每个胞元，首先计算出胞元所含的每个像素的梯度大小与方向。与边缘检测类似，梯度大小与方向的计算由 x,y 方向的梯度得出：

$$\begin{cases} \boldsymbol{G} = \sqrt{\boldsymbol{G}_x^2 + \boldsymbol{G}_y^2} \\ \boldsymbol{\theta} = \arctan\left(\dfrac{\boldsymbol{G}_x}{\boldsymbol{G}_y}\right) \end{cases}$$

其中，x,y 方向的梯度 $\boldsymbol{G}_x, \boldsymbol{G}_y$ 的计算与 Canny 边缘检测略有区别，这里的梯度计算比较简单：

$$\boldsymbol{G}_x(x,y) = p(x+1,y) - p(x-1,y)$$
$$\boldsymbol{G}_y(x,y) = p(x,y+1) - p(x,y-1)$$

由于梯度的方向 $\theta \in \left[0,360°\right]$，为了便于统计出直方图，可以将 $\left[0,360°\right]$ 的圆拆分成若干等块，块数等于直方图数（bins）。设 bins 数为 9，可以将圆拆分成 9 个等块，如图 6.22 所示。

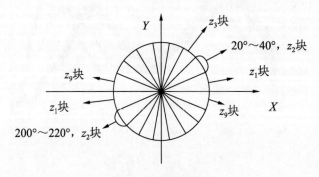

图 6.22　拆分圆示意

对胞元内的每个像素，根据其梯度的方向，将梯度投影到所在块的上/下边界线上。然后根据统计的每块的所有投影长度，得到一个长度为 9 的统计向量并构成一个 9 柱直方图。

对于每个块，将其包含的胞元（块的大小必须为胞元的整数倍）的统计向量进行拼接，从而得到长度为 $9n$ 的统计向量（n 为块包含的胞元数）。按照同样的方法，将检测窗口中所有块的统计向量进行拼接，得到一个长度为 $9nn'$ 的统计向量（n' 为检测窗口包含的块数）。最后将所有检测窗口的统计向量进行拼接，构成图像的统计向量，该统计向量即可作为图像的特征向量并作为机器学习模型的输入。

特征的构成方式如图 6.23 所示。

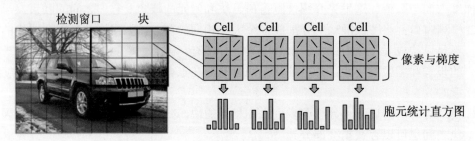

图 6.23　使用 HOG 方法将图像转换为特征向量的示意

当然，具体的实现还需要进行一系列的标准化与降噪处理。这里只是介绍 HOG 方法的核心内容，具体细节可阅读相关资料进一步学习。

HOG 方法将图像转换为向量可以通过 **cv2.HOGDescriptor** 类实现，具体如下：

```
"""设置 HOG 方法参数"""
dect_win_size = (64,128)      #设置检测窗口的尺寸为 64×128，即包含 64×128 个像素
block_size = (16,16)          #定义块的大小为 16×16
cell_size = (8,8)             #定义胞元的大小为 8×8，即块中包含 4 个胞元
win_stride = (64,64)          #定义窗口的滑动步长为：宽度方向 64，长度方向 64
#定义块的滑动步长为：宽度方向 8，长度方向 8，即窗口之间存在两个重叠的胞元
block_stride = (8,8)
bins = 9                      #定义直方图柱数为 9，即将圆拆分成 9 个等块供像素投影
"""使用 HOG 方法将图像转换为向量"""
hog = cv2.HOGDescriptor(dect_win_size,block_size,block_stride,
```

```
                        cell_size,bins)          #实例化一个 HOG 对象并设置参数
img_fea_hog = hog.compute(img,win_stride)         #使用 HOG 方法将图像转换为特征
print(img_fea_hog)                                #输出特征向量
print(img_fea_hog.shape)                          #输出特征向量的长度
```

运行上述代码，即可将原图像 img 转换成一个由梯度大小与方向等统计信息构成的向量，该向量一般会进行标准化，因此向量元素的取值为一个小数。经过 HOG 方法提取方向梯度特征后，图像转换为一个长度为 105 840 的向量，如图 6.24 所示。

333 × 500 = 166 500　　　　　　　　105 840

图 6.24　使用 HOG 方法将图像转换为方向梯度特征

从图 6.24 中可以看出，HOG 方法得到的特征向量的长度，比直接将图像展开得到的特征向量的长度要短。这意味着使用 HOG 方法提取的维度更低，因此，使用 HOG 方法得到特征向量的同时也会对图像进行特征提取处理并将其降维。

🖐Tips：HOG 特征通常结合支持向量机，在行人检测中取得了非常好的效果。但是，在其他物体识别上的效果却不如行人检测。HOG 特征是对图像取导数，也就是锐化图像的轮廓，因此与边角检测一样，其亦属于人工的"一厢情愿"的特征提取方法。所以，使用 HOG 特征对其他物体的检测效果不如行人检测的效果好。除此之外，常用的直接将图像转换为向量的特征提取法还有 Har 特征，其一般与 AdaBoost 结合，用于人脸识别。与 HOG 类似，Har 特征检测用在其他物体上时效果也是差强人意。

综上所述，将图像转换成向量的方法有很多。对于灰度图像，可以考虑直接将其展开，或者通过 HOG 方法转换为特征向量。对于彩色图像，除了直接展开后拼接外，还可以统计各个通道的取值，从而得到长度为 768 的向量。另外，在进行图像转特征之前，可以对图像进行图像核卷积、缩放、边缘或边角检测等处理，从而降低特征个数，去除多余的信息量和像素点。

6.4　习　　题

1. 有序类别变量可以用 pandas 模块中 dataframe 的_____函数，将字符串替换为数值。

2. one-hot 编码法是用_____个_____值型特征代替_____序类别型变量。

3. 请思考，可以用 LabelEncoder 编码无序类别变量吗？

4. 尝试用 pd.getdummies 方法编码 6.1.2 节中的多城市案例。

5. 语料库相当于_____列表，每个文本文件相当于一条_____。

6. 可用 str 类型变量的内置函数_____删除多余空格，用_____将字符串全部转换为小写；在删除标点符号时，会用到 string 模块中的_____模块。

7. 将字符串拆分成单词可用_____模块的_____方法；用_____保留词根，用_____标注词汇。

8. BOW 方法使用一组_____单词替代文本文件；一个单词作为一个_____，其值为该单词在文本中_____，可用_____实现。

9. 一个词在文件中的频数记为_____，包含该词的文件数记为_____，用_____替代 BOW 中的频数的方法称为 TF-IDF 方法。

*10. 用 BeautifulSoup 模块中的_____方法可提出网页中的所有文本。

11. 古登堡计划旨在构建一个开源的语料库，在 nltk.corpus 模块中集成了古登堡计划的部分数据集。请结合下面的代码[⑧]，对测试语料库进行自然语言处理。

代码文件：code_p11.py

```
"""运行代码可得古登堡计划的部分文本构成的预料模块"""
from nltk.corpus import gutenberg
texts_list = gutenberg.fileids()
test_corpus = []
for title in texts_list:
    test_corpus.append(gutenberg.raw(title))
```

12. 灰度图像是_____通道图像，可以用一个维度与图像大小_____的矩阵表示；三通道图像可用来表示_____图像，其通道的含义与_____有关，常见的编码方式有 RGB、_____。用 cv.imshow 函数打开图像时，默认使用_____的编码方式。

13. 图像核是一个固定维度的_____，卷积运算是指两个矩阵_____相乘后_____。

14. 请用图 6.12 所示的图像核，结合 cv2.filter2D 函数，对任意图像进行模糊、压印、锐化及轮廓处理。

15. 尝试调整 resize 函数的 interpolation 参数来缩放同一张图像并比较每次的处理结果。

16. 高斯滤波是对图像的每个像素进行_____运算，能够平滑图像，降低_____。

17. 分别用 Canny、Sobel 和拉普拉斯算法，对任意图像进行边缘检测并对比各项结果。

18. 图像转化为一个特征向量可用_____、_____和_____法实现，其中_____法只能用于灰度图像，_____法只能用于彩色图像。HOG 特征法需要选择_____和胞元、检测窗口的滑动步长等参数，其中_____为统计梯度方向与大小的基本单元。

19. 本题将实现一个简单的人脸识别项目。在 GitHub 中下载数据集文件 Data，Data 文件中的图像与 labels.txt 中的数字相对应；图像为不同的人脸图，如果对应的 label 值为 1，则该图像有胡子，反之，如果 label 为 0，则没有胡子。

代码文件：code_q19.py

```
import numpy as np
import cv2
```

---

⑧ 如果运行 nltk.download()失败，请参考 https://blog.csdn.net/zln_whu/article/details/103448420。

```
import os
os.getcwd()                                          #获取当前的工作目录
os.chdir('D:\桌面\我的书\chapter06\数据集')            #注意修改工作路径
data = []
for i in range(110):
    image = cv2.imread(u'Data/s' + str(i + 1) + '.bmp',0)
    """可在此进行图像处理"""
    image = cv2.resize(image,(10,10))
    #可进行 resize 设置，如 image = resize(image,(50,50))
    data.append(image.flatten())
file = open('../数据集/Data/labels.txt')
labels = np.array(file.readline().strip('\n').split(','), np.int32)
```

结合代码 code_q19.py 读取图像，并将图像集以 7∶3 的比例进行拆分，结合 6.3 节的介绍处理每张图像，并根据训练集训练一个逻辑回归模型。

参 考 文 献

[1] NLTK 内置语料库．https://blog.csdn.net/zln_whu/article/details/103448420．

[2] 自然语言处理 Python 电子书．http://www.nltk.org/book_1ed/．

[3] 标签的具体含义．https://www.cnblogs.com/zhanghongfeng/p/8763306.html．

[4] Feature_extraction．https://scikit-learn.org/stable/modules/feature_extraction.html．

[5] NLTK 官网．http://www.nltk.org/．

[6] Beautiful Soup 帮助文档．https://www.crummy.com/software/BeautifulSoup/bs4/doc/．

[7] 图像核．http://setosa.io/ev/image-kernels/．

第7章 数据标准化与特征筛选

在第6章中我们学习了如何将不规则的文本和图像等数据处理成可供机器学习分析的向量形式。但这还未结束，机器学习算法人多无法自行处理缺失数据和检测异常值等，并且由于各个特征的量纲不同，特征之间的相关性往往会影响模型的效果。另外，特征的数量过多会导致维度灾难，从而造成模型的复杂度上升，效果变差。因此，除了将不规则数据转换为规则数据之外，还需要解决上述诸多问题，才算完成数据的预处理工作。

如图7.1所示，一个数据集首先要经过特征工程的一系列处理才能供模型使用。

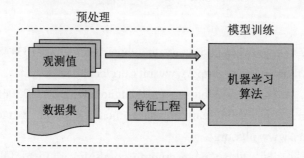

图 7.1 特征工程的地位

本章将继续第6章的内容，对如何标准化数据、处理缺失数据、进行特征过滤与降维展开介绍。通过本章的学习，读者可以掌握以下内容：

- 特征标准化的相关方法及其区别和 Python 实现；
- 异常值检测方法与 Python 实现；
- 缺失数据的处理方法与 Python 实现；
- 特征过滤方法与 Python 实现；
- 主成分分析、核主成分分析的原理与 Python 实现。

💭 注意：本章的内容较多，建议读者认真完成习题。

7.1 数据标准化

数据标准化包括缩放数据到指定的取值范围（rescaling），根据均值、方差、中位数、最大值和最小值等统计量进行标准化（normalizing），从而实现中心化、归一化方差等。这里借用统计学的概念，将上述处理统称为标准化（standardizing）。

数据标准化有何必要呢？一方面输入特征进行标准化，可以满足一些算法的硬性要求，如后面将介绍的主成分分析（PCA）要求中心化。另一方面，数据标准化可以提高参数寻优速率。如图 7.2 所示，标准化后特征的取值范围往往被压缩，特征之间的量纲被统一，此时有利于找到极值点。

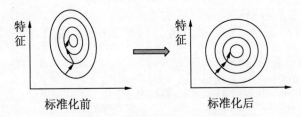

图 7.2　标准化可以提高参数寻优的速率

另外，标准化还可以提高模型的精度。因为似然函数的取值与所有特征有关，如果各个特征的取值范围相差太大，那么会给大取值范围的特征赋予较高的权重，使得模型重点"学习"那些量纲的特征，进而导致模型往看似"理想"的方向迭代。

综上所述，我们需要对数据进行一些处理，使之具有相同量纲、方差或零均值等。

7.1.1　特征标准化

特征标准化是针对某个特征进行的标准化方法。不同量纲将会使特征的取值范围不同，特征含义不同意味着各个特征的分布不同。因此，为了统一量纲，有必要以特征为单位，对数据进行标准化。常用的特征标准化主要包括 Zscore 标准化、最大和最小值标准化和 Robust 标准化等，下面一一介绍上述方法与 Python 实现。

1. Zscore标准化

Zscore 标准化能够将数据的均值和方差分别转换为 0 和 1。零均值即实现特征的中心化，意味着将数据集移动到原点附近。标准化方法如下：

$$s_j^i = \frac{x_j^i - \overline{x}^i}{\mathrm{std}(x^i)} \ , \ \mathrm{std}(x^i) = \sqrt{\frac{\sum_{j=1}^{m}\left(x_j^i - \overline{x}^i\right)^2}{m-1}} \qquad (7.1)$$

其中，$\overline{x}^i$ 为样本在特征 x^i 中的均值，$\mathrm{std}(x^i)$ 为其标准差。经过式（7.1）转换后，每个特征的均值变为 0，标准差为 1。

Zscore 适用于数据服从正态分布或近似服从正态分布的情况，这类标准化方法也是机器学习中最常用的方法。除了特殊场景之外，如要求数据的取值范围固定、数据存在异常值（outliers）等，一般将数据进行 Zscore 标准化后就供机器学习模型使用。

Zscore 也常用于涉及相似性或距离的算法中，如 K 近邻算法需要计算个体之间的距离。试想，如果两个特征的取值范围差别很大，那么某个特征就会无形之中分配了较大的权重。例如，用欧氏距离度量两个个体关于体能的相似性，此时即使他们的体重和身高相差无几，但是肺活量由于量纲不同，进而导致肺活量有细微的变化，反映到个体上就变成了大的差异。

Zscore 标准化可用 sklearn.preprocessing 模块的 StandardScaler 类来实现。下面随机产生一组包括 3 个特征、容量为 1000 的数据集，3 个特征分别来自均值和方差不同的正态总体。对其进行 Zscore 标准化并观察标准化前后的数据特征，代码如下。

示例代码：normalizing.py

```python
"""实现 Zscore 标准化"""
#随机产生容量为 1000、3 个特征的数据集。3 个特征来自不同的正态总体
df = pd.DataFrame({
    'x1': np.random.normal(0, 2, 1000),
    'x2': np.random.normal(10, 4, 1000),
    'x3': np.random.normal(-10, 6, 1000)
})
from sklearn.preprocessing import StandardScaler
scaler = StandardScaler()
df_zscore = scaler.fit_transform(df)                    #进行 Zscore 标准化
#构成新的 dataframe，便于观察
df_zscore = pd.DataFrame(df_zscore, columns=['x1', 'x2', 'x3'])
```

🔔注意：上述代码省略了画图与导入模块等步骤，详细代码可参阅代码文件[①]。

　　运行上述代码，结果如图 7.3 所示，标准化后 3 个特征的均值和方差变得一致，3 个来自不同正态总体的特征如今重合在一起。读者可以尝试用 np.mean 和 np.std 函数输出转换前后 3 个特征的均值与标准差。

💾Tips：在实例化 StandardScaler 类时，可初始化参数 with_mean 和 with_std 来设置标准化方式。例如，设置 with_std=False，意味着只进行中心化，而不归一化方差。这两个参数的默认值都为 True，因此在上例中没有设置参数。调用对象 Zscore 中的 .inverse_transform 接口，可以进行递标准化，将数据还原。另外，如果对其他数据用同样的标准进行 Zscore 标准化，那么可以先调用 .fit 接口再用 transform 接口实现标准化。这么做可以保证标准化时式（7.1）使用的均值和标准差一致。

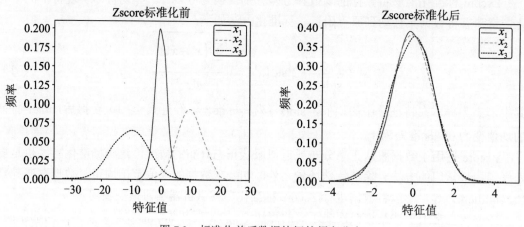

图 7.3　标准化前后数据特征的频率分布

2. 最大、最小值标准化

最大、最小值标准化实现了特征取值范围的统一，对于特征向量 $\boldsymbol{x} = \left(x^0, x^1, \cdots, x^n \right)^{\mathrm{T}}$ 中

---

① 文件可从 GitHub 上获取。

的某个特征 x^i，其标准化过程如下：

$$s_j^i = \frac{x_j^i - \min x^i}{\max x^i - \min x^i} \tag{7.2}$$

其中，x_j^i 为个体 $j, j \in (1,2,\cdots,m)$ 在特征 i 上的取值。通过式（7.2）的处理，每个特征的取值范围被缩放为[0,1]。通过对 s_j^i 进行某些数学运算，也可以将取值范围缩放到任意区间。

最大、最小值标准化将特征缩放到某个特定的取值范围内，由于该标准化与数据的最大值与最小值有关，所以其受到异常数据的影响比较严重。

最大、最小值标准化一般用于 Zscore 标准化效果欠佳的场景。例如特征的分布不是与正态分布差别很大，就是方差太小，此时应用 Zscore 标准化可能没有明显的效果。在一些不涉及距离和方差等计算的场景，也可以尝试使用该标准化。当然，对一些要求数据具有固定取值范围的模型，必须先进行最大、最小值标准化。

在 Python 中，最大、最小值标准化可以用 preprocessing 模块的 MinMaxScaler 类实现，通过参数 feature_range 来调整取值范围。

现在随机产生 1000 个包含 3 个特征的样本，特征分别来自卡方分布、Beta 分布和正态分布总体。对其进行最大、最小值标准化，设置缩放范围为[0,1]，实现代码如下。

实现代码：normalizing.py

```python
"""最大、最小值标准化"""
df = pd.DataFrame({
    # positive skew
    'x1': np.random.chisquare(8, 1000),          #生成卡方分布
    # negative skew
    'x2': np.random.beta(8, 2, 1000) * 40,       #Beta 分布
    # no skew
    'x3': np.random.normal(50, 3, 1000)
})
from sklearn.preprocessing import MinMaxScaler
scaler = MinMaxScaler(feature_range=(0,1))
df_minmax = scaler.fit_transform(df)             #进行最大值和最小值标准化
df_minmax = pd.DataFrame(df_minmax, columns=['x1', 'x2', 'x3'])
```

运行上述代码，结果如图 7.4 所示，经过最大值和最小值标准化后，特征的取值范围（横坐标）被约束为[0,1]，特征保留原来的分布不变。

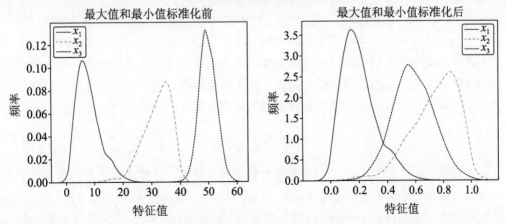

图 7.4　最大值和最小值标准化前（左）后（右）对比

另外，也可以先调用.fit 接口，再用.transform 接口标准化数据，这样做可以用同样的标准转换不同的特征。

🐭Tips：最大、最小值标准化的一个好处是，可以在保留数据分布的情况下，将不同量纲的数据压缩到同一取值范围内。比之 Zscore 标准化，其除了能够解决量纲不同引起的权重问题，还能够保留不同特征的分布情况。这种保留分布的数据，比 Zscore 标准化后的数据包含更多的信息量。虽然人们不能从中直接看出"门道"，但是交给机器学习自动学习特别是深度学习，就能够"变废为宝"，得到意想不到的效果。

3．Robust标准化

在很多数据中，由于收集数据不认真、录入数据时出错或测量设备故障等原因，常常会导致出现偏离正常范围的异常值。无论 Zscore 还是最大、最小值标准化，异常点会影响均值、标准差和最大值与最小值，从而影响标准化的结果。

Robust 标准化则不然，Robust 标准化使用四分位数和中位数进行标准化，而四分位数与中位数这两个统计量与异常数据关系不大，因此使用该标准化不会受到异常数据的影响。

设四分位数分别为 $Q_1(x^i), Q_2(x^i), Q_3(x^i)$，Robust 标准化如下：

$$s_j^i = \frac{x_j^i - Q_2(x^i)}{Q_3(x^i) - Q_1(x^i)} \tag{7.3}$$

Robust 标准化可以用 preprocessing 模块的 RobustScaler 类实现，其使用与 StandardScaler 类似，这里不再展示。

7.1.2　对稀疏矩阵的标准化

我们知道，一个数据集可以用一个矩阵来表示。所谓稀疏（sparse）矩阵，是指矩阵中的大部分元素都为 0。这种情况是很常见的。例如在处理文本数据时，一个词很可能不会在所有文本中都出现，特别是生僻词。另外，在表示无序类别变量时，使用 one-hot 编码法将出现大量的含 0 元素，这些都会形成稀疏矩阵。

在 7.1.1 节中，无论哪种标准化方法，都会影响 0 元素，从而破坏稀疏矩阵。由于直接存储稀疏矩阵时 0 元素浪费了太多的空间，所以，很多编程语言（包括 Python）在存储稀疏矩阵时都采用特殊的数据结构以避免空间浪费。这就导致在进行标准化时，稀疏矩阵的存储结构被破坏，从而代码报错。因此，对于稀疏矩阵，需要特殊的标准化方法。

为了不破坏 0 元素，可以使用绝对值最大标准化特征，公式如下：

$$s_j^i = \frac{x_j^i}{\left| \max x^i \right|} \tag{7.4}$$

可以看到，式（7.4）的分子部分并没有减去任何数值，这意味着数据标准化前后，数据是没有"移动"的，0 元素还是 0 元素，因此可以用于稀疏矩阵中。在 Python 中，绝对值最大标准化可以通过 preprocessing 模块的 MaxAbsScaler 类实现，其用法与 StandardScaler

类似，这里不再展开介绍。

7.1.3　个体标准化

除了以特征为单位进行标准化外，还可以个体为单位进行标准化（即按行标准化）。个体标准化的一般方式为：

$$s_j^i = \frac{x_j^i}{\|\boldsymbol{x}_j\|} \tag{7.5}$$

其中，$\|\boldsymbol{x}_j\|$ 是个体 j 的范数。例如，用 l_2 范数进行标准化，则式（7.5）的分母部分可以改写为 $\|\boldsymbol{x}_j\|_{l2} = \sqrt{\sum_{i=1}^{n}(x_j^i)^2}$；同样亦可取 l_1 范数，其计算公式为 $\|\boldsymbol{x}_j\|_{l1} = \sum_{i}^{n}|x_j^i|$。通过上述标准化后，每个个体（或者数据集中的每行）的总和为 $\|1\|$。

个体标准化可以用 preprocessing 模块的 Normalizer 类实现，并通过初始化 norm 参数选择范数类型，示例如下。

示例代码：normalizing_observations.py

```python
test_df = pd.DataFrame(columns=['身高','体重','肺活量'])
test_df['身高'] = [162,165,185]
test_df['体重'] = [60,45,75]
test_df['肺活量'] = [2500,3200,4240]          #创建一个dataframe
from sklearn.preprocessing import Normalizer
scaler_sample = Normalizer(norm='l2')        #使用第二范数对个体进行标准化
df_obs = scaler_sample.fit_transform(test_df) #进行标准化
```

读者可以尝试运行上述代码，并比较个体标准化前后数据的变化情况。

Tips：个体标准化是基于个体的标准化。换句话说，不同个体是基于不同的基准进行标准化的。如果不同特征之间存在不同的量纲，则标准化后不同个体的同一特征失去了原本相同的量纲。所以说，个体标准化只能用在那些不同特征代表同一属性的情况，如用于文本处理的 BOW 和 TF-IDF 方法上。另外，个体标准化很明显，亦会破坏数据的稀疏性。也就是说，会使 BOW 模型的稀疏性遭到破坏。因此，其在实际应用中比较少见，读者只需要了解即可。

7.1.4　非线性标准化

无论哪种方法，上述标准化都是一种线性的映射。我们知道，一个人的学习成绩从 50 分提高到 60 分很容易，但是从 90 分提高到 100 分却很困难。虽然同样是提高了 10 分，但是两者可同日而语吗？正是基于类似的原因，在实际应用时往往要进行非线性的映射，我们称使用非线性映射的标准化方法为非线性标准化。

在进行非线性标准化时，首先应对数据进行非线性映射，定义非线性映射函数为 $y^i = f(x^i)$，最常见的函数为以 10 为底的对数函数 $\log_{10}(x)$。将特征 x^i 带入后得到非线性

映射 y^i，再使用前面介绍的标准化方法即可实现非线性标准化。这种以 10 为底的标准化方法是很常见的，一般用在自动控制和信号处理等领域。

7.2　异常值检测

异常值（outliers）是指由于收集数据不认真、录入数据出错、测量设备故障等原因，导致其值偏离正常范围的异常数值，如年龄为 220 岁、一套 100 室的住宅等。

异常值的影响是巨大的，如影响数据标准化的结果、影响模型的拟合优度等。在正常情况下，我们不能让异常值影响模型的效果，因此检测出这些异常数据或个体，并对它们进行处理是很有必要的。

异常值检测的方法通常包括：

❑ 使用统计学理论检测，如四分位数、正态分布等；

❑ 使用机器学习模型检测异常数据。

下面介绍基于这两种思路提出的几个方法。

7.2.1　四分差法

作为统计学检测异常值的最简单的方法，四分差法（IQR）利用四分位数来确定上下界，并将过界的数值视为异常值。使用四分差法可以具体检测到某个个体的什么特征存在异常值，并且实现简单，但存在较多缺点。

假设待检测的特征为 x^i，样本容量为 m，计算 x^i 的四分差为：

$$\text{IQR} = Q_3\left(x^i\right) - Q_1\left(x^i\right)$$

根据四分差得出上下边界：

$$E_{\text{h}} = Q_3\left(x^i\right) + 1.5\text{IQR} \,,\, E_1 = Q_1\left(x^i\right) - 1.5\text{IQR}$$

如果 $x_j^i \notin \left[E_l, E_h\right]$，则 x_j^i 为异常值。

🔖**Tips**：*可以看到，四分差法与整体数据无关，与样本的分布无关。因此四分差法没有考虑数据的整体分布情况，即使两个不同分布的数据集，也可以有相同的上下边界。读者可以想象一下一个分布呈现极端双峰的特征，如果采用四分差法过滤，则会删除大部分的数据，这显然不是我们想要的。在实际应用中，如果数据量较少、模型精确度要求较高、计算机的算力能够胜任，一般不使用四分差法检测异常数据。*

7.2.2　正态分布法

对于待检测特征 x^i，可以考虑用所有的 $x_j^i, j \in (1, 2, \cdots, m)$ 拟合一个正态分布，再将个体代入正态分布，计算其概率，然后根据概率阈值判断是否为异常值。

正态分布的公式为：$P\left(x^i\right)=\dfrac{1}{\sqrt{2\pi}\sigma}\exp\left(-\dfrac{\left(x^i-\mu\right)^2}{2\sigma^2}\right)$。以频率代替概率，根据极大似然法可以估计出正态分布的参数为：

$$\mu=\overline{x}^i=\frac{1}{m}\sum_{j=1}^{m}x_j^i\ ,\ \sigma^2=\frac{1}{m}\sum_{j=1}^{m}(x_j^i-\mu)^2$$

于是对于一个个体，代入上述正态分布可得概率 $P\left(x_j^i\right)$，并与事先定义好的阈值 ε 比较，如果 $P\left(x_j^i\right)<\varepsilon$，则认为 x_j^i 为异常值。

由于阈值 ε 的选取带有盲目性，为了直观地选择 ε，可以先主观地评估样本中异常值个体占样本的比例；根据该比例求出正态分布的概率并以这个概率作为阈值 ε；或者根据 3σ 原则选择合适的阈值，如估量样本中的异常比例为 4.5%，于是得出正常范围为 $x_j^i\in[\mu-2\sigma,\mu+2\sigma]$。

在 Python 中，可以使用 sklearn.covariance 模块中的 EllipticEnvelope 类实现正态分布，通过参数 contamination 来设置异常比例，从而设置阈值 ε。

7.2.3　*K*-Means 聚类法

K-Means 聚类是一种非监督学习模型，它没有观测值或标签的指导，而是通过样本的相似性自主训练的。*K*-Means 聚类可以将相似的个体聚成一类，因此，如果将个体进行聚类，那么离群的个体就可被视为异常个体。当然，为了找出某个特征的异常值，也可以就单一特征进行聚类，从而找出异常值。

K-Means 聚类首先选取合适的聚类簇数 k，并在数据集 D 上随机地选择 k 个个体作为初始聚类中心 $\boldsymbol{\mu}_j$。根据式（7.6）将个体分成 k 个簇（cluster）：

$$\arg\min_{C}\sum_{j=1}^{k}\sum_{x_i\in C_j}\left\|x_i-\boldsymbol{\mu}_j\right\| \tag{7.6}$$

其中，$C=\{C_1,C_2,\cdots,C_k\}$ 为聚类簇集合，C_j 为由样本的部分个体构成的集合。

式（7.6）中的 $\|\bullet\|$ 表示任意范式，可以任选 $l1$、$l2$ 范式，它们分别代表曼哈顿距离和欧氏距离。$\left\|x_i-\boldsymbol{\mu}_j\right\|$ 代表簇内距离，即 C_j 中各个个体的距离总和。很明显，式（7.6）是寻找使得所有簇的簇内距离最小的划分法。

得到聚类簇后，根据簇内所有个体的均值重新计算聚类中心 $\boldsymbol{\mu}_j=\sum_{x_i\in C_j}x_i\Big/\left|C_j\right|$，$\left|C_j\right|$ 为 C_j 包含的个体数，然后根据式（7.6）重新计算聚类簇集合 C。重复上述过程，直到 C 不再变化为止。

在进行异常值检测时，只要对样本集 D 进行 *K*-Means 聚类，将离群个体或那些包含的个体数较少的簇中的所有个体视为异常个体即可。在 Python 中，可以用 sklearn.cluster 模块中的 KMeans 实现 *K*-Means 聚类。

这里要说明的是，*K*-Means 聚类方法并不是唯一可以用来进行异常值检测的机器学习方法。事实上，不单单是无监督学习，监督学习也可以进行异常值检测，如 *K* 近邻算法、逻辑回归等。

以逻辑回归为例，首先通过人工标出一部分个体异常与否并构成一个二分类的数据集，然后用该数据集训练一个分类模型，最后使用该模型对剩余的数据进行分类。

7.2.4　LOF 法

异常个体通常是稀疏、离群的。换句话说，异常值的近邻必定离得较远。于是对每个个体 i，可以先找出其 k 个近邻，计算个体 i 与其 k 个近邻之间的距离总和 d_i，然后比较所有的 d，将距离相对较大的个体视为异常值。

LOF 法（Local Outlier Factor，局部异常因子法），便是基于上述设想实现的。定义个体 x 的 k 个近邻个体为 $x_{(i)}$，$i \in (1, 2, \cdots, k)$，定义个体 x, x' 的可达距离（reachability distance）为：

$$\mathrm{RD}(x, x') = \max\left(\|x - x_{(i)}\|, \|x - x'\|\right), i \in \{1, 2, \cdots, k\}$$

可达距离表示两个个体的最小距离。基于可达距离，定义 x 的局部可达距离为：

$$\mathrm{LRD}(x) = \left(\frac{1}{k}\sum_{i=1}^{k}\mathrm{RD}(x_{(i)}, x)\right)^{-1}$$

因此，如果个体 x 是离群个体，则 $\mathrm{LRD}(x)$ 取值越小。一般，定义局部异常因子为：

$$\mathrm{LOF}(x) = \frac{\dfrac{1}{k}\sum_{i=1}^{k}\mathrm{LRD}(x_{(i)})}{\mathrm{LRD}(x)} \tag{7.7}$$

式（7.7）不仅考虑了个体 x，而且考虑了 k 个近邻 $x_{(i)}$ 的局部可达距离。如果 x 处于不密集区域而其近邻 $x_{(i)}$ 处于密集区，则 $\mathrm{LOF}(x)$ 具有较高的值，x 很有可能为异常个体。反之，如果 x 处于密集区而 $x_{(i)}$ 处于不密集区，则 $\mathrm{LOF}(x)$ 的值越小，x 很有可能为正常个体。

LOF 法可以用 sklearn.neighbors 模块中的 LocalOutlierFactor 类实现，并通过参数 n_neighbors 调整式（7.7）中的近邻个数 k。

Tips：读者可能已经体会到，正态分布法和 LOF 法与 K-Means 聚类一样，亦是一种聚类方法，即无监督学习法。在用 EllipticEnvelope 和 LocalOutlierFactor 类分别实现它们时，需要实例化一个对象，再调用.fit_predict 接口找出异常值，用法如下：

```
e = EllipticEnvelope()        #实例化一个 EllipticEnvelope 对象
labels = e.fit_predict(X)     #X 为数据，可以是单独一列特征，也可以是特征向量构成的
                              #矩阵。labels 为其输出，如果为异常值，则对应标签为-1，
                              #正常值为 1
```

LOF 法的实现亦然，实例化 LocalOutlierFactor 类后，通过调用.fit_predict 接口即可输出每个对象的 label，如果 label 为-1，则该个体属于异常值。

7.2.5　监督学习法

使用监督学习模型进行异常值检验的方法为监督学习法。我们知道，要进行监督学习，首先需要观测值或标签。因此，在使用监督学习方法时，首先需要对一部分个体进行人工

检测，将异常个体标为 1，其余为 0。打好标签的个体将作为训练集训练分类模型，对于其余个体，只要用该模型对其进行分类即可找到异常个体。

前面所讲的方法各有千秋，通常，四分差法、正态分布法这类基于统计学的方法计算量低，适合用在数据量大的场景。而机器学习模型的方法需要训练出一个子模型，其时间代价较昂贵，因此通常用于精度要求高、数据量较低或计算机的运算能力较强的场景。

使用异常检测方法检测出异常值或异常个体后，通常的处理方法是将异常值替换为缺失值，或将异常个体删除。

7.3 缺失值处理

缺失值是数据集中较为常见的，如在异常值检测中通常将异常值转换为缺失值。另外，由于涉及隐私而导致无法收集数据或由于存储原因导致数据丢失，这些都会或多或少地产生缺失数据。对于缺失数据的处理，一般有 3 种方法：

☐ 按个体删除；

☐ 根据已有的数据计算一个统计量并用统计量替代缺失值；

☐ 训练一个机器学习子模型并用模型的预测值代替缺失数据。

在个体缺失特征较多、含缺失项的个体较少、样本容量较大的场景，可以考虑直接删除整个个体。但是为了避免信息缺失，通常使用下面 3 种方法处理缺失值。由于缺失值通常用 NaN（Not A Number）表示，所以下面将用 NaN 代指缺失值，并且在 Python 中默认将缺失值处理为 numpy.nan。

7.3.1 统计量替代法

抛开数据集中的 NaN，可以考虑用剩余数据集的中位数、平均值和最频数替代 NaN。该方法可以用 sklearn.preprocessing 模块中的 Imputer 方法实现，通过参数 strategy 选择用以替代缺失值的统计量，参数 strategy 的取值有 mean、median 和 most_frequent。

7.3.2 一元回归模型法

对于存在 NaN 的特征 x^i，如果其与数据集中的某个特征 x^j 存在关联性，则可以令 x^j 为自变量，x^i 为因变量训练一个一元回归模型。该模型可以是线性回归也可以是非线性回归，只要具有较高的拟合优度即可。得到模型后，用模型的预测值替代 NaN。

要使用该方法，一般要求特征 x^i 与数据集中的某个特征具有关联系。例如数据集中存在气温、日期两个特征。如果气温中存在 NaN，则可以用日期作为自变量，气温为因变量训练一个一元回归模型。

这种处理方法相对于统计量替代法来说比较精确，但是使用条件相对较高。一般情况下很难直接看出两个具有相关性的特征。虽然可以利用统计学的方法找到变量之间的联系，但是得到的相关性也只是线性相关性。另外，在大多情况下也不允许花费太多的精力分析数据。因此，要使用一元回归模型法，需要具备一定的经验和观察力，并且使用一元回归模型法需要训练一个子模型，因此需要一定的时间成本。

一元回归模型可以使用 MATLAB 中的 cftool 工具箱分析得出，详细内容可参阅 2.1 节与 2.5.1 节。

7.3.3　子模型法

7.3.2 节中的一元回归模型法实际上属于子模型法的一种。鉴于其需要相关特征并且其模型的训练比较简便，因此将其单独介绍。在实际应用中，由于相关特征难以发现，或者数据集中不存在相关特征等原因，一般很难直接使用一元回归模型法。此时，对包含 NaN 的特征 x^i，可以考虑将其视为因变量，其余特征 x^j 构成新的特征向量 x'。以 x^i 为因变量与 x' 构成新的数据集，并用它训练一个机器学习模型，从而预测 x^i 中的 NaN。

鉴于特征工程只是机器学习的预处理部分，因此采用的子模型越简单越好，不能本末倒置。在实际应用中，通常选用 K 近邻模型作为子模型估计 NaN 的值（见 2.5.3 节）。在 Python 中，分别用 sklearn.neighbors 模块中的 KNeighborsRegressor 和 KNeighborsClassifier 实现用于回归和分类任务的 K 近邻，通过设置参数 n_neighbors 的值调整 K 近邻算法的 k 值。使用 K 近邻模型进行回归的代码如下。

示例代码：kNN.py

```
from sklearn.neighbors import KNeighborsRegressor  #导入 KNN 回归包
import numpy as np
#产生一个示例数据集
X = np.array([[158,1],[170,1],[183,1],[191,1],[155,0],[163,0],[180,0],
[158,0],[170,0]])
y = [64,86,84,80,49,59,67,54,67]
kNN = KNeighborsRegressor(n_neighbors=4)          #定义 KNN 模型
kNN.fit(X,y)                                       #训练模型
x_new = np.array([[180,1]])      #定义一个新的特征向量
y_pred = kNN.predict(x_new)      #如果新向量的 y 为 NaN，则可用 KNN 模型预测其值
```

通过上述代码，可将个体 $x_j = (180, 1, \mathrm{NaN})$ 的缺失值使用模型的预测结果进行替换，预测值为 76。

🔖Tips：综合来看，如表 7.1 所示，在众多 NaN 处理方法中，一元回归模型法的使用条件最苛刻，需要我们找到相关特征。但一元回归模型法的精度高，训练模型所需时间较短，可以用于容量中等或较小的样本，是一种较为适中的方法。统计量替代法精度最低，因此不常使用。但统计量替代法的时间代价最低，不需要训练模型，因此通常用在数据容量大、精度要求低的场景。子模型法的精度高，但训练子模型需要选择、训练和评价模型，花费太多时间、精力和资源，因此适合用在样本容量较少或精度要求较高的场景。

表 7.1　各种缺失值处理方法对比

方　法　名	精　　度	数　据　集	时间代价	使用条件
统计量替代法	低	大	低	无条件
一元回归模型法	高	中等	中等	强条件
子模型法	高	小	高	无条件

7.4　特　征　过　滤

在实际应用中，经常会遇到个体的特征很多，但样本容量相对较低的情况。例如在图像处理中，假设有一张 256×256 的三通道彩色图像，用 .flattern 函数将其特征化后共有 196 608 个特征。由于像素的取值为 $[0, 255]$，所以特征向量的取值共有 $256^{196\,608}$ 种可能。这个数字称为天文数字也不为过，其大小远远超出了宇宙中沙子的数量。我们称这种由于特征过多引起的样本容量难以支撑的问题为维度灾难（curse of dimensionality）。解决该问题的方法有特征过滤和特征降维。

特征过滤区别于特征降维，它将低信息量、高相关性的特征直接删除。比如在预测肺活量时，可以直接删除诸如近视度数、指甲长度等特征。

7.4.1　维度灾难

如图 7.5 所示，假设肺活量为因变量，特征为身高、体重。在只考虑身高的二维空间中，少量的数据集合就可填充整个数据空间。当同样的数据量反映到三维空间时，可以看到，数据空间将会出现大部分空白。这些空白意味着模型在训练时，无法全面地"认识"数据空间，进而无法正确预测未知数据，导致欠拟合。

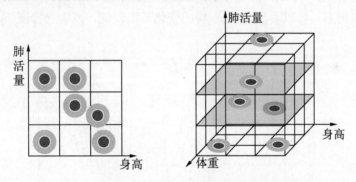

图 7.5　同样数据量在高维空间容易导致欠拟合

因此，将数据空间从二维提升到三维时，需要更多的数据量以填充空白部分。当然，在数据量允许的情况下，这样的提升是很有必要的。因为身高、体重均与肺活量有关，更多特征将使模型更加完善、精确。

假如对每个特征用 3 个集合均匀填充，那么 n 个特征则需要 3^n 个集合填充数据空间。由此可见，数据要求随着特征个数的上升呈现指数型增长，如图 7.6 所示。

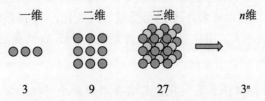

图 7.6　数据要求随特征个数呈现指数型增长

通过最大值和最小值标准化后每个特征的取值为 $[0,1]$，因此所有特征构成的数据空间可以用单位体积的超正方体来描述。如果用半径为 0.5 的超球体来填充数据空间，如图 7.7 所示，随着维度越来越高，当 $n \rightarrow +\infty$ 时，$V \rightarrow 0$。也就是说，随着维度的升高，用同样方式填充数据空间将会留下更多的空白。

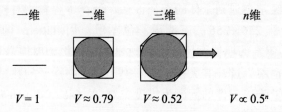

一维　　二维　　三维　　　　n 维

$V = 1$　$V \approx 0.79$　$V \approx 0.52$　$V \propto 0.5^n$

图 7.7　特征个数与超球体体积

综上所述，个体的特征数越多，要进行同样的空间填充所需要的数据就会呈指数型上涨。随着维度的上升，即使同样的填充，其所留下的空白亦呈指数型上升。两个指数型叠加在一起，难以想象这是多么高的增长速度。因此，过滤掉无用特征对个体进行降维，缓解维度灾难，是势在必行的。

7.4.2　方差过滤法

有 3 个特征 X_1、X_2 与 X_3，样本容量为 50。x 轴为个体 i，y 轴为个体 i 在 3 个特征中的取值，如图 7.8 所示。可以看出，特征 X_3 的变化范围较低，或者说特征 X_3 的方差比 X_1、X_2 低。

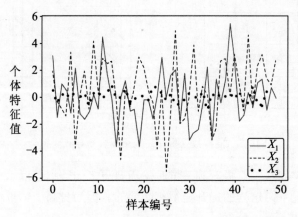

图 7.8　不同个体的 3 个特征取值构成的曲线

我们知道，一个特征的方差越低，则不同个体在该特征上的差别就不大，这一点从图 7.8 中亦可直观地看出。这意味着，无论因变量如何变化，X_3 都波澜不惊，这一定程度表明了 X_3 与因变量的关系不大。用信息论的语言来说，特征 X_3 的信息熵相对于 X_1、X_2 较低，因此可以考虑将 X_3 剔除。

Tips：根据方差剔除特征很容易实现，只需要求解每个特征的方差即可，但是方差过滤法也具有许多缺点。例如，将特征标准化后，该方法不能使用；如果不同特征的量纲不同，则方差相差很大，此种情况下该方法亦不能使用。另外，剔除特征所用到的方差阈值，其选取也有很大的主观性。因此，在一般的机器学习问题中，几乎罕见使用这种方法对数据降维。然而，在每个特征地位对等的领域方差过滤却是一个好方法，如自然语言处理（见第 6 章），经过 BOW 处理后语料库转换为稀疏矩阵，然后可以用方差检验的方法过滤掉停用词。

7.4.3 相关系数过滤法

鉴于方差过滤法的缺点实在太多，可以考虑根据其他统计量如相关性等来过滤特征。

1．相关性的含义

如果两个特征不具备相关性，则标准化后，两个特征的所有个体理应构成一个正方形散点图，如图 7.9 所示。此时虽然知道 x_1 的取值，但是仍旧无法确定 x_2 的值。如果具备相关性则不然，如图 7.9 右图所示，在尖端部分，在知道 x_1 的情况下，至少有信心猜到 x_2 的取值。

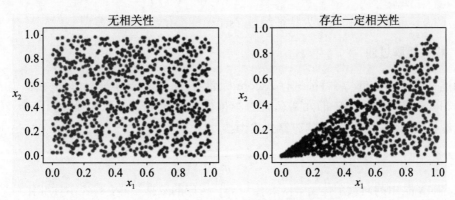

图 7.9　有无相关性给数据带来的影响

因此，对于具备相关性的两个或多个特征，可以考虑过滤掉其中的一个或多个特征，以缓解维度灾难。

2．Pearson的相关系数

定义两个特征 x^i, x^j 的相关系数为：

$$r\left(x^i, x^j\right) = \frac{\sum_{o=1}^{m}\left(x_o^i - \overline{x}^i\right)\left(x_o^j - \overline{x}^j\right)}{\sqrt{\sum_{o=1}^{m}\left(x_o^i - \overline{x}^i\right)^2 \sum_{o=1}^{m}\left(x_o^j - \overline{x}^j\right)^2}} \tag{7.8}$$

其中，x_o^i 表示个体 o 在特征 i 上的取值，m 为样本容量。相关系数反映两个特征的线性相关性，可以证明，$r \in [-1, 1]$。当 $r > 0$ 时，表示两个特征存在线性正相关性；当 $r < 0$ 时，表示存在线性负相关性；当 $r = 0$ 时，表示不存在线性相关性；当 $|r| = 1$ 时，表示两个特征完全线性相关，此时可以用一元线性方程来表示两者的关系；如果 $|r| \in (0, 1)$，则 r 越接近

0，线性相关性越不明显。

3．协方差与相关系数

特征之间的协方差的计算公式为：

$$\text{cov}\left(x^i, x^j\right) = \frac{1}{m-1}\sum_{o=1}^{m}\left(x_o^i - \overline{x}^i\right)\left(x_o^j - \overline{x}^j\right) \tag{7.9}$$

方差反映的是一个特征的波动情况：方差越大波动越大，数据越不确定，其携带的信息量也就越大。因此，协方差可以视为知道一个特征后，要确定另一个特征所需的信息量。结合相关系数，对式（7.8）进行如下化简：

$$r\left(x^i, x^j\right) = \frac{m\sum_{o=1}^{m}x_o^i x_o^j - \sum_{o=1}^{m}x_o^i \sum_{o=1}^{m}x_o^j}{\sqrt{m\sum_{o=1}^{m}x_o^i - \left(\sum_{o=1}^{m}x_o^i\right)^2} \cdot \sqrt{m\sum_{o=1}^{m}x_o^j - \left(\sum_{o=1}^{m}x_o^j\right)^2}}$$

$$= \frac{1}{m-1}\sum_{o=1}^{m}\left(\frac{x_o^i - \overline{x}^i}{\text{std}\left(x^i\right)}\right)\left(\frac{x_o^j - \overline{x}^j}{\text{std}\left(x^j\right)}\right)$$

对照式（7.9）可知，相关系数为特征经过 Zscore 标准化后的协方差。

4．相关矩阵过滤

经过上述分析可知，将特征进行 Zscore 标准化后，其协方差等于相关系数。如果用矩阵表示相关系数，即矩阵中的元素 (i, j) 表示特征 x^i, x^j 的相关系数，那么相关系数矩阵等同于标准化后的协方差矩阵，其计算公式为：

$$\boldsymbol{R} = \text{cov} = \frac{1}{m-1}\boldsymbol{X} \cdot \boldsymbol{X}^{\text{T}}$$

其中，矩阵 $\boldsymbol{X}$ 是由列向量个体 $s_j = \left(s_j^1, s_j^2, \cdots, s_j^n\right)^{\text{T}}$ 构成的数据矩阵，s_j 表示标准化后的个体。

相关系数越接近 1，则二者的相关性越高。一种极端的情况是相关矩阵 $\boldsymbol{R}$ 为单位对角矩阵 $\boldsymbol{I}_{m \times m}$，此时特征之间不存在丝毫的线性相关性，因此无需进行特征过滤。取相关矩阵 $\boldsymbol{R}$ 的上三角，根据上三角中每列的元素判断是否删除相应的特征。如果某列中所有的元素值都接近 1 或大于某个阈值，则要考虑删除该列对应的特征。

如图 7.10 所示，在相关矩阵 $\boldsymbol{R}$ 中，可以根据矩阵的上三角元素判断是否过滤该特征。图 7.10 中的特征 x^3 中的上三角元素为 0.9 和 0.84，它们均相对较大，因此考虑删除特征 x^3。

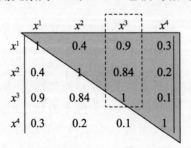

	x^1	x^2	x^3	x^4
x^1	1	0.4	0.9	0.3
x^2	0.4	1	0.84	0.2
x^3	0.9	0.84	1	0.1
x^4	0.3	0.2	0.1	1

图 7.10　相关矩阵过滤

Tips：这里强调，通过式（7.8）得出来的相关性是属于线性相关的。也就是说，如果特征之间存在相关性但不是线性的，那么有很大的概率其 Pearson 相关系数也比较低。另一方面，由于我们是通过上三角矩阵的特征所在列上的所有值都大于某个阈值来过滤的，因此排在后面的特征在过滤时具有天然的优势。如果使用相关矩阵过滤法，则需要重复使用多次，直到特征不再减少为止，这样就可以防止排在矩阵后面的特征被忽略掉。

7.4.4 单因素方差分析

单因素方差属于假设检验法，即统计学的范畴。作为统计学在机器学习应用中的代表，我们很有必要了解假设检验法的流程。在此抛砖引玉，希望读者能够藉由单因素方差分析认识统计学及假设检验。

单因素方差分析用于找出类别型自变量与数值型因变量是否存在相关性，该类别自变量也称为因素，其某一取值称为水平。单因素方差分析的主要思路是：在同一水平下，个体的差距来源于抽样时的随机误差（组内误差）；不同水平下个体的差异来源于抽样随机误差和不同水平的固有误差（组间误差）。因此如果组间误差占个体差距的主要成分，则可以认为因素对数值变量有显著影响。

假设检验需要一个原假设、一个置信水平和一个检验统计量。原假设为"数值型自变量与类别型因变量无关"；置信水平用于判断是否接受原假设；检验统计量需要根据数据集求取，并服从一个分布。比如在单因素方差分析中，将属于同一水平的个体分为一组，计算组内均方误差为：

$$\mathrm{MSE}_E = \frac{\sum_{j=1}^{n} \sum_{x_{ij} \in S_j} \left(x_{ij} - \bar{x}_j \right)^2}{m-1}$$

其中，x_{ij} 为属于 S_j 的个体 i，S_j 为同一水平下的个体构成的集合，$j \in (1, 2, \cdots, N)$，N 为类别因变量的取值总数。$\bar{x}_j$ 为属于 S_j 个体的均值。同样，计算组间均方误差如下：

$$\mathrm{MSE}_R = \frac{\sum_{j=1}^{n} \left(\bar{x}_j - \bar{\bar{x}} \right)^2}{N-1}$$

其中，$\bar{\bar{x}}$ 为 $\bar{x}_j$ 的均值。于是计算检验统计量为：

$$F = \frac{\mathrm{MSE}_E}{\mathrm{MSE}_R}$$

得到检验统计量 F 后，单因素方差分析规定统计量 F 服从 F 分布。通过查表的方式找出 F 在 F 分布中的概率 P，并与之前所设置的置信水平进行对比。置信水平一般取 0.05，如果 $P < 0.05$，则拒绝原假设，即认为类别变量影响数值变量。

在机器学习中，如果因变量是类别变量如性别，特征存在数值变量如寿命，那么可以考虑使用单因素方差分析，判断性别是否对寿命有影响。如果没有，则可以删除寿命这个特征。

用于特征过滤的假设检验方法有很多，如 T 检验、卡方检验等，这些检验基本都套用一个相同的算法流程，因此希望读者能够掌握假设检验的方法。

7.4.5　递归特征删除

递归特征删除（Recursively Feature Elimination，RFE）将特征过滤与模型效果结合在一起。RFE 法通过任意地删除某个特征，来观察机器学习模型的拟合优度的变化情况。如果模型的拟合优度下降，则回滚本次删除操作，并再次任意地删除某个特征，直到遍历完所有特征为止。如果模型的拟合优度上升，则保留该删除操作并继续任选特征进行删除，重复上述操作。因此用 RFE 方法过滤特征，需要提前选择好机器学习模型。

在进行 RFE 时，可以将数据集拆分成训练集和测试集，从而观察删除特征前后的模型效果。但是，同 5.7.1 节所述一样，这样做会导致测试集被使用，从而失去了评价模型的意义。因此，一般通过交叉验证（见 5.7.1 节或 15.3 节）来判断删除特征前后，模型拟合优度的变化情况。

结合交叉验证评价模型并通过 REF 过滤特征的方法也称为 RFECV。RFECV 可以用 sklearn.feature_selection 模块的 RFECV 类实现，通过参数 estimator 来设置机器学习模型，使用参数 scoring 选择评价模型的拟合优度指标，使用参数 step 设置每次删除的特征数。之后，通过实例对象的.fit_transform 接口即可实现特征的过滤。

💡Tips：如前面所讲，评价模型可用 sklearn.metrics 模块的函数实现。但是为了将其封装成一个对象，进而作为 RFECV 类的参数使用，需要用到 sklearn.metrics 模块的 make_scorer 函数，用法如下：

```
scorer = make_scorer(accuracy_score)    #将 accuracy_score 函数封装成一个对象
rfecv = RFECV(estimator=lg,step=2,scoring=scorer)      #设置递归次数为 2
X = rfecv.fit_transform(X,y)            #进行特征过滤，其中 X 为特征，y 为输出
```

7.5　特 征 降 维

区别于特征过滤，特征降维不直接删除特征，而是将多个特征合并成少数个特征。较之特征过滤，特征降维的信息损失较低。

7.5.1　主成分分析

主成分分析（PCA）是特征降维中最常见的方法，PCA 要求所有特征的均值为 0，这一点可以用 Zscore 标准化实现。PCA 的基本思路是找到维度为 $n \times 1$ 的特征向量 $\boldsymbol{x}$ 的一个正交投影 $\boldsymbol{z}$，维度为 $d \times 1$，$d \leqslant n$，以及相应的投影矩阵为 $\boldsymbol{T}^{d \times m}$，使得所有个体 $\boldsymbol{x}_i$ 与投影 $\boldsymbol{z}_i$ 的总体差异最小。用数学语言来说，即找到投影矩阵 $\boldsymbol{T}$，使得式（7.10）最小：

$$\sum_{i=1}^{m} \left\| \boldsymbol{T}^{\mathrm{T}} \boldsymbol{z}_i - \boldsymbol{x}_i \right\|^2 \tag{7.10}$$

其中，$\boldsymbol{z}_i = \boldsymbol{T} \boldsymbol{x}_i$，$\boldsymbol{T}^{\mathrm{T}} \boldsymbol{z}_i$ 为投影的逆变换，即将投影 $\boldsymbol{z}_i$ 还原到高维空间。对式（7.10）做一些

数学运算，从而化为式（7.11）：

$$\sum_{i=1}^{m}\left\|\boldsymbol{T}^{\mathrm{T}}\boldsymbol{z}_i-\boldsymbol{x}_i\right\|^2=-\operatorname{tr}\left(\boldsymbol{T}\boldsymbol{C}\boldsymbol{T}^{\mathrm{T}}\right)+\operatorname{tr}(\boldsymbol{C}) \tag{7.11}$$

其中，tr 为矩阵的迹，类似协方差矩阵 $\boldsymbol{C}$，矩阵 $\boldsymbol{C}$ 的计算公式为：

$$\boldsymbol{C}=\boldsymbol{X}\boldsymbol{X}^{\mathrm{T}} \ \text{or} \ \ \boldsymbol{C}=\sum_{i=1}^{m}\boldsymbol{x}_i\bullet\boldsymbol{x}_i^{\mathrm{T}}$$

由于我们要求投影是正交的，即投影向量 $\boldsymbol{z}$ 的每个元素落在类似直角坐标轴的坐标系上。用数学语言表达，即投影矩阵 $\boldsymbol{T}$ 满足：$\boldsymbol{T}\boldsymbol{T}^{\mathrm{T}}=\boldsymbol{I}_m$。

因此，结合式（7.11），PCA 方法实际上是求解一个约束优化问题：

$$\max_{\mathrm{T}\in\mathbb{R}^{m\times d}}\operatorname{tr}\left(\boldsymbol{T}\boldsymbol{C}\boldsymbol{T}^{\mathrm{T}}\right) \ \text{s.t} \ \boldsymbol{T}\boldsymbol{T}^{\mathrm{T}}=\boldsymbol{I}_m \tag{7.12}$$

所幸的是，式（7.12）存在解析解[②]，这里直接给出结论，式（7.12）的解为：

$$\boldsymbol{T}=\left(\boldsymbol{e}_1,\boldsymbol{e}_2,\cdots,\boldsymbol{e}_d\right)^{\mathrm{T}}$$

其中，列向量 $\boldsymbol{e}_j,j\in(1,2,\cdots,d)$ 是从矩阵 $\boldsymbol{C}$ 的特征值对应的特征向量中，挑选出特征值最大的 d 个特征向量按降序排序所得。

求取特征向量的方法有很多，对于一个方阵，可以用特征值分解直接求出特征向量。对于一般的矩阵，可以考虑用奇异值分解得出特征向量。特征值的求取属于线性代数的内容，这里不再赘述。

如图 7.11[③]所示，随机产生具有两个特征的 800 个个体，计算出特征向量并在图中标出。可以看到，特征向量几乎沿着数据集的两个极端方向分布：向量 $\boldsymbol{e}_1$ 指向数据稀疏的方向，$\boldsymbol{e}_2$ 沿着密集的方向。稀疏意味着方差大，信息量大。因此在对数据进行 PCA 降维时，可以将样本投影到 $\boldsymbol{e}_1$ 中。

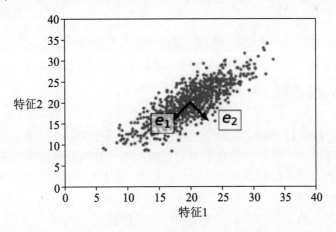

图 7.11 特征向量在数据集中的位置

PCA 可以用 sklearn.decomposition 模块中的 PCA 类实现，通过调整参数 n_components 来设置降维后特征的个数 d。同时，PCA 类的 .explained_variance_ratio_ 属性还可返回投

---

② 实际上是一种近似解。
③ 可见代码文件 PCA_sample.py。

影到 e_j 时，新特征 $\overline{x}^j$ 对原有数据集的贡献，或者说在原数据集中的信息占比。

已知 sklearn.datasets 模块中自带的数据 load_ditgits 包含 64 个特征，现在用 PCA 方法将其降至 30 维，并计算出各个新特征 $\overline{x}^j$ 的贡献，代码如下。

实例代码：PCA_sample.py

```
from sklearn.decomposition import PCA
from sklearn.datasets import load_digits
digits = load_digits()                    #导入 digits 数据集，该数据集有 64 个特征
pca = PCA(n_components=30)                 #实例化一个 d=30 的 PCA 对象
digits_PCA = pca.fit_transform(digits.data)      #进行 PCA 降维
evr = pca.explained_variance_ratio_
print(evr)                                        #输出新特征的信息贡献
```

🔔注意：画图代码可以参阅代码文件，文件在 GitHub 中下载。

每个新特征的贡献如图 7.12 所示，可以看出，从 64 维到 30 维丢失了大约 5%的信息，处于一个可接受范围之内。

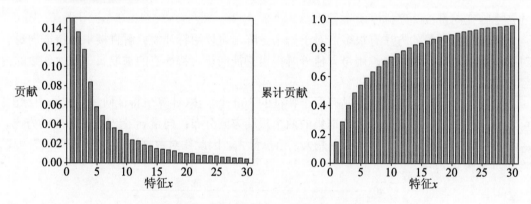

图 7.12　每个新特征的贡献与累计贡献[4]

7.5.2　PCA 的核函数

我们知道，不能用超平面正确划分的分类问题为线性不可分问题。在对线性不可分问题的数据集进行降维时，也许会导致本来只是线性不可分问题变成绝对不可分。如图 7.13 所示，对一个线性不可分数据集进行 PCA 降维后，由于两个类别的数据个体重合在一起，导致无法用其训练分类器。

考虑到类别重合的原因在于不同类别的个体投影到 e_1 及其延长线上时出现重合，自然而然，我们会想到在降维前"修改"数据集，使得在投影后两个类别的个体不会重合。

一个最简单的办法是将原本线性不可分的数据集转换为线性可分，而这个过程可以用核方法实现。核方法将原特征向量 $x \in \mathbb{R}^n$ 投影到高维空间 x' 中，$x' \in \mathbb{R}^N$，$N > n$。如图 7.14 所示，可以用一个隐式函数 $\psi(\cdot)$ 将 x 投影到高维，从而将不同类别的个体区分开。函数 $\psi(\cdot)$ 是隐式的，我们没有必要了解其表达式，( )中的"·"表示任意的特征向量。

---

④ 画图代码可见 kernel_PCA_sample.py。

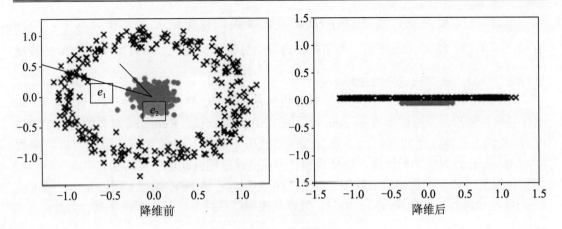

图 7.13　正常 PCA 降维前后对比⑤

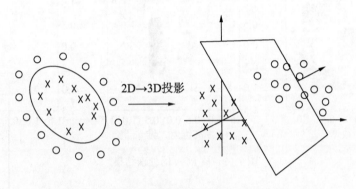

图 7.14　从低维到高维投影使问题转化为线性可分问题

因此，只需要对投影后的 $\psi(\boldsymbol{x})\in\mathbb{R}^N$ 进行 PCA 降维即可。令矩阵 $\boldsymbol{\psi}$ 为列向量 $\psi(\boldsymbol{x}_i)$ 构成的数据矩阵，假设 $\psi(\boldsymbol{x}_i)$ 的均值为 0，则式（7.12）中的矩阵 $\boldsymbol{C}$ 为：$\boldsymbol{C}=\boldsymbol{\psi}\boldsymbol{\psi}^{\mathrm{T}}\in\mathbb{R}^{N\times N}$。由此可见矩阵 $\boldsymbol{C}$ 的计算与维度 N 有关，而要使得投影后呈线性可分，N 往往是个天文数字，其计算量不可小觑。结合 PCA 的目标，为了找到矩阵 $\boldsymbol{T}$，我们需要进行特征值分解：$\boldsymbol{C}\boldsymbol{e}=\lambda\boldsymbol{e}$。由于 $\boldsymbol{C}=\boldsymbol{\psi}\boldsymbol{\psi}^{\mathrm{T}}$ 的特征值和特征向量等于矩阵 $\boldsymbol{K}=\boldsymbol{\psi}^{\mathrm{T}}\boldsymbol{\psi}\in\mathbb{R}^{m\times m}$。相比于 $\boldsymbol{C}$，用 $\boldsymbol{K}$ 来求解明显方便得多（$m<N$）。于是问题转化为对矩阵 $\boldsymbol{K}=\boldsymbol{\psi}^{\mathrm{T}}\boldsymbol{\psi}$ 进行特征分解，找到其特征值和特征向量即可。

到此为止，我们对核 PCA 有了一个大致思路。唯一的问题在于 $\psi(\bullet)$ 如何选取？如前面所述，我们没必要也不能找到 $\psi(\bullet)$ 的显式表达式。但是可以定义一个核函数，使得：

$$\boldsymbol{K}\left(\boldsymbol{x}_i,\boldsymbol{x}_j\right)=\psi\left(\boldsymbol{x}_i\right)^{\mathrm{T}}\bullet\psi\left(\boldsymbol{x}_j\right)$$

此时只需要找到核函数的表达式即可，常用的核函数有高斯径向基（RBF）函数：

$$\boldsymbol{K}\left(\boldsymbol{x}_i,\boldsymbol{x}_j\right)=\exp\left(-\frac{\left(\boldsymbol{x}_i-\boldsymbol{x}_j\right)^2}{2\sigma^2}\right) \tag{7.13}$$

引入核函数后，还可以简化矩阵 $\boldsymbol{K}$ 的计算，$\boldsymbol{K}$ 中的每个元素 $k_{ij}=\boldsymbol{K}\left(\boldsymbol{x}_i,\boldsymbol{x}_j\right)$。

⑤ 代码见文件 kernel_PCA_sample.py。

在进行 PCA 之前，需要进行 $HKH \rightarrow K$ 变换，以保证 K 零均值，其中，矩阵 $H = I_m - \dfrac{1}{n} I_{m \times m}$。将 K 中心化后，便可根据奇异值分解和特征值分解等方法求出 K 的特征值与特征向量，从而构造降维矩阵 T。

核 PCA 可用 KernelPCA 类实现，其参数 kernel 用于选择核函数，一般设置为 rbf，即高斯径向基函数，并通过参数 gamma 设置 RBF 函数的 σ 值。KernelPCA 类的其余参数与 PCA 类似，值得注意的是，由于核 PCA 是经历了高维、低维变换，因此可以将参数 n_components 设置为初始维度，以便观察样本从高维返回到初始维度后的效果。

如图 7.15 所示，这里仍旧以图 7.13 的数据为例进行核 PCA 处理。可以看出，经过函数 $\psi(\cdot)$ 的处理后，从高维返回二维时，数据集变得线性可分，从而解决了重合问题。

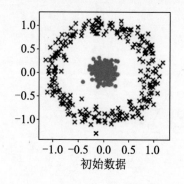 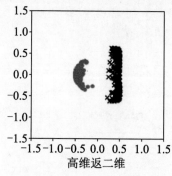 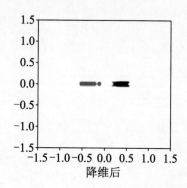

初始数据　　　　　　　高维返二维　　　　　　　降维后

图 7.15　核 PCA 的处理结果[6]

Tips：使用核 PCA 可以解决分类中由于类别不同的个体重合所导致的绝对不可分问题。因此，在遇到分类问题时，如果要对数据进行降维，可以优先考虑核 PCA 方法。如果一个问题的特征较多，那么直接使用普通的 PCA 即可。例如，BOW 方法处理后的语料库，由于特征较多，数据维度越高，数据愈发呈现一种线性可分的趋势，在这种情况下应该使用普通的 PCA。

特征降维的方法还有很多，如利用统计学的因子分析法进行特征降维、用机器学习子模型进行降维等。限于篇幅原因，不能全部介绍。这些方法都有自己的缺点，应结合实际情况应用，本节重点着墨于基本、常用的 PCA。希望读者不要局限于本章所介绍的内容，继续探索更多的知识。

7.6　习　　题

1. 请简述各种特征标准化方法的使用情景和区别。

2. 假设有身体情况数据如表 7.2 所示，分别用 7.1.1 节中的特征标准化方法处理身高、体重和肺活量这 3 个特征，并分析异常数据的影响。

---

⑥ 请参阅代码文件 kernel_PCA.py，查阅画图代码和核 PCA 的实现代码。

表 7.2　身体状况数据

个体	1	2	3	4	5	6	7	8	9	10	11	12
身高/cm	162	165	168	163	170	174	176	178	173	180	182	185
体重/kg	60	45.2	50.2	60.3	59.6	62.4	64.5	72.7	70	75.4	76.1	74.8
肺活量	2500	3200	4240	4000	4400	3800	4120	4400	44111	3800	5200	6000
性别	0	0	0	0	1	0	1	1	1	1	1	1

3．使用 Python 实现四分差法检测异常值。

4．表 7.2 明显存在异常数据，用四分差法、正态分布法检测出异常值，并将异常值转换为 numpy.nan。

*5．有什么办法选择 K-Means 聚类法和 LOF 法中的 k 值以检测异常值？

6．用代码文件 code_q6.py 产生如图 7.16 所示的数据集，并用 K-Means 聚类法实现聚类。

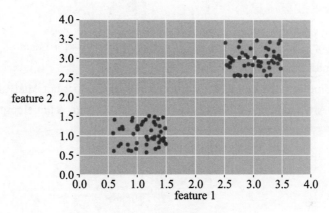

图 7.16　待聚类数据集

7．使用 K-Means 聚类法和 LOF 法对表 7.2 进行异常值检测。

8．用任意异常检测法检测表 7.2 后，将异常值设为 NaN，构成新的数据表后，用 dataframe 结构的.dropna()方法删除含 NaN 的个体。

9．按个体删除 NaN，主要用于缺失数据_____（多/少）、样本容量_____（大/小）、精度要求_____(低/高)的场景；在精度方面，一元回归模型法=子模型法_____统计量替代法；在时间代价上，三者的关系是_____。其中，_____要求找出相关特征。

10．维度灾难体现在进行同样的空间填充，所需数据量随着维度升高呈_____上涨，用同样方式的填充，在维度高时留下的空白越_____，呈指数型_____。

11．方差过滤的 3 个缺点是标准化后不可用、_____和_____。

12．Pearson 相关系数的公式为_____，它用于表征_____相关性，相关矩阵等于_____标准化后的协方差矩阵。

13．设计 Python 程序实现相关系数过滤法，并对表 7.2 进行特征过滤。

☎提示：可用 dataframe 结构的 .corr() 方法计算相关矩阵。用 np.triu() 找出上三角元素。

*14．单因素方差分析属于_____法，假设检验需要原假设、_____和_____，

其中，单因素方差分析的检验统计量服从_____分布。

　　*15．使用单因素方差分析表 7.2 中的性别数据对身高有无影响。

☎提示：单因素方差分析可用 Python 的 statsmodels.formula.api 模块中的 ols 和 statsmodels.stats.anova 模块中的 anova_lm 实现。

　　16．简述 REF 原理；以性别为因变量，用 REFCV 并使用逻辑回归对表 7.2 进行特征过滤。

　　17．使用 PCA 对表 7.2 中的身高、体重和肺活量数据进行降维，并画出如图 7.12 所示的贡献图。

　　18．使用核 PCA 对表 7.2 中的身高、体重和肺活量数据进行降维。

参 考 文 献

[1] Iglewicz B．Robust Scale Estimators and Confidence Intervals for Location[J]．Understanding Robust and Exploratory Data Analysis，1983：405-431.

[2] Schölkopf B，Smola A，Müller K R．Kernel Principal Component Analysis[C]//International Conference on Artificial Neural Networks．Springer，Berlin，Heidelberg，1997：583-588.

第8章 贝叶斯分类器

贝叶斯分类器是基于概率论中的贝叶斯理论实现的，并以此得名。作为解决分类问题的机器学习模型，贝叶斯分类器在邮件过滤领域具有广泛的应用，其中以朴素贝叶斯分类器最为著名。朴素贝叶斯分类器曾一度入选数据挖掘的十大算法之一，作为朴素贝叶斯分类器的衍生，贝叶斯网络、半朴素贝叶斯分类器等理论亦逐渐完善。

考虑到贝叶斯分类器主要应用于邮件过滤领域，本章将带领读者实现一个简单的邮件分类器。在课后习题中亦精挑细选了许多邮件数据集，希望读者能够认真完成。

通过本章的学习，读者可以掌握以下内容：

❑ 贝叶斯理论；
❑ 贝叶斯分类器的原理；
❑ 朴素贝叶斯分类器的 Python 实现；
❑ 邮件分类器的实现；
❑ 贝叶斯网络的相关理论；
❑ 半朴素贝叶斯分类器的设计思想。

🔔**注意**：本章将会涉及自然语言处理的内容，对这部分内容不熟悉的读者请先复习 6.2 节。

8.1 贝叶斯理论

在前面的章节中曾经提到极大后验假设，它是以概率 $P(\boldsymbol{\omega}, \boldsymbol{x}_i \mid y_i)$ 整体最大为优化目标的参数寻优方法。这实际上体现了贝叶斯的思想：通过已发生的事件，重新审视事件发生的可能性。

相信读者都听说过三人成虎的故事，魏王在听了三个人的汇报后相信了闹市出现老虎这一荒唐的事情，这也是贝叶斯思想的典型体现。魏王起初并不相信闹市有老虎，在听了第一个人的汇报后，魏王表面上不相信，但内心却对"有老虎"这个事件出现的概率有了新的评估。在听完三个人的汇报后，魏王对"有老虎"这个事件出现的概率提升到令其置信的水平。正是接二连三的汇报，导致魏王对"老虎出现在闹市"这个事件的概率，从平时的不相信，提升到有可能最后到完全相信的程度。

在刑事案件中，往往具有犯罪前科的人会被首先怀疑。这也是贝叶斯思想的体现：人们对他们"会犯案"的概率的认知，从一般人提升到更有可能的程度。

结合上述例子，简单来说贝叶斯思想就是根据已发生的事件，对事件再次发生的概率有了认识上的改观。在极大后验法中，$P(\boldsymbol{\omega}, \boldsymbol{x}_i \mid y_i)$ 即为事件 y_i 出现后，人们对 $\boldsymbol{\omega}, \boldsymbol{x}_i$ 的重新认识。

假设有 100 份邮件，如表 8.1 所示，其中有 80 份邮件为有效邮件，20 份邮件属于垃圾邮件。在 80 份有效邮件中有 4 份包含单词 lottery（彩票），在 20 份垃圾文件中有 18 份包含 lottery。下面根据表 8.1 讲解贝叶斯理论的相关概念，有基础的读者可跳过本节。

表 8.1　邮件性质与lottery

lottery出现的频数	包　　含	不　包　含	合　　计
垃圾邮件	2	18	20
有效邮件	4	76	80
合计	6	94	100

8.1.1　概率论基础

一般，某个事件出现的概率可用样本的频率估计。因此，估计一份邮件是有效邮件的概率为：$P(\text{ham}) = \dfrac{80}{100} = 80\%$。

在已知一份邮件包含文本 lottery 的情况下，根据生活经验，该邮件是有效邮件的概率明显有所下降，此时该邮件是有效邮件的概率应为：$P(\text{ham}|\text{lottery}) = \dfrac{4}{6} = 66.7\%$。

生活经验告诉我们，在得到附加的消息时，人们对某个事件发生的概率会有所改观。例如投骰子时，一般倾向于认为每一面出现的概率为 1/6。但是如果事先知道骰子灌铅，那么赌徒们一定会拍案而起。因此，一般来讲，$P(A|B) \neq P(A)$。统计学上称形如 $P(A|B)$ 的概率为条件概率，也叫后验概率（Posterior Probability）。如果 $P(A|B)=P(A)$，则称事件 A 与 B 相互独立。

现在考察一份包含单词 lottery 的邮件是有效邮件的概率，从表 8.1 中可以直接算出：

$$P(\text{ham,lottery}) = \frac{4}{100} = 4\%$$

在统计学中，将形如 $P(A,B)$ 的概率称为联合概率，很容易证明：

$$P(\text{ham,lottery}) = P(\text{lottery}|\text{ham})P(\text{ham}) = \frac{4}{80} \times \frac{80}{100} = 4\%$$

同理，联合概率 $P(A,B)$ 可以根据如下公式计算：

$$P(A,B) = P(B|A)P(A) = P(A|B)P(B) \tag{8.1}$$

8.1.2　贝叶斯公式

将式（8.1）进行调整、换算可得：

$$P(A|B) = \frac{P(B|A)P(A)}{P(B)} \tag{8.2}$$

式（8.2）即为大名鼎鼎的贝叶斯公式。回到邮件过滤的例子，令事件 A 为"一份邮件为有效邮件"，事件 B 为"一份邮件包含单词 lottery"，可得：

$$P(\text{ham|lottery})=\frac{P(\text{lottery|ham})P(\text{ham})}{P(\text{lottery})} \qquad (8.3)$$

在式（8.3）中，可以看到 $P(\text{ham|lottery})$ 与 $P(\text{lottery|ham})$ 有关。换句话说，一份包含 lottery 的邮件为有效邮件的概率，可以由以往包含 lottery 的有效邮件，在所有有效邮件的占比中推断出，而这些可以通过收集数据得到。于是，已知一份邮件包含 lottery，那么该邮件为有效邮件的概率可以根据历史数据算出，这就是贝叶斯公式的思想。

另外，式（8.3）中的 $P(\text{ham})$ 是在无任何已知信息的条件下，一份邮件为有效邮件的概率。因此将 $P(A)$ 称为先验概率，意为根据"世界知识"评估的概率。

8.2　朴素贝叶斯分类器

贝叶斯分类器顾名思义是利用贝叶斯原理实现的用于分类问题的模型。贝叶斯分类器是基于式（8.2）导出的，它是一个无参数模型。与 KNN 算法类似，贝叶斯分类器也是依靠存储数据或数据的信息训练模型的拙算法。因此，贝叶斯分类器的训练速度比逻辑回归快，需要的存储代价也比 KNN 低，并且相比参数模型，它有精确度高的优点。相比其他无参数模型，贝叶斯分类器能够应用于数据量较小的场景。下面详细介绍朴素贝叶斯分类器的原理并实现一个用于邮件过滤的模型。

8.2.1　朴素贝叶斯分类器的原理

贝叶斯分类器可以直接用于多类别问题，而不需要"分而治之"。假设存在一个数据集，样本个体为包含 n 个特征的列向量 $\boldsymbol{x}=\left(x^1,x^2,\cdots,x^n\right)^{\mathrm{T}}$，$y$ 为类别型因变量，共 N 类：$y=\{c_1,c_2,\cdots,c_N\}$。根据式（8.2）可得：

$$P\left(c_j\,|\,\boldsymbol{x}\right)=\frac{P\left(\boldsymbol{x}\,|\,c_j\right)P\left(c_j\right)}{P\left(\boldsymbol{x}\right)}$$

考虑到所有 $P(\boldsymbol{x})$ 与 y 无关，因此忽略分母项不会对 y 的判别产生影响，于是上式改写为：

$$P\left(c_j\,|\,\boldsymbol{x}\right)=P\left(\boldsymbol{x}\,|\,c_j\right)P\left(c_j\right)\,,\,j\in\left(1,2,\cdots,N\right) \qquad (8.4)$$

对于先验概率 $P\left(c_j\right)$，其可由频率进行估计：$P\left(c_j\right)=\dfrac{F\left(y=c_j\right)}{m}$，其中，$F\left(y=c_j\right)$ 为样本中属于 c_j 类的个体数。对于概率 $P(\boldsymbol{x}\,|\,y)$，由联合概率公式（8.1）可得：

$$P\left(\boldsymbol{x}\,|\,c_j\right)=P\left(x^1\,|\,x^2,x^3,\cdots,x^n,c_j\right)P\left(x^2\,|\,x^3,\cdots,x^n,c_j\right)\cdots P\left(x^n\,|\,c_j\right) \qquad (8.5)$$

由于式（8.5）的计算太过复杂，因此，在朴素贝叶斯分类中，往往假设各个特征相互独立，于是式（8.5）改写为：

$$P\left(\boldsymbol{x}\,|\,c_j\right)=P\left(x^1\,|\,c_j\right)P\left(x^2\,|\,c_j\right)\cdots P\left(x^n\,|\,c_j\right) \qquad (8.6)$$

在实际应用中，特征不可能完全独立，或者说数据的协方差矩阵不可能是单位对角矩阵。因此，上述假设在实际情况下几乎是不成立的，这也是朴素（Naive，天真的，幼稚的）一词的由来。但是简化该模型并不影响其广泛应用，模型的精度仍然可圈可点。

如果将式（8.6）代入式（8.4）中可得：

$$P\left(c_j \mid \boldsymbol{x}\right)=P\left(x^1 \mid c_j\right)P\left(x^2 \mid c_j\right)\cdots P\left(x^n \mid c_j\right)P\left(c_j\right) \tag{8.7}$$

由于概率的取值为$[0,1]$，而忽略分母必定会使得$P\left(c_j \mid \boldsymbol{x}\right)$的取值缩小，从而偏离概率范围，因此对式（8.7）进行如下处理：

$$P\left(c_j \mid \boldsymbol{x}\right)=\frac{P\left(c_j \mid \boldsymbol{x}\right)}{\sum_{j=1}^{N}P\left(c_j \mid \boldsymbol{x}\right)} \tag{8.8}$$

式（8.8）与式（8.7）即为朴素贝叶斯分类器的原理。在使用模型时，首先通过式（8.7）计算出个体$\boldsymbol{x}$属于类别c_j的概率$P\left(c_j \mid \boldsymbol{x}\right)$，然后比较并选择其中概率最大的$c_j$作为$\boldsymbol{x}$的所属类别。

到目前为止，我们基本上了解了贝叶斯分类器的原理及"朴素"的含义，但最关键的$P\left(x^i \mid c_j\right)$如何计算尚未讨论。根据特征的连续、离散与否，$P\left(x^i \mid c_j\right)$有不同的解法。

1．多项式分布

多项式分布（multinormal）法通常用在特征取离散值、特征指代的属性同等重要的场景，如文本分析的 BOW 和 TF-IDF 方法中。假设共有n个特征，由于特征指代的属性同等重要且"朴素"规定了特征之间相互独立，因此一个个体可以视为n次独立重复试验。假设每次实验的可能结果即所有特征的可能取值有M种，每种结果出现的次数为随机变量$X_1,X_2,\cdots,X_M$，每种次数出现的概率为$P_1,P_2,\cdots,P_M$。于是在n次独立重复实验中，每种结果出现的次数为$n_1,n_2,\cdots,n_M$的概率服从多项式分布：

$$P\left(X_1=n_1,X_2=n_2,\cdots,X_M=n_M\right)=\frac{n!}{\prod_{i=1}^{M}n_i!}\prod_{j=1}^{M}P_j^{n_i}$$

根据极大似然方法算出$P\left(x^i \mid c_j\right)$估计为[①]：

$$P\left(x^i \mid c_j\right)=\frac{F\left(x^i \mid y=c_j\right)}{F\left(y=c_j\right)} \tag{8.9}$$

其中，$F\left(x^i \mid y=c_j\right)$为属于$c_j$类的个体中第$i$个特征的值等于$x^i$的个数。这种方法在训练模型时只需要存储一个频率表即可，因此也称为频率法。

2．伯努利分布

伯努利分布用于每个特征的取值为 0 或 1 即二值特征的场景，这种情况经常出现在用one-hot 编码的无序变量中。伯努利分布是多项式分布的X只有两个值的特殊情况，因此二值特征的$P\left(x^i \mid c_j\right)$亦可用式（8.9）计算。

---

① 如何推导不重要，只要记住适用条件是"特征同属性"即可。

3. 正态分布

对于连续型特征，假设概率 $P\left(x^k \mid c_j\right)$ 服从正态分布：

$$P\left(x^k \mid c_j\right) = \frac{1}{\sqrt{2\pi}\sigma_{cj}} \exp\left(-\frac{\left(x^k - \mu_{cj}\right)^2}{2\sigma_{cj}^2}\right) \tag{8.10}$$

其中，μ_{cj}, σ_{cj} 为属于 c_j 类的个体构成的均值与标准差，应用极大似然估计可得：

$$\mu_{cj} = \frac{1}{m_{cj}}\sum_{i=1}^{m_{cj}} x_i^k \;, \quad \sigma_{cj}^2 = \frac{\sum_{i=1}^{m_{cj}}\left(x_i^k - \mu_{cj}\right)^2}{m_{cj}}$$

其中，m_{cj} 为样本中属于 c_j 类的个体数。于是，只要将 x^k 代入式（8.10）即可算出连续型特征的概率 $P\left(x^k \mid c_j\right)$。

🖱Tips：贝叶斯分类器通常用在文本分类领域，如后面的邮件过滤器，其本质上是一个分类问题。贝叶斯分类器不仅用在英文体系的文本分类中，而且在汉语言文本分类中的应用效果也很好。对文本进行分类首先通过 BOW 或 TF-IDF 方法将文本转换为特征向量（见第 6 章）。由于 BOW 方法得到的向量一般是稀疏向量，因此通常用多项式分布法。另外，TF-IDF 方法得到的通常不是稀疏向量，并且向量元素的取值一般是小数即连续的，但是在实际应用中，一般亦将其视为"离散取值"。实际上，在贝叶斯分类器的实际应用中，通常使用多项式分布的分类器，即使其特征是连续而非离散的。

为了便于理解，下面结合一个案例使用朴素贝叶斯分类器进行邮件分类。

例：假设有有效邮件与垃圾邮件各 200 条，从每条邮件中提取 3 个词作为特征并统计每个词的频率，得出频率表，如表 8.2 所示。

表 8.2 200 条邮件中各单词的频率

取值	lottery(x^1)		Win(x^2)		Congratulation(x^3)	
	包含（1）	不包含（0）	包含（1）	不包含（0）	包含（1）	不包含（0）
垃圾邮件	80/100	20/100	90/100	10/100	90/100	10/100
有效邮件	8/100	92/100	50/100	50/100	60/100	40/100
合计	88/200	112/200	140/200	60/200	150/200	50/200

朴素贝叶斯模型的训练过程即为统计并存储表 8.2 的过程。给定一份邮件，已知其包含单词 lottery、Win、Congratulation，我们用向量 $\boldsymbol{x} = (1,1,1)$ 表示，要求判断该邮件的类别。

根据贝叶斯分类器，首先计算该邮件为有效邮件的概率，由式（8.7）可得：

$$P(\mathrm{ham} \mid \boldsymbol{x}) = P\left(x^1 = 1 \mid \mathrm{ham}\right)P\left(x^2 = 1 \mid \mathrm{ham}\right)P\left(x^3 = 1 \mid \mathrm{ham}\right)P(\mathrm{ham})$$

$$= \frac{8}{100} \times \frac{50}{100} \times \frac{60}{100} \times \frac{1}{2} = 0.012$$

同理，可求其为垃圾邮件的概率：

$$P(\text{spam} \mid \boldsymbol{x}) = P(x^1 = 1 \mid \text{spam}) P(x^2 = 1 \mid \text{spam}) P(x^3 = 1 \mid \text{spam}) P(\text{spam})$$

$$= \frac{92}{100} \times \frac{90}{100} \times \frac{90}{100} \times \frac{1}{2} = 0.3726$$

通过式（8.8）将结果"概率化"可得：

$$P(\text{ham} \mid \boldsymbol{x}) = \frac{P(\text{ham} \mid \boldsymbol{x})}{P(\text{ham} \mid \boldsymbol{x}) + P(\text{spam} \mid \boldsymbol{x})} \approx 0.0312$$

$$P(\text{spam} \mid \boldsymbol{x}) = \frac{P(\text{spam} \mid \boldsymbol{x})}{P(\text{ham} \mid \boldsymbol{x}) + P(\text{spam} \mid \boldsymbol{x})} \approx 0.968$$

由于 $P(\text{spam} \mid \boldsymbol{x}) > P(\text{ham} \mid \boldsymbol{x})$，因此认为邮件 $\boldsymbol{x}$ 为垃圾邮件。

如上例所示，在判断未知个体的类别时，只要挑选后验概率最大值对应的类别作为未知类别的所属类：$y = \max_{c_j} P(c_j \mid \boldsymbol{x})$ 即可。因此，也称用贝叶斯进行分类的过程为极大后验（MAP）法则。

8.2.2　拉普拉斯修正

如果因变量的取值为离散型，有时在数据集中可能不存在取值为 c 的标签，于是在计算先验概率时，往往得到 $P(c) = \dfrac{F(y=c)}{m} = 0$。但是就像黑天鹅不会因为科学家没去澳洲而不存在一样，人们不能因此认为世界上所有个体都不属于 c。所以，对 $P(c)$ 引入拉普拉斯系数 α 进行修正：

$$P(c) = \frac{F(y=c) + \alpha}{m + \alpha N} = \frac{\alpha}{m + \alpha N} \tag{8.11}$$

N 为因变量 y 在样本中的取值总数。同样，如果特征为离散型变量，则会出现 $P(x^i \mid c_j)$ 为 0 的情况。因此，对 $P(x^i \mid c_j)$ 亦进行修正如下：

$$P(x^i \mid c_j) = \frac{F(x^i \mid y = c_j) + \alpha}{F(y = c_j) + \alpha N^i} \tag{8.12}$$

其中，N^i 为第 i 个特征在数据集中所有的取值个数。经过对式（8.11）和式（8.12）的修正，给未知取值留下了余地，上述修正也称平滑修正。修正系数 α 一般取 1，也可以根据实际效果设计其取值，如 ROC 曲线或交叉验证等。

8.2.3　朴素贝叶斯分类器的 Python 实现

朴素贝叶斯分类器可以用 sklearn.naive_bayes 模块实现。不同类型的特征对应的实现方法如表 8.3 所示。

表 8.3　不同分布的贝叶斯分类器实现方法

分　　布	类	应 用 范 围
正态分布	GaussianNB	连续型特征
多项式分布	MultinomialNB	离散型特征
伯努利	BernoulliNB	二值型特征

调整类中的 alpha 参数可以调节 MultinomialNB、BernoulliNB 的修正系数 α 的值，其默认值为 1。

8.2.4　实例：邮件过滤器的实现

假设共有 4825 条有效的邮件，747 条垃圾邮件。下载邮件作为数据集[②]，部分展示如表 8.4 所示。

表 8.4　数据集展示

类别	原 始 邮 件	自然语言处理后
ham	Go until jurong point, crazy.. Available only in bugis n great world la e buffet... Cine there got amore wat...	go jurong point crazi avail bugi n great world la e buffet cine got amor wat
ham	Ok lar... Joking wif u oni...	ok lar joke wif u oni
spam	Free entry in 2 a wkly comp to win FA Cup final tkts 21st May 2005. Text FA to 87121 to receive entry question(std txt rate)T&C's apply 08452810075over18's	free entri 2 wkli comp win fa cup final tkt 21st may 2005 text fa 87121 receiv entri question std txt rate c appli 08452810075over18
ham	U dun say so early hor... U c already then say...	u dun say earli hor u c alreadi say
ham	Nah I don't think he goes to usf, he lives around here though	nah think goe usf live around though
spam	FreeMsg Hey there darling it's been 3 week's now and no word back! I'd like some fun you up for it still? Tb ok! XxX std chgs to send, 1.50 to rcv	freemsg hey darl 3 week word back like fun still tb ok xxx std chg send £1 50 rcv
ham	Even my brother is not like to speak with me. They treat me like aids patent.	even brother like speak treat like aid patent

下载完数据后，需要把数据导入 Python 中。

代码文件：BN_classifier.py

```
import csv        #引出 csv 包，用于以 csv 的方式打开文件
smsdata = open('D://桌面/数据集/smsspamcollection/SMSSpamCollection.txt',
          'r',encoding='utf-8')                    #以只读的方式打开数据文件
csv_reader = csv.reader(smsdata,delimiter='\t')    #使用 csv 读取 txt 文件
smsdata_data = [];          #初始化变量 smsdata_data，用以保存邮件数据
smsdata_labels = [];        #初始化标签标量，用以保存邮件分类标签（spam/ham）
#以下代码将数据分别存入 smsdata_data 和 smsdata_labels 中
for line in csv_reader:
```

---

② 数据地址为 http://www.dt.fee.unicamp.br/~tiago/smsspamcollection/或 GitHub。

```
        smsdata_labels.append(line[0])
        smsdata_data.append(line[1])
smsdata.close()                                    #关闭文件
```

导入文件后，结合 6.2 节的处理方法，将 4825 条数据进行自然语言处理。鉴于篇幅原因，在此不展示实现代码，读者可自行下载文件并结合注释理解代码。

🖐Tips：当打开一个文本类型的 csv 文件时，通常用 Python 的内置函数 open 函数打开。然后通过 csv 模块的 read 函数将文件读取并保存在列表中。其中，参数 delimiter 用于设置划分点，这里用'\t'即制表符来划分。read 函数在顺序读取文件时，如果遇到'\t'则之前的内容被存取到一个列表中。另外，对于表格型的 csv 文件，可以用 pandas 模块的 read_csv 直接读取并返回一个 Dataframe。

如表 8.4 所示，经过自然语言处理后，邮件被还原成难以读懂的形式，但能够更好地被机器模型读取。之后可以使用 TF-IDF 方法将邮件内容转化为特征向量，以供给机器学习模型使用。

通过 Sklearn 的 model_selection 方法按 7∶3 的比例对数据集进行拆分后，训练一个多项式朴素贝叶斯分类器，代码如下。

```
from sklearn.naive_bayes import MultinomialNB        #引入朴素贝叶斯分类器包
NB = MultinomialNB(alpha=1)            #定义多项式贝叶斯分类器，拉普拉斯修正系数为1
NB.fit(X_train,y_train)               #训练模型
y_train_pred = NB.predict(X_train)    #使用训练好的分类器对训练样本进行预测
y_test_pred = NB.predict(X_test)      #使用分类器对测试样本进行预测
```

🔔注意：X_train 和 y_train 等变量是邮件数据经 TF-IDF 方法按 7∶3 的比例拆分后所得的变量，具体过程与操作请参阅代码文件。

运行上述代码，完成模型训练后，还需要评价模型的拟合优度。分类器的评价方法请参阅 2.4.1 节和 3.4.3 节，计算模型的评价指标并整理为一个报表如表 8.5 所示。可以看到，无论训练集还是测试集，模型的拟合优度均属一流，因此考虑采纳该模型。

表 8.5　拟合优度评价指标[3]

	个体数	邮件类别	准确率	召回率	F1 值	精确度
训练集	3383	ham	0.98	1	0.99	0.98
	517	spam	1	0.84	0.91	
测试集	1442	ham	0.96	1	0.98	0.96
	230	spam	0.99	0.75	0.86	

在实际应用中，完成上述步骤后就可以得到一个邮件分类器了。要实现邮件过滤，只需要在邮箱接收到新邮件后对邮件进行自然语言处理，然后用训练好的分类器对这个新邮件进行分类。如果邮件属于垃圾邮件，则设计一个程序将邮件归档到垃圾箱中即可。

---

③ 以 ham 为例，将所有属于 ham 的个体构成一个子数据集。然后计算模型在该子数据集中的拟合优度指标。当然也可以直接计算模型在整个数据集中的拟合优度。

Tips：表 8.5 是 sklearn.metrics 模块的 classification_report 函数输出经过整理得到的。该
函数可以返回 y 的每一个类构成的子数据集的精确率、召回率和 F1 值，同时返
回模型在总体数据中的准确度。除此之外，该函数也会返回准确率、召回率和 F1
值的宏平均（macro avg）、加权平均（weighted avg）。关于宏平均、加权平均的
内容将会在 15.2.2 节介绍，这里读者只需要知道它们都可以表征模型在数据总体
中的确率、召回率和 F1 值即可。

8.3　贝叶斯网络

贝叶斯网络亦称信念网（belief network），不仅可以用来挖掘数据信息，还可以作为分
类器判别个体的类别。贝叶斯网络没有"朴素"的简化，因此精度较高。贝叶斯网络属于
生成模型，它通过联合概率 $P(y,x)$ 来推断类别。这一点区别于判别模型，如逻辑回归、线
性回归等是藉由条件概率或直接求出 y 的取值实现对因变量的预测。

8.3.1　贝叶斯网络的基本概念

贝叶斯网络属于统计学上的概率图模型（PGA），PGA 以节点和边的形式描述了概率
分布关系图，能够帮助人们更好地挖掘数据中的知识。贝叶斯网络由一个有向无环图和条
件概率分布表（CPD）构成，表示一组随机变量及其条件依赖关系。假设存在一个数据集，
需要根据其分析学生成绩的影响因素。其中，特征向量为 $x = (x_1, x_2, x_3, x_4)$，因变量为成绩
y，根据数据集可以绘制出如图 8.1 所示的贝叶斯网络。

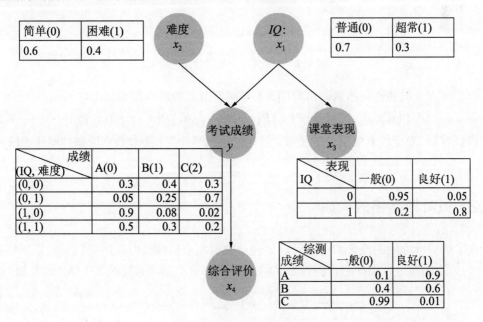

图 8.1　贝叶斯网络示例

如图 8.1 所示，贝叶斯网络可由有向无环图 $G(V, E)$、各节点的条件概率分布表表示。其中，节点集 V 的每个节点分别代表一个特征或因变量，边集 E 为节点之间的有向边构成的集合。有向边反映了节点的从属关系，如图 8.1 中有一条由 "IQ" 指向 "课堂表现" 的边，表示特征 x_1 为 x_3 的父特征，节点 x_1 为父节点。条件概率 $P(x_i \mid \boldsymbol{\pi}_i)$ 构成的表即为 CPD 表，是每个节点的参数，其中 $\boldsymbol{\pi}_i$ 为特征 x_i 的父特征。

前面提到，贝叶斯网络属于生成模型，其根据联合概率来预测因变量。在贝叶斯网络中，人们可以对联合概率进行简化计算。为此，我们引入有向分离的概念（d-seperation）：

- 假设有 3 个节点 x_1, x_2, x_3，如果观测 x_3，则 x_1, x_2 的联合概率可用条件联合概率 $P(x_1, x_2 \mid x_3)$ 算出。如果 $P(x_1, x_2 \mid x_3) = P(x_1 \mid x_3) P(x_2 \mid x_3)$，则称 x_1, x_2 关于 x_3 有向分离。
- 如果不观测 x_3，则 x_1, x_2 的联合概率可用边缘概率 $\sum_{x_3} P(x_1, x_2, x_3)$ 算出。如果满足 $\sum_{x_3} P(x_1, x_2, x_3) = P(x_1) P(x_2)$，则 x_1, x_2 关于 x_3 有向分离。

如图 8.2 所示，在以下 3 种贝叶斯网结构中，可以根据联合概率、条件联合概率的计算公式，推导出 3 种结构的有向分离条件。这里直接给出结论，感兴趣的读者可以尝试自行推导。

- 对于图 8.2（a）和图 8.2（b），如果观测 x_3，则 x_1, x_2 有向分离，反之则不分离。
- 对于图 8.2（c），如果不观测 x_3，则 x_1, x_2 有向分离，反之不分离。

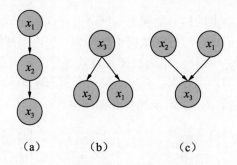

（a）　　　　（b）　　　　（c）

图 8..2　3 种网络结果的隔离分析

根据节点之间的有向隔离，可得图 8.1 中所有节点的联合概率如下：

$$P(y, x_1, x_2, x_3, x_4) = P(x_1) P(x_2) P(y \mid x_1, x_2) P(x_3 \mid x_1) P(x_4 \mid y) \tag{8.13}$$

可以看到，对于没有父节点的特征，用其先验概率计算，其余节点用条件概率 $P(x_i \mid \boldsymbol{\pi}_i)$ 计算。

8.3.2　贝叶斯网络的构成

在了解贝叶斯网的概念和用处后，如何从数据集中构建贝叶斯网呢？贝叶斯网络是以 MAP 为风险函数进行训练的，假设 D 为数据集，用最小描述长度构建 MAP 函数如下：

$$\min_G c(G \mid D) = |G| - \sum_{i=1}^{m} \ln P_G(\boldsymbol{x}_i, y_i) \tag{8.14}$$

在式（8.14）中，第一项是构建贝叶斯网络所需的字节数，第二项为根据当前网络 G 的有向隔离情况，计算 G 对数据集的描述优劣。联合概率 $P_G(\boldsymbol{x}_i, y_i)$ 可用条件概率 $P(x_i \mid \boldsymbol{\pi}_i)$ 算出，后者可由 CPD 表得到。

根据式（8.14）选择最合适的网络结构的复杂度相当高，遍历所有网络结构是十分烦琐的，因此在实际应用中一般会事先限定网络结构来降低运算成本。

8.3.3　贝叶斯网络的查询

有了贝叶斯网络后，就可以通过特征来推测因变量 y，或根据某些特征和因变量推断另一个特征。换句话说，贝叶斯网络模糊了特征与因变量之间的界限。一般将通过一些节点预测另一些节点的取值过程称为推断（inference）。在推断中，贝叶斯网络试图将已知节点的信息作为证据（evidence）来查询（query）未知节点的信息。值得强调的是，贝叶斯网络中的证据可以是不充分的，它可以不包含所有特征。

以图 8.1 为例，由于概率 $P(y)$ 可由边缘化联合概率推出：

$$P(y)=\sum_{x_1}\sum_{x_2}\sum_{x_3}\sum_{x_4}P(y,x_1,x_2,x_3,x_4) \tag{8.15}$$

将式（8.13）代入式（8.15）可得：

$$P(y)=\sum_{x_1}P(x_1)\sum_{x_2}P(x_2)P(y\,|\,x_1,x_2)\sum_{x_3}P(x_3\,|\,x_1)\sum_{x_4}P(x_4\,|\,y) \tag{8.16}$$

其中，下标为 CPD 中对应特征的所有取值。

假设现在已知 $x_1=0$，$x_2=0$，要推断该学生的成绩，只要将已知条件代入式（8.16）中，可得：

$$P(y)=P(x_1{=}1)P(x_2{=}0)P(y\,|\,x_1{=}1,x_2{=}0)\sum_{x_3}P(x_3\,|\,x_1{=}1)\sum_{x_4}P(x_4\,|\,y)$$

$$\Rightarrow P(y{=}A){=}0.9, P(y{=}B){=}0.08, P(y{=}C){=}0.02$$

根据结果可知，该学生的成绩应为 A。

8.3.4　贝叶斯网络的 Python 实现

在 Python 中可以用 pgmpy 模块来实现贝叶斯网络、马尔科夫链等概率图模型。读者可以通过下面的两行代码导入相关的模块和方法。

```
from pgmpy.models import BayesianModel
from pgmpy.factors.discrete import TabularCPD
```

其中，BayesianModel 类主要用于创建网络结构，TabularCPD 用于构建节点的 CPD 表，pgmpy 用于模块构建贝叶斯网络，使用网络进行推断的实例可以参照参考相关资料，这里不再介绍。

除了 Python 实现外，有许多用于概率图分析的软件亦可实现贝叶斯网的搭建，比较著名的软件有 Netica。该软件主要用于贝叶斯网络的搭建、训练和推断，操作均以 GUI 形式呈现，图 8.3 是用 Netica 搭建并训练后的一个贝叶斯网络[④]。

---

④ 数据集下载地址为 https://www.bnlearn.com/bnrepository/#asia。

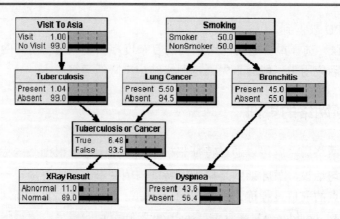

图 8.3 使用 Netica 软件搭建的贝叶斯网络

限于篇幅原因，很遗憾不能与大家分享 Netica 和 pgmpy 模块的使用方法。初学阶段在某些较为困难的章节中，应该以理论为重，切勿本末倒置。正所谓合抱之木，生于毫末，九层之台，其于累土。有了扎实的基础，才有可能在机器学习的路上走得长远。

> **Tips**：就目前来看，使用 pgmpy 模块构建贝叶斯网络和 CPD 表还不够完善。使用该模块不仅需要给出网络的构成，而且需要给出所有 CPD 表的具体元素取值。换句话说，该模块尚未具备直接训练贝叶斯网络的能力。实际上，不只是 pgmpy，Netica软件亦不能直接训练贝叶斯网络，使用者需要自行绘制网络的结构，而 CPD 表的内容可以根据输入的数据集自主训练获得。

8.4　半朴素贝叶斯分类器

朴素贝叶斯分类器忽略了各个特征之间的相关性，从而或多或少地影响了模型的精度。因此，缓解由于忽略相关性导致的信息丢失同时降低计算量，是半朴素分类器的主要任务。

半朴素分类器一般基于如下两点来实现：

- 删除或合并一些相关性较高的特征，再用朴素贝叶斯算法进行分类。
- 结合贝叶斯网络的方法，构造有向无环图和 CPD。

8.4.1　删除法

最简单的删除法如 7.4.3 节所述，可以通过特征之间的相关矩阵，过滤那些相关系数均较高的特征，但一般常用的还是 REFCV 方法。由于 REFCV 是根据模型的实际效果来删除特征的，因此删除的特征未必是高相关性的。一般来说，使用 REFCV 时，每次删除一个特征，直到模型效果不再提升为止，通常称这种由多到少的方式为后向序列删除法（Backward Sequential Elimination，BSE）。当然，也可以结合交叉验证，一个接一个由少到多地纳入特征，直到模型效果停止上升为止，通常称这种方式为前向序列选择法（Forward Sequential Elimination，FSS）。过滤完相关特征后，理想情况下，特征应两两独立，此时可以直接使用朴素贝叶斯网络。

8.4.2　删除结合法

将多个特征根据相关系数结合成新特征，可以降低特征之间的相关性。例如，PCA 降维时将特征投影到相互垂直的特征向量中，因此理论上可以得到相互独立的新特征。也可以用统计学的方法，研究出特征之间的相关性，再通过数学运算合并特征。但在实际应用中，这些方法往往效果很差。

一种新的方法是后向序列删除结合法（Backward Sequential Elimination Joint，BSEJ），这种方法在用 REF 删除特征的同时，将任意两对特征的笛卡尔积构成新的特征，直到模型的拟合优度停止上升为止。同时调整分类器的判别规则为：

$$\max_{c_j} P(c_j \mid \boldsymbol{x}) = P(c_j) \prod_{r=1}^{g_h} P(j_r \mid c_j) \prod_{i=1}^{l_q} P(x_i' \mid c_j) \tag{8.17}$$

其中，$j_r \in (j_1, j_2, \cdots, j_{g_h})$ 为两个特征经笛卡尔积后构成的新特征；$x_i' \in (x_1', x_2', \cdots, x_{l_q}')$ 为 $\boldsymbol{x}$ 中没有被删除和结合的剩余特征。

8.4.3　网络法

网络法结合了概率图的概念，是一种介于朴素贝叶斯和贝叶斯网络之间的方法。区别于朴素贝叶斯分类器，网络法不假定所有特征之间相互独立。同时，网络法又与贝叶斯网络不同，前者试图构建一个描述部分节点而非所有节点之间相关性的网络。

网络法实现半朴素分类器的一个典型方法是 SPODE 方法：将特征中的某项 x_i 设置为除因变量外所有节点的父节点。如图 8.4（a）所示，取节点 x_2 作为父节点，计算出各节点的条件概率表。当然，父节点不是任意选取的，而是根据最大相关性筛选出来的。

另一种方法是通过统计学和信息论的方法计算出所有特征之间两两的相关系数或互信息，并根据互信息保留那些相关性较大的依赖关系。如图 8.4（b）所示，通过互信息，最终保留 $x_2 \to x_4$ 和 $x_4 \to x_3$ 这两个较为显著的依赖。

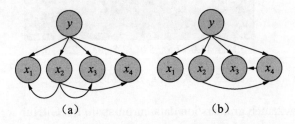

（a）　　　　　　　　（b）

图 8.4　网络法为基础的半朴素贝叶斯分类器

如图 8.4 所示，无论哪一种网格方法，半朴素贝叶斯分类器与贝叶斯网络的一个主要区别在于：半朴素贝叶斯分类器不会尝试模糊因变量与特征之间的界限。换句话说，在绘制网络时，完全可以不画节点 y。并且，网络的贡献仅在于计算 $P(\boldsymbol{x} \mid c_j)$，对于无边的节点，仍旧保留"朴素"假设，这也是它被称为"半朴素"的原因。

8.5　习　　题

1．思考生活中反映贝叶斯公式的情景，试举例。

2．朴素贝叶斯分类器中的"朴素"是指所有特征相互_____，意味着联合概率的计算公式变为_____（写出公式）。

3．简述贝叶斯分类器的原理。

4．使用如下代码产生一个数据集，思考应该用哪一种类型（伯努利分布/正态分布）的朴素贝叶斯分类器，然后用数据集训练该分类器并评价其拟合优度。

代码文件：code_4.py

```
from sklearn import datasets
X,y = datasets.make_blobs(100,2,centers=2,
                    random_state=1,cluster_std=2)          #产生数据集
```

5．8.2.1 节中的贝叶斯分类器属于_____分布的_____贝叶斯分类器。我们知道，使用 TF-IDF 方法获得的特征取值是一个小数，但它为什么可以用多项式分布的贝叶斯分类器呢？可否使用正态分布的贝叶斯分类器？

6．8.2.4 节中的邮件数据是否存在类别不均衡问题？使用 3.4.5 节中的方法重新设计新的分类器。

7．以第 4 题中得到的朴素贝叶斯分类器为例，画出其决策边界如图 8.5[5]所示。其中，中间的浅色部分为决策"危险区"，即个体属于两个类别的概率接近 0.5。我们知道，逻辑回归属于_____分类器，结合图 8.5，回答贝叶斯分类器属于线性分类器吗？

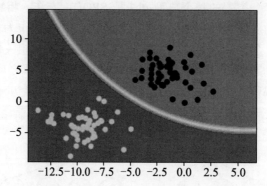

图 8.5　朴素贝叶斯分类器的决策边界

8．从 http://www2.aueb.gr/users/ion/data/enron-spam/或 GitHub（推荐）上下载邮件集 datasets_q8，并根据代码 code_q8.py 读取邮件。根据 6.2 节和 8.2.4 节的介绍，对邮件进行自然语言处理，可以使用 BOW 或 TF-IDF 方法，并设计一个邮件分类器。

---

⑤ 读者可以结合代码文件，学习如何画出分类器模型的决策边界。

☎提示：数据集是 tar.gz 压缩文件，解压后邮件以 txt、子文件夹的形式呈现。因此对于初
　　　　学者来说，直接操作可能存在较大困难。因此，建议初学者一定要阅读code_q8.py，
　　　　学习如何从压缩文件中读取文件夹下面的单一文件并整理成数据集的形式。

9. 从 http://archive.ics.uci.edu/ml/machine-learning-databases/spambase/中或 GitHub 上下
载数据集 datasets_q9，该数据集是一个已经过处理的邮件集。根据数据文件（.data 文件）
训练一个朴素贝叶斯分类器。

*10. 贝叶斯网络由_____和_____构成，它是根据_____概率对个体进行分
类的，因此也称为_____模型。反之，用_____概率或直接求取因变量的值来预测个
体的方式属于_____模型，常见的有逻辑回归和线性回归等。

*11. 简述 3 种常见的有向隔离网络结构。

*12. 半朴素贝叶斯分类器的实现思路有几种？试分析。

参 考 文 献

[1] 周志华. 机器学习[M]. 北京：清华大学出版社，2016.

[2] Langley P，Sage S. Induction of Selective Bayesian Classifiers．[C]．//Uncertainty
　　　Proceedings 1994. Morgan Kaufmann，1994：399-406.

第 9 章　广义线性模型

广义线性模型（Generalized Linear Models，GLM）对经典的线性回归模型作了进一步的推广，建立了统一的理论和计算框架。用于 GLM 的计算软件也相继问世，如专用软件程序 GLIM。另外，在 SAS、R、MATLAB 等语言中也集成了相应的模块。得益于广大统计学者和计算机科学家的贡献，广义线性模型在精算科学、医学、农业和交通运输等方面得到了广泛的应用。

本章主要介绍广义线性模型的原理，并介绍如何从常见的数据分布中提取链接函数，从而得到不同的回归模型，然后从广义线性模型理论中推导出一个常用的分类器——Softmax 回归，最后使用 Softmax 回归实现一个识别手写体的机器学习模型。

通过本章的学习，读者可以掌握以下内容：

❑ 经典线性模型不适用的原因；
❑ 如何从指数族分布中推出广义线性模型；
❑ Softmax 回归的原理；
❑ Softmax 回归的 Python 实现。

9.1　广义线性模型简介

在 2.3.1 节中讲过不同的机器学习模型对应的 $P(y_i | \boldsymbol{\omega}, \boldsymbol{x}_i)$ 不同，并且证明了线性回归的 y_i 对应正态分布。可能有读者会这样认为：在数据量大的情况下，根据大数定律和中心极限定理，y_i 不应该满足正态分布吗？这是一个常见的误区，所谓大数定律导致 y_i 是正态分布，是指观测值 $\boldsymbol{y} = (y_1, y_2, \cdots, y_m)$ 服从正态分布，而非特指 $P(y_i | \boldsymbol{\omega}, \boldsymbol{x}_i)$ 是一个正态分布的概率密度函数。举个例子，假设 y 代表人的体重，我们知道一天内一个人的体重是不断波动的，但是这并不能代表某个人的体重在 24 小时内的变化属于正态分布。而大数定律和中心极限定理告诉我们的是，样本中的所有人在某个观测时刻形成的体重集合服从正态分布。

因此，如果单独从每个个体 i 的角度来看 $P(y_i | \boldsymbol{\omega}, \boldsymbol{x}_i)$，其实际上是来自不同总体的分布。而回归模型要做的就是训练出一个模型，以便有效地预测个体 i 的均值 $E(\bar{y}_i)$。

9.1.1　经典线性模型的缺陷

如图 9.1 所示，在一元线性回归模型中，将个体 y_i 视为来自均值不同的正态分布，其中，左图的虚线部分是在线性模型中个体 y_i 的分布情况。可以看出，此时 $\boldsymbol{y}$ 中的每个元素服从方差相同但均值不同的正态分布。

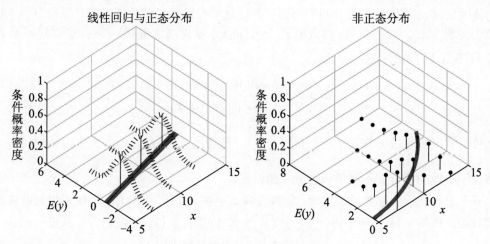

图 9.1　线性回归模型与非正态分布

从图 9.1 中亦可以看出线性回归模型的缺点——假定因变量服从正态分布，如果 y_i 服从图 9.1 右图所示的泊松分布，则其均值和方差均随个体而变化。此时如果再用线性回归去拟合它们之间的关系，则直线会偏离实际均值 $E(\bar{y}_i)$。

因此可以总结出经典线性回归的几个缺点：

- 在经典线性模型中，假定因变量个体服从正态分布，但这个假定的主观性十足。例如，当因变量为离散型变量时，不可能服从连续型的正态分布。
- 在经典线性模型中，假定个体服从的正态分布的方差是相同的，然而在实际应用中方差不一定相同。
- 在机器学习应用中，因变量个体的取值范围可能并非 $[-\infty, +\infty]$。
- 因变量与特征之间的关系如果不是线性关系，则无法再用经典线性模型去拟合它们之间的关系。

为了解决上述问题，学者们将经典线性模型推广到广义线性模型。

9.1.2　广义线性模型的原理

如图 9.2 所示，广义线性模型是由经典线性模型推广而来，因此需要有线性部分，并通过链接（link）函数将线性部分 z_i 与因变量 y_i 相结合，从而将线性模型映射到非线性模型上。

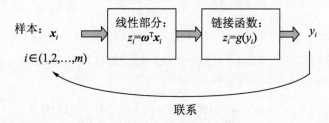

图 9.2　线性回归到广义线性回归

从线性到非线性的映射，解决了因变量与特征之间不是线性关系的问题。那么如何解决个体因变量 y_i 不属于正态分布的问题呢？这就要在链接函数上下功夫。联想到 3.4.1 节介绍的逻辑回归，我们用 y_i 的概率 $P(y_i=1|\boldsymbol{\omega},\boldsymbol{x}_i)$ 替代二值变量 y_i，并建立线性函数到 $P(y_i=1|\boldsymbol{\omega},\boldsymbol{x}_i)$ 的映射：

$$\boldsymbol{\omega}^{\mathrm{T}}\boldsymbol{x}_i = \ln\left(\frac{P(y_i=1|\boldsymbol{\omega},\boldsymbol{x}_i)}{1-P(y_i=1|\boldsymbol{\omega},\boldsymbol{x}_i)}\right)$$

可以看出，链接函数为 $g(y_i)=\ln\left(\dfrac{y_i}{1-y_i}\right)$。链接函数对应的 y_i 为一个伯努利分布，从而解决了个体因变量 y_i 不属于正态分布的问题。

善于思考的读者可能已经发现，同样是将 $z_i=\boldsymbol{\omega}^{\mathrm{T}}\boldsymbol{x}_i$ 压缩到 $[0,1]$，可以使用的链接函数比比皆是，例如 $g_1(y_i)=\ln(-\ln y_i)$、$g_2(y_i)=\phi_2^{-1}(y_i)$ 和 $g_3(y_i)=\phi_3^{-1}(y_i)$，其中：

$$g_2(y_i)=\phi_2^{-1}(y_i)\Rightarrow y_i=\phi_2(z_i)=\frac{\tanh(z_i)+1}{2}$$

$$g_3(y_i)=\phi_3^{-1}(y_i)\Rightarrow y_i=\phi_3(z_i)=\frac{1}{\sqrt{2\pi}}\int_{-\infty}^{z_i}\exp(-u^2/2)\mathrm{d}u$$

这些函数虽然能够压缩 z_i，但是却不能说明 y_i 属于某种概率分布。换句话说，虽然解决了非线性关系的问题，但是仍旧无法回答如何处理不属于正态分布的情况。因此，在选择链接函数时，需要先假定概率分布，再从中推导出相应的链接函数。

9.2　指数族分布

经上述分析可知，要导出链接函数，首先需要假定 y_i 的分布。如何选择合适的分布？如何从所选择的分布中推导出相应的链接函数？这些就是本节将要介绍的内容。

9.2.1　指数族分布简介

在概率论和统计学中，指数族分布是概率密度函数为特定形式的分布集合，不同参数对应不同的分布。指数族分布是根据代数方法换算而来的，旨在方便数学运算，其形式如下：

$$p(y,\theta,\phi)=\exp\left(\frac{y\theta-b(\theta)}{a(\phi)}+c(y,\phi)\right) \tag{9.1}$$

其中，$a(\cdot),b(\cdot),c(\cdot)$ 是 3 个函数，不同函数对应不同的分布，参数 θ 和 ϕ 分别为分布的典型（canonical）参数和分散（dispersion）参数。对于指数族分布式（9.1），这里不加证明，直接给出两个结论：

$$E(y)=\frac{\mathrm{d}}{\mathrm{d}\theta}b(\theta)\ ,\ \mathrm{Var}(y)=a(\phi)\frac{\mathrm{d}^2}{\mathrm{d}\theta^2}b(\theta) \tag{9.2}$$

其中，$E(y),\mathrm{Var}(y)$ 分别为 y 的均值和方差。

由于 $E(y) = b'(\theta)$，求其反函数可得：$b'^{-1}(E(y)) = \theta$。一般，典型参数 θ 与特征存在线性关系：$z = \theta = \boldsymbol{\omega}^{\mathrm{T}}\boldsymbol{x}$，所以链接函数即为 $b'(\theta)$ 的反函数。

实际上，许多常见的分布都可以表示成指数族分布，下面结合概率论中常见的分布推导一些常用的链接函数。

9.2.2　常见的分布

1. 正态分布

如果 $y_i \sim N(\mu, \sigma^2)$，可得：

$$P(y_i) = \frac{1}{\sqrt{2\pi}\sigma} \exp\left(-\frac{(y_i - \mu)^2}{2\sigma^2}\right)$$

将上式整理可得：

$$P(y_i) = \exp\left(\frac{y_i\mu - \mu^2/2}{\sigma^2} - \frac{y_i^2}{2\sigma^2} - \frac{1}{2}\ln 2\pi\sigma^2\right)$$

令 $\mu = \theta$，则 $b(\theta) = \theta^2/2$。根据式（9.2）的结论，可得个体 y_i 的均值为 $E(y_i) = b'(\theta) = \theta$，于是链接函数为 $z_i = g(y_i) = b'^{-1}(\theta) = y_i$。

2. 伯努利分布

如果 y_i 满足伯努利分布，即 $y_i \sim B(1, p)$，可得：

$$P(y_i) = p^{y_i}(1-p)^{1-y_i}$$

整理可得：

$$P(y_i) = \exp\left(y_i\ln\frac{p}{1-p} - \ln\left(1 + \exp\left(\ln\frac{p}{1-p}\right)\right)\right)$$

令 $\theta = \ln\dfrac{p}{1-p}$，于是 $b(\theta) = \ln(1 + \mathrm{e}^{\theta})$，对其求导可得：

$$E(y_i) = b'(\theta) = \left(1 + \mathrm{e}^{-\theta}\right)^{-1}$$

从而可知，链接函数为 $z_i = g(y_i) = b'^{-1}(\theta) = \ln\dfrac{y_i}{1-y_i}$。从而有：

$$\boldsymbol{\omega}^{\mathrm{T}}\boldsymbol{x} = \ln\frac{y}{1-y} \Rightarrow y = \frac{1}{1 + \mathrm{e}^{\boldsymbol{\omega}^{\mathrm{T}}\boldsymbol{x}}}$$

这正是逻辑回归模型。因此在压缩 $\boldsymbol{\omega}^{\mathrm{T}}\boldsymbol{x}$ 到 $[0,1]$ 时，将链接函数设为 $g(y) = \ln\dfrac{y}{1-y}$。

3. 泊松分布

泊松分布常与单位时间上的计数过程相联系，例如在一小时内服务窗口的人数、一年内某地区的落雷数、一年内投保人的死亡数或某个铸件的砂眼数目等。如果 y_i 满足泊松分布：记为 $y_i \sim P(\lambda)$，则其概率密度的表达式如下：

$$P(y_i) = \frac{\lambda^{y_i}}{y_i!} e^{-\lambda}$$

绘制 $\lambda = 5$ 时泊松分布的概率密度如图 9.3 所示。

整理 $P(y_i)$ 可得：$P(y_i) = \exp(y_i \ln \lambda - \lambda - \ln y_i!)$，令 $\theta = \ln \lambda$，于是 $b(\theta) = e^{\theta}$ 从而可以得出链接函数为：$z_i = g(y_i) = b'^{-1}(\theta) = \ln y_i$。

4．指数分布

指数分布通常用于描述"寿命"或持续时间的场景，如元器件的寿命、电话的通话时间、服务时长或人类的寿命等。记为 $y_i \sim \exp(\lambda)$，概率密度函数为：$P(y_i) = \lambda \exp(-\lambda y_i)$，同样，当 $\lambda = 5$ 时，绘制指数分布的概率密度如图 9.4 所示。

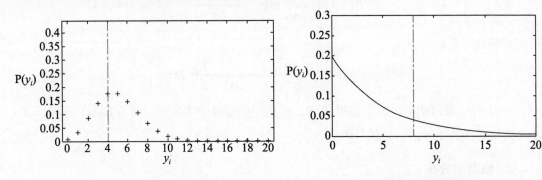

图 9.3　泊松分布概率密度　　　　　　　图 9.4　指数分布概率密度

同理，将 $P(y_i)$ 整理成指数族的形式：$P(y_i) = \exp\left(-\lambda y_i - \ln\left(\frac{1}{\lambda}\right)\right)$，从而求出链接函数如下：

$$\theta := -\lambda \Rightarrow b(\theta) = \ln\left(-\frac{1}{\theta}\right) \Rightarrow z_i = g(y_i) = -\frac{1}{y_i}$$

我们所学到的分布几乎都可以表示为指数族分布，读者可以参照参考文献[1]推导更多的链接函数。

⚲Tips：读到这里读者应该清楚广义线性模型并不完全等于非线性模型。非线性模型的背后没有对应的分布，而广义线性模型则不然。在使用广义线性回归模型时，往往只注重其拟合效果而不深究其原理。归根到底，机器学习的工作者大都注重其应用。当然，广义线性回归模型很少单独使用，特别是除了线性回归、逻辑回归以外的模型。

9.3　模型求解

由于指数族分布给出了概率密度函数 $P(y_i)$ 的表达式，因此可以用极大似然法求解。

由于 y_i 与 $\boldsymbol{\omega}, \boldsymbol{x}_i$ 有关，因此在训练模型时，概率密度 $P(y_i)$ 可写为 $P(y_i \mid \boldsymbol{\omega}, \boldsymbol{x}_i)$。由于在 $P(y_i \mid \boldsymbol{\omega}, \boldsymbol{x}_i)$ 中 y_i 通过链接函数表达为：$y_i = g^{-1}(\boldsymbol{\omega}^{\mathrm{T}} \boldsymbol{x}_i)$。根据概率密度函数的表达式可以推导出：$P(y_i \mid \boldsymbol{\omega}, \boldsymbol{x}_i) = f(\boldsymbol{\omega}, \boldsymbol{x}_i)$，$f(\boldsymbol{\omega}, \boldsymbol{x}_i)$ 为与 $\boldsymbol{\omega}, \boldsymbol{x}_i$ 有关的函数。

根据极大似然法，通过对对数似然函数进行最大化，可以得到参数的估计：

$$\arg\max_{\boldsymbol{\omega}} L(\boldsymbol{\omega}) = \prod_{i=1}^{m} P(y_i \mid \boldsymbol{\omega}, \boldsymbol{x}_i) = \prod_{i=1}^{m} f(\boldsymbol{\omega}, \boldsymbol{x}_i) \tag{9.3}$$

根据数值迭代的方法，求解式（9.3）的优化问题即可得出 $\boldsymbol{\omega}$，最终得到模型：

$$y = g^{-1}(\boldsymbol{\omega}^{\mathrm{T}} \boldsymbol{x}) \tag{9.4}$$

其中，$g^{-1}(\bullet)$ 为链接函数的反函数，即 $g^{-1}(\bullet) = b'(\bullet)$。

另一种求解模型参数 $\boldsymbol{\omega}$ 的办法是：首先将个体因变量 y_i 的值做变换 $z_i = g(y_i)$，然后用 z_i 和 $\boldsymbol{x}_i$ 训练一个线性回归模型 $z = \boldsymbol{\omega}^{\mathrm{T}} \boldsymbol{x}$ 即可。训练线性回归模型的方法可以采用最小二乘法或极大似然法，从而得到参数 $\boldsymbol{\omega}$ 的无偏最有效估计。

9.4 Softmax 回归

对于二分类问题，可以将 y_i 假设为伯努利分布。对于多分类问题，可以用"分而治之"的方法（见 3.4.6 节），将多分类问题转换为多个二分类任务。但在如神经网络等深度学习中，如果每个节点都要处理一个多分类问题，此时仍然沿袭"分而治之"的思路，则每个节点都要考虑"分而治之"带来的诸多麻烦，如类别不均衡、算法复杂度提升等。因此，能否提出一个简单的回归模型从而一次性地解决分类问题呢？

读者可能会联想到贝叶斯分类器，这当然可以。但是贝叶斯分类器是无参数模型，首先它没有显式的表达式，其次训练它需要占用太多的存储空间，并且使用时也要经过非常多的运算，导致模型的时效性降低。

考虑到逻辑回归模型是从伯努利分布推导而来的，而伯努利分布可以用来衡量那些结果非此即彼且试验次数为一的随机试验，如抛一次硬币，由此可以推广到实验次数为 N，实验结果为 k 个的多项式分布，从而推导出适用于多分类任务的模型。一般把从多项式分布推导出来的模型称为 Softmax 回归模型，与逻辑回归类似，其名虽为回归，但本质上是一个用于多分类问题的分类器。

9.4.1 Softmax 回归的原理

前面曾经介绍过多项分布。举个例子，假设有一个不均匀的骰子，共 k 个面，将这个骰子共投了 N 次，则每一面 $j \in (1, 2, \cdots, k)$ 在 N 次投掷中共出现 y_j 次：$\sum_{j=1}^{k} y_j = N$。在统计学上，这种多结果、多次数的类似事件即服从多项式分布。

联想到多类别任务，假设共有 k 个类别，如果个体因变量 y_i 的为取值 y_{ij}，$j \in (1, 2, \cdots, k)$，于是可以根据 y_{ij} 的概率 $P(y_{ij})$ 得到 i 的类别。因此对每个结果 y_{ij}，用多项式分布去拟合它，即：

$$P\left(y_{i1},y_{i2},\cdots,y_{ik}\right)=\frac{N!}{y_{i1}!y_{i2}!\cdots y_{ik}!}p_1^{y_{i1}}p_2^{y_{i2}}\cdots p_k^{y_{ik}} \tag{9.5}$$

其中，y_{ij} 为个体 i 在 N 次实验中取值为类别 j 的次数：$\sum_{j=1}^{k}y_{ij}=N$。在 N 次实验中，概率 $p_j^{y_{ij}}$ 为事件"个体 i 的类别为 j 的次数为 y_{ij}"出现的概率：$\sum_{j=1}^{k}p_j^{y_{ij}}=1$。

令 $N=1$，即实验次数为 1 次时，将式（9.5）整理成指数族分布的形式，令 $p_k^{y_{ik}}=1-\sum_{j=1}^{k-1}p_j^{y_{ij}}$ 可得：

$$P\left(y_{i1},y_{i2},\cdots,y_{ik}\right)=\exp\left(\begin{pmatrix}\ln\dfrac{p_1^{y_{i1}}}{p_k^{y_{ik}}}\\\vdots\\\ln\dfrac{p_{k-1}^{y_{i(k-1)}}}{p_k^{y_{ik}}}\\0\end{pmatrix}^{\mathrm{T}}\cdot\begin{bmatrix}[y_{i1}=1]\\[y_{i2}=1]\\\vdots\\[y_{ik}=1]\end{bmatrix}+\log p_k^{y_{ik}}\right) \tag{9.6}$$

其中，中括号 $[y_{ij}=1]$ 指个体 i 的类别为 j 时，其值等于 1，否则为 0。于是可求出链接函数为 $g\left(y_i\right)=\ln\dfrac{y_i}{y_{ik}}=\ln\dfrac{y_i}{1-\sum_{j=1}^{k-1}y_{ij}}$，并从链接函数的反函数中可以导出概率：

$$p_i^{y_{ij}}=P\left(y_{ij}=1\right)=\frac{\mathrm{e}^{\boldsymbol{\omega}_{ij}^{\mathrm{T}}\boldsymbol{x}}}{1+\sum_{c=1}^{k-1}\mathrm{e}^{\boldsymbol{\omega}_{ic}^{\mathrm{T}}\boldsymbol{x}}},j\in\left(1,2,\cdots,k-1\right)$$
$$p_i^{y_{ik}}=P\left(y_{ik}=1\right)=\frac{1}{1+\sum_{c=1}^{k-1}\mathrm{e}^{\boldsymbol{\omega}_{ic}^{\mathrm{T}}\boldsymbol{x}}} \tag{9.7}$$

式（9.7）就是用于多分类任务的 Softmax 回归中，未知个体的类别为最大的 $p_i^{y_{ij}}$ 对应的类。

很明显，为了得到模型，我们需要找到 $k-1$ 个参数列向量 $\boldsymbol{\omega}_j^{\mathrm{T}}\in\mathbb{R}^{n+1}$，$n$ 为特征个数，$j\in\left(1,2,\cdots,k-1\right)$，$k$ 为类别总数。

🔖Tips：Softmax 回归模型是应用较广泛的模型之一，但其并不是单独作为一个多分类模型来使用。Softmax 回归与逻辑回归一脉相承，可以视为多输出的 Sigmoid 函数。在实际应用中，其经常作为神经网络中的每个节点的激活函数。无论卷积神经网络还是时序神经网络，都有它的身影。一般情况下，Softmax 经常用于神经网络的输出层节点中。当然，在问题比较简单的情况下也可以直接使用 Softmax 回归。

9.4.2　模型训练

同样，可以采用极大似然法求解 Softmax 回归模型的参数：

$$\underset{\boldsymbol{\omega}_1,\boldsymbol{\omega}_2,\cdots,\boldsymbol{\omega}_{k-1}}{\arg\max} L(\boldsymbol{\omega}_1,\boldsymbol{\omega}_2,\cdots,\boldsymbol{\omega}_{k-1}) = \prod_{i=1}^{m}\prod_{j=1}^{k-1} p_i^{\left[y_{ij}=1\right]}$$

对上式取自然对数可得：

$$\underset{\boldsymbol{\omega}_1,\boldsymbol{\omega}_2,\cdots,\boldsymbol{\omega}_{k-1}}{\arg\max} l(\boldsymbol{\omega}_1,\boldsymbol{\omega}_2,\cdots,\boldsymbol{\omega}_{k-1}) = \sum_{j=1}^{m}\sum_{j=1}^{k}[y=j]\ln P\left(y_{ij}=1\right)$$

结合式（9.7）与 5.5 节介绍的方法，即可求解出参数向量。

9.4.3　实例：手写体识别模型

在 Sklearn 模块中，有一个容量为 1797 的手写体图像集 digits，每张图像的尺寸为 8×8 共 64 个像素。如图 9.5 所示，每张图像为灰度图像，每个像素的取值为 $[0,255]$。在图 9.5 中，每张小图的左下角的数字是为了方便读者辨认加上去的，原图并不存在。数据集 digits.target 为一个长度是 1797 的向量，每个元素对应图像中代表的数字。已知 Softmax 回归可以用 sklearn.linear_model 模块中的 LogisticRegression 类，通过调整参数 multi_class 为'multinomal'实现。下面尝试用数据集 ditgits 训练一个用于识别手写体的 Softmax 回归模型。

图 9.5　digits 部分图像展示

由于特征个数为 64 个，导入数据后，可以考虑使用 PCA 进行降维，实现如下。

代码文件：softmax_classification.py

```
from sklearn.datasets import load_digits          #导入数据集MINIST
digits = load_digits()                            #导入数据集
from sklearn.decomposition import PCA             ·
pca = PCA(n_components=30)                         #特征降维，将特征个数降维 30 个
digits_PCA = pca.fit_transform(digits.data)       #进行 PCA 降维
```

将经过 PCA 降维的数据集按 7∶3 的比例进行拆分，并对每个特征进行 Zscore 标准化。使用标准化后的数据集训练 Softmax 回归模型如下。

```
from sklearn.linear_model import LogisticRegression     #导入逻辑回归模块
from sklearn.preprocessing import StandardScaler
scaler = StandardScaler()
digits_zscore = scaler.fit_transform(digits_PCA)        #进行 Zscore 标准化
labels = digits.target                                  #将因变量 y 单独取出
from sklearn.model_selection import train_test_split
X_train,X_test,y_train,y_test = train_test_split(
        digits_zscore,labels,test_size=0.3,random_state=1)  #拆分数据
#使用 Softmax 回归
softmax = LogisticRegression(multi_class = 'multinomial')
softmax.fit(X_train,y_train)                             #模型训练
```

完成模型训练后，分别在训练集和测试集上评价模型的拟合优度，如表 9.1 所示，可以看出 Softmax 回归模型的效果是比较满意的。

表 9.1　Softmax回归模型拟合优度[①]

数字	训练集				测试集			
	个体数	准确率	召回率	F1 值	个体数	准确率	召回率	F1 值
0	119	1	1	1	59	1	0.98	0.99
1	133	0.98	0.98	0.98	49	0.9	0.92	0.91
2	128	1	1	1	49	0.96	1	0.98
3	119	1	1	1	64	0.98	0.97	0.98
4	120	1	1	1	61	0.97	0.97	0.97
5	135	1	0.99	1	47	0.91	0.91	0.91
6	130	1	0.99	1	51	0.98	1	0.99
7	122	1	1	1	57	0.96	0.96	0.96
8	128	0.96	0.98	0.97	46	0.94	0.96	0.95
9	123	0.98	0.98	0.98	57	1	0.95	0.97
准确率	0.992044551				0.962962963			

总体来说，Softmax 可以单独作为一个多分类器应用于分类任务中，也可以作为深度学习的子模型如神经网络中的节点的激活函数。Softmax 回归是深度学习领域一个非常重要的分类器，希望读者能够深刻理解其原理。

广义线性模型的应用范围比较广泛，特别是在精算领域。除了广义线性模型之外，一些混合广义线性模型等扩展理论也在逐步完善中。

---

① 以数字 0 为例，将属于 0 的个体构成一个子数据集，并计算模型在该子数据集上的子拟合优度指标，这些子指标即构成报表。

9.5　习　　题

1．机器模型要做的是预测个体 y_i 的_____。每个 y_i 服从_____（相同/不同）分布。在线性回归模型中，y_i 服从_____不同方差相同的_____分布。

2．简述经典的线性模型的缺陷。

3．简述在广义线性模型中，链接函数的作用。

4．Softmax 回归是从_____分布中推导而来的，其需要求解_____个长度为_____（$n/n+1$）的列向量 $\boldsymbol{\omega}$。

5．gamma 分布是一个较为常用的分布，一般用在重复事件下一次到来的时间预判。如某电器元件在 $(0,t)$ 中受到 n 次冲击，则下次冲击到来的时间满足 gamma 分布。已知 y_i 服从 gamma 分布：$y_i \sim \mathrm{Ga}(\alpha,\lambda)$，其概率密度函数为：

$$p(y_i) = \frac{\lambda^{\alpha}}{(\alpha-1)!} y_i^{\alpha-1} \mathrm{e}^{-\lambda y_i}$$

将其化为指数族分布的形式，并求出链接函数（可查阅参考文献[1]）。

6．在 3.4.4 节中我们曾经用逻辑回归解决了鸢尾花分类问题，但是我们删除了其中一个类别，将其转换为二分类任务。请读者用 Softmax 回归模型训练出一个能够解决该多分类问题的分类器，并评价其拟合优度。

7．Sklearn 模块自带的数据集 load_wine 是一个多分类问题，请尝试用如下代码导入数据并训练一个 Softmax 回归模型，然后评价其拟合优度。

代码文件：code_q7.py

```
from sklearn.datasets import load_wine
wine = load_wine()
```

8．尝试用如下代码生成多分类数据集，并训练一个 Softmax 回归模型（必要时可用核 PCA 降维和特征标准化）。

代码文件：code_q8.py

```
from sklearn.datasets import make_classification
X,y = make_classification(n_samples=200, n_features=20, n_informative=4,
n_redundant=5, n_repeated=2, n_classes=4, n_clusters_per_class=2,weights=
None, flip_y=0.01, class_sep=1.0, hypercube=True,shift=0.0, scale=1.0,
shuffle=True, random_state=None)              #产生一个分类用数据集
```

9．如图 9.6 所示，有一个容量为 400 的四类别数据集，其产生的代码如下。

代码文件：code_q9.py

```
from sklearn.datasets import make_gaussian_quantiles
#产生数据集
X, y = make_gaussian_quantiles(n_samples=400,n_features=2, n_classes=4)
```

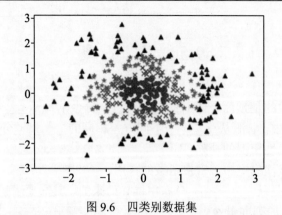

图 9.6　四类别数据集

这个四分类数据是线性_____（可/不可）分的。请用代码 code_q9.py 产生如图 9.6 所示的数据集，训练一个 Softmax 回归模型并评价该模型。结合拟合优度，回答 Softmax 回归是一个_____（线性/非线性）分类器，为什么？

*10. soybean 是一个多分类数据集，其收集了 20 种大豆和大豆植物的 35 个特征，样本的容量为 307，带有部分缺失值。请从 GitHub 上下载数据集②并使用代码 code_q10.py 导入数据集。训练一个 Softmax 回归模型并进行评价。

代码文件：code_q10.py

```
import pandas as pd
#读取数据文件
soybean_df = pd.read_excel(r'D:\桌面\我的书\chapter09\数据集\soybean.xlsx')
import numpy as np
soybean_df = soybean_df.replace(['?'],np.nan)        #将缺失数据替换成 NaN
X = soybean_df.iloc[:,1:36]                          #提出特征数据
y = soybean_df.iloc[:,0]                             #提取出因变量标签
```

参 考 文 献

[1] 指数族分布维基百科，https://en.wikipedia.org/wiki/Exponential_family#Table_of_distributions.

[2] Nelder J A，Wedderburn R W M. Generalized Linear Models[J]. Journal of the Royal Statistical Society：Series A (General)，1972，135(3)：370-384.

[3] Haberman S，Renshaw A E. Generalized Linear Models and Actuarial Science[J]. Journal of the Royal Statistical Society：Series D (The Statistician)，1996，45(4)：407-436.

[4] 史春奇，卜晶祎，等. 机器学习算法背后的理论与优化[M]. 北京：清华大学出版社，2019.

---

② 数据来源于参考文献[6]，地址为 https://archive.ics.uci.edu/ml/datasets/Soybean+%28Large%29.

第 10 章 支持向量机

支持向量机（Support Vector Machine，SVM）在 1990 年左右被提出后，迅速引起了广泛的关注，并马上被机器学习领域所接纳。支持向量机分为用于分类任务的支持向量分类器和用于回归任务的支持向量回归机。SVM 最早在手写体识别和行人检测上取得了较大的成功，并因此被应用在机器学习问题中。在多数任务中，虽然算法复杂度较高，但是 SVM 模型的效果一般较其他算法优越。因此学习机器学习，很有必要了解支持向量机的原理与应用。

本章将从支持向量机的基本模型谈起，先介绍支持向量分类器的初始模型——硬间隔分类器，并针对其缺点拓展到软间隔分类器。然后结合核函数的概念，介绍使用支持向量分类器解决线性不可分问题的方法。鉴于支持向量机在回归任务中亦有诸多应用，本章还将介绍支持向量回归机的相关知识并针对其缺点介绍一种软间隔的回归机改进方法。

学习完本章，读者可以掌握以下内容：

❑ 超平面、划分带的概念；

❑ 硬间隔和软间隔支持向量分类器的原理；

❑ 支持向量的含义；

❑ 硬间隔和软间隔支持向量回归机的原理；

❑ 如何使用核函数得到非线性的支持向量机；

❑ 支持向量机的 Python 实现。

🔔注意：*本章需要读者具备一些高等数学知识，如拉格朗日数乘法、对偶问题等。如果读者在学习时觉得有些困难，可以不必深究一些公式的推导过程。*

10.1 支持向量机的基本原理

由于支持向量机最初用于分类任务，因此这里将结合支持向量分类器（Support Vector Classifier，SVC），介绍支持向量机的一些概念及其原理。

如图 10.1（a）所示，假设有一个线性可分的二分类数据集，分类器 l_1, l_2, l_3 都可以将数据集正确地分类。如果引入新的个体，如图 10.1 中的"？"，可以看到 3 个分类器可以得到两个不同的答案。

很明显，划分直线 l_1 可以通过旋转，得到无数个能够正确分类的直线，但这些直线对未知个体的归类不同。如何选择合适的直线、如何确定直线的位置，支持向量机给出了它的答案。

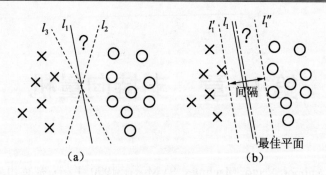

图 10.1　二分类问题与划分直线

10.1.1　划分超平面与间隔

对于如图 10.1 所示的二维空间来说，一条直线就可以将不同类别的个体进行正确归类。对于三维空间，需要一个平面将个体进行分割。对于一个多维空间，人类的视觉已无法呈现，但类似地，可以找到一个超平面去划分个体。我们把这种能够将分类任务正确分割的超平面称为划分超平面，类比直线/平面方程，可得超平面的数学描述为：

$$y = \boldsymbol{\omega}^{\mathrm{T}} \boldsymbol{x} + \omega_0 = \omega_0 + \omega_1 x^1 + \cdots + \omega_n x^n \tag{10.1}$$

根据高等数学知识可知，向量 $\boldsymbol{\omega}$ 是平面的法向量，即空间上垂直于超平面的直线，因此可以表征超平面的旋转运动或斜率。截距项 ω_0 由于没有 x 的作用，因此可以表示超平面的平移运动。

如图 10.1（b）所示，假设 $\boldsymbol{\omega}$ 是固定的，则调整截距项 ω_0 直到碰到某类数据个体为止，从而得到两条极端直线 l_1', l_1''。这两条极端直线的距离即为方向 $\boldsymbol{\omega}$ 的间隔。直观地看，最好的划分超平面应取在间隔的中间。

在实际应用中，通常 $\boldsymbol{\omega}$ 不是事先确定的，即超平面的斜率是未知且变化的。因此，在图 10.1（b）中，直线 l_1 的斜率 $\boldsymbol{\omega}$ 是否最佳仍有待研究。但能直观地感受到，如果一条直线的法向量 $\boldsymbol{\omega}$ 确定的间隔是最大的，那么该法向量 $\boldsymbol{\omega}$ 就是我们需要的方向。如图 10.2 所示，大间隔可以"容纳"更多的分类超平面，因此更具稳定性。所以，大间隔对应的法向量 $\boldsymbol{\omega}$ 就是理想的模型参数。

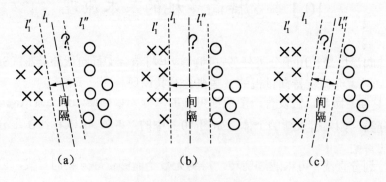

图 10.2　不同法向量与间隔大小

10.1.2　支持向量机的基本模型

最大间隔能够容纳"最多"的分类超平面，因此根据最大间隔得出的模型往往效果最好。在机器学习领域，这种根据最大间隔法则所得出的机器学习模型称为支持向量机，有时也称为最大间隔模型。

根据 10.1.1 节所分析的，在给定法向量 $\tilde{\boldsymbol{\omega}}$ 之后，通过平移平面方程，总可以得到两个极端超平面：$\tilde{\boldsymbol{\omega}}\boldsymbol{x} + \tilde{\omega}_0 = c_1$，$\tilde{\boldsymbol{\omega}}\boldsymbol{x} + \tilde{\omega}_0 = c_2$。通过调整截距项 $\tilde{\omega}_0$，使得两个超平面方程为：$\tilde{\boldsymbol{\omega}}\boldsymbol{x} + \tilde{\omega}_0 = c$，$\tilde{\boldsymbol{\omega}}\boldsymbol{x} + \tilde{\omega}_0 = -c$。将等式两边除以常数 c，从而将超平面化简为 $\boldsymbol{\omega}\boldsymbol{x} + \omega_0 = 1$，$\boldsymbol{\omega}\boldsymbol{x} + \omega_0 = -1$。如前面所述，划分超平面最理想做法应选在间隔的"中间"，从而得到超平面方程为：$\boldsymbol{\omega}\boldsymbol{x} + \omega_0 = 0$。

记两个类别分别为 $\{-1,1\}$，由于极端超平面能够恰好将个体正确分类，所以用数学语言描述即为：

$$\begin{cases} \boldsymbol{\omega}\boldsymbol{x}_i + \omega_0 \geqslant +1, \text{ if } y_i = 1 \\ \boldsymbol{\omega}\boldsymbol{x}_i + \omega_0 \leqslant -1, \text{ if } y_i = -1 \end{cases} \Rightarrow y_i(\boldsymbol{\omega}\boldsymbol{x}_i + \omega_0) \geqslant 1 \tag{10.2}$$

对于那些落在极端超平面上的个体 $(\boldsymbol{x}_i, y_i)$，则式（10.2）中的等号成立，这些个体即为支持向量。

根据平面的距离公式，可得间隔的大小为：$d = \dfrac{2}{\|\boldsymbol{\omega}\|}$。根据最大间隔法则，将支持向量机的求解过程转换为优化问题：

$$\max_{\boldsymbol{\omega}, \omega_0} \frac{2}{\|\boldsymbol{\omega}\|} \tag{10.3}$$
$$\text{s.t. } y_i(\boldsymbol{\omega}\boldsymbol{x}_i + \omega_0) \geqslant 1$$

或

$$\min_{\boldsymbol{\omega}, \omega_0} \frac{1}{2}\|\boldsymbol{\omega}\|^2 \tag{10.4}$$
$$\text{s.t. } y_i(\boldsymbol{\omega}\boldsymbol{x}_i + \omega_0) \geqslant 1$$

这就是支持向量机的基本型，后续内容都是基于式（10.3）和式（10.4）展开的。

> 🐙Tips：可以看到，普通的支持向量模型与逻辑回归一样，都是找一个分类超平面，将线性可分的训练集分开。二者的区别在于怎样将训练集分开，对于逻辑回归来说，其追求的分类超平面旨在最大化代价函数。换句话说，逻辑回归追求的是精确度最高，而支持向量机追求的是间隔最大化。这实际上有两层意思：其一，既然有可容纳超平面的间隔，则意味着数据线性可分，模型的精确度可谓最高；其二，模型的稳定性更高，意味着未知数据的分类更准确。

10.2　支持向量分类器

上一节介绍了支持向量机的基本型，结合对偶问题，我们将探讨支持向量的作用与模型的求解过程。

一个优化问题可以由其对偶问题求出。因此，对基本型式（10.4），可以尝试找出其对偶问题。首先引入拉格朗日函数：

$$L(\boldsymbol{\omega}, \omega_0, \boldsymbol{\alpha}) = \frac{1}{2} \|\boldsymbol{\omega}\|^2 - \sum_{i=1}^{m} \alpha_i \left(y_i \left(\boldsymbol{\omega} \boldsymbol{x}_i + \omega_0 \right) - 1 \right) \tag{10.5}$$

其中，$\boldsymbol{\alpha} \in \mathbb{R}_+^m$ 是一个由拉格朗日算子（$\alpha_i \geqslant 0$）构成的向量，m 为样本容量。因为优化问题的解通常在函数的极值处取得，令式（10.5）分别对 $\omega_0, \boldsymbol{\omega}$ 求偏导，并令偏导数等于 0，可得：

$$\sum_{i=1}^{m} y_i \alpha_i = 0$$

$$\boldsymbol{\omega} = \sum_{i=1}^{m} \alpha_i y_i \boldsymbol{x}_i \tag{10.6}$$

将式（10.6）代入式（10.5）中，可得到基本型的对偶问题：

$$\max_{\boldsymbol{\alpha}} -\frac{1}{2} \sum_{i=1}^{m} \sum_{j=1}^{m} y_i y_j \alpha_i \alpha_j \left(\boldsymbol{x}_i^\mathrm{T} \boldsymbol{x}_j \right) + \sum_{j=1}^{m} \alpha_j$$

$$\text{s.t.} \ \sum_{i=1}^{m} y_i \alpha_i = 0 \tag{10.7}$$

$$\alpha_i \geqslant 0 \quad i = 1, 2, \cdots, m$$

由于极值得出的可能是局部最优而非全局最优，全局最优解除了满足式（10.7）的约束条件外，还应满足 KKT 条件：

$$y_i \left(\boldsymbol{\omega} \boldsymbol{x}_i + \omega_0 \right) - 1 \geqslant 0$$

$$\alpha_i \left(y_i \left(\boldsymbol{\omega} \boldsymbol{x}_i + \omega_0 \right) - 1 \right) = 0$$

如果二分类数据集是线性可分的，则必定可以找到一个最优解 $\boldsymbol{\alpha}^* = \left(\alpha_1^*, \alpha_2^*, \cdots, \alpha_m^* \right)^\mathrm{T}$，每个个体都对应一个系数 α_i^*。对于那些在极端超平面之外（不包括在面上）的数据，由于：$y_i \left(\boldsymbol{\omega} \boldsymbol{x}_i + \omega_0 \right) - 1 > 0$，根据 KKT 条件，必有 $\alpha_i^* = 0$。对于落在极端超平面的个体，即支持向量，由于 $y_i \left(\boldsymbol{\omega} \boldsymbol{x}_i + \omega_0 \right) - 1 = 0$，因此可以有 $\alpha_i^* > 0$。所以向量 $\boldsymbol{\alpha}^*$ 是稀疏的，非 0 元素必定对应支持向量。

根据最优解向量 $\boldsymbol{\alpha}^*$，得到原问题式（10.4）的解为：

$$\boldsymbol{\omega}^* = \sum_{i=1}^{m} y_i a_i^* \boldsymbol{x}_i$$

$$\omega_0^* = y_j - \sum_{i=1}^{m} y_i a_i^* \left(\boldsymbol{x}_i^\mathrm{T} \boldsymbol{x}_j \right) \tag{10.8}$$

其中，下标 j 为任意一个支持向量。从式（10.8）中可以看出，只有 $\alpha_i^* > 0$ 的支持向量才有可能影响模型的参数 $(\boldsymbol{\omega}^*, \omega_0^*)$。换句话说，划分超平面和间隔是由支持向量决定的，这也是为什么模型被称为支持向量机的原因。从另一个角度来讲，即便删除所有不属于支持向量的个体，也不会对模型的参数产生影响。因此，从这一点来看，支持向量机的算法复杂度与支持向量的个数有关，与整个数据集的维度关系不大。

10.2.1 线性硬间隔分类器

根据式（10.8）得到最优解后，就可以构建一个划分超平面：$\boldsymbol{\omega}^{*\mathrm{T}}\boldsymbol{x} + \omega_0^* = 0$，由此求得分类模型为：

$$
\begin{aligned}
f(\boldsymbol{x}) &= \mathrm{sgn}\left(\boldsymbol{\omega}^{*\mathrm{T}}\boldsymbol{x} + \omega_0^*\right) \\
&= \mathrm{sgn}\left(\sum_{i=1}^{m} y_i a_i^* \boldsymbol{x}_i^{\mathrm{T}}\boldsymbol{x} + \omega_0^*\right)
\end{aligned}
\tag{10.9}
$$

其中，$\mathrm{sgn}(\cdot)$ 为符号函数，其取值为-1 或 1。所以，在使用支持向量机进行分类时，往往需要假定类别 $y_i = \{-1, 1\}$ 而非 $\{0, 1\}$。

通过式（10.5）～式（10.9）求得的 SVM 模型称为线性硬间隔支持向量分类器。为了便于阅读，以下简称为硬间隔 SVC。

从式（10.9）中可以看出，由于函数 $f(\boldsymbol{x})$ 是线性的，因此适用于解决线性可分问题。从优化问题的约束条件可以看到，硬间隔 SVC 要求所有个体必须在间隔外或划分平面上，"硬间隔" 也由此得名。

可以看到，硬间隔 SVC 的间隔、划分超平面只由支持向量决定。因此，如果在训练集中存在噪声项，就会导致出现图 10.3 所示的情况，即噪声项使得正确的划分超平面被"错过"。

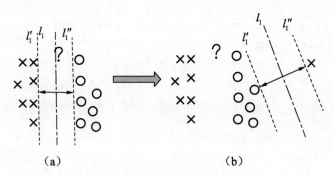

图 10.3 噪声项影响划分超平面的寻找

10.2.2 线性软间隔分类器

硬间隔的 SVM 除了具有前面所说的缺点外，它也不能被用于线性不可分问题。为了简化描述，下面将间隔构成的空间称为划分带，则硬间隔 SVC 要求划分带内不能有数据点（支持向量在划分带表面）。这就导致当分类问题为线性不可分问题时，无法按式（10.4）

找到划分超平面。如图 10.4 所示，由于不能找到两条极端的直线来构成两个类别的"楚河汉界"，因此也不能得出划分超平面。

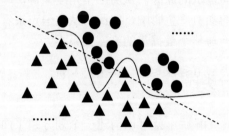

图 10.4　无法找到划分超平面

针对这个问题，可以考虑对间隔进行"软"化处理，即在寻找间隔的时候，允许数据点落在划分带内。换句话说，允许有不满足约束条件 $y_i(\boldsymbol{\omega}\boldsymbol{x}_i+\omega_0)\geqslant 1$ 的数据点存在。为此，对每个个体引入松弛变量 $\zeta_i\geqslant 0$，$i\in(1,2,\cdots,m)$，改写式（10.4）的约束条件为：

$$\text{s.t.}\ \ y_i(\boldsymbol{\omega}\boldsymbol{x}_i+\omega_0)\geqslant 1-\zeta_i \tag{10.10}$$

如果 ζ_i 过大，则会导致个体 $(\boldsymbol{x}_i,y_i)$ 总能满足式（10.10）。因此需要在式（10.4）表示的优化问题中引入惩罚项，防止松弛变量过大，从而得到新的约束优化问题：

$$\min_{\boldsymbol{\omega},\omega_0,\boldsymbol{\zeta}}\frac{1}{2}\|\boldsymbol{\omega}\|^2+C\sum_{i=1}^{m}\zeta_i$$
$$\text{s.t.}\ \ y_i(\boldsymbol{\omega}\boldsymbol{x}_i+\omega_0)\geqslant 1-\zeta_i\ ,\ \ i\in(1,2,\cdots,m) \tag{10.11}$$
$$\zeta_i\geqslant 0\ ,\ \ i\in(1,2,\cdots,m)$$

其中，常数 $C>0$ 为惩罚参数，需要人工选择，其意义在于使得落在间隔内的个体尽可能少。当 $C\to+\infty$ 时，则会迫使所有个体落在划分带外，此时式（10.11）等价于式（10.4），即硬间隔 SVC。

通过式（10.11）得到的模型称为线性软间隔支持向量分类器，简称软间隔 SVC。区别于硬间隔，软间隔 SVC 允许数据落在划分带内，因此可以用于线性不可分问题，并且能一定程度上克服噪声数据的影响。但必须注意，软间隔 SVC 本质上仍是一个线性分类器。与逻辑回归类似，软间隔 SVC 可以用于线性不可分的数据集，但其效果仍需要实践。

类似地，我们研究式（10.11）的对偶问题，构建拉格朗日函数如下：

$$L(\boldsymbol{\omega},\omega_0,\boldsymbol{\alpha},\boldsymbol{\zeta},\boldsymbol{r})=\frac{1}{2}\|\boldsymbol{\omega}\|^2+C\sum_{i=1}^{m}\zeta_i$$
$$-\sum_{i=1}^{m}\alpha_i\left(y_i(\boldsymbol{\omega}^{\mathrm{T}}\boldsymbol{x}_i+\omega_0)-1+\zeta_i\right)-\sum_{i=1}^{m}r_i\zeta_i \tag{10.12}$$

其中，$\alpha_i\geqslant 0,r_i\geqslant 0$ 为拉格朗日算子。同样，令 $L(\boldsymbol{\omega},\omega_0,\boldsymbol{\alpha},\boldsymbol{\zeta},\boldsymbol{r})$ 分别对 $\omega_0,\boldsymbol{\omega},\boldsymbol{\zeta}$ 求偏导，并令偏导数为 0 可得：

$$\sum_{i=1}^{m}y_i\alpha_i=0$$

$$\boldsymbol{\omega}=\sum_{i=1}^{m}\alpha_i y_i\boldsymbol{x}_i \tag{10.13}$$
$$C=\alpha_i+r_i$$

代入式（10.12）可得式（10.11）的对偶问题：

$$\max_{\boldsymbol{\alpha}} -\frac{1}{2}\sum_{i=1}^{m}\sum_{j=1}^{m}y_i y_j \alpha_i \alpha_j \left(\boldsymbol{x}_i^{\mathrm{T}}\boldsymbol{x}_j\right)+\sum_{j=1}^{m}\alpha_j$$

$$\text{s.t. } \sum_{i=1}^{m}y_i\alpha_i = 0 \qquad\qquad\qquad (10.14)$$

$$0 \leqslant \alpha_i \leqslant C \quad i=1,2,\cdots,m$$

对比式（10.7）与式（10.14）可以看出，硬间隔与软间隔的唯一差别在于对 α_i 的约束。同样，为了找到最优解，还需要满足 KKT 条件：

$$y_i\left(\boldsymbol{\omega}\boldsymbol{x}_i+\omega_0\right)-1+\zeta_i \geqslant 0$$

$$\alpha_i\left(y_i\left(\boldsymbol{\omega}\boldsymbol{x}_i+\omega_0\right)-1+\zeta_i\right)=0$$

$$r_i\zeta_i = 0$$

我们总可以找到最优解 $\boldsymbol{\alpha}^* \in \mathbb{R}_+^m$，从而求出模型的解如式（10.8）所示，其中，$j \in \left\{i \mid \alpha_i^* \in (0,C)\right\}$，从而得到 SVC 模型如式（10.9）所示。

虽然软间隔 SVC 模型的形式与硬间隔相同，但是在同一数据集中，软间隔与硬间隔 SVC 求得的划分超平面通常是不重合的。

与硬间隔类似，向量 $\boldsymbol{\alpha}^*$ 亦是一个稀疏向量。对于那些 $\alpha_i^*=0$ 的个体，由式（10.8）可知，它们对参数 $(\boldsymbol{\omega},\omega_0)$ 的值没有贡献。如果 $0<\alpha_i^*<C$，由式（10.13）可知 $r_i>0$。根据 $\boldsymbol{\alpha}^*$ 是最优解的 KKT 条件，可得松弛变量 $\zeta_i^*=0$，该个体位于划分带的表面。如果 $\alpha_i^*=C$，则 $r_i=0$，此时如果 $\zeta_i^* \leqslant 1$，则个体落在划分带内部；如果 $\zeta_i^*>1$，则表明该个体被错误分类。很明显，从式（10.8）中可以看出，只有那些 $\alpha_i^* \neq 0$ 的个体，即落在划分带表面或内部的支持向量才有可能影响模型的参数。

10.2.3 核函数与非线性分类器

7.5.2 节介绍过运用映射函数 $\psi(\bullet)$ 可以把个体 $\boldsymbol{x} \in \mathbb{R}^n$ 投影到高维空间 $\psi(\boldsymbol{x}) \in \mathbb{R}^N$，从而将线性不可分问题转换为线性可分，如图 10.5 所示。

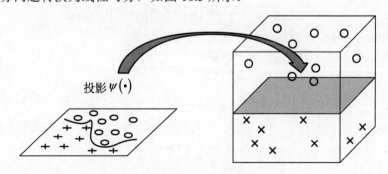

图 10.5 从低维到高维，问题转换为线性可分

与核 PCA 类似，我们不需要也不能写出映射函数 $\psi(\bullet)$ 的显示表达式，但可以定义核函数为：

$$K(\boldsymbol{x}_i, \boldsymbol{x}_j) = \psi(\boldsymbol{x}_i)^{\mathrm{T}} \cdot \psi(\boldsymbol{x}_j) \tag{10.15}$$

常见的核函数有高斯径向函数（RBF），见 7.5.2 节，这里不再重复。另一个常用的核函数为多项式核函数，其定义如下：

$$K(\boldsymbol{x}_i, \boldsymbol{x}_j) = \left(\sigma \boldsymbol{x}_i^{\mathrm{T}} \boldsymbol{x}_j + r\right)^d$$

其中，d, σ, r 为核函数的参数，在 Sklearn 中默认令 $d = 3$，$r = 0$。

有了核函数之后，无论硬间隔还是软间隔，都可以用升维之后的数据集 $\psi(\boldsymbol{x}_i)$ 来替代式（10.4）和式（10.11）中的原数据 $\boldsymbol{x}_i$，从而得到模型的参数为：

$$\boldsymbol{\omega}^* = \sum_{i=1}^{m} y_i a_i^* \psi(\boldsymbol{x}_i)$$

$$\omega_0^* = y_j - \sum_{i=1}^{m} y_i a_i^* K(\boldsymbol{x}_i, \boldsymbol{x}_j) \tag{10.16}$$

下标 j 的含义前面讲过，这里不再赘述，最终得到的核分类模型为：

$$f(\boldsymbol{x}) = \mathrm{sgn}\left(\sum_{i=1}^{m} \alpha_i^* y_i K(\boldsymbol{x}_i, \boldsymbol{x}) + \omega_0^*\right) \tag{10.17}$$

通过采用核函数的方法，可以将 SVC 模型转换成非线性分类器，并提升模型在线性不可分任务中的效果。

10.2.4　ν 支持向量分类器

在软间隔分类器中，惩罚参数 C 的作用在于限制划分带内的个体数。C 越大，则划分带内的个体数越少。但是，我们无法定量地估计 C 的作用，因此在训练软间隔 SVC 时，如何选择 C 就成为又一个问题。为了定量地选择参数，学者们提出了 ν-SVC，其中，参数 ν 需要人工指定，但却具有明显的含义：

$$\begin{aligned}
&\min_{\boldsymbol{\omega}, \omega_0, \boldsymbol{\zeta}, \rho} \frac{1}{2} \|\boldsymbol{\omega}\|^2 - \nu\rho + \frac{1}{m}\sum_{i=1}^{m} \zeta_i \\
&\mathrm{s.t.}\ y_i\left(\boldsymbol{\omega}^{\mathrm{T}} \boldsymbol{x}_i + \omega_0\right) \geqslant \rho - \zeta_i \\
&\zeta_i \geqslant 0,\ i \in (1, 2, \cdots, m), \rho \geqslant 0
\end{aligned} \tag{10.18}$$

类似地，求得式（10.18）的对偶问题为：

$$\begin{aligned}
&\max_{\boldsymbol{\alpha}} -\frac{1}{2}\sum_{i=1}^{m}\sum_{j=1}^{m} y_i y_j \alpha_i \alpha_j \left(\boldsymbol{x}_i^{\mathrm{T}} \boldsymbol{x}_j\right) \\
&\mathrm{s.t.}\ \sum_{i=1}^{m} y_i \alpha_i = 0 \\
&0 \leqslant \alpha_i \leqslant \frac{1}{m},\ i = 1, 2, \cdots, m \\
&\sum_{i=1}^{m} \alpha_i \geqslant \nu
\end{aligned} \tag{10.19}$$

求得式（10.19）的解为：$\boldsymbol{\alpha}^* \in \mathbb{R}_+^m$。

选取个体 $j \in \{i \mid \alpha_i^* \in (0, 1/m), y_i = 1\}$，$k \in \{i \mid \alpha_i^* \in (0, 1/m), y_i = -1\}$，可得参数 ω_0 为：

$$\omega_0^* = \frac{1}{2}\sum_{i=1}^{m} \alpha_i^* y_i \left(\boldsymbol{x}_i^{\mathrm{T}} \boldsymbol{x}_j + \boldsymbol{x}_i^{\mathrm{T}} \boldsymbol{x}_k \right) \tag{10.20}$$

其中，α_i^* 为式（10.19）的最优解。同样，求出模型的表达式为：

$$f(\boldsymbol{x}) = \mathrm{sgn}\left(\sum_{i=1}^{m} \alpha_i^* y_i \boldsymbol{x}_i^{\mathrm{T}} \boldsymbol{x} + \omega_0^* \right) \tag{10.21}$$

这里不加证明，直接给出参数 ν 的含义[①]：

□ 记被错误分类的个体数为 p，则 $\nu \geqslant p/m$，即错误分类个体数占总个体数的比例不能超过 ν，从而保证被错误分类的个体数不至于太多。

□ 记支持向量的个数为 q，则 $\nu \leqslant q/m$，即支持向量占总个体数的比例不能低于 ν，从而保证了支持向量的个数不会太少。

🔔Tips：综上所述，无论哪一种支持向量分类器，其模型的表达式均为：

$$f(\boldsymbol{x}) = \mathrm{sgn}\left(\sum_{i=1}^{m} \alpha_i^* y_i \boldsymbol{x}^{\mathrm{T}} \boldsymbol{x}_i + \omega_0^* \right)$$

不同的支持向量分类器的区别在于划分超平面的训练过程。在硬间隔中，不允许有个体落在划分带内。软间隔则相反，允许部分个体落在划分带内，保留了一些容错空间，并通过惩罚参数 C 限制了划分带内的个体数量。ν-SVC 亦是通过软间隔的形式用在线性不可分的问题中。较之惩罚参数 C，ν-SVC 的参数 ν 具有较明确的意义，从而能够更加人性化地选择参数 ν 的值。

10.3　支持向量回归机

前面介绍了用支持向量机进行分类的诸多方法。支持向量机藉由一个线性回归函数或核函数与符号函数结合，从而实现个体的分类。除此之外，支持向量机还可以用来解决回归问题。一般，将用于解决回归问题的支持向量机称为支持向量回归机（Support Vector Regressor，SVR）。

对于线性回归问题，需要找到一个回归函数：$f(\boldsymbol{x}) = \boldsymbol{\omega}^{\mathrm{T}}\boldsymbol{x} + \omega_0$ 来拟合数据。在一般的线性回归模型中，求解 $f(\boldsymbol{x})$ 的做法是找到参数 $\boldsymbol{\omega}$，使得观测值与模型预测值的误差最小。SVR 则不然，它以划分带的方法确定模型的参数。为了便于理解，下面介绍一些重要的概念。

10.3.1　ε 带超平面

对于空间上的一个超平面 $(\boldsymbol{\omega}, \omega_0)$，将其上下平移 $\varepsilon > 0$ 个单位所构成的空间带称为 ε 带。对于给定的数据集 $D = \left\{ (\boldsymbol{x}_1, y_1), \cdots (\boldsymbol{x}_m, y_m) \right\}$，如果一个超平面的 ε 带能够将所有的数据点 $(\boldsymbol{x}_i, y_i)$ 包围，则称该超平面是 D 的 ε 带超平面。

---

① 读者可以参阅参考文献[1]的第 196 页了解推导过程。

当 ε 的取值充分大时，数据集 D 的 ε 带超平面总是存在的。而使得 ε 带最小时 $\varepsilon_{\min}$ 所对应的超平面 $(\boldsymbol{\omega}, \omega_0)$ 就是我们要找的回归模型。于是可将问题转换为优化问题：

$$\min_{\boldsymbol{\omega}, \omega_0, \varepsilon} \varepsilon$$
$$\text{s.t.} \quad -\varepsilon \leqslant y_i - \left(\boldsymbol{\omega}^{\mathrm{T}} \boldsymbol{x}_i + \omega_0\right) \leqslant +\varepsilon, \ i \in (1, 2, \cdots, m) \tag{10.22}$$

由于求解式（10.22）太复杂，因此需要进行一定的处理，以降低算法的复杂度。可以看出，如果 $\varepsilon > \varepsilon_{\min}$，则 ε 带超平面存在且不唯一；如果 $\varepsilon = \varepsilon_{\min}$，则 ε 带超平面存在且唯一；如果 $\varepsilon < \varepsilon_{\min}$，则不存在 ε 带超平面。因此，如果能够事先选择一个较小的 ε 并找到相应的带超平面，就可以粗略地认为所得平面为 SVR 模型。

10.3.2　线性硬间隔回归机

首先选择一个较小的 $\varepsilon > 0$，并用原数据集 D 构建一个二分类数据集 D'。通过对 $y_i \pm \varepsilon$ 并与特征 $\boldsymbol{x}_i$ 组合成新的特征向量，从而构成一个容量为 $2m$ 的数据集：

$$D' = \left\{ \left(\left(\boldsymbol{x}_i^{\mathrm{T}}, y_i + \varepsilon\right)^{\mathrm{T}}, +1 \right), \left(\left(\boldsymbol{x}_i^{\mathrm{T}}, y_i - \varepsilon\right)^{\mathrm{T}}, -1 \right) \right\}, i \in (1, 2, \cdots, m)$$

可以证明的是，如果数据集 D' 存在硬间隔划分超平面，则该超平面亦是 D 的 ε 带超平面。换句话说，可以通过在 D' 上训练一个 SVC 从而得到 SVR 模型，证明过程省略[②]。于是问题转换为：

$$\min_{\boldsymbol{\omega}, \omega_0, \eta} \frac{1}{2}\|\boldsymbol{\omega}\|^2 + \frac{1}{2}\eta^2$$
$$\text{s.t.} \quad \boldsymbol{\omega}^{\mathrm{T}} \boldsymbol{x}_i + \eta(y_i + \varepsilon) + \omega_0 \geqslant +1 \tag{10.23}$$
$$\boldsymbol{\omega}^{\mathrm{T}} \boldsymbol{x}_i + \eta(y_i - \varepsilon) + \omega_0 \leqslant -1$$

假设上述问题的解为 $\left(\boldsymbol{\omega}^*, \eta^*, \omega_0^*\right)$，将 $\eta = \eta^*$ 带到式（10.23）中，可得新的优化问题如下：

$$\max_{\boldsymbol{\omega}, \omega_0} \frac{1}{2}\|\boldsymbol{\omega}\|^2$$
$$\text{s.t.} \quad \boldsymbol{\omega}^{\mathrm{T}} \boldsymbol{x}_i + \eta^*(y_i + \varepsilon) + \omega_0 \geqslant +1 \tag{10.24}$$
$$\boldsymbol{\omega}^{\mathrm{T}} \boldsymbol{x}_i + \eta^*(y_i - \varepsilon) + \omega_0 \leqslant -1$$

将式（10.24）的约束条件相减可得：$\eta^* \geqslant 1/\varepsilon > 0$。因此将式（10.24）两边除以 $-\eta^*$，并令 $\boldsymbol{\omega} = -\boldsymbol{\omega}/\eta^*$，$\omega_0 = -\omega_0/\eta^*$，$\tilde{\varepsilon} = \varepsilon - 1/\eta^*$。则式（10.24）转换为：

$$\max_{\boldsymbol{\omega}, \omega_0} \frac{1}{2}\|\boldsymbol{\omega}\|^2$$
$$\text{s.t.} \quad \left(\boldsymbol{\omega}^{\mathrm{T}} \boldsymbol{x}_i + \omega_0\right) - y_i \leqslant \tilde{\varepsilon} \tag{10.25}$$
$$y_i - \left(\boldsymbol{\omega}^{\mathrm{T}} \boldsymbol{x}_i + \omega_0\right) \leqslant \tilde{\varepsilon}$$

于是原问题转化为 10.1.2 节中的基本型的拓展，在实际应用中，一般采用式（10.25）求解模型，此时参数 $\tilde{\varepsilon}$ 需要人工选取。可以看到的是，式（10.25）中的 $\tilde{\varepsilon} < \varepsilon$ 已经失去了 ε 值的原有含义。对比式（10.4）可以看出，硬间隔 SVC 要求划分带内不能存在个体，而硬

---

② 证明过程请参阅参考文献[1]的第 80 页。

间隔 SVR 要求 $\tilde{\varepsilon}$ 构成的划分带（以下简称 $\tilde{\varepsilon}$ 划分带）必须"囊括"所有的个体。

求出式（10.25）的对偶问题，可得：

$$\min_{\boldsymbol{\alpha}} \frac{1}{2} \sum_{i=1}^{m} \sum_{j=1}^{m} (\hat{\alpha}_i - \alpha_i)(\hat{\alpha}_j - \alpha_j) \boldsymbol{x}_i^{\mathrm{T}} \boldsymbol{x}_j +$$

$$\tilde{\varepsilon} \sum_{i=1}^{m} (\hat{\alpha}_i + \alpha_i) - \sum_{i=1}^{m} y_i (\hat{\alpha}_i - \alpha_i) \quad (10.26)$$

$$\text{s.t.} \sum_{i=1}^{m} (\hat{\alpha}_i - \alpha_i) = 0$$

$$\hat{\alpha}_i, \alpha_i \geqslant 0, i \in (1, 2, \cdots, m)$$

其中，向量 $\boldsymbol{\alpha} \in \mathbb{R}_+^{2m}$，$\boldsymbol{\alpha} = (\alpha_1, \hat{\alpha}_1, \cdots, \alpha_m, \hat{\alpha}_m)$，个体 i 对应两个元素 $\alpha_i, \hat{\alpha}_i \geqslant 0$。设上述问题的解为 $\boldsymbol{\alpha}^* = (\alpha_1^*, \hat{\alpha}_1^*, \cdots, \alpha_m^*, \hat{\alpha}_m^*)$，从而得到原问题的解：

$$\boldsymbol{\omega}^* = \sum_{i=1}^{m} (\hat{\alpha}_i^* - \alpha_i^*) \boldsymbol{x}_i$$

$$\omega_0^* = y_j - \boldsymbol{\omega}^{*\mathrm{T}} \boldsymbol{x}_j - \tilde{\varepsilon} \quad (10.27)$$

其中，j 为 α_j^* 或 $\hat{\alpha}_j^* > 0$ 的个体。从解的形式中可以看出，只有那些 α_i^* 或 $\hat{\alpha}_i^* > 0$ 的个体才能影响回归模型 $(\boldsymbol{\omega}^*, \omega_0^*)$ 的参数，再参考全局最优解的 KKT 条件：

$$\alpha_i ((\boldsymbol{\omega} \boldsymbol{x}_i + \omega_0) - y_i - \tilde{\varepsilon}) = 0$$

$$\hat{\alpha}_i (y_i - (\boldsymbol{\omega} \boldsymbol{x}_i + \omega_0) - \tilde{\varepsilon}) = 0 \quad (10.28)$$

结合式（10.25）的约束条件，只有那些等号成立的个体才有可能存在 $\alpha_i^*, \hat{\alpha}_i^* > 0$。换句话说，只有落在 $\tilde{\varepsilon}$ 划分带表面的数据个体，才能影响回归模型的参数 $(\boldsymbol{\omega}^*, \omega_0^*)$。我们称这些落在 $\tilde{\varepsilon}$ 划分带表面的个体为支持向量，意为模型的"支柱"。于是，根据式（10.27），我们得到的回归模型如式（10.29）所示。

$$f(\boldsymbol{x}) = \boldsymbol{\omega}^{*\mathrm{T}} \boldsymbol{x} + \omega_0^*$$

$$= \sum_{i=1}^{m} (\hat{\alpha}_i^* - \alpha_i) \boldsymbol{x}_i^{\mathrm{T}} \boldsymbol{x} + \omega_0^* \quad (10.29)$$

回过头来看式（10.25），其目标函数意味着斜率最低。结合约束条件可以看出，式（10.25）的求解过程是找到一个 $\tilde{\varepsilon}$ 划分带"套住"所有的数据个体 $\boldsymbol{x}_i$，并把这条 $\tilde{\varepsilon}$ 划分带努力"掰回"水平位置，而 SVR 模型就位于划分带的中间。如果 $\tilde{\varepsilon} \to +\infty$，则无论 $\tilde{\varepsilon}$ 划分带如何倾斜，都能够套住所有的个体。在目标函数的作用下，此时划分带必定是水平的。

结合对偶问题即式（10.26）与模型的解即式（10.27）可以看出，$\tilde{\varepsilon}$ 划分带的位置和倾斜程度都是以支持向量为"支柱"搭建的。

由于式（10.25）的约束条件规定所有的个体必须被囊括于 $\tilde{\varepsilon}$ 划分带内（包括表面），正如硬间隔 SVC 要求所有个体被排除在划分带外（包括表面）一样，因此也称用式（10.25）求解的模型为硬间隔 SVR。

很明显，由于式（10.29）是线性函数，因此也称其为线性硬间隔 SVR。值得注意的是，式（10.25）所得的模型（超平面）并非数据 D 关于 $\tilde{\varepsilon}$ 的带超平面。这是因为在式（10.25）的约束条件中并没有包括对因变量 y_i 的位置约束，所以式（10.25）求得的超平面是 $\boldsymbol{x}_i$ 的 $\tilde{\varepsilon}$

带超平面，而非 $(\boldsymbol{x}_i, y_i)$ 的 $\tilde{\varepsilon}$ 带超平面。但是，由于式（10.25）是由式（10.23）推导出来的，因此所求的超平面应是数据 D 关于原参数 ε 的带超平面。换句话说，在满足式（10.25）的约束条件的同时，已经将数据个体 $(\boldsymbol{x}_i, y_i)$ 约束在 ε 带中。

10.3.3　线性软间隔回归机

与 SVC 类似，通过对硬间隔 SVR 引入松弛变量 $\zeta, \hat{\zeta}$，即允许个体落在 $\tilde{\varepsilon}$ 划分带外，从而将间隔"软化"。引入惩罚参数 $C > 0$ 限制划分带外的个体数，因此可以将式（10.25）改写成：

$$\min_{\boldsymbol{\omega}, \omega_0, \zeta, \hat{\zeta}} \frac{1}{2} \|\boldsymbol{\omega}\|^2 + C \sum_{i=1}^{m} \left(\zeta_i + \hat{\zeta}_i \right)$$
$$\text{s.t.} \ (\boldsymbol{\omega}\boldsymbol{x}_i + \omega_0) - y_i \leqslant \tilde{\varepsilon} + \zeta_i$$
$$y_i - (\boldsymbol{\omega}\boldsymbol{x}_i + \omega_0) \leqslant \tilde{\varepsilon} + \hat{\zeta}_i \tag{10.30}$$
$$\zeta_i, \hat{\zeta}_i \geqslant 0$$

同样，找出式（10.30）的对偶问题如下：

$$\min_{\boldsymbol{\alpha}} \frac{1}{2} \sum_{i=1}^{m} \sum_{j=1}^{m} (\hat{\alpha}_i - \alpha_i)(\hat{\alpha}_j - \alpha_j) \boldsymbol{x}_i^{\mathrm{T}} \boldsymbol{x}_j +$$
$$\tilde{\varepsilon} \sum_{i=1}^{m} (\hat{\alpha}_i + \alpha_i) - \sum_{i=1}^{m} y_i (\hat{\alpha}_i - \alpha_i) \tag{10.31}$$
$$\text{s.t.} \ \sum_{i=1}^{m} (\hat{\alpha}_i - \alpha_i) = 0$$
$$0 \leqslant \hat{\alpha}_i, \alpha_i \leqslant C/m, i \in (1, 2, \cdots, m)$$

根据最优解的 KKT 条件：

$$\alpha_i \left((\boldsymbol{\omega}\boldsymbol{x}_i + \omega_0) - y_i - \tilde{\varepsilon} - \zeta_i \right) = 0$$
$$\hat{\alpha}_i \left(y_i - (\boldsymbol{\omega}\boldsymbol{x}_i + \omega_0) - \tilde{\varepsilon} - \hat{\zeta}_i \right) = 0$$
$$(C/m - \alpha_i)\zeta_i = 0, (C/m - \hat{\alpha}_i)\hat{\zeta}_i = 0 \tag{10.32}$$
$$\alpha_i \hat{\alpha}_i = 0, \zeta_i \hat{\zeta}_i = 0$$

结合 KKT 条件和式（10.30）的约束条件，可以总结出：

- 当且仅当 $(\boldsymbol{\omega}\boldsymbol{x}_i + \omega_0) - y_i = \tilde{\varepsilon} + \zeta_i$ 时，才能有 $\alpha_i^* > 0$；当 $y_i - (\boldsymbol{\omega}\boldsymbol{x}_i + \omega_0) = \tilde{\varepsilon} + \hat{\zeta}_i$ 时，$\hat{\alpha}_i^* > 0$。

- 如果 $\alpha_i^* = \hat{\alpha}_i^* = 0$，则个体必然落在 $\tilde{\varepsilon}$ 带内或表面。

- 如果 $\alpha_i^* \in (0, C/m) \Rightarrow \hat{\alpha}_i^* = 0$ 或 $\hat{\alpha}_i^* \in (0, C/m) \Rightarrow \alpha_i^* = 0$，则个体 i 落在 $\tilde{\varepsilon}$ 带表面。

- 如果 $\alpha_i^* = C/m \Rightarrow \hat{\alpha}_i^* = 0$ 或 $\hat{\alpha}_i^* = C/m \Rightarrow \alpha_i^* = 0$，则个体 i 必然落在 $\tilde{\varepsilon}$ 带外部和表面上。

根据式（10.30）求得的模型，其形式仍如式（10.27）和式（10.29）所示，其中，个体 j 满足 $j \in \{i \mid \alpha_i^* \in (0, C/m)\} \cup \{i \mid \hat{\alpha}_i^* \in (0, C/m)\}$。

同样，从模型的解中可以看出，只有那些 α_i^* 或 $\hat{\alpha}_i^* > 0$ 的个体才能影响模型的参数。换句话说，软间隔的 SVR 中的支持向量必然落在 $\tilde{\varepsilon}$ 划分带的外部或表面上。对于所有的 $\alpha_i^* = \hat{\alpha}_i^* = 0$，它们不能影响模型的参数，因此不是支持向量。

对于那些 ζ_i^* 或 $\hat{\zeta}_i^* > 0$ 的个体，它们落在 $\tilde{\varepsilon}$ 的外部，因此也称其为错误个体（在 10.3.4 节中将会用到）。与 10.2.2 节中的错误分类个体一样，错误个体的概念与支持向量并不冲突，也就是说，支持向量可以是错误个体。

> **Tips**：对比硬间隔 SVC 和 SVR，可以发现 SVR 要求划分带囊括所有个体，而 SVC 让所有个体被"赶出"划分带外。对于软间隔模型，SVR 的支持向量在划分带表面或外部，SVC 的支持向量在划分带表面和内部，模型参数都是由支持向量构成的。对于非支持向量个体，即使将其删除，也不影响模型的参数，因此可以大大降低计算工作。

与 SVC 类似，对 SVR 也可以引入核函数，从而得到非线性的带超平面作为 SVR 模型。以硬间隔 SVR 为例，设映射函数为 $\psi(\cdot)$，定义核函数：$K(\boldsymbol{x}_i, \boldsymbol{x}_j) = \psi(\boldsymbol{x}_i)^{\mathrm{T}} \psi(\boldsymbol{x}_j)$。对数据集进行映射，可将式（10.25）改写为：

$$
\min_{\boldsymbol{\omega}, \omega_0} \frac{1}{2} \|\boldsymbol{\omega}\|^2
$$
$$
\text{s.t.} \ \ \left(\boldsymbol{\omega}^{\mathrm{T}} \psi(\boldsymbol{x}_i) + \omega_0\right) - y_i \leqslant \tilde{\varepsilon} \tag{10.33}
$$
$$
y_i - \left(\boldsymbol{\omega}^{\mathrm{T}} \psi(\boldsymbol{x}_i) + \omega_0\right) \leqslant \tilde{\varepsilon}
$$

从而得到对偶问题：

$$
\min_{\boldsymbol{\alpha}} \frac{1}{2} \sum_{i=1}^{m} \sum_{j=1}^{m} (\hat{\alpha}_i - \alpha_i)(\hat{\alpha}_j - \alpha_j) K(\boldsymbol{x}_i, \boldsymbol{x}_j) +
$$
$$
\hat{\varepsilon} \sum_{i=1}^{m} (\hat{\alpha}_i + \alpha_i) - \sum_{i=1}^{m} y_i (\hat{\alpha}_i - \alpha_i) \tag{10.34}
$$
$$
\text{s.t.} \ \ \sum_{i=1}^{m} (\hat{\alpha}_i - \alpha_i) = 0
$$
$$
\hat{\alpha}_i, \alpha_i \geqslant 0, i \in (1, 2, \cdots, m)
$$

同样，可以得到式（10.34）的解向量 $\boldsymbol{\alpha} \in \mathbb{R}_+^{2m}$，从而求得核 SVR 模型为：

$$
f(\boldsymbol{x}) = \sum_{i=1}^{m} (\hat{\alpha}_i^* - \hat{\alpha}_i) K(\boldsymbol{x}_i, \boldsymbol{x}) + \omega_0^*
$$
$$
\omega_0^* = y_j - \sum_{i=1}^{m} (\hat{\alpha}_i^* - \alpha_i^*) K(\boldsymbol{x}_i, \boldsymbol{x}_j) - \tilde{\varepsilon} \tag{10.35}
$$

其中，j 为 α_j^* 或 $\hat{\alpha}_j^* > 0$ 的个体，$K(\boldsymbol{x}_i, \boldsymbol{x}_j)$ 为任意核函数。

10.3.4　ν 支持向量机回归

在软间隔 SVR 模型中，需要事先挑选两个参数 $C, \tilde{\varepsilon}$。考虑到 $\tilde{\varepsilon}$ 只能定性地分析 $\tilde{\varepsilon}$ 划分

带的大小，而不能定量地确定支持向量和错误个体的数量。因此，学者们引入了 ν-SVR 来解决这类问题。

在 ν-SVR 中，需要事先选定参数 ν 和 C，同时设置 $C \geqslant 0$，并调整式（10.30）如下：

$$\min_{\boldsymbol{\omega},\omega_0,\boldsymbol{\zeta},\hat{\boldsymbol{\zeta}},\tilde{\varepsilon}} \frac{1}{2}\|\boldsymbol{\omega}\|^2 + C\left(\nu\tilde{\varepsilon} + \frac{1}{m}\sum_{i=1}^{m}\left(\zeta_i + \hat{\zeta}_i\right)\right)$$

$$\text{s.t. } \left(\boldsymbol{\omega}\boldsymbol{x}_i + \omega_0\right) - y_i \leqslant \tilde{\varepsilon} + \zeta_i \tag{10.36}$$

$$y_i - \left(\boldsymbol{\omega}\boldsymbol{x}_i + \omega_0\right) \leqslant \tilde{\varepsilon} + \hat{\zeta}_i$$

$$\zeta_i, \hat{\zeta}_i \geqslant 0, \tilde{\varepsilon} \geqslant 0$$

式（10.36）的对偶问题为：

$$\min_{\boldsymbol{\alpha}} \frac{1}{2}\sum_{i=1}^{m}\sum_{j=1}^{m}\left(\hat{\alpha}_i - \alpha_i\right)\left(\hat{\alpha}_j - \alpha_j\right)\boldsymbol{x}_i^{\mathrm{T}}\boldsymbol{x}_j - \sum_{i=1}^{m}y_i\left(\hat{\alpha}_i - \alpha_i\right)$$

$$\text{s.t. } \sum_{i=1}^{m}\left(\hat{\alpha}_i - \alpha_i\right) = 0$$

$$0 \leqslant \hat{\alpha}_i, \alpha_i \leqslant \frac{C}{m} \tag{10.37}$$

$$\sum_{i=1}^{m}\left(\hat{\alpha}_i + \alpha_i\right) \leqslant C\nu, i \in \left(1,2,\cdots,m\right)$$

设对偶问题的解为 $\boldsymbol{\alpha}^* = \left(\alpha_1^*, \hat{\alpha}_1^*, \cdots, \alpha_m^*, \hat{\alpha}_m^*\right)$，从中选择两个满足 $\alpha_j^*, \hat{\alpha}_k^* \in \left(0, C/m\right)$ 的个体 j, k，从而得到模型的解为：

$$\boldsymbol{\omega}^* = \sum_{i=1}^{m}\left(\hat{\alpha}_i^* - \alpha_i^*\right)\boldsymbol{x}_i$$

$$\omega_0^* = \frac{1}{2}\left[y_j + y_k - \boldsymbol{\omega}^{*\mathrm{T}}\left(\boldsymbol{x}_j + \boldsymbol{x}_k\right)\right] \tag{10.38}$$

最终求得 SVR 模型为：$f\left(\boldsymbol{x}\right) = \sum_{i=1}^{m}\left(\hat{\alpha}_i^* - \alpha_i\right)\boldsymbol{x}_i^{\mathrm{T}}\boldsymbol{x} + \omega_0^*$。

同样，这里不加证明地给出参数 ν 的含义：

❑ 记错误个体数为 p，则 $\nu \geqslant p/m$，即错误个体数占总个体数的比例不能超过 ν，从而保证错误个体数不至于太多。

❑ 记支持向量的个数为 q，则 $\nu \leqslant q/m$，即支持向量占总个体数的比例不能低于 ν，从而保证支持向量的个数不会太少。

对比 ν-SVC，虽然 ν-SVR 不需要选择 $\tilde{\varepsilon}$，但是需要选择惩罚参数 C，因此只是部分解决了参数选择的问题。

10.4　支持向量机的 Python 实现

无论 Python 还是 MATLAB，都有实现 SVM 的模块。其中，Python 中的 sklearn.svm 模块可以实现 SVC 与 SVR 模型，在 MALTAB 中可以安装 LIBSVM 库实现。鉴于全书使用 Python 作为主语言，因此本节将结合案例着重介绍 Python 实现。

10.4.1 软间隔 SVC 的实现

由于硬间隔 SVC 不能用于线性不可分问题，所以在 Python 中并没有硬间隔 SVC 的实现方法。线性软间隔可以用 LinearSVC 类实现，通过调整参数 C 来设置惩罚参数的值。

用 make_classification 方法产生一个二分类数据集，如图 10.6（a）所示。可以看到该数据集是线性不可分的，但在误差允许的情况下，可以用线性分类器来解决该问题。

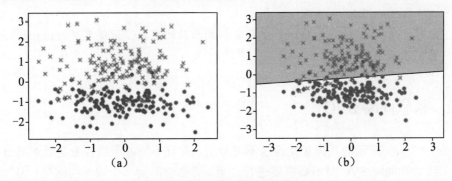

图 10.6 实例数据与划分超平面

通过代码 from sklearn.svm import LinearSVC 引入线性软间隔 SVC，并设置惩罚参数 C=0.8，代码如下。

实现代码：soft_SVC.py

```
from sklearn.datasets import make_classification
from sklearn.svm import LinearSVC                    #引入线性软间隔 SVC 模块
X,y = make_classification(n_samples=300,n_features=2,n_informative=1
                    ,n_redundant=0,n_clusters_per_class=1)    #生成数据集
from sklearn.model_selection import train_test_split
X_train,X_test,y_train,y_test = train_test_split(X,y,test_size=0.3,
random_state=1)                                      #拆分数据
svc = LinearSVC(C=0.8)                               #设置软间隔 SVC 的惩罚参数为 0.8
svc.fit(X_train,y_train)                             #进行模型训练
```

完成模型训练后，分别在训练集、测试集上求解模型的拟合优度，并画出软间隔 SVC 的划分超平面，如图 10.6（b）所示。限于篇幅原因，这里直接给出模型的拟合优度如表 10.1 所示。可以看出，SVC 模型的效果可嘉，这一点也可以直观地从图 10.6（b）中看出。另外还可以发现，划分超平面近乎水平，这实际是式（10.11）中的目标函数的作用结果。

表 10.1 模型拟合优度

数据集	训练集				测试集			
类别	个体数	准确率	回报率	F1 值	个体数	准确率	回报率	F1 值
1	101	0.91	0.95	0.93	50	0.92	0.9	0.91
−1	109	0.95	0.92	0.93	40	0.88	0.9	0.89
精确率	0.9333				0.9000			

⏻Tips：线性软间隔 SVC 还可以通过 sklearn.svm 模块的 SVC 类实现，此时需要设置参数 kernel 为'linear'，并通过参数 C 设置惩罚参数的值即可。另外，SVC 类还可以用于实现核软间隔 SVC，其可以选择的核函数如下：

❏ 'linear'：线性核函数，对应线性 SVC。

❏ 'poly'：多项式核函数，此时分类超平面为多项式平面。

❏ 'rbf'：高斯径向基函数，见式（7.13）所示。

❏ 'sigmod'：sigmod 核函数。

❏ 'precomputed'：核矩阵。

同时，通过调整参数 degree 设置多项式函数的次数，调整参数 gamma、coef0 设置其他核函数的参数。

10.4.2　核软间隔 SVC

如图 10.7（a）所示的数据集是线性不可分的，并且不能够用线性分类器对其分类。此时如果用线性软间隔 SVC 对该数据集进行分类，势必会得到一个较差的结果。因此只有考虑采用核软间隔 SVC 来解决该非线性分类问题。

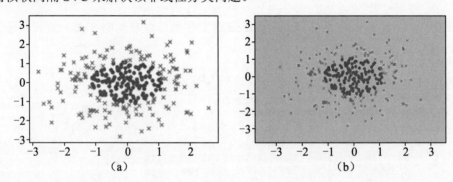

图 10.7　实例数据集与划分超平面

核软间隔 SVC 可以采用 sklearn.svm 模块中的 SVC 类实现。通过调节 kernel 函数选择合适的核函数，如 rbf 等，同时可以调节参数 C 设置惩罚参数 C 的大小。

在本例中，首先用 sklearn.datasets 模块的 make_gaussian_quantiles 函数生成图 10.7 中的数据集，并将数据集按 7∶3 的比例进行拆分，代码如下。

实现代码：kernel_SVC.py

```
from sklearn.datasets import make_gaussian_quantiles
#产生数据集
X, y = make_gaussian_quantiles(n_samples=300,n_features=2, n_classes=2)
from sklearn.model_selection import train_test_split
X_train,X_test,y_train,y_test = train_test_split(X,y,test_size=0.3,
random_state=1)                                      #拆分数据
```

产生数据集后，用其训练一个以 $\sigma=1$ 的 RBF 作为核函数且惩罚参数为 $C=1$ 的 SVC，代码如下：

```
from sklearn.svm import SVC                    #导入 SVC 模块
k_svc = SVC(C=1.0,kernel='rbf',gamma=1)        #使用 RBF 核的核 SVC，设置惩罚参数为 1
k_svc.fit(X_train,y_train)                     #训练模型
```

同样地，可以画出模型的划分超"平面"如图 10.7（b）所示，并计算模型在训练集和测试集中的拟合优度如表 10.2 所示。

表 10.2　模型拟合优度

数据集	训练集				测试集			
类别	个体数	准确率	回报率	F1 值	个体数	准确率	回报率	F1 值
1	104	0.97	0.99	0.98	46	0.94	0.98	0.96
−1	106	0.99	0.97	0.98	44	0.98	0.93	0.95
精确率	0.980952381				0.955555556			

*10.4.3　ν-SVC 的实现

在 Python 中可以使用 sklearn.svm 模块中的 NuSVC 模块实现。通过调整 NuSVC 类中的参数 nu 来调整 ν 的值，ν-SVC 的参数 ν 的具体含义可以参阅 10.2.4 节。另外，可以通过设置参数 kernel，从而实现核 ν-SVC。如果要使用线性的 ν-SVC，只要将参数 kernel 的取值设置为 linear 即可。

NuSVC 与 SVC 的使用方法和模型的效果都相差无几，读者可以用 10.4.1 节和 10.4.2 节的实例实现一个 ν 分类器。

10.4.4　软间隔 SVR 的实现

软间隔 SVR 可以用 sklearn.svm 模块中的 SVR 实现。可以通过调整 SVR 类的参数 C 和 epsilon 选择惩罚参数 C 和 $\tilde{\varepsilon}$，同时通过 kernel 参数选择核函数，从而实现非线性回归。如图 10.8（a）所示，首先产生一个一元的非线性数据集，其中纵轴为因变量 y，横轴为特征 x。

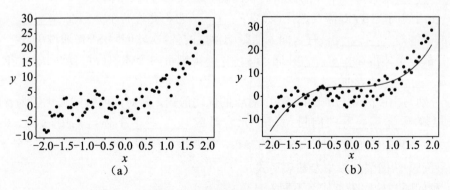

图 10.8　实例数据与带超平面

产生数据集的代码如下。

代码文件：soft_SVR.py

```
"""产生一个实例数据"""
x = np.arange(-2,2,0.05).reshape(-1,1)
l = len(x)
y = np.zeros(l)
for i in range(0,l):                                        #产生数据集
    y[i] = 2*x[i]**3+3*x[i]**2+x[i]+1.5+np.random.uniform(-6,4)
from sklearn.model_selection import train_test_split
x_train,x_test,y_train,y_test = train_test_split(x,y,test_size=0.3,
random_state=1)                                             #拆分数据
```

之后使用 SVR 类，调整参数 C 和 cpsilon 为 1.0 和 0.5。从图 10.8（a）中可知，最好设置核函数 kernel 为 poly，即多项式函数，同时调整 degree 参数为 3，即三次多项式函数作为核函数：

```
from sklearn.svm import SVR
#使用 C=1.0, e=0.5 的软间隔 SVR 模型，并使用三次多项式核函数
svr = SVR(C=1.0,epsilon=0.5,kernel='poly',degree=3)
svr.fit(x_train,y_train)                                    #模型训练
```

同样，画出带超平面如图 10.8（b）所示，并在训练集和测试集上分别计算模型的 R 方为 0.70 和 0.57。可以看出，该 SVR 模型用于上述回归任务有点力不从心。读者可以使用一元非线性回归模型（见 2.5.1 节）拟合该数据，并与 SVR 进行比较。有耐心的读者还可以用交叉验证的方法找到最合适的 C 与 $\tilde{\varepsilon}$。

10.5　习　　题

1. 支持向量机分为_____和_____，利用_____，可以将支持向量机用于非线性的分类或回归任务中。

2. 硬间隔 SVC 不允许有个体落在_____，划分带表面的个体是_____，只有它们才能影响模型的参数。软间隔 SVC 通过引入_____，从而允许部分个体落在_____，并通过_____限制带内个体的数目。软间隔 SVC 的支持向量落在_____和表面。

3. 使用硬间隔 SVR 需要选择参数_____，它不允许有个体落在_____，$\tilde{\varepsilon}$ 划分带表面的个体是_____，只有它们才能影响模型的参数。软间隔 SVR 通过引入_____，从而允许部分个体落在_____并通过_____限制带内个体的数目。软间隔 SVR 的支持向量落在_____和表面。

4. 分别写出硬间隔与软间隔 SVC 对应的优化问题，其对偶问题的最优解为 $\boldsymbol{\alpha}^*$，它是一个长度等于_____的向量，每个元素对应_____个体，其中，$\alpha_i^* > 0$ 的个体为_____，只有它们才能影响模型的参数，这是因为模型的解只与 $\alpha_i^* \neq 0$ 的个体有关，请写出硬间隔/软间隔的模型参数表达式。

5. 硬间隔与软间隔有什么不同？

6. 分别写出硬间隔与软间隔 SVR 对应的优化问题，其对偶问题的最优解为 $\boldsymbol{\alpha}^*$，它是一个长度等于_____的向量，每_____元素对应一个个体，其中，α_i^* 或 $\hat{\alpha}_i^* > 0$ 的个体为_____，只有它们才能影响模型的参数，这是因为模型的解只与 $\alpha_i^*, \hat{\alpha}_i^* \neq 0$ 的个体有关，

请写出硬间隔/软间隔的模型参数表达式。

7. 在软间隔 SVC 中，如果 $\alpha_i^* \in (0, C)$，则该个体 i 落在划分带_____（内/外/表面），这是因为根据 KKT 条件，此时_____为 0 的缘故。

*8. 软间隔 SVM 模型可以允许被错误分类，存在错误个体，请问什么是被错误分类的个体和错误个体（结合对偶问题的解 α_i^* 和松弛变量回答）。

9. 硬间隔分类器_____（可/不可/不适合）用于线性不可分的分类问题中，逻辑回归和软间隔分类器_____（可/不可）用于线性不可分问题。

*10. 在 ν-SVC 和 ν-SVR 中，ν 的含义是什么？

11. 如图 10.9 所示，已知有一个线性不可分的数据集。请根据所学知识训练一个 SVC 模型并评价其拟合优度。生成数据集的代码如下。

代码文件：code_q11.py

```
np.random.seed(0)
X = np.random.randn(200,2)
y_xor = np.logical_xor(X[:,0]>0,X[:,1]>0)
y = np.where(y_xor,0,1)
```

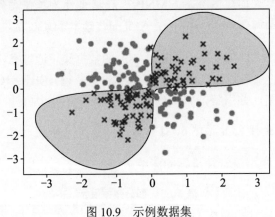

图 10.9　示例数据集

12. SVC 通常应用在图像识别领域，如写手体识别和行人检测等。请结合 9.4.3 节中的实例，使用 Sklearn 自带的 digits 数据集训练一个用于识别简单手写体的软间隔 SVC，并与 Softmax 模型进行比较。

☎提示：SVC 类可以通过设置参数 decision_function_shape 设置多分类方法，如 OVR 等。

13. 第 6 章的习题 19 中提到人脸识别模型的实现，请参考代码文件 code_q13.py，用 SVC 实现一个胡子识别模型。

☎提示：读者可以运行 code_q13.py 中的画图代码查看数据集。

14. MNIST 是一个数字手写体数据集。区别于 Sklearn 自带数据，其像素较大，携带信息量较多，如图 10.10 所示。MNIST 数据集已经划分好了训练集和测试集，前者为 6000 张图片，后者为 1000 图片。请读者下载数据文件并根据代码文件 code_q14.py 训练一个 SVC 手写体识别模型。

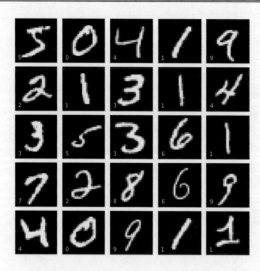

图 10.10　MNIST 数据集部分图片展示

注意：可以用调整参数实现多分类。MNIST 数据文件为二值文件并位于压缩包中。读者务必要仔细阅读 code_q14.py，学习如何读取和处理这类文件。

15. 数据集 airfoil_self_noise.dat 来自 NASA 的数据集，通过在消声风洞中对二维和三维翼型叶片剖面进行的一系列空气动力学和声学测试获得，如表 10.3 所示。读者可以从 GitHub 上下载该数据集，并用特征 $f1 \sim f5$ 为自变量、噪声为因变量训练一个 SVR 模型。

提示：可参阅代码文件 code_q15.py 读取数据集，并在解题时考虑进行特征标准化。

16. 请思考 SVM 模型受特征量纲的影响大吗？

表 10.3　部分数据展示

个体	$f1$	$f2$	$f3$	$f4$	$f5$	噪声
…	800	0	0.3048	71.3	0.002663	126.201
…	1000	0	0.3048	71.3	0.002663	125.201
…	1250	0	0.3048	71.3	0.002663	125.951
…	1600	0	0.3048	71.3	0.002663	127.591

参 考 文 献

[1] 邓乃扬，田英杰. 数据挖掘中的新方法：支持向量机[M]. 北京：科学出版社，2004.

[2] 周志华. 机器学习[M]. 北京：清华大学出版社，2016.

第 11 章　决　策　树

决策树与 KNN、贝叶斯分类器一样，属于无参数模型。但区别于后面两者，它并不是依靠存储数据实现的。决策树是一个模拟人类决策过程的模型，它由一系列针对数据集的问题构成。决策树通常用于医学诊断，如根据患者的病理特征判断是否患病，以及选择适合患者的药物。另外，决策树也用于工业生产和物体检测领域，如找到流水线上的瑕疵品。

决策树模型能够直观地呈现出来，因此适用于需要展示决策过程的场合。使用决策树，可以不需要对数据进行标准化，不用担心数据量纲引起的权重问题。但是决策树也有其缺点，其泛化能力不够强，或者说它容易过拟合。除此之外，决策树对类别不均衡十分敏感，这些缺点导致决策树的使用频率并不高。

虽然如此，我们仍旧有必要学习决策树。本章将从决策树的模型图开始，介绍决策树的有关概念和训练方法，并结合两个案例，重点介绍 Python 实现决策树的方法。

通过本章的学习，读者可以掌握以下内容：

❑ 读懂决策树模型图，理解决策树的结构和使用方法；
❑ 决策树模型的训练、求解与剪枝处理方法；
❑ 防止决策树过拟合的方法与具体操作；
❑ 用 Python 实现决策树和剪枝处理的方法。

🔔注意：因为 Sklearn 中的决策树模型无法处理离散型特征，所以本章规定所有特征为连续数值型。

11.1　决策树简介

要理解决策树模型，最重要的是学会读懂决策树模型图。为了让读者对决策树有一个基本的了解，本节以一个分类决策树模型为例，介绍其结构与使用方法。

11.1.1　决策树的结构

如图 11.1 所示，该图是从鸢尾花数据集中得出的一个决策树模型。其中，方框为叶子节点，根节点是第一个节点。很明显，决策树是一棵由根节点、叶子节点与其余节点构成的二叉树，并且每个节点都可以视为一个 if-than-else 结构，从而一步步地将数据集拆分成子数据集，直到实现分类为止。

我们将从根节点（不包括）开始到叶子节点（包括）所经历的最大节点数称为树的深度，如图 11.1 所示的决策树的深度为 5。

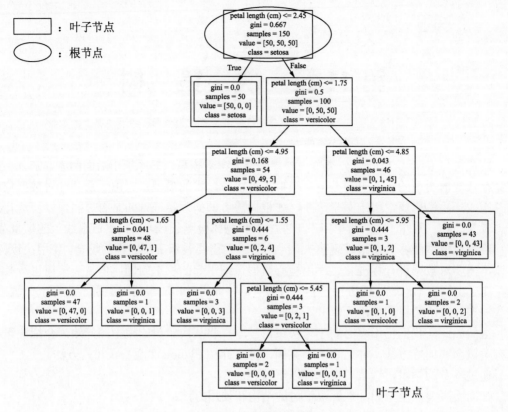

图 11.1　决策树示意

叶子节点没有子节点，根节点衍生其余节点。除了叶子节点外，节点都具备一个条件表达式。该条件表达式针对个体的某个特征对节点的数据集进行拆分，并称该特征为决策特征。将目光移向根节点，可以看到其条件表达式为 petal length <= 2.45 cm，其中，petal length 即为决策特征。因此，如果个体的花瓣长度小于或等于 2.45cm，则将其分到左边的叶子节点中，否则就划分到右边的子节点中并继续归类，直到叶子节点为止。

节点的参数 samples 为该节点所包含的个体数，根节点的 samples 值即为样本的容量 m。参数 class 为节点的主体类，节点的左子节点的 class 与该节点相同，右子节点则将 class 设为参数 value 中最大元素对应的类[①]。

value 参数是一个长度为总类别数并且所有元素之和等于该节点的 samples 值的向量。一般，节点的主体类等于 value 中最大元素对应的类别。

Gini 参数描述了节点的"不纯度"（impurity），即 value 的均衡度或节点的确定度。其值越小，意味着 value 中的所有元素越不均衡。换句话说，如果在节点中有大量的个体属于主体类，则该节点越"确定"。当 Gini=0 时，意味着 value 中只有一个非零元素，此时节点的所有个体都被归类，节点必为叶子节点。

决策树的节点参数如表 11.1 所示。一棵决策树通过每个节点的条件表达式逐步地将数据集"分而治之"，最终实现对数据集的分类，而这个"分而治之"的过程就是模型的训练过程。

---

① 如果最大元素不唯一，则可任选一个作为主体类，如图 11.1 的根节点所示。

表 11.1　节点参数及其含义

参　数　名	参　数　含　义
条件表达式 （叶子节点除外）	拆分节点、划分数据集的依据
samples	该节点包含的个体数
value	长度为类别个数、每个元素代表该节点中属于某类的数量
class	节点的主体类
Gini	描述value的均衡度，value越均衡，节点越不纯

11.1.2　决策树的使用

可以说，图 11.1 将数据集信息、训练信息都包含在其中。在使用模型时，只需要关心每个节点的条件表达式和 class 参数即可，不必关心 samples、value 和 Gini 等反应训练信息的参数。

仍以图 11.1 为例，该图所展示的决策树模型是分类模型。构成决策树之后，对于一个未知个体 x'，从根节点开始，根据个体的取值与节点条件进行比较，逐步沿着树的分支进行遍历，直到达到叶子节点。此时，叶子节点表示的类别就是个体所属的类别。

对于回归问题，决策树的结构亦如图 11.1 所示，但参数 value 是一个连续型的取值 $\bar{y}$ 并且节点没有 class 参数。对于节点 j，value 值的计算如下：

$$\bar{y}_j = \frac{1}{N_j} \sum_{i=1}^{N_j} y_i$$

其中，N_j 为节点 j 的 samples，y_i 为节点所属个体的因变量取值。

同样，对于回归问题，求解 x' 的因变量 y' 亦可以通过遍历树，最终得到 $y' = \bar{y}_k$，k 为某个叶子节点。因此，在使用决策树拟合数据时，回归曲线通常呈阶梯状。用决策树拟合 sin 曲线时，可以得到状如阶梯的线段，如图 11.2 所示。

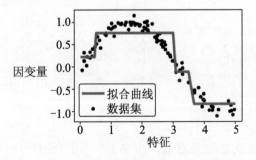

图 11.2　用决策树拟合 sin 曲线

☞Tips：图 11.2 所示的决策树拟合曲线并不完全是阶梯状，而是呈现边缘为斜线的梯形。
实际上，无论分类还是回归，决策树的拟合优势是以通过多个平行于某个坐标轴的超平面来构成模型。至于图 11.2 为什么会呈现梯形，是因为画图所致。严格来说，图 11.2 的决策树图像不应该有斜线过渡。之所以存在斜线，是因为画图函数将所有点连接起来了，而处在边界的两个点的 x 值相差较大，因此出现了过渡斜线。

11.2　分类决策树

11.1 节介绍了如何读懂决策树模型图，以及如何使用模型图对未知数据进行预测。但有一个重要的问题没解决，即如何训练一棵决策树？本节将继 11.1 节遗留的问题介绍决策树的 Python 实现。为了方便阐述，本节主要介绍用于分类问题的模型——分类决策树。

11.2.1　构造分类决策树

假设有分类数据集 D，$D=(\boldsymbol{x}_i, y_i)$，$\boldsymbol{x}_i \in \mathbb{R}^n$，$y_i$ 为一个离散型因变量，$i \in (1,2,\cdots,m)$。很明显，根节点的 samples、value、class 和 Gini 参数均可以直接算出。如果知道父节点的条件表达式，则可以计算子节点的 samples、value。class、Gini 参数，以此类推。可见，训练一棵决策树，最重要的是逐步找到每个节点的条件表达式。

作为模型的使用者，当然希望模型越简单越好。因此，我们希望得到一棵总节点数最少、决策步骤最少的树。如果一棵树的所有节点的不纯度（如 Gini）的加权总和最小，则可以选择该树作为理想的模型。节点的不纯度除了可以用 Gini 表示外，还可以有其他度量方法。

1. Gini系数

最常用的度量为 Gini 系数，设 $y=\{c_1, c_2, \cdots, c_N\}$，定义概率 $P(y=c_i \mid \text{Node}=j)$ 为节点 j 的个体属于 c_i 类的概率：

$$P(y=c_i \mid \text{Node}=j) = \frac{N_j^{y=c_i}}{N_j} \tag{11.1}$$

其中，$N_j^{y=c_i}$ 为节点 j 中属于 c_i 类（共 N 类）的个体数，定义节点 j 的 Gini 系数如式（11.2）所示。

$$\text{Gini}(j) = \sum_{i=1}^{N} P(y=c_i \mid \text{Node}=j)\left[1-P(y=c_i \mid \text{Node}=j)\right] \tag{11.2}$$

显然，如果节点 j 中的所有个体均属于同一类，则 $\text{Gini}(j)=0$。

2. 信息熵

另一个度量不纯度的方法是信息熵。由 5.1.2 节的介绍可知，信息熵可以衡量不确定度。因此，可以计算一个节点的信息熵来度量其信息量。节点的信息熵越低，则节点越确定。节点 j 的信息熵的计算公式为：

$$H(j) = -\sum_{i=1}^{N} P(y=c_i \mid \text{Node}=j)\log_2\left(P(y=c_i \mid \text{Node}=j)\right) \tag{11.3}$$

信息熵不同于 Gini 系数，前者度量节点的信息量，而后者则描述节点类别的均衡度。节点越确定，所提供的信息量越小，则信息熵越小。

3. 误分类系数

误分类系数表征节点中的个体不属于主体类的概率，其计算公式如下：

$$M(j) = 1 - \max\left(P(y = c_i \mid \text{Node} = j)\right) \tag{11.4}$$

与 Gini 类似，误分类系数亦能够用来度量节点中类别的均衡度。但是，误分类系数没有考虑到总体分布，因此在实际应用中并不常见。

任意选择一种不纯度度量方法，记为 $I(\cdot)$。假设 $\boldsymbol{x}$ 的所有特征都是连续型变量，节点的条件表达式记为 $\sigma(\alpha, t)$，其中，α 为决策特征，$\alpha \in \left(x^1, x^2, \cdots, x^n\right)$，$t$ 为阈值。构造风险函数为：

$$\begin{aligned} C(j, \sigma) = C(j_L, \sigma_L) + C(j_R, \sigma_R) \\ + \frac{N_L}{N_D} I(j_L) + \frac{N_R}{N_D} I(j_R) \end{aligned} \tag{11.5}$$

在式（11.5）中 j_L, j_R 为根据表达式 σ 划分的 j 的左右子节点。系数 $N_L/N_D, N_R/N_D$ 为权重系数，其中，N_D 为节点 j 的 samples，N_L, N_R 分别为子节点 j_L, j_R 的 samples。

式（11.5）是一个递归算式，如果 j_L, j_R 为非叶子节点，则 $C(j_L, \sigma_L)$ 和 $C(j_R, \sigma_R)$ 亦由式（11.5）计算；如果 j_L, j_R 为叶子节点，则：

$$C(j, \sigma) = I(j) \tag{11.6}$$

于是决策树的训练过程可以视为如下优化问题：

$$\min_{\sigma} C(j_{\text{root}}, \sigma_{\text{root}}) \tag{11.7}$$

式（11.7）的含义是指，从根节点开始，找到所有节点的条件表达式，使得递归算式 $C(j_{root}, \sigma_{root})$ 最小，所有节点的不纯度加权和最小。

除了以上三种常见的方法外，不纯度度量系数 $I(\cdot)$ 还可以用信息增益。

4. 信息增益（KL散度）

我们在介绍极大似然法时曾经讲过 KL 散度的定义：用于度量两个分布的不相似度的系数。因此，可以通过父节点与子节点分布的不相似度来度量节点 j 的不纯度。节点 j 的信息增益的计算如下：

$$\text{IG}(j) = H(j) - \frac{N_j^{\sigma}}{N_j} H(j \mid \sigma) - \frac{N_j^{\bar{\sigma}}}{N_j} H(j \mid \bar{\sigma}) \tag{11.8}$$

其中，$H(j)$ 可从式（11.3）算出；N_j^{σ} 为在节点中满足条件 σ 的个体数；$H(j \mid \sigma)$ 和 $H(j \mid \bar{\sigma})$ 分别为已知 σ 和 $\bar{\sigma}$（$\bar{\sigma}$ 为条件表达式的反）的前提下节点 j 的信息熵，其计算公式为：

$$\begin{aligned} H(j \mid \sigma) = \\ -\sum_{i=1}^{N} P(y = c_i \mid \text{Node} = j, \boldsymbol{x} \subset \sigma) \log_2 \left(P(y = c_i \mid \text{Node} = j, \boldsymbol{x} \subset \sigma)\right) \end{aligned} \tag{11.9}$$

其中，$\boldsymbol{x} \subset \sigma$ 表示个体满足条件表达式。

实际上，式（11.8）为父节点的分布与子节点的分布之间的差异。根据我们的主观认识，这个差异应该越大越好。因此，如果选择 IG 度量节点的不纯度，则应该将优化问题改写为：

$$\max_{\sigma} C\left(j_{\text{root}}, \sigma_{\text{root}}\right) \text{ 或 } \min_{\sigma} -C\left(j_{\text{root}}, \sigma_{\text{root}}\right)$$

🔖**Tips**：*在很多资料和参考书中，在讲解决策树时通常将决策树的不纯度度量解释为信息增益或 Gini 系数。然而，读者应该牢记一点，在 Sklearn 模块或其他机器学习模块中，其并没有提供信息增益这个不纯度度量法。这些模块只给出了 Gini 系数、信息熵的不纯度度量实现。另外，不纯度度量法的选择会影响模型的效果。但总体来说，人们都倾向于使用 Gini 系数作为不纯度度量标准。*

11.2.2　模型求解

在实际应用中，式（11.7）是一个 NP 难题。换句话说，找到式（11.7）的最优解是非常困难的。因此在实际应用中，通常采用贪心算法来解决这个问题。

1. 贪心算法求解模型

贪心算法可以比作"离散化"的最速下降法，其每次迭代都往最优的方向迈进。考虑到式（11.7）的求解太过复杂。因此，与其考虑所有节点不纯度的总体加权最优，不如对当前节点进行单独分析。基于这种想法，对于每个节点，只要找到一个 σ，让其左右子节点的不纯度最低即可。记当前节点为 j，其左右子节点分别为 j_L, j_R，于是问题转换为优化问题：

$$\min_{\sigma} C\left(j, \sigma\right) = \frac{N_L}{N_D} I\left(j_L\right) + \frac{N_R}{N_D} I\left(j_R\right) \tag{11.10}$$

为了训练出整个模型，可以从根节点开始，依据式（11.10）找到根节点的条件表达式，从而产生两个子节点。就这样，以当前节点最优，一步步地衍生子节点，直到达到叶子节点或满足终止条件为止。

值得强调的是，在一般的决策树实现中，包括 Sklearn 模块都是用贪心算法求模型的，根据式（11.7）直接求解模型是相当罕见的。

2. 条件表达式求解

在寻找 σ 时，需要找到决策特征 α 和阈值 t。可以考虑简单地遍历个体的所有特征，并根据式（11.10）选择 α。为了寻找合适的决策特征 α，首先应该找到对应的划分阈值 t。假设当前决策特征为 α，其在节点的 D_j 中共有 M 个取值，依大到小排列为：$\alpha_1, \alpha_2, \cdots, \alpha_M$。显然，当 $t \in \left[\alpha_{k-1}, \alpha_k\right)$ 时，划分结果均相同。因此阈值 t 一般从两者的平均值中选取，即 $t \in \left(\alpha_1', \alpha_2', \cdots, \alpha_{M-1}'\right)$，$\alpha_k' = \dfrac{\alpha_k + \alpha_{k+1}}{2}$。

因此，对于 x 的每个特征 x^i，遍历所有的 t 找到最佳阈值，并与当前特征 x^i 组成 σ_i，根据式（11.10）从集合 $\left(\sigma_1, \sigma_2, \cdots, \sigma_n\right)$ 中找到一个最优的 σ 即可。

3．递归终止条件

在图 11.1 所示的决策树中，其叶子节点的不纯度都为 0。因为训练集的所有个体都被正确分类了，所以这棵决策树很难有泛化的空间，即存在过拟合的问题，特别是当叶子节点的 samples 很小时，更容易造成过拟合。因此，必须适当地限制决策树的深度，不能让其无限延伸下去。

限制决策树的深度会导致某些叶子节点的不纯度不等于 0。限制图 11.1 的决策树的最大深度为 3，可以得到如图 11.3 所示的决策树。

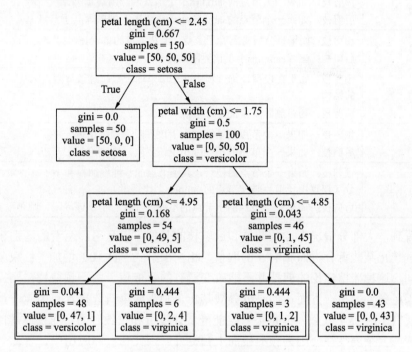

图 11.3　深度为 3 的决策树

可以看到，在图 11.3 中，方框内的叶子节点是"不纯"的，但这并不影响模型的使用。对于一个未知个体，如果不幸被划分到这些"不纯"的叶子节点中，则其类别依旧等于主体类。也可以根据叶子节点的 value，依频率划分未知个体的类别，但大部分情况下这种做法属于画蛇添足，反而让模型效果变差。在回归决策树中，不管节点纯不纯，未知个体的 y' 只能等于所属叶子节点的 $\overline{y}_j$。

限制树的深度能够让优化问题即式（11.10）及早收敛，从而或多或少地降低计算量，但最重要的原因在于缓解模型过拟合。严格来说，限制树的深度实际上属于正则化的方法，详细内容将会在第 14 章介绍。

11.2.3　剪枝处理

除了限制树的深度之外，适当地删除树中的冗余节点也可以缓解过拟合。人们形象地称呼这种删除节点的方法为剪枝处理。

剪枝的方法分为两种：预剪枝（pre-pruning）和后剪枝（post-pruning）。前者是在节点拆分成左右子节点之前，根据剪枝条件禁止当前拆分。后者是将决策树训练完毕后，根据剪枝条件删除某些节点。常用的剪枝条件如表 11.2 所示。

表 11.2　剪枝条件与相应的处理过程

剪枝条件	处理
最大树深度	预剪枝：如果拆分后树的深度超过界限，则禁止拆分 后剪枝：直接删除节点，降低树的深度
最小拆分数	预剪枝：如果一个节点的 samples 小于该界限，则禁止拆分 后剪枝：如果一个节点的 samples 小于该界限，则删除其子节点
叶子节点最小容量	预剪枝：如果拆分后得到叶子节点，但新节点的 samples 小于该界限，则禁止拆分 后剪枝：删除 samples 小于该界限的叶子节点
最大叶子节点数	预剪枝：如果在模型训练过程中叶子节点的个数超过该界限，则重新考虑整棵树的结构 后剪枝：随机删除多余的叶子节点
最小不纯度	预剪枝：如果一个节点的不纯度小于该界限，则禁止拆分 后剪枝：如果一个节点的不纯度小于该界限，则删除其子节点
最小不纯度下降	预剪枝：如果一个节点剪枝后，其子节点的不纯度加权和小于该界限，则禁止拆分（权重由子节点与父节点的 samples 之比得出） 后剪枝：如果一个节点的子节点的不纯度加权和小于该界限，则删除其子节点

可以看到，大部分情况下，预剪枝和后剪枝的条件可以互用。两者的区别在于：预剪枝能够通过禁止某些拆分进而影响 σ 的取值，相当于给式（11.10）增加了约束条件；而后剪枝则不同，这种盖棺定论的剪枝并不能改变已有的 σ 取值。由于预剪枝需要提前计算拆分后是否满足条件，另一方面，如果拆分被禁止，则需要重新选择 σ。因此，虽然预剪枝能够让式（11.10）提早收敛，但是不一定能降低计算量和收敛时间。而在通常情况下，其计算量或算法复杂度往往会因为预剪枝而大幅提升。因此在实际应用中，普遍采用后剪枝的方法。

除了表 11.2 所展示的剪枝条件外，常用的方法还有根据精确度剪枝、根据最小代价复杂度剪枝。

1．根据精确度剪枝

一个节点的精确度可由该节点的主体类算出，设主体类为 c，则计算公式为：

$$\text{Accurcy} = \frac{N_j^c}{N_j}$$

如果节点的左右子节点的精确度的加权和小于该节点的精确度，则删除子节点或禁止本次拆分。

2．根据最小代价复杂度剪枝

对于决策树中的某个节点 j，如果把该节点当作根节点（尽管有父节点），则从 j 衍生出来的节点将构成一棵子树，记为 T_j。定义该子树的代价-复杂度为：

$$C_\alpha(T_j) = C(j, \sigma_j) + \alpha|T_j| \tag{11.11}$$

其中，$C(j, \sigma)$ 可由式（11.7）与式（11.8）递归算出，其值为子树 T_j 的不纯度的加权总和。$|T_j|$ 为该子树包含的节点数目，系数 α 为一个待定系数。

同样，算出节点 j 的代价-复杂度如下：

$$C_\alpha(j) = I(j) + \alpha \tag{11.12}$$

其中，$I(j)$ 为节点 j 的不纯度。如果 $\alpha = 0$，一般有 $C_\alpha(T_j) \leqslant C_\alpha(j)$，但总可以找到一个 α_{eff} 使得 $C_\alpha(T_j) - C_\alpha(j)$。因此，节点 j 的 α_{eff} 的值越小，则证明该节点构成的子树节点之间的联系越微弱。

根据这个原理，可以在训练模型时定义一个阈值 α_{ccp}。以后剪枝为例，如果一个节点的 $\alpha_{\text{eff}} \leqslant \alpha_{\text{ccp}}$，则删除该节点的子树 T_j。如果将该方法用于预剪枝，则需要预先将节点的子树找出，然后根据 α_{ccp} 抑制拆分，这将导致算法复杂度迅速提升。因此，该方法普遍用在后剪枝中。

> **Tips：** 实际上，决策树的深度越大，意味着分枝越深。从几何角度来看，就是用非常多的超平面来拟合曲线或划分类别。因此，深度越大，往往会导致模型过分拟合训练集。进而导致泛化能力降低，模型过拟合。而剪枝处理与 Ridge 回归一样，实际上是对模型训练过程加上约束条件，从而缓解模型的过拟合。因此，剪枝处理严格意义上说亦是对模型的一种正则化方法。

11.2.4 分类决策树的 Python 实现案例

分类决策树可用 sklearn.tree 模块中的 DecisionTreeClassifier 类实现，通过调整参数 criterion 来选择不纯度度量方法。但遗憾的是在 Sklearn 中只提供了两种度量方式：

❑ Gini：参数 criterion 为 Gini 时，用式（11.2）计算不纯度（默认）。

❑ entropy：用信息熵度量节点不纯度，用式（11.3）计算不纯度。

DecisionTreeClassfier 还可以通过调整以下参数来设置剪枝条件（默认为不剪枝），从而实现剪枝处理。

❑ max_depth：设置最大树的深度。

❑ min_samples_split：设置最小拆分数。

❑ min_samples_leaf：设置叶子节点的最小容量。

❑ max_leaf_nodes：设置最大叶子节点数。

❑ min_impurity_split：设置最小不纯度拆分。

❑ min_impurity_decrease：设置最小不纯度下降。

❑ ccp_alpha：设置最小代价复杂度的阈值 α_{ccp}。

值得注意的是，DecisionTreeClassfier 类实现的剪枝处理方式均为后剪枝。下面结合 DecisionTreeClassfier 类实现一个乳腺癌诊断模型。

决策树的决策过程类似医生根据病理特征诊断患者的过程，因此其广泛应用于医学诊断领域。一方面，降低了"白衣天使"的工作量，另一方面，可以画出决策树模型图，从而总结出一套新的诊断方法。下面使用 Sklearn 模块自带的数据集 breast_cancer，训练一个用于诊断乳腺癌的决策树模型。已知数据集的样本容量为 569，特征个数共 30 个。这里将数据集按 9∶1 的比例进行拆分并训练一个未剪枝的分类决策树模型。

代码文件：decision_tree_classification.py

```
datasets = load_breast_cancer()
X,y = datasets.data,datasets.target                      #导入数据
X_train,X_test,y_train,y_test = train_test_split(X,y,test_size=0.1,
random_state=4)                                          #拆分数据
from sklearn import tree
dtc = tree.DecisionTreeClassifier(random_state=4)        #实例化一个对象
dtc.fit(X_train,y_train)                                 #模型训练
```

运行上述代码得到决策树模型后，得出模型在训练集和测试集中的精确度分别为 1.0 与 0.877。由此可见该模型能够完美地拟合训练集，但是训练集和测试集的精确度的差别较大，因此有理由认为，之所以测试集的精度能够达到 0.877，是因为测试集与训练集比较相似。如果将其应用于完全陌生的数据中，可能精确度不一定会达到 0.877，因此模型可能存在过拟合的倾向。

为了缓解过拟合，有必要对模型进行剪枝处理。这里使用最小代价复杂度法进行剪枝。遍历 α_{ccp} 的取值，画出每个 α_{ccp} 对应的树在训练集、测试集中的精确度和总结点数。如图 11.4 所示[②]。

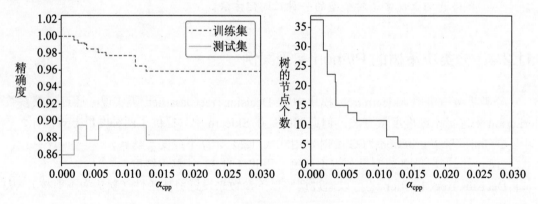

图 11.4　α_{ccp} 与模型精确度和树深度

可以看出，为了避免过拟合，应该选择 $\alpha_{ccp} = 0.0025$ 左右，此时模型在训练集和测试集中的精确度都大于 0.9，从而有效地缓解了过拟合现象。

Tips：在挑选阈值 α_{ccp} 时，这里结合模型在训练集和测试集中的效果，分别挑选不会过拟合的阈值。仔细思考会发现，这种做法实际是不恰当的。为什么呢？首先在挑选阈值大小时我们使用了测试集。也就是说，此时的测试集的作用不仅是测试模型效果，而且用于挑选阈值。因此，此时测试集失去了评价模型的意义。正确的做法应该在整个数据集中挑选 α_{ccp}，具体做法详见第 15 章。

---

② 画图代码可见：decision_tree_classification.py。

11.3　回归决策树

回归决策树的不纯度度量法和节点的 value 参数与分类决策树不同。在分类决策树中，不纯度可用 Gini 和信息熵等算出，并且由节点的主体类确定节点个体的类别。在回归问题中，由于因变量是连续的，因此 Gini 和信息熵等不纯度度量法并不适用于回归决策树中；并且在回归决策树中，个体因变量的取值往往等于节点所属个体的平均值，所以回归与分类决策树的构造略有不同。如图 11.5 所示为从 Boston 房价数据中训练出来的回归决策树模型。

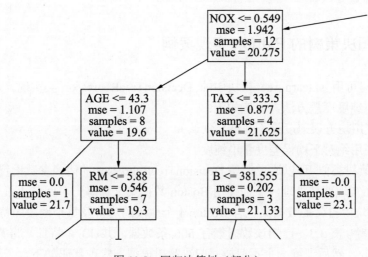

图 11.5　回归决策树（部分）

可以看到，回归决策树的总体结构与分类决策树类似，都由根节点、叶子节点和其余节点构成，两者的区别在于节点的参数。如图 11.5 所示，节点的参数有条件表达式、samples、mse 与 value。这里 value 的值为节点个体的平均值 $\bar{y}_j$，而 mse 代表节点个体的 y_i 与 $\bar{y}_j$ 的均方误差。因此，在回归决策树中，节点的不纯度是通过误差度量的。如果 mse 为 0，则意味着该节点的所有个体的 $y_i = \bar{y}_j$。

在使用回归决策树时，无论叶子节点的误差是否为 0，未知个体的 y' 都等于所达节点的 $\bar{y}_j$。

11.3.1　模型训练与求解

在回归决策树中，节点的不纯度一般用均方误差 MSE 和平均绝对误差（MAE）表示，MSE 的计算公式如下：

$$\text{MSE} = \frac{1}{N_j} \sum_{i=1}^{N_j} (\bar{y}_j - y_i)^2$$

MAE 与 MSE 类似，也用于度量节点的误差，算式如下：

$$\text{MAE} = \frac{1}{N_j} \sum_{i=1}^{N_j} \left| \bar{y}_j - y_i \right|$$

任取以上两种作为不纯度度量方法 $I(\cdot)$，构造非叶子节点的风险函数为式（11.5）、叶子节点为式（11.6），于是将问题转换为式（11.7）所示的最优化问题。

🖐Tips：在实际操作中，回归决策树通常由贪心算法求解，即用式（11.10）取代式（11.7），决策特征与阈值的求取过程亦与分类决策树相同。同时，为了避免过拟合，在构造回归决策树时也要进行剪枝处理。与分类决策树一样，剪枝条件与处理过程如11.2.3 节所述。由于回归决策树将未知个体的 $y' = \bar{y}_j$，若所有叶子节点只包含一个训练个体，那么出现过拟合就不足为奇了。

11.3.2　回归决策树的 Python 实现案例

回归决策树可用 sklearn.tree 模块中的 DecisionTreeRegressor 类实现。通过调整参数 criterion 选择不纯度度量方法，取值如下：

❑ mse：使用均方误差度量不纯度（默认）。

❑ mae：使用绝对平均误差度量不纯度。

与回归决策树类似，可以通过调整 DecisionTreeRegressor 的诸多参数设置剪枝条件（见11.2.4 节）从而实现剪枝处理。下面使用 Boston 数据集来训练一个回归决策树模型。

Sklearn 模块中自带的数据集包含 Boston 4 个地段的房价及每个地段的特征的数据，数据的部分展示参考表 3.3。已知该数据集有 506 条数据，共 13 个特征。将数据集按 7∶3 的比例进行拆分，然后训练一个不剪枝回归决策树模型，实现代码如下。

代码文件：decision_tree_regression.py

```
datasets = load_boston()                              #导入 Boston 房价数据
X,y = datasets.data,datasets.target
X_train,X_test,y_train,y_test = train_test_split(X,y,test_size=0.3,
random_state=4)                                       #拆分数据
from sklearn import tree
#使用 mse 作为节点的不纯度度量方法
dtr = tree.DecisionTreeRegressor(criterion='mse')
dtr.fit(X_train,y_train)                              #训练决策树模型
```

分别计算模型在训练集和测试集中的 R 方为 1.0、0.682。很明显，该模型存在过拟合的倾向。

同样，使用最小代价复杂度进行剪枝处理。遍历所有的阈值 α_{ccp}，画出此时决策树在训练集和测试集中的 R 方，实现代码如下。

```
alphas = np.arange(0,0.2,0.005)        #遍历 alphas 的取值
dtrs = []                              #构建一个包含多个决策树模型的列表
for alpha in alphas:
    #对每个 alpha，训练一个决策树
    dtr = tree.DecisionTreeRegressor(ccp_alpha=alpha)
    dtr.fit(X_train, y_train)          #训练决策树模型
    dtrs.append(dtr)
```

```
#求出每个决策树模型在训练集中的 R 方并顺序存放在一个列表中，下面的步骤同此
train_R2 = [r2_score(y_train,dtr.predict(X_train)) for dtr in dtrs]
test_R2 = [r2_score(y_test,dtr.predict(X_test)) for dtr in dtrs]  #测试集
"""画出图像"""
plt.xlabel(r"$\alpha_{cpp}$",fontsize=20)
plt.ylabel(r"$R^2$",fontsize=16)
plt.plot(alphas, train_R2, label="训练集",
        linestyle = 'dashed',drawstyle="steps-post")
plt.plot(alphas, test_R2, label="测试集",
        drawstyle="steps-post")
plt.legend()                                             #显示图例
```

运行上述代码，结果如图 11.6 所示。可以看到，取 $\alpha_{\text{ccp}} = 0.073$ 可以缓解过拟合。

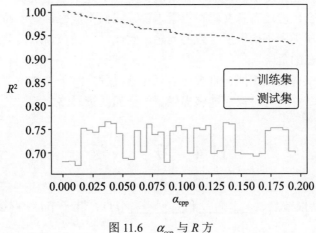

图 11.6　α_{ccp} 与 R 方

11.3.3　模型缺点与实践技巧

无论回归决策树还是分类决策树，模型的主要缺点有：过拟合、计算量大。对分类决策树而言，因为节点的主体类是根据个体数量确定的，所以数据集的类别不均衡亦是一个需要解决的问题。

如果一棵决策树训练过度，最极端的情况是每个叶子节点的 samples 都为 1，此时模型已严重过拟合，没有泛化的空间，面对陌生数据只能束手无策。

另外，无论式（11.7）还是式（11.10），找到最优解所需的计算工作都是巨大的。以贪心算法为例，对于每个节点，要找到适当的决策特征，需要遍历个体的所有特征。对于每个特征，还要遍历节点的所有个体找到合适的阈值并计算节点的不纯度。此外，在完成了一个节点后还要构造下一个节点，如果再加上剪枝处理，则计算工作更加难以想象了。简化后的式（11.10）尚且如此，更何况式（11.7）呢？

因此，在实际实现中，用"贪心算法+后剪枝"训练模型就不难理解了。虽然这种方式得不到模型的最优解，但是却能得到很好的效果，其经常导致过拟合就是一个很好的证明。

尽管决策树有诸多缺点，也不影响其应用之广泛，一些过拟合的问题也可以通过剪枝处理来解决。读者可以效仿 11.2.4 节和 11.3.3 节展示的案例，遍历 α_{ccp} 的取值并画出对应

的图像，从而找到最佳的阈值。当然，也可以遍历其他剪枝条件，如最大树深度、最大叶子节点数等表 11.2 所示的阈值，画出图像后找到最佳的剪枝条件。除此之外，也可以通过网格寻优和验证的方法来挑选合适的阈值。

除了决策树模型自身容易导致过拟合外，数据集本身也会造成决策树的过拟合现象。这种现象通常发生在样本容量较小、特征数量多的情况下，特别是在回归任务中更常见。因此，在训练模型之前，有必要先降低特征的个数，如进行特征过滤、PCA 降维等。

数据集的类别不均衡几乎困扰着所有的分类模型，对极其重视权重的模型更是如此。因此，在训练决策树之前，必须先解决该问题。需要说明的是，如果数据集存在类别不均衡的问题，那么在测试模型时往往不容易发现模型存在的问题。这是因为从数据集中拆分出来的测试集同样存在不均衡的现象。如果测试集都不能正确反映现实情况，那么从测试集中计算出来的拟合优度还有意义吗？也就是说，我们不能寄希望于通过模型在测试集中的拟合优度，来发现类别不均衡所导致的问题。因此，务必在训练模型之前解决类别不均衡问题，以避免潜在的危险。

除此之外，决策树模型图能够直观地展示决策过程。对于简单模型，可视化决策树对理解模型大有裨益，并且有时候还能够提供不一样的决策思路。

11.4　习　　题

1. 决策树包括根节点、_____和_____节点，叶子节点的不纯度_____（一定/不一定）为 0。

2. 在分类决策树中，节点的主体类如何算出？叶子节点的主体类有何作用？如何使用分类决策树？

3. 在回归决策树中，value 参数_____（是/不是）一个向量。怎么计算节点的 value 参数？如何使用回归决策树？

4. 式（11.10）得出的解与式（11.7）的解有何不同？条件表达式中的阈值 σ 是如何选取的？为什么在实际应用中要用式（11.10）取代式（11.7）？

*5. 决策树一定是一棵二叉树吗？本章的所有理论知识都是基于连续型特征展开介绍的，如果输入特征存在离散型变量，那么该如何定义条件表达式 σ？决策树的结构会因此发生什么变化？

6. 在决策树中如何防止过拟合？剪枝条件有哪些？在实际使用中，一般采用哪种剪枝方法？

7. 决策树可以模拟鉴酒师的鉴酒过程，从而有望取代鉴酒师这个职业。请根据数据集 winequality-white.csv[3]，使用 code_q7.py 读取数据集并训练一个用于鉴酒的决策树模型，然后画出决策树模型图。

代码文件：code_q7.py

```
import pandas as pd
datasets = pd.read_csv(r'路径 \winequality-white.csv',sep=';',
```

---

③ 代码可从 GitHub 上下载。

```
engine='python')                                    #导入数据集
X = datasets.iloc[:,0:12]
y = datasets.iloc[:,-1]
```

8．为什么回归决策树曲线呈阶梯状？结合代码文件 code_q8.py 产生一个 tan 函数散点图，并用回归决策树拟合出 tan 函数。

代码文件：code_q8.py

```
import numpy as np
rng = np.random.RandomState(2)
X = np.arange(1,2,0.01).reshape(-1,1)
y = np.tan(X).ravel()
```

9．分类决策树属于线性分类模型吗？请用下面的代码产生一个数据集并训练一个分类决策树模型，然后画出其分类边界。

代码文件：code_q9.py

```
from sklearn.datasets import make_moons
X,y=make_moons(n_samples=100,noise=0.1)             #产生过数据集
```

10．下载数据集 Concrete_Data.xls，结合下面的代码读取该数据集，然后训练一个回归决策树。要求使用 MAE 度量节点的不纯度并找到适合的 α_{ccp} 缓解过拟合。

代码文件：code_q10.py

```
import pandas as pd
datasets = pd.read_excel(r'路径 \Concrete_Data.xls')  #导入数据集
X = datasets.iloc[:,0:9]                              #特征
y = datasets.iloc[:,-1]                              #因变量
```

11．在 11.2.4 节和 11.3.2 节的案例中，寻找最合适的 α_{ccp} 的方法有何局限？应该采取什么办法筛选 α_{ccp}？

参 考 文 献

[1] Sklearn 决策树文档：https://scikit-learn.org/stable/modules/tree.html#minimal-cost-complexity-pruning.

[2] 周志华．机器学习[M]．北京：清华大学出版社，2016.

第 12 章　人工神经网络

作为机器学习的分支，深度学习是一个较为复杂的话题。简单来说，深度学习就是用神经网络解决机器学习问题的技术。作为机器学习读物，本章虽然不能涵盖深度学习的所有内容，但希望读者能够掌握一些基础知识，为进一步的学习打下基础。

本章将着重介绍神经网络模型中的 BP 神经网络，并讲解其结构、原理和训练方法。同时结合案例，实现一个用于二分类问题的 BP 神经网络。考虑到卷积神经网络在深度学习领域的广泛应用，本章还将介绍卷积网络的原理及其 Python 实现。

通过本章的学习，读者可以掌握以下内容：

☐ 神经网络的基本原理；

☐ BP 神经网络的原理；

☐ BP 神经网络的 Python 实现；

☐ 卷积神经网络的原理和 Python 实现。

Tips：本章的 Python 实现部分需要用到 Keras 模块和 TensorFlow 后端，读者需要在 Python 上安装 TensorFlow、Keras 才能运行本文的代码。在用 pip 安装完 Keras、TensorFlow 模块后，在 Python 环境中导入 Keras 的时候可能会抛出异常，提醒读者导入 TensorFlow 后端会出错。这通常是由于 TensorFlow 版本过高所致，读者可以尝试选择安装 1.14.x 版本的 TensorFlow。

12.1　人工神经网络简介

人工神经网络（Artificial Neural Networks，ANN）模拟了生物产生应激反应时，大脑中一系列输入信号、输出信号的传递与转化。人类大脑中大约包含 900 亿个神经元[①]，1 兆亿条神经。ANN 正是模仿神经元与神经之间的连接解决机器学习问题的。

12.1.1　神经网络的原理

鉴于 ANN 是从生物学中获取灵感的，因此我们有必要了解神经元的工作原理。如图 12.1（a）所示，一个生物神经元由短而粗的树突、长而细的轴突和负责处理信号的细胞核构成。神经元通过轴突将化学信号释放到体液中，从而实现与外部神经元的交互。

---

① 神经细胞。

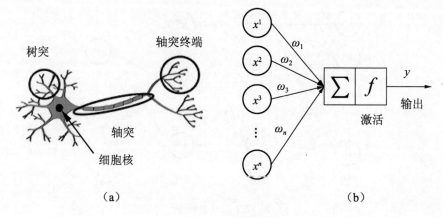

图 12.1　生物神经元

当生物产生应激反应时，神经元从树突中接收化学信号。这些输入信号的强度如果大于某个界限，就能够"激活"细胞核，促使细胞释放输出信号。输出信号以电信号的形式从轴突送出，然后通过轴突终端以化学信号的形式释放到体液中作为输入信号被下一个神经元的树突接收，从而引发下一个神经元的一系列反应。

简单来说，色、声、香、味、触通过五官令生物产生应激反应，从而将刺激转换成输入信号传入神经元中。然后信号在神经元之间以输入和输出的形式不断转换，从而引发生物体的感知、情感、行为和意识。如图 12.1（b）所示，我们尝试对这个过程进行建模。设输入信号为 $\boldsymbol{x} = \left(x^1, x^2, \cdots, x^n\right)^{\mathrm{T}}$，在经过上个神经元的轴突后被细胞核接收，细胞核将信号转化为刺激 $z = \boldsymbol{\omega}^{\mathrm{T}}\boldsymbol{x} + \omega_0$，之后将刺激转化为输出信号 $y = f\left(\boldsymbol{\omega}^{\mathrm{T}}\boldsymbol{x} + \omega_0\right)$ 并作为下一个神经元的输入。

一般将函数 $f(\cdot)$ 称为激活函数（Activation Function）。一个常用的形式为 $f(x) = \max(0, x)$。此时 $f(x)$ 意味着细胞核在刺激大于 0 时被"激活"，并释放输出信号。由于激活函数将刺激转换为信号，因此在有些文献中也称其为传递函数。

12.1.2　多层感知器

在 12.1.1 节中大致介绍了生物神经网络的工作原理，并对一个神经元的信号转化过程进行了建模。本节将对多神经元构成的生物神经网络进行建模。

对于图 12.1（b）所示的神经元模型，将其称为感知器。多层感知器（Multiple Layers Perceptron，MLP）即为多个感知器组合而成的多层网络。假设输入信号为 n 维特征向量，输出信号为二维的因变量，对于 MLP 模型来说，我们将输入信号所在的神经层称为输入层，输出信号所在的层表示为输出层，并将除输入层和输出层外的神经层称为隐藏层（即图 12.2 中的 2 层和 3 层）。图 12.2 所示的 MLP 模型是一个用于分类任务的模型，其隐藏层皆包含 3 个神经元。

在分类神经网络中，输出层的每个神经元的输出一般为[0,1]。因此如果需要用神经网络解决分类问题，一般先用 one-hot 编码方法将类别转换为多个 0/1 变量。如图 12.2 所示的 MLP 就可以用于二分类任务中。输出层的每个节点的输出表示个体属于某类的概率。

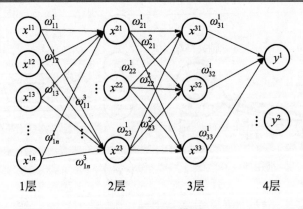

图 12.2　MLP 模型

在使用模型时，输出层神经元的输出信号是前向计算的。首先第二层接收输入信号 x，并转换为刺激 $x^{2k}=\omega^k_{11}x^{11}+\omega^k_{12}x^{12}+\cdots+\omega^k_{1n}x^{1n}+\omega^k_{10},k\in(1,2,3)$，同时，刺激经激活函数 $f_{2k}(\bullet)$ 转化为输出信号 $z^{2k}=f_{2k}\left(x^{2k}\right)$。于是第三层的神经元 k 接收输入信号并转换为刺激 $x^{3k}=\omega^k_{21}z^{21}+\omega^k_{22}z^{22}+\omega^k_{23}z^{23}+\omega^k_{20},k\in(1,2,3)$，同时输出信号 $z^{3k}=f_{3k}\left(x^{3k}\right)$。如是向前计算，可得输出层的神经元 k 的输出为 $y^k=f_{4k}\left(\omega^k_{31}z^{31}+\omega^k_{32}z^{32}+\omega^k_{33}z^{33}+\omega^k_{30}\right)$。

推广到一般情况，记 ω^k_{ij} 为 $(i+1)$ 层的第 k 个神经元与输入信号 j（输入的第 j 个特征）的权重。x^{ik}、z^{ik} 和 $f_{ik}(\bullet)$ 分别为第 i 层的第 k 个神经元的刺激、输出信号与激活函数，其中，$z^{ik}=f_{ik}\left(x^{ik}\right)$，输出信号 z^{ik} 同时构成下一层节点的刺激，n 为第 i 层神经元的数目：

$$x^{(i+1)k}=\omega^k_{i1}z^{i1}+\omega^k_{i2}z^{i2}+\cdots+\omega^k_{in}z^{in}+\omega^k_{i0}$$

经过前向计算，信号最终转化为输出层神经元的刺激。根据输出层 M 中的第 k 个神经元的激活函数，得出最后的结果 y^k：

$$y^k=f_{Mk}\left(\omega^k_{(M-1)1}z^{(M-1)1}+\omega^k_{(M-1)2}z^{(M-1)2}+\cdots+\omega^k_{(M-1)n}z^{(M-1)n}+\omega^k_{(M-1)0}\right)$$

其中，n 为 $(M-1)$ 层神经元的总数。

再次强调，如果要将 MLP 应用于分类问题，假设个体的 y 共有 N 种，则必须通过 one-hot 编码方法将其转化为 N 个二值变量，并分别对应输出层的神经元。输出层的每个神经元的输出信号 y^k 等于个体被归为 k 类的概率，并选择其中最大的 y^k 作为个体的所属类别。如果应用于回归问题，则输出层仅有一个神经元，该神经元的输出信号即为个体因变量的取值。

Tips：对于一个分类问题，如果输出有多个，则其也称为多标签预测问题。例如前面所讲的神经网络，必须要通过 one-hot 编码方法将分类问题转换为多标签问题。然而，由于一般的机器学习模型均不需要用 one-hot 编码方法编码，因此在 Sklearn 中很少有多标签的评价指标实现。

后面将采用 Python 的 Keras 模块设计神经网络，可以使用 Keras 内置的评价函数进行模型评价。当然，使用 PyTorch 来训练神经网络也是不错的选择，因其比较贴近底层。由于 Keras 可以与 Sklearn 交互，因此这里主要用 Keras 进行深度学习。

12.2　BP 神经网络

多层感知器有另外一个名称：BP（Backward Propagation）神经网络。BP 神经网络也叫反向传播网络，是最早提出的神经网络模型之一。BP 神经网络采用了反向求解的算法来求解模型的参数，并籍此得名。它能够应用于各种分类问题和回归问题中，并且各大语言都有其实现模块，可见其应用广泛。下面介绍 BP 神经网络的构成、训练和实现。

12.2.1　BP 神经网络的构成

我们知道，BP 神经网络由输入层、输出层和隐藏层构成。除了输入层外，每层的每个节点都有一个激活函数用于将刺激转换为输出信号。区别于决策树、贝叶斯网络等模型，BP 神经网络的结构、激活函数的表达式是在训练之前就人为规定的，而后两者是通过训练找到树/网络的结构。因此，严格来说，BP 神经网络属于参数模型。

1. 隐藏层神经元个数的选择

要用 BP 神经网络解决机器学习问题，首要的任务是构造一个网络拓扑结构。要选择一个网络拓扑结构并不容易，在给定数据集之后，输入层和输出层的神经元个数随之确定。因此，构造神经网络的拓扑结构，关键在于隐藏层节点个数的选择。

遗憾的是，对于隐藏层神经元个数的选择并没有科学、具体的方法。正如机器学习是一门实践性的学科一样，隐藏层神经元个数的选择也需要实践。因此，隐藏层节点个数的选择没有最好的标准，只有更好的尝试。

选择节点个数的方法有遍历法。假设各层的神经元个数为 n'，通过遍历 n'，结合交叉验证的方法就可以找到合适的 n'。但由于神经网络的训练时长比较高，并且网络的结果几乎难以穷尽，因此实际应用时很少采用遍历法。

选择节点个数的另一种方法是根据经验公式算出来。假设当前层的节点个数为 n'，其上一层节点的个数为 n。根据前人的实践经验，隐藏层神经元个数的取值 n' 的计算如下：

Gorman 法则如下：

$$n' = \log_2 n \tag{12.1}$$

Kolmogorov 法则如下：

$$n' = 2n + 1 \tag{12.2}$$

经验法则如下：

$$n' = \sqrt{0.43nN + 0.12n^2 + 2.54N + 0.77n + 0.35} + 0.51 \tag{12.3}$$

应该说，隐藏层神经元个数没有最佳的计算方案。在实际应用中，通常随机地选择第一层隐藏层的个数，之后根据 Gorman 法则确定其余隐藏层的节点数。

实验表明，如果隐藏层节点数过少，则网络不能具有必要的学习能力和信息处理能力；反之，如果隐藏层节点数过少，不仅会大大增加网络结构的复杂性，还会使得模型训练难度上升造成过拟合，希望读者在构建神经网络时牢记这一点。

2. 激活函数的选择

激活函数也叫传递函数，它能够将刺激转换为输出信号，并作为下一层神经元的输入。为了简化问题，在实际应用中，同一层神经元的激活函数是一样的。但是，激活函数的形式并不唯一，如何选择，取决于具体的应用场景和模型效果。神经网络的激活函数常用的有以下 4 种形式。

Sigmoid 函数如下：

$$f(\boldsymbol{x}) = \frac{1}{1 + e^{-x_i}} \tag{12.4}$$

Sigmoid 函数即为逻辑回归的链接函数的反函数。该激活函数可实现逻辑回归，并将输出压缩到[0,1]，适合用于分类问题的输出层。Sigmoid 函数也可以用于非线性的场景，并且其导数容易求出，能够在一定程度上降低计算量。

Tanh 函数如下：

$$f(\boldsymbol{x}) = 2f'(2\boldsymbol{x}) - 1 \tag{12.5}$$

其中，$f'(\boldsymbol{x})$ 为 Sigmoid 函数。Tanh 函数与 Sigmoid 函数的形状相同，但 Tanh 函数输出的范围为[-1,1]。在实际应用中，有时 Tanh 函数的效果比 Sigmoid 函数好。

Relu 函数如下：

$$f(\boldsymbol{x}) = \max(0, \boldsymbol{x}) \tag{12.6}$$

Relu 函数在最近几年才开始流行起来，由于其极佳的收敛性质，目前已经逐渐取代 Sigmoid 和 Tanh 函数成为主流选择。

线性函数如下：

$$f(\boldsymbol{x}) = \boldsymbol{x} \tag{12.7}$$

线性函数是一个较为常用的函数，通常用于回归模型的输出层中。

上述激活函数的二维图像如图 12.3 所示。应该说，激活函数的选择也与隐藏层节点的个数一样，需要实践而非科学理论。但是通常将隐藏层的激活函数设为 Relu 函数，有时也设为 Sigmoid 函数和线性函数。对于输出层，如果用于分类问题，则设置成 Sigmoid 函数；如果为回归问题，则一般设为线性函数。

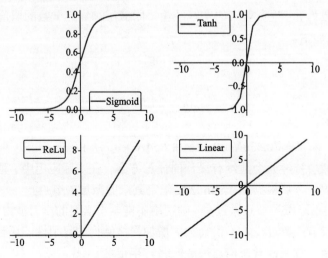

图 12.3　激活函数的二维图像（纵轴为输出）

🔖Tips：对于多分类问题，如果想要用一个节点输出个体的类别，可以考虑采用 9.4 节介绍的 Softmax 函数输出一个所有类别的概率向量。当然，在实际应用中，输出层一般有多个神经元，并将分类转换为多标签后来预测，这在 Keras 中更是如此。由于 Sigmoid 函数是 Softmax 函数的特殊形式，因此在某些用 Keras 实现神经网络的工具书中即使存在多个输出神经元，它们的激活函数也用 Softmax 而不是 Sigmoid。但是两者并没有本质上的区别，希望读者在遇到此类情况时能够心中有数。

12.2.2　BP 神经网络的训练

1. 风险函数

要训练 BP 神经网络模型，首先需要定义风险函数。对于回归问题，一般将风险函数定义为均方差：

$$\mathrm{MSE} = \frac{1}{m}\sum_{i=1}^{m}\left(y_i - \hat{y}_i\right)^2 \tag{12.8}$$

其中，$\hat{y}_i$ 为 BP 模型得出的预测值，m 为样本容量。于是问题转换为找到一个 ω_{ij}^k 构成的矩阵 $\boldsymbol{\Omega}$，使得式（12.8）最小。读者应该发现，该方法实际就是最小二乘法。

对于分类问题，将风险函数定义为交叉熵（见第 5 章），记 $p(y\,|\,\boldsymbol{x})$ 为 p，$p(y\,|\,\boldsymbol{\Omega},\boldsymbol{x})$ 为 q：

$$\begin{aligned} H(p,q) &= \sum_i p_i \log_2 \frac{1}{q_i} \\ &= D_{\mathrm{KL}}(p\,\|\,q) + H(p) \end{aligned} \tag{12.9}$$

注意，这里的 y 为 one-hot 编码后其中一个元素的取值。由于 $H(p)$ 与 $\boldsymbol{\Omega}$ 无关，所以最小化式（12.9）等价于：

$$\min_{\boldsymbol{\Omega}} H(p,q) = \min_{\boldsymbol{\Omega}} D_{\mathrm{KL}}(p\,\|\,q) \tag{12.10}$$

因此，以交叉熵为风险函数，实际上采用极大似然方法，使得原分布 $p(y\,|\,\boldsymbol{x})$ 与模型拟合分布 $p(y\,|\,\boldsymbol{\Omega},\boldsymbol{x})$ 相差最小。

*2. 模型求解

以回归模型为例，设风险函数为均方误差：$l(\boldsymbol{x},\boldsymbol{\Omega}) = \mathrm{MSE}$。在用数值方法如梯度下降法和牛顿法等求解参数时，都需要先求出风险函数对参数的梯度。以梯度下降法为例，参数的迭代过程为 $\boldsymbol{\omega}_{k+1} = \boldsymbol{\omega}_k - \alpha\nabla l(\boldsymbol{\omega}_k)$，步长 α 可以为一个固定的数或由步长搜索算法得出。

设输出层的激活函数为 $f_{Mk}(\boldsymbol{x})$，令 $l(\boldsymbol{x},\boldsymbol{\Omega})$ 对权重 $\omega_{(M-1)j}^k$ 求偏导可得：

$$\begin{aligned} \frac{\partial l(\boldsymbol{x},\boldsymbol{\Omega})}{\partial \omega_{(M-1)j}^k} &= 2\sum_{i=1}^{m}\left(y_i - f_{Mk}\left(x_i^{Mk}\right)\right)\frac{\partial f_{Mk}}{\partial x_i^{Mk}}\frac{\partial x_i^{Mk}}{\partial \omega_{(M-1)j}^k} \\ &= 2\sum_{i=1}^{m}\left(y_i - f_{Mk}\left(x_i^{Mk}\right)\right)x_i^{(M-1)\bar{k}}\frac{\partial f_{Mk}}{\partial x_i^{Mk}} \end{aligned}$$

其中，$\overline{k}$ 为 $(M-1)$ 层中，权重与节点 k 的为 $\omega^{k}_{(M-1)j}$ 的神经元。同理，令 $l(\boldsymbol{x},\boldsymbol{\varOmega})$ 对 $\omega^{k}_{(N-2)j}$ 求导时，要根据链式求导法则：

$$\frac{\partial l(\boldsymbol{x},\boldsymbol{\varOmega})}{\partial \omega^{k}_{(M-2)j}} = 2\sum_{i=1}^{m}\left(y_i - f_{Mk}\left(x_i^{Mk}\right)\right)\frac{\partial f_{Mk}}{\partial x_i^{M}}\frac{\partial x_i^{M}}{\partial x_i^{(M-1)k}}\frac{\partial x_i^{(M-1)k}}{\partial \omega^{\overline{k}}_{(M-2)j}}$$

可见，在训练模型求解优化问题时，某一层的参数必须由下一层的参数求出。我们将这种由尾到头的求导称为反向传播算法，BP 网络也因此得名，尽管在使用模型时是通过前向计算得到预测值 $\hat{y}_i = f_{Mk}\left(x_i^{Mk}\right)$。

很明显，如果用梯度下降等优化算法，要求解出最优的参数实在太困难，因为复杂度太高且计算量太大。因此，在训练 BP 神经网络时，一般用随机搜索算法如 SGD、RMSprop 或 Adam 等使用 mini-batch 的算法（见 5.5 节）。为了简化计算，在众多神经网络实现中（如 Keras），通常步长为一个固定的需要人工选择的常数。

12.2.3　BP 神经网络的 Python 实现

在 Python 中，可以使用 Keras 模块来实现深度学习，即神经网络的实现。Keras 是一个深度学习架构，它能够在许多深度学习后端（backend）中运行，如 TensFlow、Theano 或 CNTK 等。keras.models 模块中的 Sequetial 类可以一层一层顺序地构造多种神经网络模型。Keras 模块构造神经网络的方式大致如下：

```
from keras.models import Sequential
model = Sequential()
model.add(…)                                    #添加输入层与第一层隐藏层
model.add(…)                                    #添加隐藏层
…
model.add(…)                                    #添加输出层
```

通过 keras.layers 模块中的 Dense 类来设置 model.add 函数的参数，从而设置神经元个数和激活函数的类型。

构造好神经网络后，通过设置 model.compile 函数的参数来设置模型训练时用到的搜索算法、风险函数及评价模型用到的指标。model.compile 函数的部分参数和取值如表 12.1 所示，读者可以翻阅参考文献[1]查看该函数的所有参数与取值。

表 12.1　model.compile函数的参数

参　　数	可　选　值
loss	选择风险函数 binary_crossentropy为交叉熵 mse为均方误差
optimizer	选择搜索算法如 RMSprop、Adam和sgd等
metrics	选择评价模型用的拟合优度 accuracy为精确度 mse为均方误差

设置好 model.compile 函数的参数后，使用 model.fit 函数即可开始训练模型。通过调整 model.fit 函数的参数，可以设置搜索算法的细节，如表 12.2 所示。

表 12.2 model.fit函数的参数

参 数	含 义
epochs	设置最大步数，如果训练过程超过该值，则强制终止训练
batch_size	设置随机搜索算法的mini_batch的取值
validation_data	设置测试集数据

运行 model.fit 执行模型训练，在每次寻优的同时根据 validation_data 中的数据评价模型当前的拟合优度。下面通过一个实例用 Keras 模块实现一个 BP 神经网络。

从代码 demo_data.py 中产生如图 12.4 所示的数据集，训练一个逻辑回归函数和 BP 神经网络并画出分类界限，同时评价 BP 网络模型。

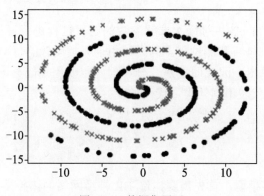

图 12.4 数据集展示

首先用 demo_data.py 中的 data_generate 函数产生一个容量为 500 的二分类数据集，并导入解题时所需要的模块，代码如下。

代码文件：code_for_demo.py

```
from sklearn.linear_model import LogisticRegression
from keras.models import Sequential
import matplotlib.pyplot as plt
import numpy as np
import demo_data                              #导入文件demo_data产生数据集
from keras.layers import Dense                #导入神经层构造包
from keras.utils import to_categorical        #导入one-hot编码方法
from sklearn.model_selection import train_test_split
X,y = demo_data.data_generate()               #产生示例数据集
```

运行上述代码后，可得到特征数据 X（尺寸为 500,2）和二分类标签 y（长度为 500），然后用 LogisticRegression 类产生一个逻辑回归模型，并用 X 和 y 训练模型（不进行模型评价）。然后画出模型的分类边界如图 12.5 所示，代码如下。

```
lg = LogisticRegression()                     #训练一个逻辑回归函数
lg.fit(X,y)                                    #训练数据（这里不拆分数据集）
plot_boundary(lg,X,y)          #画出分类界限如图12.5所示，函数代码请参阅代码文件
```

其中，plot_boudary 函数为自定义函数，读者可以参阅代码文件学习其实现方法。

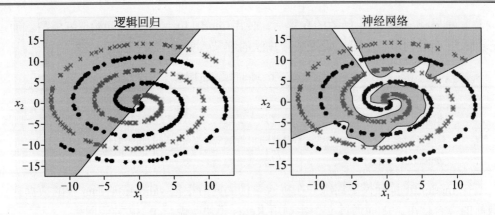

图 12.5　逻辑回归与 BP 神经网络分类界限

从图 12.5 中就可以看出，逻辑回归对于这种线性不可分问题其效果实在乏善可陈，因此这里省略模型评价的步骤。

为了训练 BP 神经网络并对每次求解参数的迭代过程进行评价，需要把数据集按照 7：3 的比例拆分成训练集和测试集。同时，由于分类问题的每个类别在 BP 神经网络中最好单独用一个节点输出，因此即使是二分类问题也要用 one-hot 编码方法将 y 编码为 (500,2) 的矩阵，每列代表不同的类，代码如下。

```
#使用 one-hot 编码方法对 y 进行编码，使 y 称为一个二维向量，向量的每个元素代表一个类
y1 = to_categorical(y)
X_train,X_test,y_train,y_test = train_test_split(X,y1,test_size=0.3,
random_state=4)                              #按照 7：3 的比例拆分数据
```

为了训练神经网络模型，首先需要构造 BP 神经网络的拓扑结构。从数据集中可知，输入层和输出层的神经元个数均为 2。这里将隐藏层设置为三层，每层包含 64 个神经元；将隐藏层的激活函数都设为 Relu 函数，将输出层的激活函数设为 Sigmoid 函数，用于预测概率。

由于输入层的输出即为 x，因此在 Keras 中不需要额外添加输入层。由于没有添加输入层，因此第一层隐藏层需要设置参数 input_shape=(2,)，表示从输入层接收两个信号，总代码如下。

```
ANN = Sequential()                          #定义一个 sequential 类以便构造神经网络
#构造第一层隐藏层，第一层隐藏层需要 input_shape，用来设置输入层的神经元个数
ANN.add(Dense(units=64,activation='relu',input_shape=(2,)))
#第二层隐藏层，神经元个数为 64，激活函数为 relu
ANN.add(Dense(units=64,activation='relu'))
ANN.add(Dense(units=64,activation='relu'))          #第三层隐藏层
#输出层，units 即节点个数，其必须等于类别数
ANN.add(Dense(units=2,activation='sigmoid'))
```

Dense 类表示构造一个全连接的神经网络，即所有节点都与前后两层的所有节点相连接。构造好神经网络架构后，通过 ANN.compile 方法设置模型训练的参数。这里将搜索算法设为 Adam，用交叉熵（极大似然法）作为风险函数。最后选择精确度来评价模型，代码如下。

```
ANN.compile(optimizer='adam',loss='binary_crossentropy',metrics=['accuracy'])
#使用 adam 作为搜索算法，设置交叉熵作为风险函数（极大似然法），同时使用精确度作为度量模
#型拟合优度的指标
```

然后使用训练集 X_train 和 y_train 训练数据，设置搜索最优解的最大迭代步数为 200。同时设置随机搜索算法的 mini-batch 为 50 个个体，用测试集 X_test 和 y_test 评价模型，代码如下。

```
ANN.fit(X_train,y_train,epochs=200,batch_size=50,validation_data=
(X_test,y_test))
#对模型进行训练，最大迭代步数为 200，随机搜索算法的 mini-batch 为 50，同时每次迭代用
#测试集进行一次模型评价
```

运行上述代码，可以在命令行窗口得到训练过程及结果：

```
...
Epoch 198/200
350/350 [==============================] - 0s 63us/step - loss: 0.3324 -
accuracy: 0.8571 - val_loss: 0.4599 - val_accuracy: 0.7633
Epoch 199/200
350/350 [==============================] - 0s 63us/step - loss: 0.3373 -
accuracy: 0.8243 - val_loss: 0.4517 - val_accuracy: 0.7842
Epoch 200/200
350/350 [==============================] - 0s 77us/step - loss: 0.3419 -
accuracy: 0.8329 - val_loss: 0.4421 - val_accuracy: 0.8133
```

其中，Epoch xx/200 表示当前的迭代步数。350/350 [==========================] - 0s 77us/step 表示当前计算进度、所需的计算时长。"- loss: 0.3419 - accuracy: 0.8329"分别为训练集中模型的风险函数值与精确度；"- val_loss: 0.4421 - val_accuracy: 0.8133"表示测试集中模型的风险函数值与精确度。

从上述结果中可以看出，无论在训练集还是测试集中，BP 神经网络的效果都比较优异。画出 BP 网络的分类界限如图 12.5 所示。

```
"""画图代码"""
plt.subplot(1,2,2)                          #画出神经网络图形
plt.title('神经网络',fontsize=16)
plt.xlabel(r'$x_1$',fontsize=16)
plt.ylabel(r'$x_2$',fontsize=16)
#函数 plot_boundary 用于画出分类边界，具体代码可参阅代码文件
plot_boundary(ANN,X,y)
```

在上述使用 BP 神经网络解决问题的过程中，虽然模型在训练集和测试集上的精确度分别为 0.83 和 0.81，但是模型的拟合能力还是存在上升空间的。读者可以增大 ANN.fit 函数的参数 epochs，如令 epochs=500 再训练模型，就可以得到精确度更高的神经网络模型。

🖱Tips：Keras 实现的神经网络还可以将其可视化。安装 pydot 和 graphviz 模块，并下载 GraphViz 工具，将其 bin 文件添加到系统目录中，即可完成准备工作。如果读者安装了 Anaconda，则可以运行命令 conda install GraphViz --channel conda-forge -y 一步到位地完成上述工作。然后运行下面两行代码，即可将神经网络模型图导出到 png 图像中。

```
from keras.utils import plot_model
plot_model(ANN,to_file='12.6.png',show_shapes=True)  #可视化神经网络模型 ANN
```

画出的模型如图 12.6 所示，虽然比较简单，但是可以在一定程度上辅助理解模型。

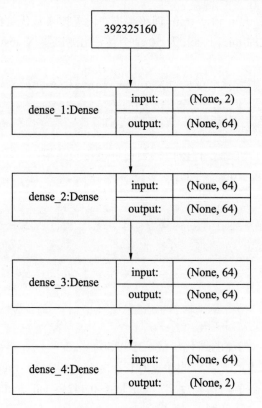

图 12.6　神经网络模型

12.2.4　Keras 与 Sklearn 的交互

　　5.7.1 节曾经介绍过用网格寻优法可以找出 mini-batch 的最优个数，因此可否找到神经网络的最佳 mini-batch 个数呢？遗憾的是，Keras 模块本身没有提供有关网格寻优的实现方法，但是却提供了与 Sklearn 模块交互的方法。因此，通过与 Sklearn 模块交互，结合 sklearn.model_selection 模块的 GridsearchCV 类，就可以筛选最合适的 mini-batch 个体数。

　　通过 keras.wrappers.scikit_learn 模块，可以将 Keras 搭建的神经网络模型与 Sklearn 交互。下面结合 5 折交叉验证、网格寻优法，从 mini-batch 个体数为 50、75、100、125 和 150 中筛选出最佳的 mini-batch。实现代码如下。

代码文件：code_for_demo.py

```
...                                              #接前面的代码
from keras.wrappers.scikit_learn import KerasClassifier #导入 wrappers 模块
from sklearn.metrics import make_scorer,accuracy_score
from sklearn.model_selection import GridSearchCV
def create_network():                    #定义网络构建函数
    ANN = Sequential()                   #定义一个 sequential 类构造神经网络
    #构造第一层隐藏层，第一层隐藏层需要 input_shape，用来设置输入层的神经元个数
    ANN.add(Dense(units=64,activation='relu',input_shape=(2,)))
    ANN.add(Dense(units=64,activation='relu'))    #第二层隐藏层,神经元个数为64
    ANN.add(Dense(units=64,activation='relu'))    #第三层隐藏层
#输出层，由于这里直接用 y（未经过 one-hot 编码）作为输出，因此神经元节点设置为 1
```

```
ANN.add(Dense(units=1,activation='sigmoid'))
    ANN.compile(optimizer='adam',loss='binary_crossentropy')
    #使用 adam 作为参数的搜索算法，设置交叉熵作为风险函数（极大似然法）
    return ANN
grid = {'batch_size':[50,75,100,125,150]}              #构造参数网格
#设置参数 build_fn 为网络模型的构建函数
ANN = KerasClassifier(build_fn=create_network,epochs=200)
acc_scorer = make_scorer(accuracy_score)              #作为网格寻优的参数之一
grid_search = GridSearchCV(ANN,param_grid=grid,cv=5,scoring=acc_scorer)
grid_search.fit(X,y)                                  #进行网格寻优
print(grid_search.best_params_)                       #输出最优的参数对
```

运行上述代码，输出最佳的 mini-batch 个数为 50。

Tips：通过导入 keras.wrappers.scikit_learn 模块的 KerasRegressor、KerasClassifier，并设置类的参数 build_fn 为构造网络的函数，即可实现 Keras 与 Sklearn 的交互。然后只要将 KerasRegressor 或 KerasClassifier 类按平时使用 sklearn 的方法使用即可。Sklearn 与 Keras 交互的使用场景有很多，如后面将要介绍的集成学习（第 13 章）、交叉验证（第 15 章）。另外，如果要用 sklearn.metrices 模块评价神经网络模型，也需要进行 Sklearn 与 Keras 的交互。

12.3 卷积神经网络

卷积神经网络（CNN）在计算机领域有卓越的表现，并被广泛用于各种大型的任务中。与 BP 神经网络相比，它的神经元可以响应二维或多维的输入，并且增加了卷积层（convolutional layer）、池化层（pooling layer）和 Flatten 层。

12.3.1 卷积层

卷积层是卷积神经网络的基础，也是其处理多维数据的依据。在 BP 神经网络中，神经元只能接收多个值。在 CNN 中，卷积层可以接收多个矩阵，并根据图像核对该矩阵进行卷积运算从而得到新的矩阵。

卷积层的神经元个数需要人工确定，每个神经元有 n 个图像核（见 6.3.2 节）作为该神经元的参数 $\Omega_i, i \in (1,2,\cdots,n)$，其中，$n$ 为上一层输出矩阵的个数。卷积层输出的矩阵个数等于该层神经元的个数 N，因此也称神经元的个数 N 为该层的深度。

假设卷积神经网络的输入层接收并输出 RGB 图像，即 3 个矩阵（分别代表红色通道、绿色通道和蓝色通道）。在第二层卷积层中，每个神经元需要有 3 个卷积核，这些神经元分别使用这 3 个矩阵进行卷积运算。

卷积是将两个矩阵的对应元素相乘再相加，假设该神经元的图像核为 2×2 的矩阵，输入图像为 5×5 的矩阵。从图像矩阵的左上角出发，将图像核在矩阵中滑动，步长为 2，并对所覆盖区域进行卷积操作。滑动图像核后剩余一列，以致无法进行卷积，如图 12.7 所示。此时需要进行填充，使得整个矩阵能被图像核滑动卷积，填充值一般为 0。当然，也可以

通过调整步长为 1 解决该问题。

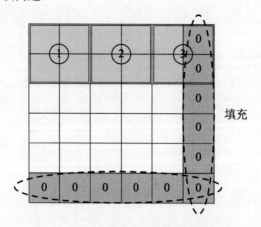

图 12.7　填充图像让图像核滑遍矩阵

假设卷积层有两个神经元，参数矩阵（图像核）Ω 的个数由上一层的输出决定。如图 12.8 所示，神经元的图像核在输入矩阵中滑动卷积，滑动步长为 2。将卷积的结果累加，并加上偏移项构成输出矩阵对应位置的元素。

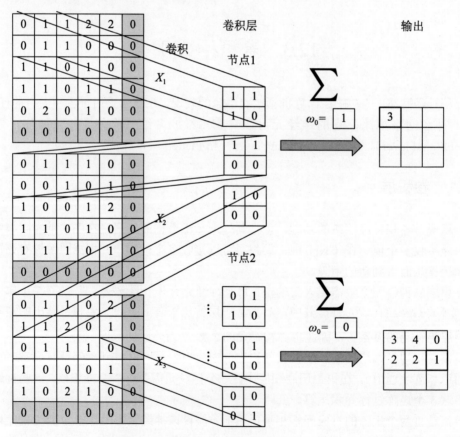

图 12.8　卷积层原理示意

可以看到，经过滑动卷积后，每个节点将输出一个 3×3 的矩阵。输出矩阵的尺寸由图像核在输入矩阵的滑动决定，矩阵中的每个元素是卷积结果的累加再与偏移项相加之和。

　　在卷积层中，除了尺寸是人工定义之外，图像核的每个元素都是神经元的参数，它们是由训练得到的。另外，卷积层的节点也可以有激活函数，对输出矩阵的每个元素用激活函数处理，得到最终的输出信号。

🎓Tips：可以看到，卷积层中的每个神经节点都在以一种"滑动卷积"的方式处理输入矩阵。在 6.3.2 节中曾经提及图像核的作用。实际上，对图像的图像核处理，亦是通过图像核在源图像中滑动卷积完成的。通过 6.3.2 节的学习，我们知道滑动卷积可以实现模糊、锐化、轮廓提取等效果，其效果与图像核的组成元素有关。因此，卷积层的每个节点的卷积核亦是如此。只是神经元卷积层的每个元素不需要人工指定，而是通过模型训练获得的，因此可以完成图像自动特征的提取。

12.3.2　池化层

　　池化层一般夹在卷积层中间，用于压缩卷积层的输出矩阵，进行特征降维的同时缓解过拟合。可以简单地将池化层视为一个 cv2.resize 函数（见 6.3.3 节）。区别于其他层，池化层只有一个节点。因此在输入矩阵通过池化层并输出后，矩阵的个数不变，变化的只有矩阵的尺寸。

　　区别于 6.3.3 节介绍的缩放方法，为了简化运算，池化层是根据窗口中的最大值和平均值进行矩阵缩放的。如图 12.9 所示，我们使用 2×2 的窗口，根据最大值缩放输入矩阵。

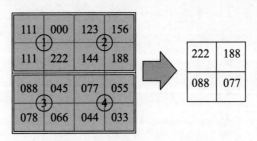

图 12.9　根据最大值进行缩放

12.3.3　Flatten 层

　　Flatten 层与池化层一样只有一个神经元，其作用是将矩阵拆分成一个一个元素，作为下一层的输入信号。Flatten 层之后一般连接 BP 神经网络的隐藏层，之后也不会再添加卷积层了。

　　一个简单的卷积神经网络的结构和其输出矩阵如图 12.10 所示，在 Flatten 层之前，网络是围绕卷积层展开的。卷积层的输出矩阵个数等于该层的深度，用于提取输入信号的特征。池化层起到压缩矩阵、缩放信息和防止过拟合的作用，其输出矩阵的个数与输入信号相同。Flatten 层将矩阵输出为一个向量，并作为 BP 神经网络的输入信号。

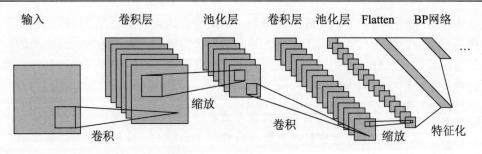

图 12.10 卷积神经网络结构

🖱Tips：敏锐的读者可能已经发现，卷积神经网络的卷积层、池化层和 Flatten 层分别对应图像特征处理的图像核运算、图像缩放和图像转向量。其中，通过滑动卷积，卷积层能够将图像（矩阵）进行特征提取，池化层通过 resize 图像使得特征个数降低，Flatten 层则直接将矩阵展开从而构成向量。这三层的提取效果都是靠训练集训练出来的，与 6.3 节略有不同。卷积神经网络中的特征提取是自动进行的，而 6.3 节介绍的方法是手工提取特征。

12.3.4　卷积神经网络的 Python 实现

下面用卷积神经网络解决第 10 章的习题 14。首先使用代码文件 code_q14.py 导入数据集，部分数据如图 10.10 所示。导入数据后，得到容量为 6000 的训练集 X_train,y_train 和 1000 的测试集 X_test,y_test，每个个体为一个 28×28 的灰度图像，代码如下。

代码文件：code_for_demo2.py

```
import sys
from keras.utils import to_categorical
from keras.models import Sequential
import numpy as np
from keras.layers import Dense, Conv2D,AveragePooling2D,Flatten
sys.path.append(r'D:\桌面\我的书\chapter10\代码')
import code_q14
#使用 code_q14 产生数据集
X_train,y_train,X_test,y_test = code_q14.data_generate()
```

为了使用神经网络模型，需要将标签 y 进行 one-hot 编码，从而将取值为 0～9 的 y 转换为一个长度为 10 的二值向量。同时，为了将数据转换为卷积层能够接收的形式，还要对 X 进行转换。

已知 X_train 和 X_test 分别为 (6000,28,28) 和 (1000,28,28) 的矩阵，而 Keras 实现的卷积层要求输入矩阵转换为（数量,宽度,高度,1）的形式，因此我们需要在 Python 中调整矩阵 X_train 和 X_test 的形状，代码如下。

```
width = height = X_train.shape[1]          #得到图像的尺寸
y_train = to_categorical(y_train,num_classes=10)
#使用 one-hot 编码将类别因变量转换为 10 个变量
y_test = to_categorical(y_test,num_classes=10)
X_train = X_train.reshape(X_train.shape[0],28,28,1).astype(np.float32)/
255
```

```
#将数据标准化，并将 X 转换为神经网络能够接收的形式
X_test = X_test.reshape(X_test.shape[0],28,28,1).astype(np.float32)/255
```

处理完数据后，首先要构造卷积神经网络。已知输入层为 1 个神经元，输出信号为 28×28 的矩阵，输出层有 10 个神经元。这里设置所有卷积层的图像核[②]的尺寸为 3×3，激活函数为 Relu 函数；设置所有池化层用 2×2 的窗口，根据平均值缩放输入矩阵；同时在 Flatten 层之后设置一个包含 512 个神经元的隐藏层，激活函数为 ReLU。最后将输出层的激活函数设置为 Sigmod 函数。

卷积网络的结构为 16 节点的卷积层→32 节点的卷积层→池化层→64 节点的卷积层→池化层→Flatten 层→512 节点的隐藏层→输出层。

由于输入层可以忽略，因此在第一层卷积层中需要额外设置参数 input_shape=（28,28,1），表示从输入层中接收 28×28 的矩阵。同时，用 keras.layers 模块的 Conv2D、AveragePooling2D 和 Flatten 类分别实现卷积层、池化层和 Flatten 层，代码如下。

```
model = Sequential()                          #创建神经网络类
model.add(Conv2D(16,kernel_size=(3,3),
                #创建一个卷积层，核为 3×3
                input_shape=(width,height,1),activation='relu'))
model.add(Conv2D(32,kernel_size=(3,3),activation='relu'))
#添加池化层，用 2×2 的窗口，根据平均值缩放矩阵。当然，缩放后矩阵不一定为 2×2
model.add(AveragePooling2D(pool_size=(2,2)))
model.add(Conv2D(64,kernel_size=(3,3),activation='relu'))
#添加池化层，用 2×2 的窗口缩放输入矩阵
model.add(AveragePooling2D(pool_size=(2,2)))
model.add(Flatten())                          #添加 Flatten 层
#BP 神经网络的隐藏层，512 个节点
model.add(Dense(units=512,activation='relu'))
model.add(Dense(units=10,activation='sigmoid'))   #输出层
```

构造好模型之后，通过 model.compile 函数设置训练算法、风险函数和评价指标。这里将搜索算法设置为 adam，以交叉熵作为损失函数并用精确度评价模型。通过 model.fit 函数训练模型，并将最大搜索步长设置为 100，mini-batch 设置为 256 个个体。同时将训练过程记录在变量 history 中，以便画出历史的训练信息。

```
model.compile(optimizer='adam',loss='binary_crossentropy',
metrics=['accuracy'])                         #使用 Adam 算法训练模型
history = model.fit(X_train,y_train,epochs=100,batch_size=256,
validation_data=(X_test,y_test))
#定义随机搜索算法的 mini-batch=256，同时将训练过程存储到变量 history 中
```

运行代码即可训练卷积神经网络模型，训练过程如下。

```
Epoch 1/100
60000/60000 [==============================] - 219s 4ms/step - loss: 0.0869
- acc: 0.9712 - val_loss: 0.0199 - val_acc: 0.9934
...
Epoch 99/100
60000/60000 [==============================] - 186s 3ms/step - loss:
2.6969e-05 - acc: 1.0000 - val_loss: 0.0109 - val_acc: 0.9986
Epoch 100/100
60000/60000 [==============================] - 186s 3ms/step - loss:
2.6969e-05 - acc: 1.0000 - val_loss: 0.0110 - val_acc: 0.9986
```

---

② 在 keras 模块实现的卷积层中，图像核的滑动步长固定为 1。

可以看到，卷积神经网络模型在训练集和测试集中的精确度为 1 和 0.99。因此，模型不会过拟合，并且预测效果都比较优越。根据变量 history 的属性 history.history['acc']和 history.history['val_acc']可以画出训练过程，如图 12.11[③]所示。

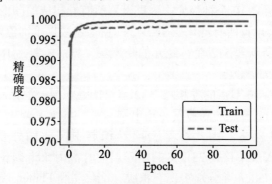

图 12.11　模型的训练过程与精确度

🔖Tips：应该说 CNN 是非常强大的，上述案例仅作为演示，在实际应用中不需要也没必要使用上例所示的庞大而多层的 CNN。另外，CNN 只是一个广泛的概念。在计算机视觉领域中，某些算法如 YOLO 或 Fast-RCNN，其应属于 CNN 的一类。也就是说，可以将其视为一种固定结构的 CNN。最后不得不说的是，CNN 在计算机视觉领域取得了较大的成功，而在自然语言处理中的表现却差强人意，不如经典的机器学习模型。

12.4　习　　题

1．有人说神经网络是一个黑箱模型，怎么看待这个说法？

2．多层感知器也叫_____，请简要描述 BP 神经网络的原理。

3．BP 神经网络的使用是向前计算的，但为什么其被命名为反向传播（Backward Propagation）网络呢？

4．BP 神经网络可否用牛顿法训练？

*5．MALTAB 中的 nctool 能够快速实现 BP 神经网络的构建、训练和评价，请使用该工具训练一个用于鸢尾花分类的 BP 神经网络模型。

6．使用 Sklearn 自带的数据集 load_iris 训练一个 BP 神经网络模型。

7．使用 Sklearn 自带的数据集 load_boston 训练一个用于回归的 BP 神经网络。

*8．什么是卷积运算？图像核是什么？为什么要进行填充？卷积层是怎么工作的？

*9．卷积层的神经元个数也叫_____，一个卷积层的输出矩阵的数目等于_____，卷积层_____（可以/不可以）有激活函数。卷积层神经元的图像核个数等于_____，核中的元素通过_____确定。

*10．池化层的作用是_____，它通常位于_____之间，其神经元个数为_____，

---

③ 图代码见文件 code_for_demo2.py。

（有/没有）激活函数，它是怎么工作的？

*11．Flatten 层的作用是_____，_____（有/没有）激活函数，Flatten 层后面通常是一个_____。

*12．使用 Sklearn 自带的数据模块 load_digits 训练一个卷积神经网络。

*13．如何解决卷积神经网络的过拟合问题？

参 考 文 献

[1] Keras 文档 https://keras.io/models/sequential/。

第13章 集 成 学 习

在深度学习未出现之前，集成学习算法是较常用、效果较好的算法之一。集成学习算法将一系列子模型结合在一起，从而改善了子模型单独使用时的过拟合或欠拟合问题。集成学习算法包括 Bagging 集成、Boosting 集成和 Stacking 集成，它们都是在各种比赛中经常用到且胜出的模型。集成模型将前面章节介绍的模型集成在一起，博取众长，达到了子模型单独使用时所不能及的效果。

本章将基于以上 3 种集成方法，着重讲解集成学习模型的原理及其 Python 实现。学习完本章，读者可以掌握以下内容：

- □ 集成学习的方法与优点；
- □ Bagging 集成模型的原理与实现；
- □ 随机森林模型的原理与实现；
- □ Boosting 集成模型的原理与实现；
- □ Stacking 集成模型的原理与实现；
- □ 各种集成模型的使用场合。

13.1 集成学习简介

到目前为止，我们都是用一个单独的模型去解决问题的。正所谓众人拾柴火焰高，因此是否能训练多个模型进而"共同"决定最终的结果呢？基于这种想法，学者们提出了集成学习的方法。

集成学习是以并行或串行的方式训练多个子模型，从而构成总模型，总模型的输出由子模型按投票（分类）或取平均（回归）决定。在集成学习中，子模型通常属于同一类型的模型，如决策树构成随机森林等，这样的集成是"同质"的。另外，在某些集成算法中也允许不同类型的子模型集成，这种集成称为"异质"集成。

13.1.1 集成算法简介

所谓集成学习就是集合多个子模型，从而组成一个集成模型。集成模型的结果是从子模型的结果。按投票法或取平均得出的。集成多个子模型的方法有如下几种。

1. Bagging集成

Bagging 法属于同质集成。首先将训练集拆分成重合度较少的多个子集，并在这多个子集中训练多个同一类型的子模型。这点与 3.4.5 节的分组综合的想法类似，只不过这里是对整个数据集通过有放回地随机抽样来产生多个部分重复的子集。在统计学领域，这种利用有限的样本经由多次有放回的抽样重新建立多个子样本的方法也称为自助采样法（Bootstrapping）。因此，有时候也将 Bagging 法称为自助采样法。

Bagging 法有许多实现策略，但最主要的目的是尽量避免子模型在重复度较高的样本中训练，从而保证模型之间的独立性。

2．Boosting集成

Boosting 集成顺序地产生同质的、相互关联的子模型。首先在整个训练集样本中训练一个子模型，并按照该学习机的误差或误分类程度调整样本中每个个体的权重。然后在这些加权的样本中再次训练一个子模型，同时依照同样的规则更新样本权重，直到子模型的数量达到要求为止。

Boosting 集成通过调整样本中的个体权重，让子模型将更多的精力放在学习被上一个子模型错误分类、拟合较差的个体中，从而逐渐提高模型的精度。也因此，Boosting 方法中的子模型是相互关联的。

3．Stacking集成

Stacking 有两种实现，其一是在训练集中训练多个不同种类的模型，称其为初级模型。将初级模型在训练集中的输出作为再一个模型的输入；其二是在训练集中训练多个Bagging 或 Boosting 集成模型，然后对这些集成模型进行二次集成。

13.1.2　集成学习的优点

如图 13.1 所示，尝试用决策树和线性回归拟合数据集。可以看到，线性回归由于欠拟合，导致模型的预测值和实际值之间的偏差比较大。而决策树由于过拟合，导致其在测试集中的偏差比较大。对于线性回归，其偏差是模型的固有形态与数据之间的不匹配所导致的。对决策树而言，其偏差是由于过拟合导致的泛化能力太差造成的。

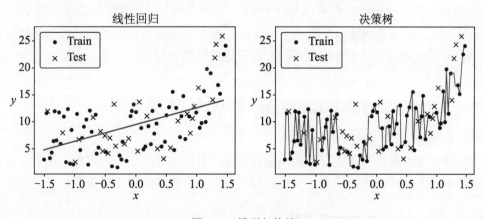

图 13.1　模型与偏差

过拟合是由于模型对数据过分学习，导致模型严重依赖数据。因此可以考虑使用多个模型，取其平均值来减小模型对数据的依赖，从而提高泛化能力。如图 13.2 所示，如果将这些决策树进行平均，那么就可以在一定程度上缓解过拟合，从而减少其在测试集中的偏差。

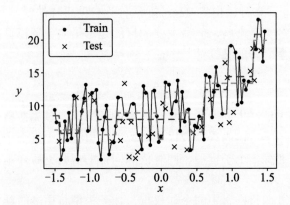

图 13.2　多个决策树模型拟合曲线

至于欠拟合，以分类问题为例，假设在二分类问题 $y=\{-1,1\}$ 中，存在多个分类模型 $c_i(\boldsymbol{x},\boldsymbol{\omega})$，它们误分类的概率为 $P\big(c_i(\boldsymbol{x},\boldsymbol{\omega})\neq y\big)=\varepsilon$。将这 T 个分类器按投票法集成为一个总分类器 $C(\boldsymbol{x})=\mathrm{sgn}\left(\sum_{i=1}^{T}c_i(\boldsymbol{x},\boldsymbol{\omega})\right)$。

由于在多个分类器中，事件"分类不正确的分类器个数"为 T，概率 $p=\varepsilon$ 为二项分布。只要分类错误的分类器超过 $T/2$，则总分类器分类错误。因此，总分类器误分类的概率为：

$$P\big(C(\boldsymbol{x})\neq y\big)=\sum_{k=T/2}^{T}\binom{T}{k}(1-\varepsilon)^{T-k}\,\varepsilon^{k}$$

根据 Hoeffding 不等式可知：

$$P\big(C(\boldsymbol{x})\neq y\big)=\sum_{k=T/2}^{T}\binom{T}{k}(1-\varepsilon)^{T-k}\,\varepsilon^{k}\leqslant \exp\left(-\frac{1}{2}T(1-2\varepsilon)^2\right)$$

很明显，当 $T\to\infty$ 时，$P\big(C(\boldsymbol{x})\neq y\big)\to 0$，总模型误分类的概率将趋近无穷小。

由此可见，如果分类模型欠拟合（ε 很大），那么可以集成多个这样的模型来解决欠拟合问题，在某些集成方法中亦可以解决回归问题的欠拟合问题。

13.2　Bagging 集成与随机森林

Bagging 集成器将训练集有放回地随机抽样，从而生成多个子训练集。然后在这些子训练集中并行地训练多个子模型，从而按投票、取平均的方法构成总模型。

13.2.1　Bagging 集成的原理

设子模型的个数为 T，Bagging 方法通过从训练集中有放回地抽取 $M_i,i\in(1,2,\cdots,T)$ 个个体构成子训练集。重复上述操作 T 次，从而获得 T 个子训练集。然后分别从子训练集中

训练 T 个子模型。一般，新训练集的个体数 M_i 都是随机的，每个 M_i 占总样本的 $0\sim2/3$ 左右。由于抽样是有放回的，因此在每个子训练集中有可能存在重复的个体。

于是，对于二分类问题 $y=\{-1,1\}$，一般采用投票法的结果作为集成模型的输出：

$$C(\boldsymbol{x}) = \text{sgn}\left(\sum_{i=1}^{T} c_i(\boldsymbol{x}, \boldsymbol{\omega})\right) \tag{13.1}$$

或加权投票法：

$$C(\boldsymbol{x}) = \text{sgn}\left(\sum_{i=1}^{T} \frac{M_i}{m} c_i(\boldsymbol{x}, \boldsymbol{\omega})\right) \tag{13.2}$$

当式（13.1）输出的结果为 0、-1 或 1 时，就可以考虑用式（13.2）进行辅助验证。这里要注意的是，子模型 $c_i(\boldsymbol{x}, \boldsymbol{\omega})$ 的输出可以是类别 $\{-1,1\}$，也可以是属于某类别的概率。前者按照式（13.1）和式（13.2）直接输出结果，称为硬投票，后者将式中的符号函数去掉并取平均，称为软投票。

对于回归问题，可以取平均值或加权平均：

$$R(\boldsymbol{x}) = \frac{1}{m}\sum_{i=1}^{T} r_i(\boldsymbol{x}, \boldsymbol{\omega}) \quad \text{或} \quad R(\boldsymbol{x}) = \sum_{i=1}^{T} \frac{M_i}{m} r_i(\boldsymbol{x}, \boldsymbol{\omega}) \tag{13.3}$$

另外需要注意的是，Bagging 产生新样本通常是以全部列为单位进行抽取的，这一点要与随机森林区分开。在实际应用中为了提高模型的独立性，也可以按部分列为单位进行抽取。

13.2.2　随机森林的原理

随机森林通过并行地结合决策树，从而构成类 Bagging 集成模型。区别于 Bagging 集成，随机森林在产生新样本时是以行列为单位随机抽取的，这样做能够避免一些重要的特征在不同的决策树中反复出现，一定程度上避免"重要"特征大出风头，如图 13.3 所示。

Bagging集成　　　　　随机森林

图 13.3　Bagging 集成与随机森林的抽样方式

在随机森林中，新训练集的个体数 M_i 随机地占总训练集个体的 $0\sim2/3$，列数则视情况而定。在分类任务中，列数一般为 $\sqrt{n}$，n 为样本的特征个数；在回归任务中，列数一般为 $n/3$。

得到子训练集后，分别在子训练集中训练子决策树，并对这些决策树按相同的剪枝条件进行剪枝处理（保证模型同质）。然后将这些子决策树按照 13.2.1 节介绍的方法集成即可构成随机森林。

🔖Tip：未剪枝的决策树模型经常会出现过拟合，过拟合意味着模型对样本过于敏感。换句话说，模型可能在某个样本中的拟合效果极佳，而在另一个样本中的表现极差。

通过按行、列衍生子训练集的方法可以得到"重要"特征不一的决策树。同时，这样产生的子模型往往独立性较高。将这些独立性高、重要特征不一的决策树集成在一起就能够解决过拟合带来的偏差。

13.2.3　Bagging 集成与随机森林的 Python 实现

用 demo_data.py 代码中的 data_generate 函数产生一个数据集，要求使用该数据集训练一个用于回归任务的 Bagging 集成模型和随机森林。

首先将数据按 6∶4 的比例拆分成训练集和测试集，同时导入有关模块，代码如下。

代码文件：code_for_demo.py

```python
from sklearn.ensemble import BaggingRegressor      #导入 Bagging 集成回归机模块
from sklearn.linear_model import LinearRegression
from sklearn.ensemble import RandomForestRegressor #导入随机森林回归机模块
import matplotlib.pyplot as plt
import demo_data                                    #导入文件 demo_data 以产生数据集
from sklearn.model_selection import train_test_split
from sklearn.metrics import r2_score
"""产生数据集"""
X,y = demo_data.data_generate()                     #产生示例数据集
X_train,X_test,y_train,y_test = train_test_split(X,y,test_size=0.4,
random_state=4)                                     #按照 6∶4 的比例拆分数据
```

Bagging 集成回归模型可用 BaggingRegressor 类实现，并初始化参数 base_estimator 和 n_estimators 的值，可以分别设置 Bagging 集成的子模型类型和个数，这里将子模型设置为线性回归，个数为 50 个。训练完模型后，需要分别计算模型在训练集和测试集中的 R 方，代码如下。

```python
lr = LinearRegression()                             #线性回归
#实例化一个 BaggingRegressor 对象，并以 lr 为子模型，设置子模型个数为 50 个，新样本占
#总样本的 0~2/3
bagging = BaggingRegressor(base_estimator=lr,
                          n_estimators=50,max_samples=0.67)
bagging.fit(X_train,y_train)    #训练完模型后,分别计算模型在训练集和测试集中的 R 方
y_train_pred = bagging.predict(X_train)             #训练集中的预测值
y_test_pred = bagging.predict(X_test)               #测试集中的预测值
print('训练集的 R 方为: ',r2_score(y_train,y_train_pred))
print('测试集的 R 方为: ',r2_score(y_test,y_test_pred))
```

运行上述代码，可得模型在训练集和测试集中的 R 方为 0.57 与 0.48。

同样，用 RandomForestRegressor 类实现回归随机森林，调整其参数 n_estimators 选择子决策树的个数。与决策树的 Python 实现类似，可以调整 criterion 等参数设置不纯度度量法和剪枝条件等。通过调整 max_samples、max_feature 参数，设置新样本行与列在总训练集中的占比。训练好模型后，分别计算模型在训练集和测试集中的 R 方：

```python
#定义一个由 50 个决策树构成的随机森林,剪枝条件为最大深度,用 mse 作为其不纯度度量随机
#森林,剪枝条件为最大深度,用 mse 作为其不纯度度量。max_features 代表新样本的列数占
#总的 1/3
rf = RandomForestRegressor(n_estimators=50,max_samples=0.67,max_features=
```

```
0.33, criterion='mse',max_depth=6)
rf.fit(X_train,y_train)                    #训练模型
y_train_pred = rf.predict(X_train)         #训练集中的预测值
y_test_pred = rf.predict(X_test)           #测试集中的预测值
print('训练集的 R 方为: ',r2_score(y_train,y_train_pred))
print('测试集的 R 方为: ',r2_score(y_test,y_test_pred))
```

运行上述代码,可得随机森林在训练集和测试集中的精度为分别为 0.94 和 0.81。画出两个模型的拟合曲线如图 13.4 所示。

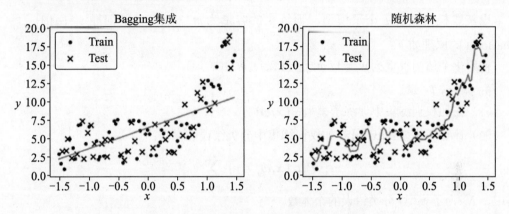

图 13.4　随机森林与 Bagging 集成拟合曲线

可以看到,使用 Bagging 集成 SVR 模型,并不能改变其欠拟合的本质,多条直线的平均依然是直线。相反,由于决策树通常造成过拟合(这一点可以用决策树模型来验证[①]),通过随机森林这种类 Bagging 集成方法,可以降低模型对数据的依赖,从而缓解模型过拟合的问题。

🖱Tips:　实际上,如同随机森林一样,用 Bagging 集成亦可以缓解决策树的过拟合,从而提高模型在测试集中的拟合优度。因此,如果模型存在过拟合的倾向,可以考虑使用 Bagging 集成来降低这种误差。例如,BP 神经网络也容易造成过拟合,这个时候就可以考虑将多个神经网络进行 Bagging 集成。虽然 Keras 无法直接作为 base_estimator 参数而初始化 BaggingRegressor 类,但是可以法照 12.2.4 节所述的方法,将 Keras 与 Sklearn 进行交互,从而实现 Bagging 集成。

13.3　Boosting 集成与 AdaBoost 集成

Boosting 集成区别于 Bagging 集成,它会顺序地产生子模型。通过调整样本个体的权重,让子模型对上一个子模型误分类的个体进行重点学习,从而将子模型彼此联系在一起。Boosting 集成并没有对训练集进行随机抽样来产生新样本。相反,子模型的训练都是在完整、加权的训练集中进行的。

---

① 计算得出决策树在训练集和测试集中的 R 方分别为 9.4 与 0.58。

Boosting 集成有许多实现方法，其中以 AdaBoost 最为闻名。在深度学习未出现之前，AdaBoost 与支持向量机并列，属于机器学习领域最常用的模型。因此本节主要以 AdaBoost 模型为主，讲解 Boosting 集成的原理与方法。由于其他 Boosting 集成如梯度 Boosting 和 XGBoost 等方法的原理皆大同小异，所以本节不再展开介绍。

13.3.1　AdaBoost 集成的原理

设集成模型共有 T 个子模型，训练集的容量为 m。以二分类问题 $y=\{-1,1\}$ 为例，AdaBoost 的原理如下：

初始化个体的权重为 $w_j = 1/m, j \in (1,2,\cdots,m)$

for i=1 to T：

（1）在加权训练集中训练子模型 $c_i(\boldsymbol{x},\boldsymbol{\omega})$。

（2）计算子模型 $c_i(\boldsymbol{x},\boldsymbol{\omega})$ 在加权训练集中分类错误的概率：

$$\varepsilon_i = P\big(c_i(\boldsymbol{x},\boldsymbol{\omega}) \neq y\big) = \sum_{j=1}^{m} w_j N_{\neq}$$

其中，$N_{\neq}$ 为子模型 i 分类错误的个体数。

（3）计算 $c_i(\boldsymbol{x},\boldsymbol{\omega})$ 在总模型中的权重 α_i：

$$\alpha_i = \frac{1}{2}\ln\frac{1-\varepsilon_i}{\varepsilon_i}$$

（4）更新权值为：

$$Z = \sum_{j=1}^{m} w_j \exp\big(-\alpha_i y_j c_i(\boldsymbol{x}_i,\boldsymbol{\omega})\big)$$

$$w_j = \frac{w_j}{Z}\exp\big(-\alpha_i y_j c_i(\boldsymbol{x}_i,\boldsymbol{\omega})\big)$$

其中，Z 为标准化系数，用于保证权重之和等于 1。

迭代结束后，构造总模型为：

$$C(\boldsymbol{x}) = \mathrm{sgn}\left(\sum_{i=1}^{T} \alpha_i c_i(\boldsymbol{x},\boldsymbol{\omega})\right)$$

其中，权重 α_i 在 $\varepsilon_i \leqslant 1/2$ 的情况下，$\alpha_i \geqslant 0$ 且随着 ε_i 的减小而增大。对于回归问题，其算法如下：

初始化个体的权重为 $w_j = 1/m, j \in (1,2,\cdots,m)$

for i=1 to T：

（1）在加权训练集中训练子模型 $r_i(\boldsymbol{x},\boldsymbol{\omega})$。

（2）计算子模型 $r_i(\boldsymbol{x},\boldsymbol{\omega})$ 在加权训练集中的误差：

$$\varepsilon_i = \sum_{j=1}^{m} w_j e_j$$

其中，e_j 为样本 j 的相对误差，其值如下：

$$E_i = \max\left|y_j - r_i(\boldsymbol{x}_j,\boldsymbol{\omega})\right|$$

$$e_j = \frac{\left(y_j - r_i\left(\boldsymbol{x}_j, \boldsymbol{\omega}\right)\right)^2}{E_i}$$

（3）计算 $r_i(\boldsymbol{x}, \boldsymbol{\omega})$ 在总模型中的权重 α_i：

$$\alpha_i = \frac{1 - \varepsilon_i}{\varepsilon_i}$$

（4）更新权值为：

$$Z = \sum_{j=1}^{m} w_j \alpha_i^{1-\varepsilon_i}$$

$$w_j = \frac{w_j}{Z} \alpha_i^{1-\varepsilon_i}$$

其中，Z 为标准化系数，用于保证权重之和等于 1。

迭代结束后，构造总模型为：

$$R(\boldsymbol{x}) = \left(\sum_{i=1}^{T}\left(\ln\frac{1}{\alpha_i}\right)\right)g(\boldsymbol{x})$$

其中，$g(\boldsymbol{x})$ 是所有 $\alpha_i r_i(\boldsymbol{x}, \boldsymbol{\omega})$ 的中位数。

13.3.2　AdaBoost 集成的 Python 实现

利用 12.2.3 节的示例数据，训练一个深度为 1 的决策树和以其为子模型的 AdaBoost 集成模型，然后评价其拟合优度并画出分类边界。

首先用 demo_data2.py 中的 generate_data 函数产生如图 12.4 所示的数据集，然后按照 6∶4 的比例将数据集拆分为训练集和测试集，同时导入有关模块，代码如下。

代码文件：code_for_demo2.py

```
from sklearn.ensemble import AdaBoostClassifier#导入AdaBoost集成分类器模块
from sklearn.tree import DecisionTreeClassifier
import matplotlib.pyplot as plt
import demo_data2                            #导入文件demo_data以产生数据集
from sklearn.model_selection import train_test_split
from sklearn.metrics import accuracy_score
"""产生数据集"""
X,y = demo_data2.data_generate()            #产生示例数据集
X_train,X_test,y_train,y_test = train_test_split(X,y,test_size=0.4,
random_state=4)                             #按照6∶4的比例拆分数据
```

之后训练一个深度为 1 以 Gini 系数为不纯度度量的决策树模型。训练完模型后，分别计算模型在训练集和测试集中的精确度。

```
"""深度为1的决策树模型"""
dtc = DecisionTreeClassifier(criterion='gini',max_depth=1)
dtc.fit(X_train,y_train)                    #训练模型
y_train_pred = dtc.predict(X_train)         #训练集中的预测值
y_test_pred = dtc.predict(X_test)           #测试集中的预测值
print('训练集的精确度为: ',accuracy_score(y_train,y_train_pred))
print('测试集的精确度为: ',accuracy_score(y_test,y_test_pred))
```

运行上述代码，可以得到模型在训练集和测试集中的精确度为 0.55 和 0.52。很明显，用深度为 1 的决策树是不可行的。

以上述模型为子模型，子模型个数为 30 个，构建一个 AdaBoost 集成模型。然后训练该模型并计算其在训练集和测试集中的精确度。

```
boost = AdaBoostClassifier(base_estimator=dtc,
                    n_estimators=30)#以 dtc 为子模型,设置子模型个数 T=30 个
boost.fit(X_train,y_train)                      #训练模型
y_train_pred = boost.predict(X_train)           #训练集中的预测值
y_test_pred = boost.predict(X_test)             #测试集中的预测值
print('训练集的精确度为: ',accuracy_score(y_train,y_train_pred))
print('测试集的精确度为: ',accuracy_score(y_test,y_test_pred))
```

运行上述代码，可得 AdaBoost 模型在训练集和测试集中的精确度分别为 0.933 和 0.825。为了直观地展示两个模型的效果，可以分别画出它们的分类边界，如图 13.5 所示。

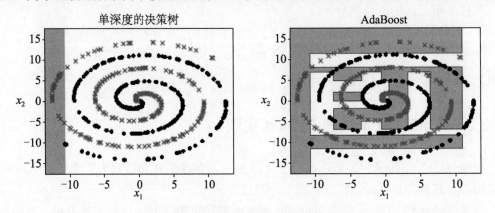

图 13.5　决策树与 AdaBoost 的分类边界

Tips：通常情况下，区别于 Bagging 集成用于解决过拟合问题，AdaBoost 集成方法倾向于缓解欠拟合引起的误差。在本例中，单深度决策树是一个欠拟合模型，但通过多个这样的模型集成，使得欠拟合模型提升到恰拟合。而 Bagging 则相反，它主要倾向于解决模型的过拟合问题，通过对过拟合模型的加权平均，使得模型对样本的依赖降低。

当然，不仅是决策树，AdaBoost 也可以集成其他类型的模型，如线性回归和逻辑回归等，但是 AdaBoost 并不能改变模型的本质。例如对逻辑回归进行 AdaBoost 集成，得到的模型依旧是一个线性的划分超平面。另外，如果数据集中存在异常个体，则在训练 AdaBoost 模型时，这种异常个体将会获得很大的权重。因此，AdaBoost 对异常数据比较敏感。

13.4　Stacking 集成

前面提到，Stacking 集成有两种方法：其一是在训练集中训练多个不同种类的初级模

型，将它们的输出作为次级模型的输入。这样，次级模型的输出即为总模型的输出；其二是在训练集中训练多个 Bagging 或 Boosting 集成模型，然后对这些集成模型进行二次集成。

13.4.1 Stacking 集成的原理

1. 第一类型

如图 13.6（a）所示，首先在同一个训练集中训练多个不同类型的初级模型。使用初级模型的输出作为新特征，与训练集中的因变量构成一个新的训练集。然后定义一个次级模型，并在这个新训练集上训练次级模型。

在使用集成模型时，首先将数据输入初级模型中，获取其输出结果，然后将输出结果构成新的个体。然后将新个体在次级模型中的输出结果作为总模型输出即可。

2. 第二类型

与第一类型不同的是，第二类型中要求所有的子模型的类型相同，即集成同质。首先定义多个同质的集成模型，如 Bagging 或 AdaBoost，然后将这些集成模型通过 Bagging 方法集成为总模型。用于获得总模型的 Bagging 集成方法与 13.2 节中的介绍略有不同，此时新样本一般占总样本的 0～100%。

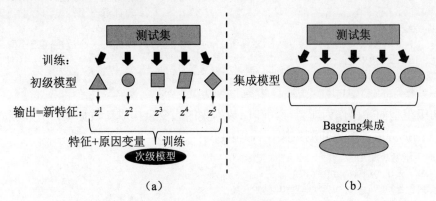

图 13.6 Stacking 集成原理示意

🖰Tips：在两种 Stacking 集成方法中，第一类型能够集成不同质的模型。因此，它既可以融合线性模型，也可以融合非线性模型；既可以融合概率模型，也可以融合生成模型（见 8.3 节）；既可以融合拙算法（如 KNN），也可以融合神经网络等复杂模型。另外，新样本也可以通过特征工程进行预处理（见第 7 章）。总体来说，第一类型的集成比较复杂。另外，两种 Stacking 集成都能够通过并行运算的方法训练模型。

Stacking 集成方法比较新颖，在 Sklearn 模块中还没有相应的实现。因此，笔者在后面亦会给出其实现方法，但是其是一种面向过程而非面向对象的实现。在此抛砖引玉，希望读者能够完成 Stacking 集成的封装实现。

13.4.2　Stacking 集成的 Python 实现

1. 第一类型

用 13.2.3 节的回归数据训练一个第一类型的 Stacking 集成模型。由于在 Sklearn 中没有相关的函数，因此需要自己实现。

我们考虑用 4 个初级模型，分别是：$C=1$、$\varepsilon=0.1$ 的线性软间隔 SVR，深度为 2 的决策树，线性回归和正则化系数为 $\alpha=1$ 的 Ridge 回归。在原数据集中分别训练这 4 个初级模型，代码如下。

代码文件：code_for_demo3.py

```
"""产生数据集"""
X,y - demo_data.data_generate()                    #产生示例数据集
X_train,X_test,y_train,y_test = train_test_split(X,y,test_size=0.4,
random_state=4)                                    #按照 6∶4 的比例拆分数据
"""训练软间隔线性 SVR"""
#训练一个软间隔线性 SVR，惩罚因素 C=1, epsilon=0.1
svr = SVR(kernel='linear',C=1.0,epsilon=0.1).fit(X_train,y_train)
"""训练决策树"""
dtr = DecisionTreeRegressor(criterion='mse',max_depth=2).
fit(X_train,y_train)                               #训练一个深度为 2 的决策树
"""训练线性回归"""
lg = LinearRegression().fit(X_train,y_train)       #训练一个线性回归模型
"""Ridge 回归"""
#训练一个 alpha=1 的 Ridge 回归模型
ridge = Ridge(alpha=1.0).fit(X_train,y_train)
```

将初级模型的输出作为新特征，和原数据集的因变量构成新数据集，并将新数据集按 6∶4 的比例拆分成训练集和测试集，代码如下。

```
"""产生新数据集"""
new_X = pd.DataFrame()
new_X['svr'] = svr.predict(X)
new_X['dtr'] = dtr.predict(X)
new_X['lg'] = lg.predict(X)
new_X['ridge'] = ridge.predict(X)
X_train,X_test,y_train,y_test = train_test_split(new_X,y,test_size=0.4,
random_state=4)                        #按照 6∶4 的比例对新数据集进行拆分
```

然后定义次级模型为 $C=1$、$\varepsilon=0.1$ 的线性软间隔 SVR，并用新训练集进行训练，同时计算其 R 方：

```
meta_svr = SVR(kernel='linear',C=1.0,epsilon=0.1)
#次级模型为线性软间隔 SVR, C=1, epsilon=0.1
meta_svr.fit(X_train,y_train)
y_train_pred = meta_svr.predict(X_train)
y_test_pred = meta_svr.predict(X_test)
print('训练集的 R 方为: ',r2_score(y_train,y_train_pred))
print('测试集的 R 方为: ',r2_score(y_test,y_test_pred))
```

运行上述代码，可得模型在训练集和测试集中的 R 方为 0.83 和 0.83。画出预测值、实

际值与原始特征构成的曲线[②]如图 13.7 所示，可以看出，模型的拟合效果还是可圈可点的。

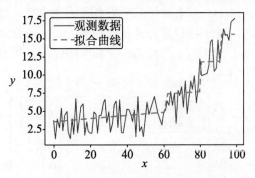

图 13.7　预测值和实际值的曲线

2. 第二类型

用 10 棵深度为 1 的决策树构成的 AdaBoost 模型作为子模型，并将 10 个这样的 AdaBoost 集成为总模型。用该模型对 13.2.3 节的示例数据进行拟合，同时计算其 R 方，实现代码如下。

代码文件：code_for_demo4.py

```
"""产生数据集"""
X,y = demo_data.data_generate()                          #产生示例数据集
X_train,X_test,y_train,y_test = train_test_split(X,y,test_size=0.4,
random_state=4)                                          #按照 6：4 的比例拆分数据
"""深度为1的决策树模型"""
dtc = DecisionTreeRegressor(criterion='mse',max_depth=1)    #定义单深度决策树
#用 AdaBoost 集成 10 棵单深度决策树
adaboost = AdaBoostRegressor(base_estimator=dtc,n_estimators=10)
stacking = BaggingRegressor(base_estimator=dtc,max_samples=1.0,
n_estimators=10) #将 10 个 AdaBoost 进行 Bagging 集成，设置新样本占总样本的 0~100%
stacking.fit(X_train,y_train)                            #训练模型
y_train_pred = stacking.predict(X_train)
y_test_pred = stacking.predict(X_test)
print('训练集的 R 方：',r2_score(y_train,y_train_pred))
print('测试集的 R 方：',r2_score(y_test,y_test_pred))
```

运行上述代码，可得 Stacking 集成模型在训练集和测试集中的 R 方分别为 0.82 和 0.79。画出实际值、预测值与特征 x 的图像，如图 13.8 所示。

Tips：一般来说，在子模型容易过拟合的场景中，可以考虑使用 Bagging 集成来缓解误差，特别是 BP 神经网络、决策树和贝叶斯分类器等模型。在 Bagging 集成模型的实现中，也可以调整抽样的列数，而不必按全部列抽取。Bagging 集成器通常致力于降低子模型之间的相关性，使得"重要"特征不反复出现，可以在一定程度上缓解过拟合。

---

② 由于每次产生数据都要运行一次代码，而数据的产生是随机的，因此每次运行代码得到的观测数据均不相同。因此，图 13.7 所示的观测数据可能与图 13.4 略有不同。后面的图 13.8 亦如此，但观测数据构成的曲线的走向是基本相同的。

Boosting 则相反，它用在模型欠拟合的场景。由于子模型之间是顺序相连的，因此相关性较强。Stacking 集成相当于集成再集成模型，因此可以结合 Bagging 和 Boosting 的优点，属于一种较为灵活的模型。一般情况下，Boosting 常用于降低欠拟合导致的偏差。Bagging、Boosting 和 Stacking 这 3 种集成方法的使用场景和特点总结如表 13.1 所示。

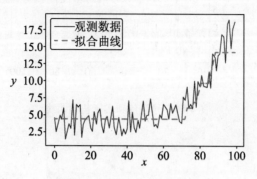

图 13.8　预测值、实际值曲线

表 13.1　3 种集成方法的总结

集 成 方 法	使 用 场 景	特　　　点
Bagging	缓解过拟合造成的模型对数据的依赖，提高模型的泛化能力	并行训练，子模型较为独立
Boosting	缓解欠拟合，将多个子模型提升为强学习模型	串行训练，子模型相互关联，对异常数据敏感
Stacking	集Bagging与Boosting两者的优点，通常用来缓解欠拟合	集成再集成

13.5　习　　题

1．集成学习包括_____、_____与_____，它能够解决_____拟合和_____拟合带来的_____问题。

2．Bagging 集成的子模型属于_____（同一/不同）类型，子训练集是通过自助采样得到的，其抽样一般是按_____（整列/部分列）进行的，并且是_____（有放回/无返回）的随机抽样，每个子训练集的个体数 M_i 是_____（是/不是）完全相同的。

3．随机森林是 Bagging 的衍生，其子模型为_____，其抽样是按_____（整列/部分列）进行的。

4．Bagging 集成可以用 Python 的_____实现，通过调整_____参数设置子模型的数量，并通过 max_samples 设置_____。

5．随机森林可以通过 max_features 设置_____，对于回归问题，其值一般取_____；对于分类问题，其值一般取_____。

6．AdaBoost 通过调整_____的权重，顺序地训练子模型，它_____（需要/不需要）从训练集中衍生子样本。

7．Bagging、AdaBoost 集成属于_____（同质/异质）集成。前者用于缓解_____；后者用于缓解_____，但对_____敏感。

8．简述 Stacking 集成的两种方法的原理。

9．用随机森林解决 13.3.2 节中的示例，并思考如何选择子决策树的深度。

10．用 AdaBoost 解决 13.2.3 节中的示例问题，要求子模型为决策树。

11．图 13.9 是分别以逻辑回归、线性软间隔 SVC 为子模型产生的 Bagging 集成模型，请问 Bagging 集成能够将线性分类模型转换为非线性分类模型吗？为什么逻辑回归不受影响？

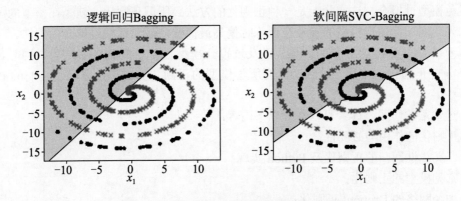

图 13.9　不同 Bagging 集成模型的分类边界

12．AdaBoost_____（可以/不可以）将模型由线性转为非线性，请用线性软间隔 SVC 为子模型，用 13.3.2 节中的数据训练一个 AdaBoost 模型。

13．下载数据文件 HR.csv，以 Attrition 为因变量，训练任意一种集成模型。

☎提示：读者可以参照代码文件 code_q13.py 对数据进行预处理。

参 考 文 献

[1] 李航．统计学习方法[M]．北京：清华大学出版社，2012.

[2] 周志华．机器学习[M]．北京：清华大学出版社，2016.

第 14 章 模型的正则化

在第 3 章中曾经提到 Ridge 回归，它是在风险函数中加入正则项，从而可以在一定程度上避免模型过拟合，这实际上是一种正则化的方法。所谓正则化，就是在模型的风险函数中加入正则项，使得模型的参数在训练时偏离最优解，从而缓解过拟合的方法。

本章将详细分析过拟合的后果，以及过拟合模型进行正则化的必要性。同时，本章将详细分析正则化的本质，并讨论前面所学模型的正则化方法、原理以及它们的 Python 实现。

通过本章的学习，读者可以掌握以下内容：

❑ 正则化的作用与必要性；

❑ 广义线性回归的正则化及 Python 实现；

❑ 常见模型的正则化；

❑ 神经网络的 Dropout 正则化；

❑ 常用正则化的 Python 实现。

14.1 结构风险与正则化

何谓风险？在训练模型时，一般情况下都需要一个风险函数，风险函数的值即为风险。一般情况下，风险函数表征了模型预测值与实际值的偏离程度。在实际应用中，由于样本无法完全地反映无限的总体，因此从样本中计算得到的模型风险并不能完全正确地反映实际风险。因此，我们称模型在有限训练集中的风险为经验风险，其中，风险函数与实际值与预测值之差有关。相反，真实风险反映了模型真正的风险，它是一个理想值，不能通过计算得出，但是可以通过找到不重复的有限多个样本，分别计算模型在这些样本中的经验风险 R_i，用经验风险的均值去估计真实风险 $R_{\text{True}} = E(R_i)$。

14.1.1 经验风险与过拟合

模型的经验风险较低，不一定代表该模型就能贴合数据的真实分布。如图 14.1 所示，由于各种各样的原因，人们只能得到实际分布的部分且带有噪声的采样数据，如图 14.1 中的圆点所示，然后从采样数据中训练出一个拟合模型并使其经验风险最小。可以看到，该模型能够很好地反映采样数据。但是，由于采样数据的噪声导致模型与实际分布有所偏差，这种偏差会导致拟合分布与实际分布存在较大的差异。

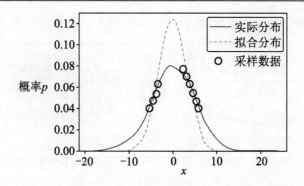

图 14.1　实际分布与拟合分布

因此，经验风险最小得到的模型未必是理想模型的最佳拟合。同时，造成实际模型与理想模型之间存在差异的部分原因是样本没有充分反映总体。假如要训练一个评价湖水水质的模型，最理想的样本应该从全世界的湖水中抽样。但限于实际，只能从苏州的湖泊中抽取样本，因此从这种样本从训练得出的经验风险最小模型大概率会出现图 14.1 所示的情况。

综上所述，有限样本总是无法完全反映总体，并且实际得到的样本总是掺杂了某些主观或不可抗拒的因素，使得样本的所有个体总是不能覆盖所有情况。从几何的角度来讲，数据空间留下大块的空白。最理想的样本应该是这样的：在数据空间中留有"空隙"而不能有大块的空白。然而理想总是受条件的限制，不可避免地会留下大块的空白。更形象一点说，如果把总体视为杯子里的水，它充满了整个杯子。理想样本要求我们用沙子填满同样大小的空杯子，次之，可以用砂石填充杯子，再次之，可以用鹅卵石填满杯子，但是实际情况只允许我们放进一块不大不小的石头。于是在这种情况下，经验风险最小要求模型去"实打实"地拟合这样的样本，这就会导致经验风险不能反映真实风险，从而造成实际模型与理想模型的差异。

另外，如果模型由于过度训练导致过拟合，情况将会更加糟糕。如图 14.2 所示，将样本拆分成训练集和测试集后，过度训练一个模型（如神经网络、决策树等）使其过拟合，如图 14.2 中的灰色部分。很明显可以发现，用表现一般的样本去训练一个过拟合模型，那么就更加无法反映总体的情况了。

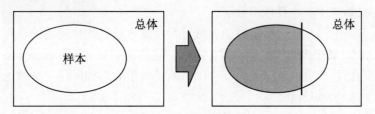

图 14.2　过拟合模型

14.1.2　结构风险与正则化

一个良好的模型能够从一般的样本中通过提升其泛化能力而较好地反映总体的分布。

如图 14.3 所示，在样本比较一般的情况①下，一个良好的模型兴许能"化腐朽为神奇"。

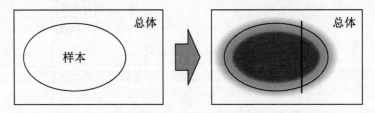

图 14.3　良好的模型能够利用好样本从而泛化到总体中

显然，如果使用一个容易造成过拟合的模型，如决策树、贝叶斯分类器和神经网络等，以经验风险最小为目标函数，那么很难得到图 14.3 所示的模型。读者可能会有疑问，用广义线性模型这种较为简单的模型不就可以解决过拟合问题了吗？实际上，使用不恰当的模型往往会导致欠拟合。例如，在线性不可分问题中使用线性可分模型，能够"误打误撞"反映出总体的概率实在太低。如图 14.4 所示，欠拟合得到的模型往往是不合格的。

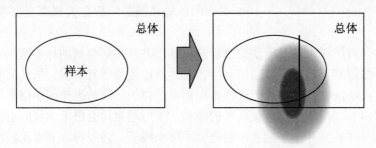

图 14.4　欠拟合大概率不能正确反映总体

因此，如何保证模型既不过拟合又不能欠拟合，从而得到泛化能力强并且对数据依赖不高、拟合效果较好的模型，是亟待解决的问题。

虽然要求模型的经验风险最小是一件好事，但是盲目地让经验风险最低以致于使模型过拟合就适得其反了。有时候，某些模型永远无法达到经验风险为 0 或接近 0。在这种情况下，如果模型不欠拟合，就可以考虑以经验风险最小为目标寻找模型参数。但很多时候，使用无参数模型和神经网络，模型的经验风险可以接近 0。在这种情况下，如果模型存在过拟合，那么就要考虑更换目标函数了。

模型是从训练中得到的，而模型的训练过程就是求解最优化问题的过程（见第 2 章与第 5 章）。因此，如果在初始的风险函数中加入一定的惩罚项，就可以缓解参数往经验风险最下方靠拢的趋势。一般，称加入惩罚项的风险函数值为结构风险，缓解过拟合的方法为模型的正则化（Reguralization）。

14.1.3　正则化的原理

在 3.3.4 节中我们介绍过线性回归的正则化——Ridge 回归。Ridge 回归通过对优化问题引入正则项，从而将优化问题转换为：

---

① 实际上，样本反映总体的效果如何我们无法得知，只能主观地臆断。

$$\arg\min_{\boldsymbol{\omega}} c'(\boldsymbol{\omega}) = \frac{1}{m}\sum_{i=1}^{m}\left(\boldsymbol{\omega}^{\mathrm{T}}\boldsymbol{x}_i - y_i\right)^2 + \alpha\|\boldsymbol{\omega}\|_{l2}^2$$

此时的风险函数 $c'(\boldsymbol{\omega})$ 的取值即为结构风险，相反，原问题 $c(\boldsymbol{\omega})$ 的取值为经验风险。就这样，通过引入正则项，调整风险函数，就能使参数不会一味地往经验风险最小处迭代。因此，结构风险最小不会造成经验风险最小，甚至不会导致模型过分依赖数据而造成过拟合。

一般而言，通过修改任意模型的风险函数，从而调整优化问题来正则化模型、缓解过拟合。如式（14.1）所示，正则化的数学表达式如下：

$$\arg\min_{\boldsymbol{\omega}} c'(\boldsymbol{\omega}) = c(\boldsymbol{\omega}) + \alpha\mathrm{Reg}(\boldsymbol{\omega}) \tag{14.1}$$

其中，$c(\bullet)$ 为经验风险函数，$\mathrm{Reg}(\bullet)$ 为正则函数，对于带有结构的模型或无参数模型，如贝叶斯网络和决策树等，也可以将正则化表示为：

$$\arg\min_{\sigma,\boldsymbol{\omega}} c'(\boldsymbol{\omega},\sigma) = c(\boldsymbol{\omega},\sigma) + \alpha\mathrm{Reg}(\boldsymbol{\omega},\sigma) \tag{14.2}$$

式（14.2）把模型的结构 σ 或模型的表达式也看成正则化的对象。这样正则化就可以泛化到一些非参数模型。然而，对于一些拙算法模型，如 KNN 算法和贝叶斯分类器，它们是靠存储数据或数据的统计信息来做预测的，因此这些模型无法进行正则化。

根据高等数学的知识，如果要求解一个约束优化问题，可以通过引入拉格朗日乘子将约束条件消掉：

$$\begin{cases}\arg\min_{x} f(\boldsymbol{x}) \\ g(\boldsymbol{x}) \leqslant 0\end{cases} \Leftrightarrow \arg\min_{x}\max_{\alpha} f(\boldsymbol{x}) + \alpha g(\boldsymbol{x}) \tag{14.3}$$

通过对式（14.3）的约束条件加上常数项，来弱化对 α 的要求，从而有：

$$\begin{cases}\arg\min_{x} f(\boldsymbol{x}) \\ g(\boldsymbol{x}) \leqslant C\end{cases} \Leftrightarrow \arg\min_{x} f(\boldsymbol{x}) + \alpha g(\boldsymbol{x}) \tag{14.4}$$

其中，常数项 C 与 α 有关。

对比式（14.4）与式（14.1），用 $\boldsymbol{\omega}$ 替代 $\boldsymbol{x}$，用 $c(\boldsymbol{\omega}),\mathrm{Reg}(\boldsymbol{\omega})$ 替代 $f(\boldsymbol{x}),g(\boldsymbol{x})$。可以发现，正则化本质上是在风险函数中加上约束条件，从而防止经验风险最小。从这个意义上来讲，正则化是以满足约束条件的经验风险最小为目标训练模型的方法。

以 Ridge 回归为例，由于：

$$\arg\min_{\boldsymbol{\omega}} c'(\boldsymbol{\omega}) = \frac{1}{m}\sum_{i=1}^{m}\left(\boldsymbol{\omega}^{\mathrm{T}}\boldsymbol{x}_i - y_i\right)^2 + \alpha\|\boldsymbol{\omega}\|_{l2}^2$$

$$\Leftrightarrow \begin{cases}\arg\min_{\boldsymbol{\omega}} \dfrac{1}{m}\sum_{i=1}^{m}\left(\boldsymbol{\omega}^{\mathrm{T}}\boldsymbol{x}_i - y_i\right)^{22} \\ \|\boldsymbol{\omega}\|_{l2} \leqslant \sqrt{C}\end{cases} \tag{14.5}$$

以一元 Ridge 回归为例，此时参数为二维参数 $\boldsymbol{\omega} = (\omega_0,\omega_1)^{\mathrm{T}}$。如图 14.5 所示，灰色椭圆为寻找函数 $c(\boldsymbol{\omega})$ 最优解的迭代过程，而半径为 $\sqrt{C}$ 的圆是根据正则化推导而来的约束条件。此时，$c'(\boldsymbol{\omega})$ 的最优解在圆与迭代椭圆的切点处。

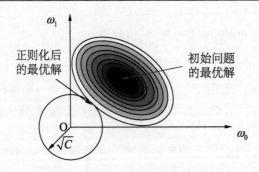

图 14.5 正则化后优化问题的解的位置

　　另外，根据结构风险最小得到的模型，其经验风险并不是最低的。换句话说，样本的观测值与预测值之差并非最小，但这种方法可以有效缓解由于样本不全和模型过拟合所引发的问题。如图 14.6 所示，通过"容许"拟合模型有一点偏差（风险），从而产生的拟合分布往往较好。相比图 14.1 所示的拟合分布，正则化产生的拟合分布虽然没能完全拟合样本数据，但是能更好地反映总体的分布。

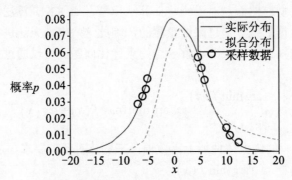

图 14.6 正则化后的拟合分布与实际分布

　　正则化最理想的情况应该是将模型从图 14.2 右图所示的过分依赖数据集中转换到图 14.3 所示的具有强泛化能力的模型中。因此，如果模型欠拟合，则应该考虑更换模型。如果模型出现过拟合，则可以考虑使用正则化，从而缓解过拟合问题。

14.2 常见模型的正则化

　　到目前为止，我们已经学习了许多机器学习模型。除了线性回归模型外，实际上许多模型都可以采用正则化来缓解过拟合并提高泛化能力。本节介绍一些常用模型的正则化方法。

14.2.1 广义线性回归模型的正则化

　　由于广义线性回归的训练过程可以视为训练线性回归模型，因此这里以线性回归的正则化为例，介绍广义线性回归的正则化方法。

事实上，不同正则化方法的主要区别在于正则函数 $\mathrm{Reg}(\boldsymbol{\omega})$。与 Ridge 回归类似，Lasso 正则化用 $l1$ 范数作为惩罚项：$\mathrm{Reg}(\boldsymbol{\omega})=\alpha\|\boldsymbol{\omega}\|_{l1}$，$\|\boldsymbol{\omega}\|_{l1}=|\omega_0|+|\omega_1|+\cdots|\omega_n|$，其中，$\alpha$ 为正则化系数，一般取值为 $(0,1)$。如果 α 过大，则会导致观测值与实际值的偏差较大，模型欠拟合。习惯上将 Lasso 正则化对应的线性回归称为 Lasso 回归。对于 Lasso 回归，由于 $l1$ 范数的作用，最优解被约束在一个超立方体中。以一元回归为例，此时图 14.5 所示的圆应该替换成对角线在坐标轴上的正方形。

结合 $l1$ 范数与 $l2$ 范数，可以令正则函数为 $\mathrm{Reg}(\boldsymbol{\omega})=\alpha\beta\|\boldsymbol{\omega}\|_{l1}+\alpha(1-\beta)\|\boldsymbol{\omega}\|_{l2}/2$，从而得到 ElasticNet 回归，其中 α,β 需要人工选择。仍旧以一元回归为例，ElasticNet 回归结合圆与正方形，从而将迭代过程约束在如图 14.7 所示的图形之中。

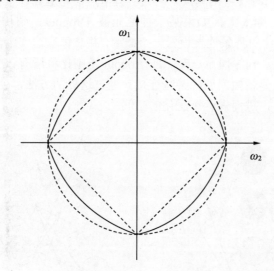

图 14.7　在 ElasticNet 回归中，迭代过程被约束在实线上

对于其他广义线性模型，可以通过链接函数令 $z_i=g(y_i)$，将 $c(\boldsymbol{\omega})$ 中的 y_i 用 z_i 替代，即可训练出线性模型 $z=\boldsymbol{\omega}^{\mathrm{T}}\boldsymbol{x}$。之后使用链接函数的反函数得到广义线性模型：$y=g^{-1}(\boldsymbol{\omega}^{\mathrm{T}}\boldsymbol{x})$。

基于上述分析，只要在 z 的风险函数中加入相应的正则项，就可以对逻辑回归和 Softmax 回归进行 Ridge、Lasso 或 ElasticNet 正则化，从而提高模型的泛化能力，缓解过拟合。

14.2.2　其他模型的正则化

除了广义线性回归之外，能够正则化的模型还有很多，如第 10 章介绍的支持向量机模型，实际上软间隔 SVM 就是一种正则化，此时，正则化系数 α 就是惩罚参数 C，松弛变量是一种对参数 $\boldsymbol{\omega}$ 的隐式约束。

我们知道，正则化是在风险函数中加入惩罚项，从而构成优化问题的约束条件。同样，也可以在优化问题中加入约束条件，从而构成正则化。例如第 11 章介绍的决策树模型，为了缓解决策树的过拟合问题，可以根据某些剪枝条件来限制决策树的结构。这实际上就是给优化问题即式（11.10）或式（11.7）加上对模型结构的约束条件，特别是对预剪枝而言，这相当于在决策过程中提前加入约束条件，防止结构过于复杂，从而避免出现过拟合。

另外，神经网络也可以进行正则化。由于神经元的刺激通常是一个线性函数，因此也可以像线性回归一样给风险函数加上惩罚项。但这样做会给反向求导带来巨大的麻烦，因此在实际应用中这种做法比较少见。一般对神经网络的正则化包括 BP 网络和 CNN，可以用一种 Dropout（丢弃）的方法来实现正则化。

神经网络的 Dropout 正则化是通过设置 Dropout 的比例，并在模型训练时随机地让某些神经元的所有连接不参与训练。于是在训练过程中，每次迭代都会有固定比例的神经元被 Dropout，模型在使用时（包括测试）才让所有节点参与运算。

由于神经元的颗粒度太大，如果某个神经元被 Dropout，则相应的所有连接也会被 Dropout。因此，可以考虑对每条连接设置一个概率，并在每次迭代中依概率删除某些连接，而不删除整个节点。如图 14.8 所示，节点的 Dropout 正则化将所有该节点的相关连接切断，连接的 Dropout 正则化是依概率删除某些连接。通过这样的方法，使得一部分的节点、连接没有被"充分"训练，进而保存了泛化的空间。

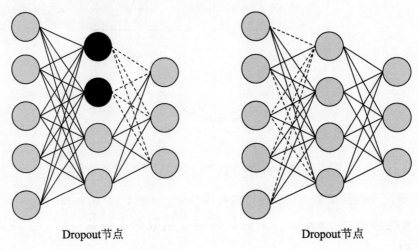

图 14.8　Dropout 正则化方法

同样，也可以对集成模型进行 Dropout 正则化。例如，在 Bagging 集成模型中让某些子模型不参与训练。当然，也可以直接对子模型进行正则化，例如在随机森林中设置子决策树的剪枝条件，就是通过直接对子决策树的正则化达到对整个森林的正则化。

14.3　正则化的实现

在前面的章节中，相信读者已经了解了如何用 Python 实现 Ridge 回归、软间隔 SVM 和剪枝处理的决策树。本节将结合案例介绍 Lasso、ElasticNet 和神经网络的 Dropout 正则化的实现。

14.3.1　Lasso 与 ElasticNet 的正则化

首先产生一个如图 14.9（a）所示的数据集，其中，圆点和叉点分别为训练集和测试集数据。很明显，测试集与训练集有些偏差，这种偏差将会让过拟合模型"吃到苦头"。

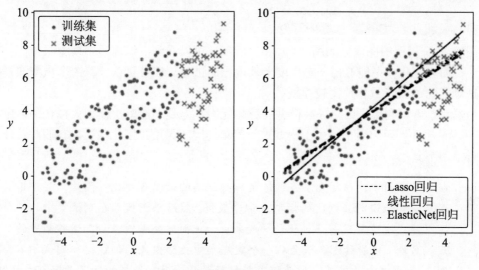

图 14.9　数据与模型

使用下面的代码可以产生数据集。

代码文件：linear_regularization.py

```
#创建数据集并拆分成训练集和测试集。训练集的容量为150，测试集为50
X = np.arange(-5, 5, 0.05)
y = X + 2
y += np.random.uniform(0, 5, size=200)    #给数据添加噪声
for i in range(150, 200):                  #给测试集数据添加噪声，使其偏离训练数据
    y[i] += np.random.uniform(-3, -2)
X,y = X.reshape(-1,1),y.reshape(-1,1)      #将数据转换成行向量
X_train,y_train = X[0:150],y[0:150]        #拆分数据
X_test,y_test = X[150:200],y[150:200]
```

然后用训练集分别训练线性回归、正则化系数 $\alpha=1$ 的 Lasso 回归和 $\alpha=1, \beta=0.5$ 的 ElasticNet 回归模型。其中，Lasso 回归可以用 sklearn.linear_model 模块中的 Lasso 类实现，通过设置参数 alpha 调整正则化系数；ElasticNet 回归可以用 sklearn.linear_model 模块中的 ElasticNet 类实现，并通过调整参数 alpha，l1_ratio 分别设置 α, β 的值。训练完模型后，输出模型的表达式，代码如下。

```
from sklearn.linear_model import LinearRegression,ElasticNet,Lasso
lr = LinearRegression()
lr.fit(X_train,y_train)                    #训练线性回归模型
lasso = Lasso(alpha=1)                      #设置正则化系数为1
lasso.fit(X_train,y_train)                  #训练 Lasso 回归
#设置正则化系数 alpha,beta=1,0.5
elastic = ElasticNet(alpha=1.0,l1_ratio=0.5)
elastic.fit(X_train,y_train)               #训练 ElasticNet 回归
```

```
"""输出模型参数"""
print('线性回归模型: y = %.3fx + %.3f' % (lr.coef_, lr.intercept_))
print('Lasso 回归模型: y = %.3fx + %.3f' % (lasso.coef_, lasso.intercept_))
print('ElasticNet 回归模型: y = %.3fx + %.3f' % (elastic.coef_, elastic.intercept_))
```

运行上述代码，得到模型的表达式如下：

```
线性回归模型: y = 0.937x + 4.311
Lasso 回归模型: y = 0.724x + 4.039
ElasticNet 回归模型: y = 0.750x + 4.073
```

画出 3 个模型的图像，如图 14.9（b）所示。可以看到，线性回归模型很难泛化到测试集中，而正则化模型能够在一定程度上表现出测试集。读者可以计算 3 个模型在训练集和测试集上的 R 方，量化地比较模型。

虽然我们能够利用正则化提高模型的泛化能力，但是不能解决模型欠拟合的问题。如图 14.9 中的模型，可以看出，由于模型过于简单，因此无论正则化与否，它们对总体数据的拟合都还不到"火候"。

Tips：在实际应用中，往往无法将训练集和测试集的数据可视化。因此，在应用时可以考虑先用未进行正则化的模型来拟合数据。然后根据模型在测试集中的拟合优度再考虑是否需要进行正则化。一般来说，正则化会降低模型在训练集中的拟合优度。另外，可能读者会认为从一个数据集中拆分出来的训练集和测试集不会出现图 14.9 那么大的偏差。但是随着特征数量的上升，这样的情况是有可能发生的。由于线性模型不如决策树等模型复杂，很少对其进行正则化。因此，在使用集成模型时，对子模型的正则化就显得相当必要了。

14.3.2　Dropout 的正则化

利用 Sklearn 自带的数据集 digits 训练一个可以识别数字的 BP 神经网络模型。考虑到标签 y 的取值为 0～9 的整数，因此可以将本例问题视为一个回归问题，最终的结果通过取整函数得出。本节将使用回归的 BP 神经网络来实现数字识别模型。

首先导入数据集，对数据集进行最大值和最小值标准化，然后将数据集按 7∶3 的比例拆分成训练集和测试集。

代码文件：network_dropout.py

```
X,y = load_digits(return_X_y=True)          #导入数据集
X_train,X_test,y_train,y_test = train_test_split(X,y,test_size=0.3,
random_state=4)                             #按照 7∶3 的比例拆分数据
scaler = MinMaxScaler()                      #进行 Minmax 标准化
X = scaler.fit_transform(X)                  #标准化数据
y = scaler.fit_transform(y.reshape(-1,1))
```

由于我们将分类问题视为回归问题，因此输出层的节点个数应为 1。同时，输入层节点个数等于输入特征个数，即输入层包含 64 个神经元。

考虑用一个包含 6 层隐藏层的神经网络，激活函数全部设置为 Relu 函数。隐藏层的神经元个数分别为 16、32、64、128、256、128，构造神经网络如下：

```
BP = Sequential()                                    #顺序地构建神经网络
#第一层隐藏层
BP.add(Dense(input_shape=(X.shape[1],),units=16,activation='relu'))
BP.add(Dense(units=32,activation='relu'))            #第二层隐藏层
BP.add(Dense(units=64,activation='relu'))            #第三层隐藏层
BP.add(Dense(units=128,activation='relu'))           #第四层隐藏层
BP.add(Dense(units=256,activation='relu'))           #第五层隐藏层
BP.add(Dense(units=128,activation='relu'))           #第六层隐藏层
BP.add(Dense(units=1,activation='linear'))           #输出层，激活函数为线性函数
```

构造好神经网络后，设置搜索算法、风险函数、最大迭代步骤和 mini-batch 的个体数。训练该神经网络，并分别在训练集和测试集上计算其 R 方：

```
BP.compile(optimizer='adam',loss='mse')      #设置搜索算法为adam,风险函数为MSE
#设置最大迭代步骤为 300， mini-batch=100，并训练模型
BP.fit(X_train,y_train,epochs=300,batch_size=100)
y_train_pred = BP.predict(X_train)           #使用 BP 神经网络模型
y_test_pred = BP.predict(X_test)
#计算 BP 神经网络在训练集中的 R 方
print('训练集 R 方： ',r2_score(y_train, y_train_pred))
#计算 BP 神经网络在测试集中的 R 方
print('测试集 R 方： ',r2_score(y_test, y_test_pred))
```

运行上述代码，可以得出 BP 神经网络在训练集和测试集中的 R 方分别为 0.99 和 0.86。

很明显，上述的 BP 模型中存在过拟合的倾向。因此，考虑对每层隐藏层进行节点 Dropout 正则化，即依概率忽略某些节点和其所有连接。设置每次 Dropout 的比例为 10%，其他参数不变。同样，计算 Dropout 正则化后的神经网络模型的 R 方，代码如下。

```
rBP = Sequential()                                   #顺序构造 BP 神经网络
#第一层隐藏层
rBP.add(Dense(input_shape=(X.shape[1],),units=16,activation='relu'))
rBP.add(Dropout(0.1))   #对第一层进行节点 Dropout 正则化，每次 Dropout 的比例为10%
rBP.add(Dense(units=32,activation='relu'))           #第二层隐藏层
rBP.add(Dropout(0.1))   #对第二层进行节点 Dropout 正则化，Dropout 的比例为10%
rBP.add(Dense(units=64,activation='relu'))           #第三层隐藏层
rBP.add(Dropout(0.1))   #对第三层进行节点 Dropout 正则化，Dropout 的比例为10%
rBP.add(Dense(units=128,activation='relu'))
rBP.add(Dropout(0.1))
rBP.add(Dense(units=256,activation='relu'))
rBP.add(Dropout(0.1))
rBP.add(Dense(units=128,activation='relu'))
rBP.add(Dropout(0.1))
rBP.add(Dense(units=1,activation='linear'))          #输出层，激活函数为线性函数
rBP.compile(optimizer='adam',loss='mse')      #设置搜索算法为adam,风险函数为MSE
#设置最大迭代步骤为 300， mini-batch=100，并训练模型
rBP.fit(X_train,y_train,epochs=300,batch_size=100)
y_train_pred = rBP.predict(X_train)                  #使用 BP 神经网络模型
y_test_pred = rBP.predict(X_test)
#计算 BP 神经网络在训练集中的 R 方
print('训练集 R 方： ',r2_score(y_train, y_train_pred))
#计算 BP 神经网络在测试集中的 R 方
print('测试集 R 方： ',r2_score(y_test, y_test_pred))
```

运行上述代码，得到模型在训练集和测试集中的 R 方为 0.97 和 0.92。由此可见，经过

Dropout 正则化，模型的泛化能力增强，过拟合问题得以解决。

Tips：在神经网络的正则化实现中，目前 Keras 模块只实现了对节点的 Dropout 正则化。如果要使用对连接的正则化，还需要寻找其他模块如 PyTorch 来实现。另外，由于神经网络中的激活函数绝大部分属于广义线性回归，因此在训练参数时，本质上等同于训练线性回归模型。也就是说，也可以对激活函数进行正则化，以达到正则化整个神经网络的目的。不过，对激活函数进行正则化，在一定程度上可以提高模型的训练速度，而 Dropout 正则化可以降低训练速度。

14.4　习　　题

1. 经验风险最小是指模型在_____集中风险函数值最小，该风险函数的表达式一般与_____和_____之差有关。

2. 正则化是在原有的风险函数中加入_____项，此时风险函数的取值也叫_____风险，这样做等同于给优化问题加上额外的_____，因此通过给原优化问题加上_____也可以实现正则化。

3. 正则化的作用是防止_____，欠拟合模型_____（适合/不适合）进行正则化。

4. KNN 算法、贝叶斯分类器_____（可以/不可以）进行正则化。

5. 逻辑回归_____（可以/不可以）进行正则化。

6. 将正则函数设为 $l1$、$l2$ 范数，分别将迭代过程约束在_____和_____中，ElasitcNet 正则化结合_____范数将迭代约束在超立方体和球之间。

7. 神经网络的 Dropout 正则化是在_____过程中随机地忽略_____及其所有相关连接，或忽略某些连接，从而缓解过拟合。在使用神经网络时，_____（需要/不需要）随机忽略某些节点或连接。

参 考 文 献

[1] 史春奇，卜晶祎，等. 机器学习算法背后的理论与优化[M]. 北京：清华大学出版社，2019.

第 15 章　模型的评价与选择

通过前面章节的学习，相信读者已经掌握了多种监督模型及其实现方法，那么应该如何选择模型呢？很多模型都需要人工选参数，如 KNN 算法的 K 值，正则化也要求人们事先选取正则化系数的大小，如何在同一问题、同一模型中选择合适的参数呢？

经过前面章节的学习，相信读者应该有自己的答案，如交叉验证、网格选优法、将数据集拆分成三份等。本章将总结前面的知识，同时介绍一些新的方法。希望读者在巩固所学的同时加强自己的操作能力，系统化自己的知识架构。

通过本章的学习，读者可以掌握以下内容：

❑ 评价回归模型、分类模型的指标与 Python 实现；

❑ 筛选模型的方法与 Python 实现；

❑ 筛选模型参数的方法与 Python 实现；

❑ 筛选模型的完整流程。

15.1　没有免费午餐定理

人人都知道，天下没有免费的午餐。在机器学习的世界里，没有所谓万能的模型。优质的模型不是天生就优质，劣质的模型也不是一直都"低人一等"。就像我们只有工作才能有面包一样，要费一番"工夫"才能知道哪个模型值得竖大拇指。因此不能脱离算法的上下文来评价模型的好坏。

可以证明，不同算法对无限总体的误差均值是相同的，用数学公式表示为：

$$\sum_q \text{Err}(f_A \mid X_q, q) = \sum_q \text{Err}(f_B \mid X_q, q) \tag{15.1}$$

其中，f_A 和 f_B 为任意两个不同的模型，q 为总体中衍生出来的某个特定的回归或分类问题，X_q 为问题 q 中的数据集，$\text{Err}(f_A \mid X_q, q)$ 表示用数据集 X_q 训练出来的 f_A 的误差。

如果某算法在某个问题中的表现优于另外的算法，那么该算法肯定在某些问题上的表现不如其他算法。因此，不依赖特定问题来评价算法是不可行的。换句话说，人们不能因为某些模型的正面新闻而认为它一定能够胜任某任务，也不能因为某些模型久经诟病而认为它一定不行。因此，要选择模型，首先需要检验这些模型在数据集中的总体表现。

15.2　模型评价指标

要检验一个模型或算法在数据集中的表现，必然要量化地度量模型的拟合优度。2.4

节介绍了评价模型的诸多指标，在后面的章节中也介绍了它们的实现方法。本节将介绍一些常用的模型评价指标与 Python 实现过程。

　　Python 中的 sklearn.metrics 模块集成了很多种评价模型的实现方法，因此后面的评价指标均是通过该模块实现的。

15.2.1　回归指标

　　设样本容量为 m，模型的预测值为 $\hat{y}_i, i \in (1, 2, \cdots, m)$；$\bar{y}$ 为观测值 y_i 的均值，$\mathrm{Var}(\bullet)$ 为数列的方差，可由式（15.2）算出：

$$\mathrm{Var}(y) = \frac{\sum_{i=1}^{m}(y_i - \bar{y})^2}{m-1} \tag{15.2}$$

　　评价回归模型常用的指标与实现如表 15.1 所示。

表 15.1　回归模型评价指标总结

指 标 名 称	表 达 式	实 现 函 数
均方误差	$\mathrm{MSE} = \dfrac{1}{m}\sum_{i=1}^{m}(\hat{y}_i - y_i)^2$	mean_squared_error
平均绝对误差	$\mathrm{MAE} = \dfrac{1}{m}\sum_{i=1}^{m}\lvert \hat{y}_i - y_i \rvert$	mean_absolute_error
绝对误差中值	$\mathrm{MedAE} = \mathrm{median}\left(\lvert \hat{y}_i - y_i \rvert\right)$	median_absolute_error
R 方	$R^2 = 1 - \dfrac{\sum_{i=1}^{m}(\hat{y}_i - y_i)^2}{\sum_{i=1}^{m}(\bar{y} - y_i)^2}$	r2_score
解释方差得分	$\mathrm{EVS} = 1 - \dfrac{\mathrm{Var}(y - \hat{y})}{\mathrm{Var}(y)}$	explained_variance_score

　　以 R 方为例，设模型的预测值赋值为变量 y_pred（一般是 np.array），数据观测值为 y_true，通过下面两行代码即可计算模型的 R 方：

```
from sklearn.metrics import r2_score        #导入 r2_score 函数
R2 = r2_score(y_true,y_pred)                 #计算 R 方
```

对于其他评价指标，可以导入相关的函数，按同样的方法计算。

　　Tips：2.1.3 节已经详细介绍了 MSE 和 R 方的含义。对于平均绝对误差（MAE），它与 MSE 一样能够用来衡量观测值与预测值的平均差异，但两者一般都用作风险函数。对于绝对误差中值（MedAE），它的作用与 MAE 和 MSE 类似，但能够避免异常数据的影响。

　　解释方差得分（Explained Variance Score，EVS）即解释回归模型的方差得分，其值取值范围为 $[0,1]$。其值越接近 1，则 $\mathrm{Var}(y - \hat{y}) \approx 0$，说明模型预测值 $\hat{y}$ 能够很好地解释观测数据 y 的波动。反之，其值越小，则 $\mathrm{Var}(y - \hat{y}) \approx \mathrm{Var}(y)$，说明模型难以解释 y 的波动，模型效果越差。

15.2.2　分类指标

对于二分类问题 $y=\{0,1\}$，设样本容量为 m，分别定义真阳性、假阳性、真阴性与假阴性（见 2.4.1 节）为 TP、FP、TN、FN。定义初始数据集 $D=\left\{(\boldsymbol{x}_i,y_i)\,|\,i\in(1,2,\cdots,m)\right\}$，预测数据集为 $\hat{D}=\left\{(\boldsymbol{x}_i,\hat{y}_i)\,|\,i\in(1,2,\cdots,m)\right\}$。

如同回归指标，通常用 sklearn.metrics 模块计算分类模型的评价指标。二分类的各种拟合优度指标如表 15.2 所示。

表 15.2　分类模型的拟合优度指标

指　标　名　称	计　算　公　式	实　现　函　数
精确度	$\text{Accuracy}=\dfrac{T}{m}=1-\dfrac{F}{m}$	accuracy_score
Jaccard系数	$J\left(D,\hat{D}\right)=\dfrac{\left|D\cap\hat{D}\right|}{\left|D\cup\hat{D}\right|}$	jaccard_score
准确率	$\text{Precision}=\dfrac{\text{TP}}{\text{TP}+\text{FP}}$	precision_score
召回率	$\text{Recall}=\dfrac{\text{TP}}{\text{TP}+\text{FN}}$	recall_score
F_β 值（β 可选）	$F_\beta=\left(\beta^2+1\right)\dfrac{\text{Precision}\cdot\text{Recall}}{\beta^2\text{Precision}+\text{Recall}}$	fbeta_score
马修斯系数	$\text{MCC}=\dfrac{\text{TP}\times\text{TN}-\text{FP}\times\text{FN}}{\sqrt{(\text{TP}+\text{FP})(\text{TP}+\text{FN})(\text{TN}+\text{FP})(\text{TN}+\text{FN})}}$	matthews_corrcoef
AUC	ROC[①]曲线的面积（可通过积分算出）	roc_auc_score

经过前面章节的学习，我们知道精确度反映了模型正确分类的概率与能力；准确率、召回率分别注重模型不犯第一类错误和第二类错误的能力，而 F_β 是准确率和召回率的一个均衡，并通过 β 设置偏重准确率或召回率；Jaccard 系数反映了预测数据集、观测数据集的相似度；AUC 反映了模型的稳定性，AUC 越大，则模型受阈值的影响越小。

💡Tips：马修斯系数被广泛应用于二分类模型的评价中。一些科学家声称，马修斯相关系数是在混淆矩阵[②]中最具信息性的单一分数。可以证明，$\text{MCC}\in[-1,1]$。其值越大，模型拟合效果越好。如果 $\text{MCC}=0$，则意味着模型跟 $P(\hat{y}=1)=P(\hat{y}=0)=0.5$ 的随机模型一样。

以马修斯系数为例，设原始数据为变量 y，模型预测标签为 y_pred，计算分类模型的拟合优度的代码如下：

---

① ROC 曲线通过绘制假阳性率（FPR）与真阳性率（TPR）来展示分类器的性能，详细定义请回顾 3.4.3 节的内容。
② 见图 2.6 和 2.4.1 节。

```
from sklearn.metrics import matthews_corrcoef  #导入 matthews_corrcoef 函数
MCC = Matthews_corrcoef(y, y_pred)             #计算马修斯系数 MCC
```

对于多分类问题，正如 2.4.1 节所介绍的，可以按类拆分数据集，将它们视为多个二分类数据。然后按照同样的方法求取正确分类、误分类的个体数，并分别计算子指标。

现在假设在多分类问题中 y 共有 N 个取值，则按类别将总数据集拆分成 N 个子集，将同一类别的个体归到同一个子集中，然后将每个子集 $D_{1\sim N}$ 视为二分类数据集，并分别计算正确分类、错误分类的个体数 $T_{1\sim N}, F_{1\sim N}$。最后根据表 15.2 求出各个子集 $D_{1\sim N}$ 的评价指标（子指标）。

一般情况下，我们也会保留子指标，从而构成一个报表，以便观察模型在所有类别中的表现。在 Python 中，可以直接使用 sklearn.metrics 模块的 classification_report 函数画出报表，如表 8.5 和表 9.1 就是这样构成的。

当然，为了综合评价模型，可以取子指标的平均值，一般称这种综合方法为宏（macro）平均。相应的也有微（micro）平均。微平均不是先求出子指标再取平均，而是直接根据 $T_{1\sim N}$ 和 $F_{1\sim N}$ 算出总指标。另外，在宏平均方法中，由于直接取平均值时是平等地看待所有类别，对那些个体数较多的类别来讲未免不太公平，因此，学者们基于宏平均方法提出了加权（weighted）平均法。此时，在对子指标取平均时，给每项子指标按个体数占比加权。

如图 15.1 所示，以精确度为例，假设有一个容量为 9 的三分类问题 $y=\{1,2,3\}$，其中，$\hat{y}$ 为模型的预测值，则 3 种综合方法计算精确度的算式如下。

数据集

$F_{1\sim 3}=1,1,0$
$T_{1\sim 3}=3,2,2$

个体	y_i	$\hat{y}_i$
1	1	1
2	1	1
3	1	1
4	1	2
5	2	2
6	2	2
7	2	3
8	3	3
9	3	3

宏平均：

$$\text{Accuracy} = \left(\frac{3}{4} + \frac{2}{3} + \frac{2}{2}\right)\bigg/ 3 = 0.8$$

微平均：

$$\text{Accuracy} = \frac{3+2+2}{9} = 0.78$$

加权平均：

$$\text{Accuracy} = \frac{4}{9} \times \frac{3}{4} + \frac{3}{9} \times \frac{2}{3} + \frac{2}{9} \times \frac{2}{2} = 0.78$$

图 15.1　宏平均、微平均和加权平均的计算

其余评价指标亦可以通过类似的方法求出，这里不再赘述。

Tips：一般情况下，如果每个类别的个体数相差不大，则宏平均与微平均的区别不大。反之，当每个类的个体数区别很大时：

□ 如果想要评价指标着重反映个体数较大的类别，则可以使用微平均。
□ 如果想要评价指标着重反映个体数较少的类别，则可以使用宏平均。
□ 如果想要评价指标平等地反映各个类别，则可以使用加权平均。

另外，也可以通过宏平均和微平均的差异来反映模型在各个类别中的表现是否均衡。如果宏平均大于微平均，则模型在个体数较多的类别中表现较差。反之，如

果宏平均小于微平均，则说明模型在个体数较少的类别中表现较差。

在 Python 实现中，多分类模型的精确度和马修斯系数默认通过宏平均求出，可以不必设置参数。除了 AUC 以外，其余指标可以通过调整函数参数 average，选择综合方法求出总指标。参数 average 的可选值有 macro、micro 和 weighted，分别对应宏平均、微平均和加权平均。例如，用宏平均计算多分类模型的准确度，可以使用如下代码：

```
from sklearn.metrics import precision_score          #导入函数
#调整 average 参数
precision = precision_score(y_train,y_train_pred,average='macro')
```

AUC 的实现则不同，它需要结合 one-hot 编码方法。由于篇幅所限，这里不再介绍，感兴趣的读者可以查阅相关资料，查看其使用方法。

15.2.3 拆分数据集

在前面的章节中，大部分都按 7∶3 的比例将数据拆分成训练集和测试集。但是这种拆分一定是万能的吗？答案是否定的。

我们知道，训练集的作用是训练模型。如果训练集容量不够，那么模型很难表现出总体。此外，训练集太少将会导致每次训练都会得到差别很大的模型，即模型的稳健性将会非常差。最糟糕的情况是训练集只有一个样本，此时模型既不能反映总体，又不具备稳定性。

测试集是用来评价模型的，如果测试集较少，那么用同一个指标多次评价模型时，得出的结果的差别将非常大。另外，测试集太小会导致模型"幸运"地在测试集上表现良好，这种偶然性会导致模型的实际效果被高估或低估。

因此，在评价模型时，如何拆分数据集，应该视样本容量而定。拆分比例一般从 8∶2 开始到 5∶5 为止，样本容量越小，该比例就越小。但对于大部分的数据集，可以按 7∶3 的比例来拆分。

📖Tips：在前面章节的 Python 案例中，绝大部分情况下都将数据集按 7∶3 的比例拆分成训练集和测试集，这实际上是许多应用中常见的做法。另外，拆分数据集可用 sklearn.model_selection 模块中的 train_tes_split 函数实现，并通过 test_size 参数设置测试集所占的比例，具体实现代码如下：

```
from sklearn.model_selection import train_test_split      #从模块中导入函数
#设置拆分比例为 7∶3
X_train,X_test,y_train,y_test = train_test_split(X_a,y,test_size=0.3)
```

15.3 模 型 选 择

根据没有免费午餐定理，我们不能脱离实际问题来判断一个模型的好坏。因此，如何选择最适合当前问题的模型就需要一些计算工作。本节将介绍如何根据数据集来挑选合适的模型。

15.3.1　验证集法

通常评价模型都是在测试集上进行的，但是用测试集来筛选模型会失去其评价拟合优度的意义。因此，可以考虑将数据集拆分成训练集、验证集和测试集。模型在训练集训练完成后，分别计算其在验证集中的拟合优度。之后根据验证集的拟合优度找出最佳模型投入使用。这样既能够筛选模型，又能够保留测试集的测试作用。

以上方法也有一个缺点，就是经过这样拆分后，可能留给验证集和测试集的个体数不够。这就导致用验证集筛选出来的模型可能存在一定的偶然性。模型在小的验证集中恰好表现得特别好是很有可能的，因此很容易与实际的最优模型失之交臂。另外，经过拆分后原本数据就不多的测试集变得更"单薄"了，从而导致测试集评价模型的说服力下降。

15.3.2　自助采样法

设初始样本容量为 m，自助采样通过有放回的方式随机抽样得到 m 个样本，重复 T 次，从而得到 T 个子样本 $D_i, i \in (1, 2, \cdots, T)$。

对每个子样本，将原样本 D 与各个子样本之差 $D_i' = D - D_i$（即没被抽到的个体）构成测试集，然后分别在这些子训练集 D_i 中训练每个模型（算法）从而得到 T 个训练好的模型。之后分别用相应的测试集 D_i' 评价模型，得出 T 个拟合优度值 S_i，取 S_i 的平均值 $\overline{S}$，即可估算该模型（算法）在 D 中的总体效果。

因此，对于多个模型（算法），都可以用自助采样法计算出模型的 $\overline{S}$，然后选择其中最大的 $\overline{S}$ 对应的模型即可。

在 Python 中，由于 Sklearn 没有提供相应的函数，所以需要自行实现自助采样法筛选模型。这里结合 NumPy 模块给出一个简单的实现方法。

代码文件：bootstrap_for_model_selection.py

```python
import numpy as np
#自变量 model 为待检验算法，scoring 为拟合优度指标，T 为子样本个数默认值为 10000
def bootstrapping(model,X,y,scoring,T=10000):
    Si = []                              #定义一个空列表，用于放置拟合优度
    for _ in range(T):
        #有放回地随机抽样
        idx = np.random.choice(len(X),size=len(X),replace=True)
        X_boot = X[idx,:]                #通过有放回的方式随机抽样新样本
        y_boot = y[idx]
        model.fit(X_boot,y_boot)         #用子样本训练模型
        idx_out = np.array([x not in idx for x
                            in np.arange(len(X))])  #挑出没被抽中的个体的索引
        X_out = X[idx_out,:]             #将没被抽中的个体构成测试集
        y_out = y[idx_out]
        #求模型在测试集中的预测值，用于评价模型
        y_out_pred = model.predict(X_out)
        Si.append(scoring(y_out,y_out_pred))       #求 Si，指标 scoring 为待定系数
    Si = np.array(Si)
    S_bar,S_var = Si.mean(),Si.var()     #分别输出 Si 的均值（模型的总体效果）与方差
    return S_bar,S_var
```

下面将结合一个案例介绍 bootstrapping 函数的使用方法。

假设有逻辑回归算法、$k=5$ 的 KNN 算法，要求从中选择合适的算法来实现鸢尾花的分类，并使用宏平均的精确度来衡量模型的总体效果 $\overline{S}$。

首先从 sklearn.datasets 中导入鸢尾花数据集。由于是筛选模型，所以不需要对数据集进行拆分。然后分别通过 KNeighborsClassifier 类和 LogisticRegression 类产生 $k=5$ 的 KNN 算法和无正则化的逻辑回归算法，然后导入 accuracy_score 函数计算精确度，代码如下。

```
X,y = load_iris(return_X_y=True)              #导入数据集
knn = KNeighborsClassifier(n_neighbors=5)     #KNN 算法
#无正则化的逻辑回归算法，参数 penalty 为惩罚项，可选 l1 和 l2，分别对应 Lasso 和 Ridge
#正则化，这里设置为 none，表示无正则化
lg = LogisticRegression(penalty='none')
from sklearn.metrics import accuracy_score    #导入精确度函数
```

然后使用自定义函数 bootstrapping 输出两个算法的 $\overline{S}$。为了缩短程序时间，这里设置 $T=10$，代码如下。

```
#迭代次数为 10，使用精确度评价 KNN 算法在鸢尾花数据集中的效果，即用精确度计算 Si
S_bar_knn,_ = bootstrapping(knn, X, y, scoring=accuracy_score,T=10)
#迭代次数为 10，使用精确度评价逻辑回归算法在鸢尾花数据集中的效果
S_bar_lg,_ = bootstrapping(lg, X, y, scoring=accuracy_score,T=10)
print(S_bar_knn)                              #输出模型的总体效果 S_bar
print(S_bar_lg)
```

运行上述代码，得到两个模型在鸢尾花数据集中的总体效果 $\overline{S}$ 分别为 0.96 和 0.94。因此，可以考虑选择 $k=5$ 的 KNN 算法来解决鸢尾花分类问题。当然，也可以观察 S_i 序列的方差来查看每个 S_i 的差异。

Tips：读者可能有疑问，为什么要将 T 的默认值设置为 10000？一方面，如果用自助采样的方法评价算法，当抽样次数太少时，得到的 S_i 的方差太大，无法有效地评价模型的总体效果。另一方面，当抽样次数太少时，得出的 $\overline{S}$ 将很不稳定。读者可以尝试反复运行上述代码，就会发现每次输出的结果都不相同。因此，如果使用自助采样法，那么抽样次数不能太少，在计算机允许的情况下，T 应该设为 10 000 以上。

15.3.3　交叉验证法

5.7.1 节介绍过交叉验证法，也可以通过交叉验证的方法筛选模型。K 折交叉验证将数据集 D 复制成 K 份，记为 $D_i, i \in (1,2,\cdots,K)$。同时，将 D_i 按比例 $\alpha\%$ 拆分成训练集和测试集，一般 $\alpha=100/K$。然后对每个算法通过 K 折训练集训练 K 个模型，分别计算它们在测试集中的拟合优度并构成拟合优度序列 $S_i, i \in (1,2,\cdots,K)$，如图 15.2 所示。

得出算法在数据集 D 中的总体效果为 $\overline{S}=(S_1+S_2+\cdots+S_K)/K$，从中选出 $\overline{S}$ 最大的算法即可。

当然，也可以通过 S_i 序列的统计量，如方差、高阶原点矩、中心矩来分析算法的一些细节。另外，当两个算法的 $\overline{S}$ 相差不大时，经常根据 S_i 序列来判断两个算法是否等价，如

T 检验法和自助检验法。

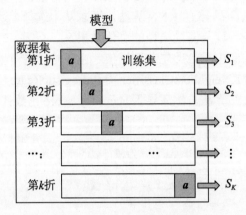

图 15.2　K 折交叉验证方法

　　K 折交叉验证筛选算法可以用 sklearn.model_selection 模块中的 cross_val_score 函数实现，该函数返回 K 折交叉验证的 K 个拟合优度指标 S_i。通过调节参数 score，可以具体选择用于评价模型的拟合优度指标。下面结合上一节的案例介绍 cross_val_score 函数的用法。

　　假设有逻辑回归算法、$k=5$ 的 KNN 算法，要求从中选择合适的算法来实现鸢尾花的分类，并使用宏平均的精确度来衡量该模型的总体效果 $\bar{S}$。

　　同 15.3.2 节一样，首先导入数据集、生成 $k=5$ 的 KNN 算法和无正则化的逻辑回归算法，并导入 accuracy_score 函数计算精确度。

代码文件：cross_validation_demo.py

```python
from sklearn.model_selection import cross_val_score
from sklearn.neighbors import KNeighborsClassifier
from sklearn.linear_model import LogisticRegression
from sklearn.datasets import load_iris
from sklearn.metrics import accuracy_score,make_scorer    #导入精确度函数
X,y = load_iris(return_X_y=True)                           #导入数据
knn = KNeighborsClassifier(n_neighbors=5)                  #生成 KNN 算法
#生成无正则化的逻辑回归算法,参数 penalty 为惩罚项,可选 l1 和 l2,分别对应 Lasso 和 Ridge
#正则化
lg = LogisticRegression(penalty='none')
```

　　采用 $K=10$ 的交叉验证方法计算 $\bar{S}$ 以筛选模型。由于 cross_val_score 函数的参数 scoring 要求输入是一个类，因此还需要用 make_scorer 函数生成一个 scorer 类，用于计算模型的拟合优度，代码如下。

```python
#用于设置评价指标并作为 cross_val_score 函数的参数。accuracy_score 默认为宏平均,
#因此不用特意设置 average 参数
acc_scorer = make_scorer(accuracy_score)
#10 折交叉验证,通过 scoring 参数设置评价模型的拟合优度,通过参数 cv 设置 K 的值
S_knn = cross_val_score(knn,X,y,scoring=acc_scorer,cv=10)
S_lg = cross_val_score(lg,X,y,scoring=acc_scorer,cv=10)
```

运行上述代码，可得各个模型的拟合优度序列 S_i，计算均值 $\bar{S}$ 来筛选算法。

```
print(S_knn.mean())                    #输出模型的总体效果 S_bar
print(S_lg.mean())
```

运行上述代码，可以得出 KNN 算法与逻辑回归的 $\bar{S}$ 分别为 0.966 和 0.980。由此可见，应该选用逻辑回归来实现鸢尾花的分类问题。

很明显，用 $T=10$ 的自助采样法和 K 折交叉验证法得到的结果不一样。一方面是因为这两个方法的效果差别不大；另一方面，自助采样法的抽样次数 T 的值太小，导致该方法不稳定。如果反复运行代码 bootstrap_for_model_selection.py，那么每次都会得出不一样的结论，读者可以自己尝试。

15.3.4　留一法

留一法是 K 折交叉验证的特殊形式。设样本的容量为 m，则 $K=m$ 的 K 折交叉验证就是留一法。通过留一法得到的每折中只有一个个体作为测试集，因此得名。用留一法筛选模型，准确性和稳定性都很高，但缺点是计算量太大，如果数据集容量为 10 万，则对每个算法都需要训练 10 万次，并且每次的训练集容量很大。因此，留一法往往用在数据集很小的场景。

留一法也可以通过函数 cross_val_score 实现。通过导入 sklearn.model_selection 模块的 LeaveOneOut 类，将函数 cross_val_score 的 cv 参数设置为 cv=LeaveOneOut 函数即可实现留一法。

下面以 15.3.2 节的例子为基础，用留一法筛选用于鸢尾花分类问题的算法。对代码 cross_validation_demo.py 略微修改即可。

代码文件：leaveoneout_demo.py

```
…       #同 cross_valiation_demo.py
from sklearn.model_selection import LeaveOneOut      #导入 LeaveOneOut 类
#留一法，通过 scoring 参数设置评价模型的拟合优度，cv 设置为 LeaveOneOut()函数
S_knn = cross_val_score(knn,X,y,scoring=acc_scorer,cv=LeaveOneOut())
S_lg = cross_val_score(lg,X,y,scoring=acc_scorer,cv=LeaveOneOut())
print(S_knn.mean())                          #输出模型的总体效果 S_bar
print(S_lg.mean())
```

运行上述代码，可以得出 $\bar{S}$ 分别为 0.966 和 0.980，由此可见逻辑回归算法更值得采用。值得一提的是，在运行上述代码时，需要的时间明显高于 $T=10$ 的自助采样法和 10 折交叉验证法。

🖐Tips：无论自助采样法、交叉验证法还是留一法，其运算代价都很庞大，当模型异常复杂时更是如此，如 AdaBoost、神经网络等。相比自助采样，交叉验证法取得的结果较为准确。但三者中最准确的还是留一法，然而其运算代价也最高。因此，在实际应用中，通常采用 5 折交叉验证法来选择模型。另外，将 Keras 与 Sklearn 结合，也可以用交叉验证法来筛选神经网络。但在实际情况中这种做法极少，因为多此一举。

15.3.5　*T* 检验法

与 7.4.4 节介绍的单因素方差分析一样，*T* 检验法是一种假设检验方法，所以 *T* 检验法亦需要原假设、检验统计量和置信水平。

无论自助采样法、交叉验证法还是留一法，它们都可以输出每次抽样或每折的拟合优度 S_i。为了筛选出最佳的模型，通常对 S_i 取均值作为算法在 D 中的总体效果。但是，如果两个算法的 $\overline{S}$ 非常接近，该如何选择呢？

比如前面的例子，$k = 5$ 的 KNN 算法、无正则化的逻辑回归的 $\overline{S}$ 分别为 0.966 和 0.980。很明显，这两个值非常接近。是否可以认为 KNN 算法与逻辑回归可以画上等号？还是说它们一定要分出一个高低来？对于这个问题，*T* 检验法给出了答案。

T 检验法能够结合两个算法的 S_i 序列，判断两者的 $\overline{S}$ 在某个置信水平上是否相等。所以，在实际应用中，如果得出两个算法的 $\overline{S}$ 十分接近，则可以考虑对它们进行 *T* 检验，以决定两个算法是否等价。由于 *T* 检验法属于统计学的内容，不在我们的讲解范围之内，因此这里仅讨论它的应用与实现，感兴趣的读者可以参考相关资料。

应用 Python 的 scipy.stats 模块中的 ttest_ind 类可以实现 *T* 检验，以 15.3.4 节的留一法得出的 S_i 为例，进行 *T* 检验。

代码文件：T-test.py

```
#同 leaveoneout_demo.py
"""T 检验"""
from scipy.stats import ttest_ind          #导入相关模块
ttest_ind(S_knn,S_lg)                       #对 S_knn,S_lg 进行 T 检验
```

运行上述代码，结果如下：

```
Ttest_indResult(statistic=-0.7149470107150308,
pvalue=0.47520150465815914)
```

如何解读上述结果呢？我们知道 *T* 检验由原假设、检验统计和置信水平构成。*T* 检验的原假设是两个序列的均值相等，即 S_knn 和 S_lg 的均值相等。检验统计量 *t* 服从 *T* 分布，其值为 statistic=-0.715，在 *T* 分布的概率为 pvalue=0.475。

置信水平一般取 0.05，如果 pvalue<0.05，则拒绝原假设，即认为 S_knn 和 S_lg 的均值存在差异；反之，如果 pvalue>0.05，则接受原假设，即认为 S_knn 和 S_lg 的均值相等。因此，在本例中，KNN 算法和逻辑回归算法的 $\overline{S}$ 可视为相同。

T 检验告诉我们，两个模型在该问题上的总体效果相当，因此可以任意选择两者之一用于解决问题。但相比逻辑回归，KNN 算法无须进行复杂的训练来求得其参数，而逻辑回归不需要存储数据集，节省空间。因此，可以根据两者的优缺点和实际需要，选择合适的模型。

🔖Tips：假设检验虽然属于统计学的内容，但其在机器学习领域有广泛的应用。例如在第 7 章介绍的单因素方差分析法，其可以用于分析类别型自变量对数值型因变量有无影响，从而用于特征删除。再如 *T* 检验，可以用于检测两个序列的均值是否相同。除此之外，卡方检验亦是一个常用的假设检验。它可以用在文本分类问题中，

在经过 BOW 方法处理后，根据语料库中所有文档的类别，使用卡方检验来过滤多余的特征。另外，相关性检验亦是根据特征的相关性压缩特征向量的利器。

15.4　参 数 选 择

在许多模型中，需要人工选取某些参数的值。例如在软间隔的 SVR 中，需要事先选取惩罚参数 C 和 $\tilde{\varepsilon}$；再如，正则化需要人工选择正则化系数 α，如 Lasso、Ridge 正则化，有时不止选择一个系数，如 ElasticNet 正则化，需要选择 α, β。另外，某些模型的正则化如决策树需要事先设置最大树深度、最大叶子节点数和 $\alpha_{\rm ccp}$ 等。除此之外，神经网络模型的节点个数、传递函数和隐藏层的数量都需要人工选择。如同模型选择，不可能有适用于所有问题的模型参数值，因此筛选参数同样要结合上下文进行。

15.4.1　遍历法

在 11.3.2 节的回归决策树案例中，我们使用了代价复杂度法对决策树进行剪枝处理。为了挑选合适的剪枝条件阈值 $\alpha_{\rm ccp}$，遍历 $\alpha_{\rm ccp} \in [0, 0.2]$，步长为 0.005，从而得到回归决策树算法的 40 个模型。之后分别在训练集中训练这 40 个模型，并计算训练集和测试集的拟合优度，然后选择恰拟合或过拟合程度较低的模型，代码如下。

```
alphas = np.arange(0,0.2,0.005)          #遍历 alphas 的取值
dtrs = []                                #构建一个包含多个决策树模型的列表
for alpha in alphas:
    #对每个 alpha 训练一个决策树
    dtr = tree.DecisionTreeRegressor(ccp_alpha=alpha)
    dtr.fit(X_train, y_train)            #训练决策树模型
    dtrs.append(dtr)
#求出每个决策树模型在训练集中的 R 方，并顺序存放在一个列表中
train_R2 = [r2_score(y_train,dtr.predict(X_train)) for dtr in dtrs]
test_R2 = [r2_score(y_test,dtr.predict(X_test)) for dtr in dtrs]  #测试集
```

本例结合了训练集和测试集来挑选模型，虽然能够缓解过拟合，但是使得测试集信息"泄露"，因此并非一种明智的做法。正确的做法是在整个数据集 D 中，根据遍历法筛选参数。

例如，可以依照同样的方法遍历 $\alpha_{\rm ccp}$，并将它们对应的模型视为多个不同的算法。之后依照 15.3 节介绍的自助采样法和交叉验证等方法，结合 T 检验从不同 $\alpha_{\rm ccp}$ 对应的模型中筛选 $\bar{S}$ 最大的模型。得到最合适的模型之后，再将数据拆分成训练集和测试集，从而训练并评价模型。这样既可以避免测试集失去评价模型的作用，又可以防止因主观性对筛选模型的影响。

15.4.2　网格寻优法

遍历法虽然准确，但是其计算量未免太大。例如，在软间隔 SVR 模型中，需要人工确

定的参数有两个。如果用遍历法，就需要一个嵌套的 for 循环，并且每次迭代都需要进行自助采样或交叉验证计算 S_i。对于一些复杂的模型，如随机森林和 AdaBoost 等，其运算成本是非常高的。

因此，可以考虑对遍历法进行简化。为了减少迭代次数，同时避免遍历法的盲目性，我们定义一个参数构成的网格，并从网格中搜索出合适的参数。以软间隔的 SVR 为例，根据工程经验或一些先验知识，定义惩罚参数 C 和 $\tilde{\varepsilon}$ 的一个待定序列，从中筛选合适的参数：$\tilde{\varepsilon} \in (0.6, 0.8, 0.85, 0.9, 0.95, 1.0)$，$C \in (0.1, 0.2, 0.3, 0.7, 0.8, 1.0)$。

组合上述两个序列，就可以得到一个参数网格，如图 15.3 所示。

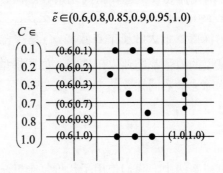

图 15.3　参数网格

可以看到，如果 C 和 $\tilde{\varepsilon}$ 均为一个等差序列，则网格法等同于大步长的遍历法。实际上，网格寻优法不同于遍历法的地方就在于参数序列不一定是等差序列。换句话说，序列的构成可以不是随机的。如果对参数有先验的知识（或根据工程经验、常用值等），则可以适当地在某些范围内选得"密"一点。如图 15.3 所示的 $\tilde{\varepsilon}$ 就是根据常用值选择的。

当然，在无任何工程经验的指导下可以选择一个等差数列作为待定参数序列。此时，网格搜索法就等同于步长很大的遍历法。

使用网格搜索法时，同样要结合总体的数据集 D 来筛选参数。因此，可以将每个（对）参数对应的模型视为不同的算法，并根据 15.3 节介绍的筛选模型的方法筛选合适的参数。

在 Python 中，可以通过 sklearn.model_selection 模块中的 GridSearchCV 类实现结合交叉验证的网格寻优法。通过初始化参数 param_grid 和 scoring 分别定义参数网络、选择拟合优度。下面以软间隔 SVR 为例介绍网格寻优法的 Python 实现方法。

用线性软间隔 SVR 解决 Sklearn 自带数据集 load_boston。要求通过网格寻优法，结合 10 折交叉验证法找出最合适的参数 C 和 $\tilde{\varepsilon}$。

首先导入相关的模块和 boston 数据集。

代码文件：grid_search_demo.py

```
from sklearn.model_selection import GridSearchCV        #网格寻优法模块
from sklearn.svm import SVR                             #SVR 模型
from sklearn.datasets import load_boston
from sklearn.metrics import r2_score,make_scorer        #用于设置拟合优度 Si
X,y = load_boston(return_X_y = True)                    #导入数据集
```

定义参数网格如图 15.3 所示，使用 make_scorer 和 r2_scorer 生成一个 scorer 类，用于设置拟合优度 S_i，代码如下。

```
#生成一个如图15.3所示的参数网格
grid = {'C':[0.1,0.2,0.3,0.7,0.8,0.9]
            ,'epsilon':[0.6,0.8,0.85,0.9,0.95,1.0]}
#生成一个 scorer 类,用于设置 GridSearchCV 类的 scoring 参数,即以 R 方为拟合优度计算 Si
r2_scorer = make_scorer(r2_score)
```

然后生成一个 GridSearchCV 类,通过设置参数 param_grid 设置参数网格为变量 grid,设置参数 scoring 为变量 r2_scorer,并通过参数 cv 设置交叉验证为 10 折,代码如下。

```
grid_search = GridSearchCV(SVR(kernel='linear'),param_grid=grid,cv=10,
scoring=r2_scorer)
#生成一个 GridSearchCV 类, 并设置参数
```

然后用数据集 X 和 y 进行网格寻优,通过 grid_search 类的 .best_params_ 和 .best_score_ 属性输出最优的参数 $(C, \tilde{\varepsilon})$ 和相应 R 方值,代码如下。

```
grid_search.fit(X,y)                    #进行网格寻优
print(grid_search.best_params_)         #输出最优的参数对
print(grid_search.best_score_)          #输出相应的 R 方
```

运行上述代码,可得最优参数和相应的 R 方为{'C': 0.3, 'epsilon': 0.9}和 0.333。

很明显,用线性软间隔 SVR 拟合 Boston 数据集的效果并不好,即使 $C = 0.3$ 和 $\tilde{\varepsilon} = 0.9$ 这样较好的参数,模型的 R 方 0.333 还是小于 0.5。至此,应当完全抛弃线性软间隔 SVR 模型。

Tips: 正如前面所述,网格寻优法实际上相当于大步长、可调整的遍历法。在实际应用中,为了挑选出合适的参数,通常需要进行多次网格寻优。另外,为了提高效率,可以考虑在首次网格寻优时,选择大步长。如果最优参数落在网格内而非边缘,则可以适当地"压缩"网格,使参数更加精确。相反,如果最优参数落在网格边缘,则需要适当地"修剪"网格,保持步长并向着边缘方向扩展网格,直到下一次网格寻优时参数落在网格内。

15.5 流程总结

本节将总结前面的知识,归纳筛选模型的整体流程,同时给出一个案例,加强读者的理解。

15.5.1 选择模型的整体流程

经过 15.3 节和 15.4 节的学习,相信读者已经掌握了如何选择模型和模型参数的诸多方法。如图 15.4 所示,通过对数据集的反复采样、复制、拆分,从而计算出每个算法在数据集 D 中的总体效果 $\bar{S}$。根据 $\bar{S}$ 最大法则和对 S_i 序列的 T 检验,筛选出在数据集 D 中最优、最合适的模型。在筛选完最恰当的算法后,还需要将 D 拆分成训练集和测试集,对该算法进行训练和评价。

有的读者可能会想到,既然在计算 $\bar{S}$ 的过程中训练了模型,为何不将筛选的算法中 S_i

最大且在交叉验证时已经训练好的模型直接投入使用呢？由于筛选模型是在整个数据集 D 中进行的，并且使用交叉验证的结果 $\bar{S}$ 或 S_i 来评价模型的拟合优度，而筛选是基于 $\bar{S}$ 的，原本只是用来评价模型的测试集也会被用于筛选模型，所以其信息在评价模型之前就"泄露"了。为了评价模型，人们希望模型能够在完全没用过或陌生的数据集中进行训练。

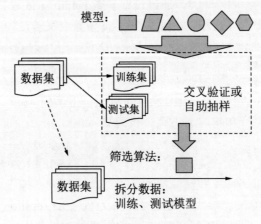

图 15.4　筛选最合适的算法

　　因此，如果要同时筛选、训练模型，可以先将数据集 D 拆分成一个子集和测试集，并在子集中筛选模型。当然，每次进行自助采样或交叉验证时，必须将子集拆分成训练集和验证集，从而计算模型在子集中的总体效果 $\bar{S}$。如图 15.5 所示，通过交叉验证的方法，从子集中筛选出最佳算法。由于该算法早已在交叉验证的过程中通过子训练集训练出了多个模型，因此可以从中挑选出 S_i（此时的 S_i 从验证集算出）最大、已训练好的模型投入使用。当然，在使用之前需要用测试集评价训练好的模型。

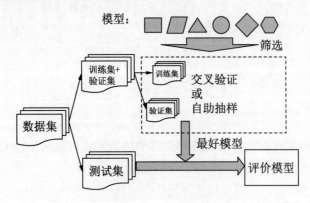

图 15.5　筛选和训练模型同时进行

　　🖰Tips：上述方法能够同时训练和筛选模型，降低了计算量，同时也能防止测试集的信息"泄露"。但是，由于算法是通过子集挑选出来的，所以对整个数据集 D 来说很难确定它是最好的模型。另外，由于数据集被多次拆分，测试集的个体数必然会略显"单薄"，这同样会导致测试集无法准确地评价模型。因此，在实际应用中，一般依照图 15.4 的方法筛选算法，然后训练和评价模型。

15.5.2　案例：葡萄酒分类模型

Python 自带的数据集 load_wine 是一个容量为 178 的三分类数据集。现在要求从逻辑回归（无正则化）、KNN 算法和软间隔 SVC 中挑选一个最合适的算法，同时，使用数据集训练和评价该最佳算法。

很明显，带参数的算法有 KNN 和 SVC，因此，需要先从 KNN 和 SVC 的众多参数中选择一个合适的参数。首先导入解题所需的相关模块和数据集。

代码文件：demo.py

```
from sklearn.datasets import load_wine
from sklearn.metrics import accuracy_score, make_scorer
from sklearn.linear_model import LogisticRegression      #导入逻辑回归模块
from sklearn.svm import SVC                               #导入 SVC 模块
from sklearn.neighbors import KNeighborsClassifier        #导入 KNN 算法
#网格寻优，交叉验证模块
from sklearn.model_selection import GridSearchCV,cross_val_score
X,y = load_wine(return_X_y=True)                          #导入数据集
```

先从 KNN 入手，考虑使用网格寻优法，结合 5 折交叉验证筛选参数。定义参数网格为 $k \in (3,5,7,9,11)$，拟合优度为精确度，从而筛选最优的参数 k。

```
"""筛选 KNN 算法的最合适参数 k"""
grid = {'n_neighbors':[3,5,7,9,11]}                       #定义参数网格
acc_scorer = make_scorer(accuracy_score)                 #以精确度为拟合优度指标
grid_search = GridSearchCV(KNeighborsClassifier(),param_grid=grid,cv=5,
scoring=acc_scorer)
grid_search.fit(X,y)                                      #进行网格寻优
print(grid_search.best_params_)                          #输出最优的参数对
```

运行上述代码，可以输出 KNN 算法中最合适该问题的 k 为 3。

同理，对于 SVC，定义参数网格为 $C \in (0.80,0.85,0.90,0.95,1.00)$，kernel∈ ('linear', 'rbf', 'poly')，以精确度为拟合优度进行网格寻优。

```
"""筛选最合适的 SVC"""
grid = {'C':[0.80,0.85,0.90,0.95,1.00],
        'kernel':['linear','rbf','poly']}                #定义参数网格
acc_scorer = make_scorer(accuracy_score)
grid_search = GridSearchCV(SVC(),param_grid=grid,cv=5,scoring=acc_scorer)
grid_search.fit(X,y)                                     #进行网格寻优
print(grid_search.best_params_)                          #输出最优的参数对
```

运行代码，从而得出最合适的软间隔 SVC 模型为 $C = 0.9$，kernel = 'linear'，即惩罚参数为 0.9 的线性软间隔 SVC。

之后将无正则化的逻辑回归、$k = 3$ 的 KNN 算法、$C=0.9$ 的线性软间隔 SVC 模型进行 5 折交叉验证，并计算出三者的 S_i 和 $\bar{S}$。

```
"""定义算法"""
lg = LogisticRegression(penalty='none')
knn = KNeighborsClassifier(n_neighbors=3)                #k=3 的 KNN 算法
svc = SVC(C=0.9,kernel='linear')
"""用 5 折交叉验证，计算所有模型的 Si 并计算其均值"""
```

```
#计算出逻辑回归模型的 Si
S_lg_i = cross_val_score(lg,X,y,scoring=acc_scorer,cv=5)
#计算出 KNN 模型的 Si
S_knn_i = cross_val_score(knn,X,y,scoring=acc_scorer,cv=5)
#计算出 SVC 模型的 Si
S_svc_i = cross_val_score(svc,X,y,scoring=acc_scorer,cv=5)
print('逻辑回归模型的总体效果: ',S_lg_i.mean())
print('KNN 算法的总体效果: ',S_knn_i.mean())
print('SVC 模型的总体效果: ',S_svc_i.mean())
```

运行代码，输出各算法的总体效果 $\bar{S}$ 如下：

```
逻辑回归模型的总体效果: 0.9555555555555555
KNN 算法的总体效果: 0.7028571428571428
SVC 模型的总体效果: 0.961111111111111
```

很明显，我们不能使用 KNN 算法解决本例的分类问题。同时，由于逻辑回归和 SVC 模型的 $\bar{S}$ 非常接近，所以不能武断地认为 SVC 模型优于逻辑回归。因此，需要对逻辑回归和 SVC 模型的 S_i 进行 T 检验，以检测两者的 $\bar{S}$ 是否等价。

```
"""T 检验"""
from scipy.stats import ttest_ind          #导入相关模块
ttest_ind(S_lg_i,S_svc_i)                   #对 S_lg_i,S_svc_i 进行 T 检验
```

输出结果如下：

```
Ttest_indResult(statistic=-0.18898223650461285,
pvalue=0.8548130882487431)
```

由于 pvalue>0.05，因此可以接受 T 检验的原假设，即认为逻辑回归、SVC 模型的 $\bar{S}$ 是相同的。显然，训练一个 SVC 所用的时间要大于逻辑回归，因此可以考虑采用逻辑回归解决问题。

由于模型的容量较小，因此将数据集 X 和 y 按 6∶4 的比例拆分成训练集和测试集，在测试集中训练逻辑回归模型并分别计算训练集和测试集的拟合优度。

```
from sklearn.model_selection import train_test_split
X_train,X_test,y_train,y_test = train_test_split(X,y,test_size=0.4,
random_state=4)                             #按照 6∶4 的比例拆分数据
lg = LogisticRegression(penalty='none')
lg.fit(X_train,y_train)                     #训练模型
y_train_pred = lg.predict(X_train)          #训练集中的预测值
y_test_pred = lg.predict(X_test)            #测试集中的预测值
print('训练集的精确度为: ',accuracy_score(y_train,y_train_pred))
print('测试集的精确度为: ',accuracy_score(y_test,y_test_pred))
```

运行代码，得到逻辑回归在训练集和测试集中的精确度分别为 1.0 和 0.92。

🖐Tips：不同的拟合指标筛选出来的模型亦是不同的，在本例中使用精确度作为筛选模型的拟合优度指标。事实上，可以根据实际需求设置其他指标。例如，在更加注重第一类错误的场景中可以使用准确度；在注重第二类错误的场景中可以使用召回率。

总而言之，要选择一个算法来解决问题，并不是信手拈来的事情。为了筛选出合适的算法，必须结合模型的上下文，而且要进行许多筛选工作才能让模型更有说服力。

15.6　习　　题

1. 评价并筛选模型_____（能/不能）脱离当前问题，为什么？

2. 在下面的 code_q2.py 代码文件中用 Sklearn 自带的数据集 load_boston 训练了一个 $k=3$ 的 KNN 算法，请结合所学，用多种回归指标对其进行评价。

代码文件：code_q2.py

```
from sklearn.neighbors import KNeighborsRegressor
from sklearn.datasets import load_boston
from sklearn.metrics import mean_absolute_error,mean_squared_error,
median_absolute_error,
r2_score,explained_variance_score
from sklearn.model_selection import train_test_split
X,y = load_boston(return_X_y=True)                #导入数据
X_train,X_test,y_train,y_test = train_test_split(X,y,test_size=0.3,
random_state=4)                                   #按照 7∶3 的比例拆分数据
knn = KNeighborsRegressor(n_neighbors=3)
knn.fit(X_train,y_train)
```

3. 在下面的代码文件 code_q3.py 中用 Sklearn 自带的数据集 load_iris 训练了一个 $k=3$ 的 KNN 算法，请用多种多分类模型指标评价它，要求综合子指标的方法为宏平均。

代码文件：code_q3.py

```
from sklearn.neighbors import KNeighborsClassifier
from sklearn.datasets import load_iris
from sklearn.metrics import accuracy_score,jaccard_score,precision_score,
recall_score,
fbeta_score,matthews_corrcoef                     #导入相关模块
from sklearn.model_selection import train_test_split
X,y = load_iris(return_X_y=True)                  #导入数据
X_train,X_test,y_train,y_test = train_test_split(X,y,test_size=0.3,
random_state=4)                                   #按照 7∶3 的比例拆分数据
knn = KNeighborsClassifier(n_neighbors=3)
knn.fit(X_train,y_train)
```

4. 用多种多分类模型评价指标评价习题 3 中的模型，要求综合方法为微平均。

5. 用多种多分类模型评价指标评价习题 3 中的模型，要求综合方法为加权平均。

6. 宏平均、微平均和加权平均分别用在什么场景？如果宏平均大于微平均，则模型在个体数_____（多/少）的类别中表现较差。

7. 在自助采样、交叉验证中，对同一算法我们训练了多个模型，为什么不能直接挑选其中 S_i 最大的模型在测试集评价之后直接使用呢？试分析原因。

8. 假设在 3 个模型中使用 5 折交叉验证筛选最合适的模型，从而训练出最终的模型投入使用。在这个过程中，总共需要进行_____次模型训练。如果 3 个模型需要用网格搜索法，参数网格包含 10 个待选参数，结合 5 折交叉验证筛选参数，再用 5 折交叉验证筛选模型，那么模型从筛选到投入使用需要进行_____次模型训练呢？

*9. 试用 Python 实现结合自助采样法的网格寻优法。

10．现在需要用 Sklearn 自带的数据集 load_boston 训练一个 KNN 算法，请用网格寻优法找到 KNN 算法中最合适的参数 k。

11．现在需要用 Sklearn 自带的数据集 load_iris 训练一个决策树模型，请用网格寻优法找到最合适的最大深度和 α_{ccp}。

12．从贝叶斯分类器、分类决策树和软间隔 SVC 算法中筛选一个模型，以解决鸢尾花分类问题（可用 Sklearn 自带的 load_iris 数据集）。

13．从软间隔 SVR、KNN 算法和回归决策树中筛选一个模型，以解决 Boston 房价的预测问题（可用 Sklearn 自带的 load_boston 数据集）。

参 考 文 献

[1] 茆诗松，程依明等．概率论与数理统计[M]．北京：高等教育出版社，2011．

第 16 章 无监督学习

所谓无监督学习，是指在一个没有标签或因变量 y 的样本中学习并得到某些信息的过程。无监督模型通过样本个体之间的相似性，将彼此接近的样本聚成一类，因此一般也将无监督学习与聚类画上等号。无监督学习经常为特征工程服务，如进行特征降维、识别异常个体等。

本章将以传统的 K-Means 聚类算法为切入点，介绍其原理和缺点。然后针对其缺点，逐步深入地介绍高斯混合模型（Gaussian Mixture Model，GMM）、谱聚类算法和 DBSCAN 聚类算法，同时分析这些算法的优缺点。

本章还将用 K-Means 聚类实现聚类算法的一个重要应用——压缩调色板。另外，鉴于无监督学习（也可以说聚类算法）在特征降维中具有广泛的应用，本章还将介绍一个结合神经网络的聚类模型，并用该模型实现特征降维。

通过本章的学习，读者可以掌握以下内容：
- 度量距离的方法；
- K-Means 聚类的原理、实现及其缺点；
- GMM 聚类的原理、实现及其缺点；
- 谱聚类的原理、实现及其缺点；
- DBSCAN 聚类算法的基本原理、实现及其缺点；
- 深度自动编码器的原理、作用及其实现。

16.1 聚 类 简 介

鉴于无监督算法等同于聚类算法，因此本节将介绍聚类算法的基本要素。聚类将相近的个体聚成一簇（cluster），同时给出聚类中心，如图 16.1 中的菱形所示。因此，所谓无监督学习，实际上就是根据某种相似性度量（一般为距离），将特征相近的个体聚成一类。在机器学习领域，一般称由聚类算法构成的类为簇，将簇的中心即属于同一簇的个体的均值称为聚类中心。

设待聚类的个体为 $\boldsymbol{x} = \left(x^1, x^2, \cdots, x^n\right)^{\mathrm{T}}$，包含 n 个特征。个体 $\boldsymbol{x}_i, \boldsymbol{x}_j$ 间的相似性可由距离度量，如式（16.1）所示。

$$d_p\left(\boldsymbol{x}_i, \boldsymbol{x}_j\right) = \left(\sum_{t=1}^n \left|\boldsymbol{x}_i^t - \boldsymbol{x}_j^t\right|^p\right)^{\frac{1}{p}} \tag{16.1}$$

其中，$p=1$ 对应曼哈顿距离，即 $l1$ 范数；$p=2$ 对应欧氏距离，即 $l2$ 范数。用曼哈顿距离度量个体相似性的好处是，每个特征都被赋予同样的权重。当 $p>1$ 且逐渐递增时，那些小量纲或取值较低的特征会逐渐被忽略，使得 $d_p\left(\boldsymbol{x}_i,\boldsymbol{x}_j\right)$ 更注重于大量纲、大取值的特征。

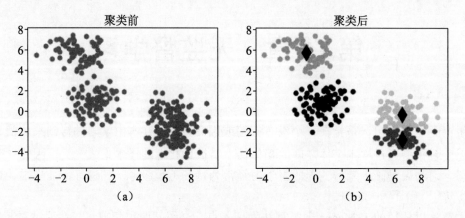

图 16.1　聚类前后对比

> 🖱Tips：如何挑选合适的 p 来度量个体的距离亦是一个实践的过程，选择合适的 p 需要对数据集有总体的认知。一般采用 $p=2$ 即欧氏距离来度量相似性，这也是工程上比较准确且常用的方法。另外，在当前的许多 Python 聚类实现中亦默认采用或只能采用 $p=2$ 来度量距离。这里之所以给出多种相似性度量方法，是希望读者能够博闻强识，并为 Python 开源模块的搭建贡献一份力量。

16.2　K-Means 聚类算法

在第 7 章特征降维中介绍过 K-Means 聚类算法的原理。实际上 K-Means 聚类或者说无监督学习算法，大部分都是为数据的预处理服务的。本节将主要介绍 K-Means 聚类的原理、Python 实现及其缺点，然后运用 K-Means 聚类算法实现一个图像处理应用——压缩调色板。

16.2.1　K-Means 聚类的原理

设数据集 $X=\left\{\boldsymbol{x}_1,\boldsymbol{x}_2,\cdots,\boldsymbol{x}_m\right\},\boldsymbol{x}\in\mathbb{R}^n$。K-Means 聚类需要事先设置聚类簇数 k，并在 X 上随机选择 k 个个体作为初始聚类中心 $\boldsymbol{\mu}_j$。根据式（16.2）将个体分成 k 个簇。

$$\underset{\mathrm{C}}{\arg\min}\sum_{j=1}^{k}\sum_{\boldsymbol{x}_i\in C_j}d_p\left(\boldsymbol{x}_i,\boldsymbol{\mu}_j\right) \tag{16.2}$$

其中，$\boldsymbol{C}=\left\{C_1,C_2,\cdots,C_k\right\}$ 为聚类簇集合，C_j 为属于同一簇的所有个体构成的集合。函数 $d_p\left(\boldsymbol{x}_i,\boldsymbol{\mu}_j\right)$ 用于度量个体 $\boldsymbol{x}_i$ 与所属簇的聚类中心的距离。在许多实现中（包括 Sklearm），一般用欧氏距离即 $p=2$ 来度量。

得到聚类簇集合 $\boldsymbol{C}=\left\{C_1,C_2,\cdots,C_k\right\}$ 后，根据簇内所有个体的均值重新计算聚类中心。

$$\boldsymbol{\mu}_j = \sum_{\boldsymbol{x}_i \in C_j} \frac{\boldsymbol{x}_i}{|C_j|} \tag{16.3}$$

其中，$|C_j|$ 为簇 C_j 包含的个体数，之后再次根据式（16.2）重新计算集合 $\boldsymbol{C}$、更新聚类中心。重复上述过程，直到 $\boldsymbol{C}$ 不再变化为止。

由于式（16.2）的作用，经过聚类算法，所有个体离其相应的聚类中心的距离应最小。换句话说就是，属于同一簇内的所有个体的距离之和最小，个体间的总体差别最小。

在应用该聚类模型时，只要计算未知个体与各聚类中心的距离，将距离最小的簇作为其所属簇即可。

16.2.2　K-Means 聚类的 Python 实现

1．简单案例

用 sklearn.datasets 模块的 make_blobs 函数产生一个容量为 300 的四分类数据集，代码如下。

代码文件：k_means_demo.py

```
#用于产生示例数据的模块
from sklearn.datasets.samples_generator import make_blobs
#产生如图 16.1 所示的数据集
X,y_true = make_blobs(n_samples=300,centers=4,cluster_std=1.0)
```

其中，$\boldsymbol{X}$ 为一个 300×2 的矩阵，y_true 为一个 300 的向量，分别代表每个个体的类别。由于要实现对 $\boldsymbol{X}$ 的聚类，因此抛弃 y_true 变量，根据 $\boldsymbol{X}$ 画出如图 16.1（a）所示的数据集。

之后用 sklearn.cluster 模块的 KMeans 类进行 K-Means 聚类，通过设置参数 n_clusters 选择 K-Means 聚类算法的 k 值：

```
from sklearn.cluster import KMeans            #导入 KMeans 模块
#实例化一个 KMeans 对象，并初始化参数 n_clusters 为 4，即聚类簇数为 4
km = KMeans(n_clusters=4)
km.fit(X)                                     #进行 K-Means 聚类
```

运行上述代码，即可进行 K-Means 聚类。通过 km 的 .labels_ 和 .cluster_centers_ 属性，分别查看聚类后所有个体的所属簇及每个簇的聚类中心：

```
labels = km.labels_                           #聚类后个体的所属簇
centers = km.cluster_centers_                 #查看每个簇的聚类中心
```

结合变量 labels 和 centers，可以画出如图 16.1（a）所示的聚类结果。很显然，通过 K-Means 聚类得出的结果还是不错的。

2．压缩调色板

在传统的彩色图像中，每个像素的可能取值为 256^3，即图像有 16 777 216 种颜色。但在大多数的图像中，有很多颜色没有被采用，并且许多像素的颜色与其他像素的差别不大。因此，可以考虑将图像颜色的种类或像素的可能取值从 16 777 216 种降低到两位数。在工程上特别是计算机视觉领域，经常会减少像素的取值可能，并称这个处理为压缩调色板。

显然，压缩调色板降低了图像的信息量，但是图像的大概信息不会丢失。适当地压缩调色板，能够大大提高模型的效率，降低模型的复杂度。

一种压缩调色板的办法是通过 K-Means 聚类，用聚类中心替代原有的像素值，从而将相似的像素用同一种颜色表示。经过这样的处理，能够让图像的颜色种类从 16 777 216 种降低到 k 种，并且能最大限度地保有图像的信息量。下面使用 K-Means 聚类压缩调色板，代码如下。

代码文件：color_palette_compress.py

```python
from sklearn.cluster import KMeans              #导入 K-Means 模块
import cv2                                       #导入 Opencv 模块
import matplotlib.pyplot as plt
"""实现"""
img = cv2.imread('test.jpg',1)                   #读取彩色图像
img_data = img/255.0                             #进行最大绝对值标准化
img_data = img_data.reshape((-1,3))              #将每个通道展开成向量
km = KMeans(n_clusters=36)                       #设置 k=24
km.fit(img_data)                                 #进行 K-Means 聚类
centers = km.cluster_centers_                    #输出聚类中心
labels = km.labels_                              #输出全部个体的所属簇
#用像素对应的聚类中心替代原有的像素值
new_colors = centers[labels].reshape((-1,3))
img_recolored = new_colors.reshape(img.shape)    #将向量还原成矩阵
print(len(set(list(new_colors[:,1]))))           #输出压缩后图像的颜色种类个数
```

上述代码首先读取示例图像，如图 16.2（a）所示。为了提升运行效率，这里将每个像素除以最大值 255 进行标准化。然后以 3 个通道（颜色）为单位，对图像的每个像素用 K-Means 算法进行聚类，设置聚类簇数为 36。

然后用每个像素的所属簇的聚类中心替代其原像素值，从而将颜色种类降低至 36 种。最后画出经压缩调色板处理后的图像，如图 16.2（b）所示。

压缩调色板前　　　　　　　　　　　　**压缩调色板后**

（a）　　　　　　　　　　　　　　　（b）

图 16.2　压缩调色板前后图像效果对比

Tips：经过压缩调色板处理后，图像的颜色种类明显降低。但是可以直观地看到，图像并没有发生很大的变化。也就是说，压缩调色板所丢失的信息量是在允许范围内的。然而，由于图像不同，其颜色种类不可能都相同。因此，对于每一幅图像都应该训练一个单独的 K-Means 聚类模型进行聚类。由于对每张图像进行压缩所付出的时间代价太大，因此这种方法在工程应用中比较少见。

16.2.3　*K*-Means 聚类的缺点

K-Means 聚类的缺点有很多，如聚类结果对初始聚类中心的选择十分敏感。所幸的是，在很多 *K*-Means 聚类实现中包括 Sklearn 都采用了不同的方法解决了这个问题，然而代价是 *K*-Means 聚类算法的复杂度明显大。

除此之外，*K*-Means 聚类还有很多"令人头疼"的缺点，下面具体分析。

1. 时间代价高

从 16.2.1 节中可以看出，*K*-Means 聚类的每一步都需要求解优化问题即式（16.2）。如果要得出最优解，则需要比较所有个体与聚类中心的距离。因此 *K*-Means 算法的每一步的复杂度为 $O(kmn)$，其中 n 为个体的特征个数。

为了降低算法复杂度，如同随机搜索算法一样，可以引入 mini-batch 的概念。在每次迭代中，我们不要求找到所有 x_i 的所属簇，而是随机挑选部分个体组成 mini-batch，从而将式（16.2）转化为：

$$\arg\min_{C}\sum_{j=1}^{k}\sum_{x_i'\in C_j}d_p\left(x_i',\mu_j\right)\tag{16.4}$$

其中，x_i' 为 mini-batch 中的个体，其余没有被选中的个体的保留原来的所属簇不变。同时，在计算聚类中心时，亦用 mini-batch 中的个体的均值来计算。通过引入 mini-batch，可以将每次迭代的复杂度降低至 $O(km'n)$，其中 m' 为 mini-batch 的大小。

在 Python 中，可以用 sklearn.cluster 模块的 MinBatchKMeans 类，实现 mini-batch 的 *K*-Means 聚类，通过调节参数 batch_size 设置 mini-batch 的个体数 m'，其用法与 *K*-Means 聚类类似，这里不再赘述。

2. 边界点的含糊性

K-Means 聚类直接给出个体的所属簇，因此，对于那些处于簇边界的个体，我们无法断定这种归类是否准确。见图 16.1（b），某些簇边界上的个体挨得非常近，不宜直接给出这些个体的类别。

在机器学习中，往往称这种直接给出个体标签的聚类方法为硬聚类（hard-clustering），*K*-Means 就是一种硬聚类方法。相反，某些算法则给出个体属于所有簇的概率，这种算法称为软聚类（soft-clustering）。简单地说，对于个体，硬聚类输出一个变量，软聚类则输出一个向量，该向量的所有元素为该个体属于某个簇的概率。根据这个概率可以了解边界个体所属类的情况，并判断个体是否需要进一步分析，或者考虑是否需要将其视为噪声点进行处理。

解决这个问题的办法是采用软聚类算法，如 GMM。该模型的输出为概率向量 $y=\left(y^1,y^2,\cdots,y^k\right)^{\mathrm{T}}$，并用最值函数 $\max(y)$ 得到个体的所属簇。后面将会详细介绍其原理与实现。

3．不适用于线性不可分数据集

由于 K-Means 是根据个体离聚类中心最小来聚类的，也可以说它是通过"画圈"的方式来聚类的。因此，对于不能用圆圈区分的数据，K-Means 的效果往往很差。如图 16.3 所示，设置聚类簇数 $k = 2$。很明显，聚类结果与人们期望的不相同。

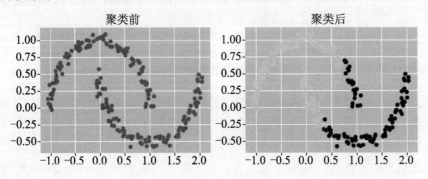

图 16.3　聚类前后对比

因此，K-Means 聚类算法不适合用于不能以"画圈"的方式聚类的数据集。由于聚类中心性使得聚类成为线性划分，即画圈是一种线性分类，所以对于线性不可分的数据集，用 K-Means 聚类的效果往往较差。

4．k的选取具有主观性

上面的例子都是通过 Sklearn 产生数据集来聚类的，对于 k 的取值，有个大致的估量。但是在实际应用中，我们很多时候对 k 一无所知。因此，如何选择聚类簇数 k，就成为 K-Means 聚类的一个难点。

选择 k 的一个方法是根据折臂图的拐点选择。为了结合聚类效果选择 k 值，定义惯量（inertia）为：

$$\text{inertia} = \sum_{j=1}^{k} \sum_{x_i \in C_j} d_p\left(x_i, \mu_j\right) \tag{16.5}$$

很明显，聚类的惯量越低，则个体距离其聚类中心的距离之和越小，意味着聚类效果越好。因此，可以遍历所有可能的簇数 k，并画出每个 k 对应的惯量，从而构成一个折臂图。仍旧以 16.2.2.1 节的案例为例，画出不同 k 对应的折臂图如图 16.4[①] 所示。

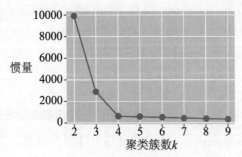

图 16.4　折臂图

---

① 画图代码参见 pic16.4.py。

从折臂图中可以看到，随着 k 的增大，惯量逐渐递减。k 越大，聚类模型的复杂度就越大并且递减的变化量越来越小。因此，如果选择很大的 k，一方面增加了模型的复杂性，另一方面使得聚类的意义降低，或者说信息冗余增加。所以，一般可以选择折臂图中的拐点对应的 k 作为聚类簇数。如图 16.4 所示，依照拐点的原则，可以选取 $k = 4$ 的聚类算法来解决 16.2.2.1 节的问题。

Tips：即使使用折臂图，也有可能出现聚类簇数难以选择的情况。就如图 16.4，有的读者可能会认为 $k = 3$ 更像是图的 "拐点"。实际上，在很多情况下折臂图有可能是一条平滑过渡的曲线，这时候使用折臂图来选择聚类簇数 k 就会掺入主观因素。因此必须考虑采用自动判断聚类簇数的算法，如 DBSCAN。除此之外，K-Means 聚类的改进方法即重复二分聚类法亦是一个能够自动选择聚类簇数的算法。但这些自动判断聚类算法只是用一种麻烦代替另一种麻烦。

16.3　GMM 聚类

K-Means 是一种硬聚类算法，它直接给出所有个体所属的簇。因此，对于处于边界、距离很近又不属于同一簇的个体，人们未免心存疑问。而 GMM 则不然，对于个体，它的输出是一个向量，向量中的每个元素为该个体属于某一簇的概率。因此，对于那些处于边界的含糊个体，可以考虑单独对其进行人工分析，或咨询专家的意见对其归类，或将其视为异常、噪声个体进行处理。

16.3.1　GMM 的原理

假设数据 X 由 k 个正态分布（也叫高斯分布）生成，k 为需要人工选择的预设变量，这 k 个正态分布即构成 GMM，用数学语言来表达，就是对于某个个体 $\boldsymbol{x}_i$，假设其出现的概率可写为：

$$
\begin{aligned}
p(\boldsymbol{x}_i) &= \sum_{j=1}^{k} p(j) N(\boldsymbol{x}_i, \boldsymbol{\mu}_j, \boldsymbol{\Sigma}_j) \\
&= \sum_{j=1}^{k} w_j N(\boldsymbol{x}_i, \boldsymbol{\mu}_j, \boldsymbol{\Sigma}_j)
\end{aligned}
\tag{16.6}
$$

其中，w_j 为第 j 个正态分布的权重，$N(\boldsymbol{x}_i, \boldsymbol{\mu}_j, \boldsymbol{\Sigma}_j)$ 为第 j 个正态分布的概率密度函数；$\boldsymbol{\mu}_j$ 和 $\boldsymbol{\Sigma}_j$ 分别为该正态分布的均值向量与协方差矩阵，它们都为待训练参数。

实际上，GMM 对应的 k 个正态分布就是聚类簇。在 GMM 中，每个簇被视为一个均值为 $\boldsymbol{\mu}_j$、方差为 $\boldsymbol{\Sigma}_j$ 的正态分布，其中，聚类中心为正态分布的均值 $\boldsymbol{\mu}_j$。因此，为了实现聚类，必须求出 GMM 的参数。

根据极大似然法的原理，为了得到 GMM 参数，可以令 $p(\boldsymbol{x})$ 总体最大：

$$
\underset{w_j, \boldsymbol{\mu}_j, \boldsymbol{\Sigma}_j}{\arg\max} \, p(\boldsymbol{x}) = \prod_{i=1}^{m} \sum_{j=1}^{k} w_j N(\boldsymbol{x}_i, \boldsymbol{\mu}_j, \boldsymbol{\Sigma}_j)
\tag{16.7}
$$

由于式（16.7）的收敛性很差，所以在实际求解参数的过程中需要设置最大迭代步数作为终止条件。

得到 GMM 后，对于一个未知个体 x'，可以将其代入 GMM 的所有正态分布中，从而得到 k 个概率：$p_j(x) = N(x_i, \mu_j, \Sigma_j)$。然后根据概率最大值就可以判断该未知个体来源于哪个正态分布，或者该个体属于哪个簇。

16.3.2　GMM 聚类的 Python 实现

GMM 聚类可以用 sklearn.mixture 模块的 GaussianMixture 类实现，通过分别设置参数 n_components 和 max_iter 设置聚类簇数 k 及求解 GMM 时的最大迭代数。

仍旧以 16.2.2.1 节的例子为基础，用 make_blobs 函数产生一个四分类数据集，如图 16.5（a）所示。然后用 GaussianMixture 进行聚类并输出模型的参数。

代码文件：gmm_demo.py

```python
import numpy as np
from sklearn.datasets import make_blobs
from sklearn.mixture import GaussianMixture          #导入 GMM 模块
#产生如图 16.1 所示的数据集
X,y_true = make_blobs(n_samples=300,centers=4,cluster_std=1.0)
#实例化一个高斯混合模型对象，同时初始化参数，使得 k=4
gmm = GaussianMixture(n_components=4, max_iter=1000)
gmm.fit(X)                                            #进行 GMM 聚类
print(r'均值(聚类中心):',gmm.means_)                  #输出 GMM 参数
print(r'协方差矩阵:',gmm.covariances_)
print(r'权重',gmm.weights_)
```

运行上述代码，输出模型的参数如下：

```
均值(聚类中心): [[ 9.4717736  -9.40730868]
 [-4.76163233 -0.49974723]
 [ 1.97549981 -8.99729435]
 [-0.99738241 -2.56896295]]
协方差矩阵: [[[ 0.95349506  0.2394786 ]
 [ 0.2394786   0.8745596 ]]
 [[ 0.61741891 -0.07433798]
 [-0.07433798  1.03183256]]
 [[ 0.8637531  -0.02536611]
 [-0.02536611  0.75109706]]
 [[ 0.83137467  0.03160025]
 [ 0.03160025  1.05983892]]]
权重 [0.24999998 0.24211586 0.24999909 0.25788507]
```

可以用 GMM 聚类的.predict_proba 属性得到个体的概率向量，并用 NumPy 模块中的 argmax 函数找到个体的所属簇。以个体 X[1,:]为例，输出其概率向量并判断所属簇，代码如下。

```python
y_proba = gmm.predict_proba(X[1,:].reshape(1,-1))
print(y_proba)                                        #输出个体的概率向量
labels = np.argmax(y_proba,axis=1)
print(labels)                                         #输出所属簇
```

运行上述代码，可得个体 X[1,:] 的概率向量为 $\boldsymbol{y} = (1,0,0,0)$。很明显，个体 X[1,:] 的所属簇为 0。用同样的方法可以输出所有个体的概率向量和所属簇。然后根据所属簇，画出聚类后的图形。同时，根据正态分布的均值与方差绘制 GMM，如图 16.5（b）所示。

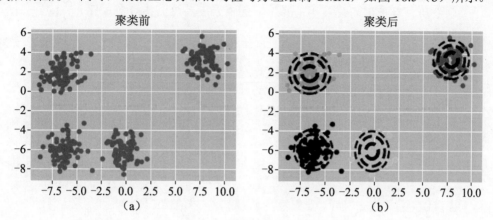

图 16.5　聚类前后与 GMM

这里的绘图是根据 GMM 输出的概率来绘制的，具有一定的参考性。读者可以参考代码文件了解绘图代码，这里就不再赘述了。

16.3.3　聚类簇数的选择

区别于 K-Means，由于 GMM 可以输出所有个体的概率向量。因此，除了折臂图外，GMM 算法还可以通过 AIC 和 BIC 系数选择聚类簇数。

定义 Akaike 信息量（AIC）为：

$$\mathrm{AIC}\left(n_p, X\right) = 2n_p - 2\log_2\left(p(\boldsymbol{x})\right) \tag{16.8}$$

其中，n_p 为 GMM 模型的参数个数，包括均值 $\boldsymbol{\mu}_j$、协方差 $\boldsymbol{\Sigma}_j$ 和权重 w_j；$p(\boldsymbol{x})$ 由式（16.7）算出。同理，定义贝叶斯信息量（BIC）为：

$$\mathrm{BIC}\left(m, n_p, X\right) = \log(m)n_p - 2\log_2\left(p(\boldsymbol{x})\right) \tag{16.9}$$

其中，m 为样本容量。AIC 和 BIC 类似，由于 n_p 和 m 为常数，AIC 或 BIC 越小，则 $p(\boldsymbol{x})$ 就越大。换句话说，GMM 越能够拟合原始数据的分布[2]。因此，使 AIC 或 BIC 最小的 k，就是聚类效果最佳的聚类簇数。

下面以 16.3.2 节的例子为基础，通过代码中的 gmm 对象的 .aics 和 .bics 属性分别输出 GMM 的 AIC 和 BIC。最后遍历所有的 k 并画出聚类簇数与 AIC、BIC 曲线，如图 16.6 所示[3]，再根据 AIC、BIC 最小法则（这里不是选拐点）得出最合适的聚类簇数为 $k = 4$。

Tips：AIC 和 BIC 曲线需要通过概率来计算，因此适合用于 GMM 这种软聚类中，而 K-Means 是不适用的。此外，AIC 和 BIC 曲线不需要根据"拐点"原则来选取合

---

② 实际上就是 KL 散度最小，AIC 与 BIC 最小就是一种极大似然法。
③ 画图代码见代码文件 gmm_demo.py。

适的聚类簇数，因此其不存在折臂图具有的缺点。但有时候 AIC、BIC 会出现分歧，就像一个人不能戴两只手表一样，AIC、BIC 亦不能同时使用。如果 AIC、BIC 得出的最佳聚类簇数不同，那么应该如何选取呢？一个方法是根据 AIC、BIC 取平均，再根据均值最小选择 k，这种方法本质上是对式（16.8）和式（16.9）取均值来选择 k 的。

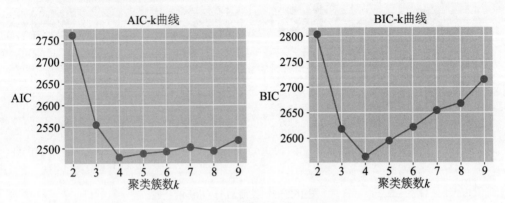

图 16.6　AIC、BIC 与聚类簇数曲线

16.3.4　GMM 的缺点

GMM 一个明显的优点是其输出为概率而非具体簇。因此，对于那些处于边界、距离很近又属于不同簇的个体，GMM 可输出它们属于所有簇的概率。如果该概率向量比较平衡，即无法确切地判断个体的所属簇，则可以对这些个体使用其他处理办法。例如，将它们交由专家断定或将其视为奇异值和噪声数据，这一点是硬聚类算法无法做到的。

由于 GMM 用多个正态分布拟合样本，将每个正态分布视为一个簇，因此很难用于线性不可分的数据集中。另外，GMM 算法需要求解优化问题，即式（16.7）。很明显，求解该优化问题的算法复杂度是相当高的。因此，在一般的实现中，需要设置最大迭代次数来提前终止参数求解过程。

16.4　谱　聚　类

谱聚类（Spectral Clustering，SC）是一种基于图论的聚类方法，它将带权无向图划分为两个或两个以上的最优子图，使子图内部尽量相似，而子图间的差异性较大，从而达到聚类的目的。

16.4.1　谱聚类的原理

假设数据集为 $X=\{\boldsymbol{x}_1,\boldsymbol{x}_2,\cdots,\boldsymbol{x}_m\}$，$m$ 为样本容量；定义个体 $\boldsymbol{x}_i,\boldsymbol{x}_j$ 相似性为 $s_{ij}\geqslant 0$。结合图论的知识，将个体 $\boldsymbol{x}_i,i\in(1,2,\cdots,m)$ 视为节点；节点间存在无向的权重为 s_{ij} 的加权边。

将数据集视为一个带权无向图 $G(V,E)$，其中，V 为节点集，E 为边集。

对于给定一个数据集 X，由于节点个数是已知的，如果要构成带权无向图 $G(V,E)$，则需要确定边集 E 和相似度矩阵[④]W。

1．图的构成

要构成带权图，首先应该求解节点之间的相似性，以构成权重矩阵 W。相似性 s_{ij} 的方法可以通过距离即式（16.1）来度量。但考虑到距离与相似性是相反的，因此常用高斯距离来度量相似性，如式（16.10）所示。

$$s_{ij} = \exp\left(\frac{-d_p\left(\boldsymbol{x}_i, \boldsymbol{x}_j\right)}{2\sigma^2}\right) \tag{16.10}$$

在实际应用中，通常取 $p=2$；参数 σ 为待定系数，需要人工确定。

要构成带权无向图，还需要求解边集 E，边集的构成一般有以下 3 种方法。

❑ ε 近邻法：该方法首先要计算出所有节点两两的相似度 s_{ij}，如果 s_{ij} 小于某个阈值 ε，则节点 $\boldsymbol{x}_i, \boldsymbol{x}_j$ 之间存在边，相应的权重 $w_{ij} = w_{ji} = s_{ij}$；反之则表示两节点不存在边，权重为 $w_{ij} = w_{ji} = 0$。

❑ k 近邻法：如果节点 $\boldsymbol{x}_j$ 属于 $\boldsymbol{x}_i$ 的 k 个近邻之一，则两节点存在边；反之不存在。由于近邻关系不具有互易性，如果节点 $\boldsymbol{x}_j$ 属于 $\boldsymbol{x}_i$ 的近邻，则 $\boldsymbol{x}_i$ 不一定是 $\boldsymbol{x}_j$ 的近邻，从而导致权重矩阵 W 不对称。因此，在实际应用中，通常 $\boldsymbol{x}_i, \boldsymbol{x}_j$ 互为近邻才构成边；或者 $\boldsymbol{x}_i, \boldsymbol{x}_j$ 彼此不互为近邻才不存在边。假设 x 的近邻构成的集合为 N：

$$w_{ij} = w_{ji} = \begin{cases} 0 & \text{if } \boldsymbol{x}_i \notin N_j \text{ or } \boldsymbol{x}_j \notin N_i \\ s_{ij} & \text{if } \boldsymbol{x}_i \in N_j \text{ and } \boldsymbol{x}_j \in N_i \end{cases} \tag{16.11}$$

或：

$$w_{ij} = w_{ji} = \begin{cases} 0 & \text{if } \boldsymbol{x}_i \notin N_j \text{ and } \boldsymbol{x}_j \notin N_i \\ s_{ij} & \text{if } \boldsymbol{x}_i \in N_j \text{ or } \boldsymbol{x}_j \in N_i \end{cases} \tag{16.12}$$

使用 K 近邻法构成带权无向图需要选择参数 k。在 Sklearn 实现中，如果用 K 近邻法，则固定采用式（16.12）来构成边集和权重矩阵。

❑ 全连接法：在该方法中，所有节点两两之间都存在边，权重 $w_{ij} = w_{ji} = s_{ij}$ 从而构成边集和权重矩阵。

通过上述方法，计算相似度、构成边集 E 与权重矩阵 W，从而将数据集构成带权无向图。将数据聚合成一类的过程就可以视为将整个带权无向图拆分成多个子图的过程。

2．拆分图的数学表达

如果要将带权无向图 $G(V,E)$ 拆分成子图，最理想的拆分是让子图间的相似度最低。用数学语言表述为假设拆分成 k 个子图 $G_1, G_2, \cdots, G_k$，子图 G_i 的补集为 $\bar{G}_i$，拆分应满足：

$$\min_{G_1, G_2, \cdots, G_k} \text{Cut}\left(G_1, G_2, \cdots, G_k\right) = \frac{1}{2}\sum_{i=1}^{k} C\left(G_i, \bar{G}_i\right) \tag{16.13}$$

---

④ 在图论中也称邻接矩阵、亲和矩阵、权重矩阵，后面统一称为权重矩阵。

其中，$C\left(G_i,\overline{G}_i\right)=\sum_{i\in G_i,j\in\overline{G}_i}w_{ij}$。

但是，根据式（16.13）的拆分经常会将一个节点拆分成一个子图，如图 16.7 所示。

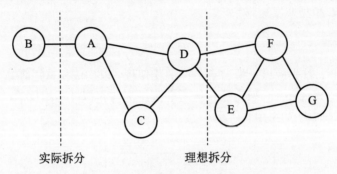

实际拆分　　　　　　　　理想拆分

图 16.7　理想拆分与实际拆分

因此，要使得图的拆分为理想拆分，应对式（16.13）做些许修改，如式（16.14）和式（16.15）所示。

$$\min_{G_1,G_2,\cdots,G_k}\ \mathrm{RatioCut}\left(G_1,G_2,\cdots,G_k\right)=\frac{1}{2}\sum_{i=1}^{k}\frac{C\left(G_i,\overline{G}_i\right)}{|G_i|}\qquad(16.14)$$

$$\min_{G_1,G_2,\cdots,G_k}\ \mathrm{NCut}\left(G_1,G_2,\cdots,G_k\right)=\frac{1}{2}\sum_{i=1}^{k}\frac{C\left(G_i,\overline{G}_i\right)}{W\left(G_i\right)}\qquad(16.15)$$

其中，$|G_i|$ 为子图 G_i 包含的节点数；$W\left(G_i\right)$ 为子图节点所有边的权重 w_{ij} 之和。通过对式（16.13）加上这些约束项来保证子图的节点个数不会太少，从而在拆分后不会出现如图 16.7 所示的问题。

3. 拉普拉斯矩阵与图拆分

设向量 $\boldsymbol{f}=(f_1,f_2,\cdots,f_m)\in\mathbb{R}^m$ 为列向量，则：

$$\frac{1}{2}\sum_{i=1}^{m}\sum_{j=1}^{m}w_{ij}\left(f_i-f_j\right)^2=\frac{1}{2}\left(\sum_{i=1}^{m}\sum_{j=1}^{m}w_{ij}f_i^{\,2}-2w_{ij}f_if_j+w_{ij}f_j^{\,2}\right)$$

设 $d_i=\sum_{j=1}^{m}w_{ij},d_j=\sum_{i=1}^{m}w_{ij}$，则上式可化简为：

$$\frac{1}{2}\left(\sum_{i=1}^{m}\sum_{j=1}^{m}w_{ij}f_i^{\,2}-2w_{ij}f_if_j+w_{ij}f_j^{\,2}\right)=\frac{1}{2}\left(\sum_{i=1}^{m}\sum_{j=1}^{m}-2w_{ij}f_if_j+\sum_{j=1}^{m}d_jf_j^{\,2}+\sum_{i=1}^{m}d_if_i^{\,2}\right)$$

$$=\sum_{i=1}^{m}d_if_i^{\,2}-\sum_{i=1}^{m}\sum_{j=1}^{m}w_{ij}f_if_j$$

设 $\boldsymbol{W}$ 为 w_{ij} 构成的 $m\times m$ 的矩阵，$\boldsymbol{D}$ 为 d_i 构成的 $m\times m$ 的对角矩阵；设拉普拉斯矩阵 $\boldsymbol{L}=\boldsymbol{D}-\boldsymbol{W}$，则上式可转化为：

$$\sum_{i=1}^{m}d_if_i^{\,2}-\sum_{i=1}^{m}\sum_{j=1}^{m}w_{ij}f_if_j=f^{\mathrm{T}}\boldsymbol{D}f-f^{\mathrm{T}}\boldsymbol{W}f$$

$$=f^{\mathrm{T}}\boldsymbol{L}f$$

因此，对于带权无向图 $G(V,E)$，定义拉普拉斯矩阵 $\boldsymbol{L} = \boldsymbol{D} - \boldsymbol{W}$。并为每个个体和子图定义指示器 $H = (\boldsymbol{h}_1, \boldsymbol{h}_2, \cdots, \boldsymbol{h}_k)$，其中，$\boldsymbol{h}_j \in \mathbb{R}^m$；数据集的每个个体 $\boldsymbol{x}_i$ 在 H 中对应一行，其每个元素指示了 $\boldsymbol{x}_i$ 是否属于子图 G_j。可以证明，对子图的拆分实际上是一个求解 $H^{\mathrm{T}} L H$ 最小值的问题，证明如下：

以式（16.14）为例，图 $G(V,E)$ 的拆分应满足：

$$\min_{G_1,G_2,\cdots,G_k} \mathrm{RatioCut}(G_1,G_2,\cdots,G_k) = \frac{1}{2}\sum_{i=1}^{k}\frac{C(G_i,\bar{G}_i)}{|G_i|}$$

令 H 的元素 h_{ij} 满足：

$$h_{ij} = \begin{cases} 1/\sqrt{|G_j|} & \text{if } \boldsymbol{x}_i \in G_j \\ 0 & \text{if } \boldsymbol{x}_i \notin G_j \end{cases}$$

为了简化推导过程，假设 $k=2$，则：

$$\begin{aligned} \mathrm{RatioCut}(G_1,G_2) &= \frac{1}{2}\frac{C(G_1,G_2)}{|G_1|} + \frac{1}{2}\frac{C(G_1,G_2)}{|G_2|} \\ &= \frac{1}{2}\left(\sum_{i\in G_1,j\in\bar{G}_1}\frac{w_{ij}}{|G_1|} + \sum_{i\in G_2,j\in\bar{G}_2}\frac{w_{ij}}{|G_2|}\right) \end{aligned}$$

由于 $k=2, G_1 = \bar{G}_1$，$\dfrac{1}{|G_1|} = \left(\dfrac{1}{\sqrt{|G_1|}} - 0\right)^2$，所以上式可以改写为：

$$\begin{aligned} \mathrm{RatioCut}(G_1,G_2) &= \frac{1}{2}\left(\sum_{i\in G_1,j\in\bar{G}_1}\frac{w_{ij}}{|G_1|} + \sum_{i\in G_2,j\in\bar{G}_2}\frac{w_{ij}}{|G_2|}\right) \\ &= \frac{1}{2}\sum_{i=1}^{m}\sum_{j=1}^{m}w_{ij}\left(h_{1i} - h_{1j}\right)^2 \\ &= \boldsymbol{h}_1^{\mathrm{T}} L \boldsymbol{h}_1 \end{aligned}$$

同理，当 $k > 2$ 时，由数学归纳法可得：

$$\mathrm{RatioCut}(G_1,G_2,\cdots,G_k) = \sum_{j=1}^{k}\boldsymbol{h}_j^{\mathrm{T}} \boldsymbol{L} \boldsymbol{h}_j = \mathrm{tr}\left(H^{\mathrm{T}} L H\right)$$

因此，求解式（16.14）的最小值可以转换为求解 $H^{\mathrm{T}} L H$ 的迹最小，由于 $\sum_{i=1}^{m} h_{ij} = \sum \boldsymbol{h}_j = 1$，所以 $H^{\mathrm{T}} H = I$，于是优化式（16.15）转换为：

$$\min_{H \in \mathbb{R}^{m\times k}} \mathrm{tr}\left(H^{\mathrm{T}} L H\right) \tag{16.16}$$
$$\text{s.t. } H^{\mathrm{T}} H = I$$

同式（7.12），式（16.16）的解亦为 $\boldsymbol{L}$ 的特征向量。与（7.12）求解最大值不同，式（16.16）是求解迹的最小值，因此 $\boldsymbol{L}$ 的解为最小的 k 个特征值对应的特征向量。于是 $H = (\boldsymbol{e}_1, \boldsymbol{e}_2, \cdots, \boldsymbol{e}_k)$，其中特征向量 $\boldsymbol{e}_i$ 对应的特征值 λ_i 逐渐递减：$\lambda_1 \leqslant \lambda_2 \leqslant \cdots \leqslant \lambda_k$。

由于根据特征向量求解的 H 是一个最优解，H 中的每个元素的值为 $1/\sqrt{|G_j|}$，因此无法直接根据 H 得出 $\boldsymbol{x}_i$ 的所属子图。由于 H 的每一行对应一个个体 $\boldsymbol{x}_i$，因此可以按行对 H 进

行二次聚类。二次聚类可以选择 K-Means 算法，从而使 H 按行聚类的结果即为 $\boldsymbol{x}_i$ 的所属子图。换句话说，H 的聚类结果可以作为原始数据集 X 的聚类结果。

对于式（16.15）等拆分子图的方法亦然，同理可以证明式（16.15）的优化问题等价于：

$$\min_{H \in \mathbb{R}^{m \times k}} \operatorname{tr}\left(H^{\mathrm{T}} L H\right) \tag{16.17}$$
$$\text{s.t. } H^{\mathrm{T}} \boldsymbol{D} H = I$$

令 $T = \boldsymbol{D}^{-1/2} H$，$\boldsymbol{L}' = \boldsymbol{D}^{-1/2} \boldsymbol{L} \boldsymbol{D}^{-1/2} = \boldsymbol{D}^{-1/2}(\boldsymbol{D} - \boldsymbol{W}) \boldsymbol{D}^{-1/2}$，则式（16.17）转化为：

$$\min_{H \in \mathbb{R}^{m \times k}} \operatorname{tr}\left(T^{\mathrm{T}} \boldsymbol{L}' T\right) \tag{16.18}$$
$$\text{s.t. } T^{\mathrm{T}} T = I$$

很明显，式（16.18）等价于式（16.16），唯一不同的是拉普拉斯矩阵的求解，后者通过 $\boldsymbol{L} = \boldsymbol{D} - \boldsymbol{W}$ 直接求出，而前者将 $\boldsymbol{L}$ 进行标准化[⑤]：$\boldsymbol{L}' = \boldsymbol{D}^{-1/2} \boldsymbol{L} \boldsymbol{D}^{-1/2}$ 得出。

同理，我们只需要求解 $\boldsymbol{L}'$ 的 k 个最小特征值对应的特征向量，然后将特征向量按列构成一个矩阵 H，再将 H 按行进行 K-Means 聚类，将聚类结果作为 X 中每个个体的所属簇即可实现对原数据集 X 的聚类。

16.4.2　谱聚类算法

要实现对数据集 $X \in \mathbb{R}^{m \times n}$ 的谱聚类，首先应该构造带权无向图 $G(V, E)$。构造方法有 ε 近邻法、k 近邻法和全连接法。然后通过式（16.10）选择合适的 p（一般为 2），计算权重矩阵 $\boldsymbol{W}$ 和对角矩阵 $\boldsymbol{D}$。

最后将 $G(V, E)$ 拆分成 k 个子图 $G_1, G_2, \cdots, G_k$，就可以把属于同一个子图的个体 $\boldsymbol{x}_i$ 聚合成一个簇。根据拆分规则不同，需要进行不同的计算：

❑ 对式（16.14）的拆分方法，首先计算拉普拉斯矩阵 $\boldsymbol{L} = \boldsymbol{D} - \boldsymbol{W}$。

❑ 对式（16.15），首先计算标准化后的拉普拉斯矩阵 $\boldsymbol{L} = \boldsymbol{D}^{-1/2}(\boldsymbol{D} - \boldsymbol{W}) \boldsymbol{D}^{-1/2}$。

得到拉普拉斯矩阵 $\boldsymbol{L}$ 后，对 $\boldsymbol{L}$ 进行特征值分解，并将特征值从最小开始对应的 k 个特征向量 $\boldsymbol{e}_j, j \in (1, 2, \cdots, k)$ 按列、升序地构成矩阵 $H \in \mathbb{R}^{m \times k}$。之后对矩阵 H 按行进行 K-Means 聚类，从而得到每个个体 $\boldsymbol{x}_i$ 的所属子图。进一步，可以将 $\boldsymbol{x}_i$ 的所属子图作为所属簇，从而得到 X 的聚类结果。

综上所述，谱聚类算法的步骤如下：

（1）给定数据集 $X \in \mathbb{R}^{m \times n}$，构造 $G(V, E)$，计算矩阵 $\boldsymbol{W}, \boldsymbol{D}$。

（2）计算拉普拉斯矩阵（可标准化）$\boldsymbol{L}$。

（3）对 $\boldsymbol{L}$ 进行特征值分解，得出特征向量，从中挑选出最小的 k 个向量，按列升序地构成矩阵 H。

（4）对矩阵 H 按行进行 K-Means 聚类，从而将聚类结果作为所有 $\boldsymbol{x}_i$ 的所属簇。

---

⑤ 标准化的英文为 Normalized，因此将式（16.15）标为 NCut，其中的 N 即为标准化之意。

16.4.3　谱聚类的 Python 实现

在 Python 的 sklearn.cluster 模块中，可以通过 SpectralClustering 类实现谱聚类。SpectralClustering 实现的谱聚类固定使用 $p=2$，即欧氏距离衡量个体的相似度，并且用式（16.15）拆分子图，从而实现谱聚类。

通过调整参数 affinity 来设置图 $G(V,E)$ 的构成方法，其可选取值为 nearest_neighbors、rbf 等，分别对应 k 近邻法和全连接法。调整参数 n_clusters、gamma 设置聚类簇数 k 的取值和式（16.10）的参数 σ；如果设置 affinity=nearest_neighbors，则可通过调整参数 n_neighbors 设置近邻个数 k 的取值。下面以一个实例为基础，用 Python 实现谱聚类。

用 sklearn.datasets 模块的 make_moons 函数产生一个二分类数据集，样本容量 $m=200$，如图 16.8（b）所示。使用谱聚类的方法对该数据集进行聚类。

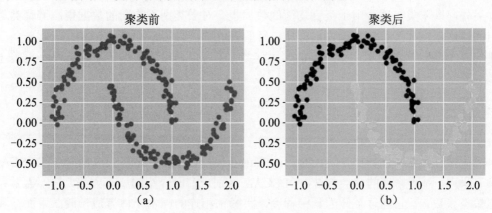

图 16.8　聚类前后数据集展示

首先导入相关的模块，并用 make_moons 函数产生数据集。

代码文件：spectral_clustering.py

```
from sklearn.datasets import make_moons
from sklearn.cluster import SpectralClustering        #导入谱聚类
X,y = make_moons(n_samples=200,noise=0.05)            #产生数据集
```

然后将数据进行谱聚类，设置聚类簇数为 2。设置构造边集的方法为近邻个数为 10 的 K 近邻算法，设置式（16.10）的高斯距离的参数 $\sigma=2$，代码如下。

```
#实例化一个 SpectralClustering 类，并初始化聚类簇数（子图数）为 2，构成子图的方法为
#近邻个数为 10 的 k 近邻法，设置相似度的高斯距离参数为 gamma=2
sc = SpectralClustering(n_clusters=2,affinity='nearest_neighbors'
                ,n_neighbors=10,gamma=2)
sc.fit(X)                                             #进行谱聚类
```

通过变量 sc 的 .labels_ 属性可以输出每个个体的所属簇，我们将聚类后的数据集按所属簇画出，如图 16.8（b）所示[⑥]。

---

⑥ 画图代码参见代码文件。

16.4.4　谱聚类的优缺点

谱聚类区别于 *K*-Means，其聚类方式不是以"画圈"的方式聚类的。它的实现建立在拆分图的基础上，因此它能够以任意的空间形状对数据聚类。另外，由于谱聚类实际上是对 *H* 的聚类，因此，如果 $k < n$，则可以视为将 $X \in \mathbb{R}^{m \times n}$ 进行降维后再聚类。当聚类簇数比较小或数据的特征个数比较多时，谱聚类的效果是比较明显的。同样的理由，由于谱聚类是对 *H* 的聚类，因此其与 *K*-Means 相比能够更好地应用于稀疏数据中。

谱聚类的效果虽然比 *K*-Means 聚类好，但是其待定的参数太多，如聚类簇数、相似度参数 σ、构成边集的方法、近邻个数（针对 *K* 近邻算法）。这些参数的选择都会影响谱聚类的效果，而要想找到最优的参数却不是一件容易的事。由于我们无法评价或很难评价聚类算法的效果，因此选择合适的参数就变得相当困难。

另外，谱聚类只适合用于类别均衡的数据集。对于类别不均衡的数据集，谱聚类是不适用的，这一点读者可以自己设计程序进行验证。

与 *K*-Means 聚类类似，谱聚类的聚类簇数 *k* 也可以通过折臂图确定，这里不再赘述。

16.5　密　度　聚　类

密度聚类算法（Density-Based Spatial Clustering of Applications with Noise，DBSCAN）即具有噪声、基于密度的聚类方法。DBSCAN 区别于前面介绍的所有方法，它不需要人工确定聚类簇数 *k*。它通过个体的紧密程度，将紧密相连的样本个体聚成一簇。下面，我们介绍 DBSCAN 的原理和 Python 实现。

16.5.1　密度聚类算法的原理

设数据集为 $X = \{x_1, x_2, \cdots, x_m\}$，参数 ε 和 m' 为预设的阈值参数，定义相关的概念如下：

- ε 邻域：与 *K* 近邻的概念类似，定义个体 x_i 的 ε 邻域为与 x_i 的距离小于预设阈值 ε 的个体：$N(x_i) = \{x_i \mid d_p(x_i, x_j) \leqslant \varepsilon\}$；同时，定义 $|N(x_i)|$ 为个体 x_i 的 ε 邻域包含的个体数。

- 核心个体：如果个体满足 $|N(x_i)| \geqslant m'$，则称 x_i 为核心个体。

- 密度可达：如果个体 x_j 在核心个体 x_i 的 ε 邻域内，则称 x_i 可达 x_j。密度可达具有传递性：如果 x_i, x_j 为核心个体且 x_i 可达 x_j，x_j 可达 x_k，则 x_i 可达 x_k。密度可达不具有对称性，即 x_i 可达 x_j 不一定有 x_j 可达 x_i，除非两者皆为核心个体。

- 密度相连：核心个体 x_i 可达 x_j, x_k，则称 x_j, x_k 密度相连。

如图 16.9 所示，其中菱形个体为核心个体且 $m' = 3$；ε 邻域为图中的圆圈。直线相互连接的个体为密度可达的核心个体串，核心个体串的 ε 邻域内的所有个体密度相连。

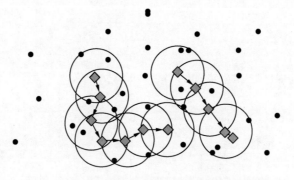

图 16.9　核心个体、ε 邻域、密度可达与密度相连

因此，如果能找到如图 16.9 所示的核心个体串，将这些串的 ε 邻域构成的子集作为一个聚类簇，即可实现对样本的聚类。那么，如何找到核心个体串呢？

DBSCAN 通过任意地选择某个核心个体作为种子，根据该核心个体的所有密度可达的个体构成一个簇。显然，该簇的所有个体密度相连，并且有可能包含不止一个核心个体（即该种子能生成核心个体串）。之后，再次选择一个不属于任何已知簇的核心个体作为种子，将其所有密度可达个体构成一个簇，如此循环直到再无未归类的核心个体为止。

显然，经过上述循环后，可能仍有少量的非核心个体未被聚类。在 DBSCAN 中，一般将其标记为噪声点。另外，DBSCAN 对个体进行聚类时一般采取先到先得的原则，即对于那些被多个核心个体可达且核心个体不属于同一簇的个体，它的所属簇等于其第一次被划分的簇。

16.5.2　密度聚类算法的 Python 实现

DBSCAN 需要通过预设参数 ε 和 m' 规定 ε 邻域的大小和限制样本的核心个体数。在 Python 中，DBSCAN 聚类可以通过 sklearn.cluster 模块的 DBSCAN 类实现，并通过调整其参数 eps 和 min_samples 设置参数 ε 和 m' 的值。

这里仍以 16.4.3 节的例子为基础，用 make_moons 产生一个二分类数据，如图 16.10（a）所示并导入有关模块。

代码文件：dbscan_demo.py

```
from sklearn.datasets import make_moons
import matplotlib.pyplot as plt
from sklearn.cluster import DBSCAN                    #导入 DBSCAN 类
X,y = make_moons(n_samples=200,noise=0.05)           #产生数据集
```

通过 DBSCAN 类调节其参数 eps=0.2、mini_sample=4，从而实现 DBSCAN 聚类；然后通过.labels_ 参数输出所有个体的所属簇。

```
dbscan = DBSCAN(eps=0.2,min_samples=4) #定义 DBSCAN 的参数为 epsilon=1,m'=4
dbscan.fit(X)                          #进行 DBSCAN 聚类
labels = dbscan.labels_                #输出个体的所属簇
```

根据变量 labels 画出 DBSCAN 聚类后的数据点，如图 16.10（b）所示。

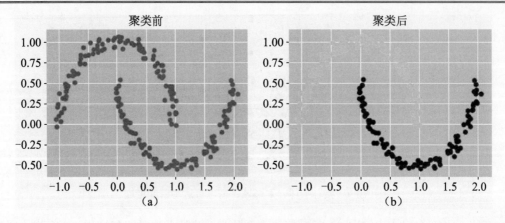

图 16.10　聚类前后数据展示

16.5.3　密度聚类算法的优缺点

DBSCAN 的优点是它是根据核心个体串衍生聚类的，而不是以"画圈"的方式聚类，因此可以用于线性不可分的数据集中。另外，DBSCAN 算法可以将离群点设置为噪声点，因此也可以用 DBSCAN 进行异常个体检测。

DBSCAN 的缺点也很明显：第一，聚类的效果对算法的参数十分敏感，从而导致调参困难，这一点与谱聚类相似；第二，DBSCAN 的计算量相当大，对于样本容量较大的数据集来说，聚类需要很长的时间；第三，聚类的先到先得法则决定了 DBSCAN 不是一个稳定算法；第四，DBSCAN 不适合用于密度不均匀、噪声点较多即不够"稠密"的数据集。DBSCAN 对于这类不够"稠密"的数据集，往往需要花费很大的功夫，从中找出适当的参数才能有效地聚类。

16.6　深度自动编码器

深度编码器结合 BP 神经网络，实现了数据的降维。作为结合神经网络的无监督学习的一个经典模型，我们有必要了解深度自动编码器的工作原理。

16.6.1　深度自动编码器的原理

将数据集 $X=\{x_1, x_2, \cdots, x_m\}$ 同时作为数据的因变量：$Y=X=\{x_1, x_2, \cdots, x_m\}$。用一个"瘦腰型"的 BP 神经网络拟合它，如图 16.11 所示。

由于输入等于输出，网络的神经元个数逐渐递减，经历一个低谷之后再逐渐恢复到原来的个数，以保证输出与输入无论在数值还是维度上都相同。我们称将输入个体从高维降低至低维的过程为编码，从低维恢复到原有维度为解码。经过这样的编码和解码过程，训练出该 BP 神经网络的节点参数。

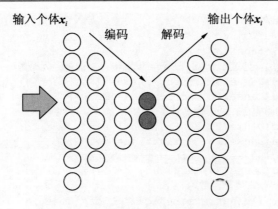

图 16.11　编解码 BP 神经网络模型

为了将数据降维，可以截取图 16.11 所示的 BP 神经网络的部分层，构成深度自动编码器模型，如图 16.12 所示。

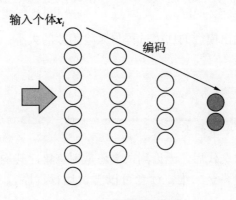

图 16.12　自动编码模型

如果数据的特征存在相关性，则原 BP 神经网络在编码和解码后不会丢失较多的信息量，从而使得原网络的误差较小。反之，如果特征之间都是相互独立的，那么原网络的预测误差就会很大。因此，当误差较小时，我们有理由认为编码过程中损失的信息量不多。此外，使用自动编码器进行特征降维，还可以用原 BP 神经网络的误差来评价聚类结果。

显然，给定一个数据集，只需要构造网络的结构，训练一个神经网络模型即可。至于神经元的参数如何选择，不是人们该干涉的，这就是自动编码器名称的由来。

16.6.2　深度自动编码器的 Python 实现

根据深度自动编码器模型的原理，可以实现对一个高维的数据降维。我们以 7.5.1 节的例子为基础，通过 Sklearn 自带的数据集 load_digits 生成一个容量为 1797、特征个数为 64 的数据集。之后用该数据集训练一个"瘦腰型"的 BP 神经网络。

代码文件：*deep_auto_encoder_demo.py*

```
from keras.layers import Input,Dense
from keras.models import Sequential,Model
from sklearn.datasets import load_digits
digits = load_digits()                    #导入 digits 数据集，该数据集有 64 个特征
```

```
X = digits.data/255                          #导入数据集，进行最大绝对值标准化
Y = X                                        #生成因变量
autoencoder = Sequential()
#定义输入层与隐藏层，通过 input_shape 设置输入层的神经元个数
autoencoder.add(Dense(32, input_shape=(64,), activation='relu'))
autoencoder.add(Dense(16, activation='relu'))
#添加神经元为 2 的隐藏层，同时命名该层
autoencoder.add(Dense(2, activation='relu',name="encode_output_layer"))
autoencoder.add(Dense(16, activation='relu'))
autoencoder.add(Dense(32, activation='relu'))
autoencoder.add(Dense(64, activation='linear'))
#设置寻优算法为 Adam，风险函数为 mse
autoencoder.compile(optimizer="adam", loss="mse")
#训练模型，同时用 30%的数据作为测试集评价模型
autoencoder.fit(X, Y, epochs=100,batch_size=80,validation_split=0.3)
encoder = Model(autoencoder.input,autoencoder.get_layer
("encode_output_layer").output)               #截断原神经网络，产生一个自动编码器
reduced_X - encoder.predict(X)                #对原数据进行编码（降维）
print(len(reduced_X[1,:]))                    #输出降维后数据的特征个数
```

运行上述代码后，输出模型的训练过程与风险函数的大小：

```
Epoch 99/100
1257/1257 [==============================] - 0s 29us/step - loss: 1.6396e-04
- val_loss: 1.7387e-04
Epoch 100/100
1257/1257 [==============================] - 0s 29us/step - loss: 1.6412e-04
- val_loss: 1.7295e-04
```

很明显，经历 100 次迭代后，无论测试集还是训练集，其均方误差都可忽略不计，同时可以看到，数据 X 被降至二维。读者可以尝试运行程序，并在变量窗口中查看变量 reduced_X。

经过上面的学习，我们了解了无监督学习的诸多算法，如 K-Means 聚类、高斯混合模型、谱聚类、DBSCAN 和深度自动编码器。我们通过 K-Means 的一个简单应用即压缩调色板，体会到了无监督学习也就是聚类的一个重要应用——进行特征降维。针对 K-Means 算法的缺点，我们使用高斯混合模型解决了边界个体的类别含糊问题。通过谱聚类和 DBSCAN，弥补了 K-Means 聚类不适用于线性不可分数据集的缺点，通过深度自动编码器，我们重新回到了聚类的重要应用上——进行特征降维。

除了进行特征降维外，无监督学习或者说聚类算法还可以用于异常个体检测中，如 DBSCAN 算法。除此之外，聚类算法还应用于图像切割中。随着读者在机器学习项目中经验的增加，可以知道无监督学习通常用在数据预处理方面。由于篇幅所限，这里不能深入介绍无监督算法的诸多实际应用。初学者在接触一些小项目的时候很少会用到无监督算法。随着项目难度的加深，无监督算法的重要性就会逐渐显现。

此外，在计算机视觉领域也广泛地使用无监督学习算法，如高斯混合模型。

16.7　习　　题

1. 无监督学习是指在没有_____的指导下，根据个体的相似性或关联性将_____

的个体聚成一簇。无监督学习_____（可以/不可以）等价于聚类算法，它们主要用于_____和_____。

2. 以特征为单位进行聚类可以实现_____，以_____为单位进行聚类，可将相似个体自动归为一类。

3. K-Means 聚类算法属于硬聚类，它直接输出_____。K-Means 聚类算法的主要缺陷为对处于_____且不同簇的个体存有疑问，以及不合适用于_____的数据。另外，可以通过_____选择聚类簇数 k，并且 k 一般选在图的_____点处。

4. GMM 属于_____聚类，对于一个个体，GMM 输出一个长度为_____的向量，向量的每个元素代表_____。对于那些输出向量比较均衡即所属簇比较模糊的个体，可以将其交由专家进行进一步判断。GMM 模型可以通过_____和_____选择聚类簇数 k，也可以将输出转换为所属簇后，通过_____图选择 k。

5. GMM 的簇用_____（一/多）个正态分布表示，其中正态分布的参数需要经过_____获得。GMM 聚类缺陷有不适合用于_____数据、_____高。

6. 谱聚类将数据构成一个_____图，并将该图进行拆分，从而将每个子图作为_____。使用谱聚类需要选择许多参数，如_____、_____、_____等。经过数学转化，可将拆分图等价于求解_____矩阵的特征向量。并从特征值_____（最大/最小）值开始，将对应的 k 个_____按_____（行/列）、_____（升序/降序）地构成矩阵 $\boldsymbol{H}$。之后将 $\boldsymbol{H}$ 按_____（行/列）进行 K-Means 聚类。之所以要进行二次聚类，是因为_____。

7. 谱聚类_____（适合/不适合）用于线性不可分的数据中，其主要缺点是_____。

8. DBSCAN 算法通过_____的所有密度可达个体构成聚类簇，它不需要选择_____，但需要预设参数_____和_____，用于规定_____的大小和限制_____的个数。

9. DBSCAN 的缺点是聚类效果对_____非常敏感，尤其是_____（稠密/不稠密）的数据集。因此，选择合适的_____进行 DBSCAN 非常困难，并且 DBSCAN 的运算量较_____（少/大），不适合用于噪声点_____（少/多）、不够稠密的数据集，但_____（适合/不适合）用于线性不可分数据集的聚类。

10. 要将聚类算法用于特征降维，可以按_____（行/列）聚类；如果需要进行聚类，则按_____（行/列）聚类。

*11. 在 16.6 节中我们谈到用深度自动编码器模型进行特征降维，请问该模型可以用于聚类吗？如果可以，该怎么聚类？试分析。

12. 使用 GMM 模型对 16.4.3 节的实例数据进行聚类，同时分析 GMM 是否适用于线性不可分数据的聚类。

13. 使用代码文件 code_q13.py 产生一个猫爪数据集，如图 16.13 所示。请用 K-Means 聚类、GMM 聚类、谱聚类和 DBSCAN 聚类对其进行聚类分析并画出聚类后的图像，然后比较结果并分析它们的区别。

代码文件：code_q13.py

```
"""产生猫爪数据集"""
from sklearn.datasets import make_blobs
X, y = make_blobs(n_samples=500,random_state=170)
```

```
transformation = [[0.6, -0.6], [-0.4, 0.8]]
X_aniso = np.dot(X, transformation)
```

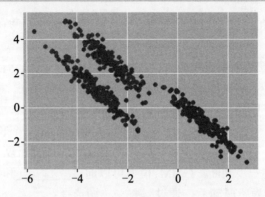

图 16.13　原始数据集

14. 使用代码文件 code_q14.py 产生一个如图 16.14 所示的圆环数据集，请用 *K*-Means 聚类、GMM 聚类、谱聚类和 DBSCAN 聚类对其进行聚类分析并画出聚类后的图像，然后比较它们的结果。

代码文件：code_q14.py

```
from sklearn.datasets import make_circles
X,y = make_circles(n_samples=500, factor=.5,noise=.05)
```

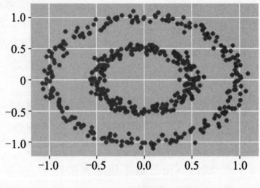

图 16.14　初始数据集

15. 通过代码文件 code_q15.py 导入数据集文件 Sales_Transactions_Dataset_Weekly.csv。已知该数据集为产品每周的销售量，其中行代表产品，列为当前周。数据集共记录了 811 个产品在连续的 51 周内的销售情况，试用聚类的方法将销售情况相似的产品进行聚类。

代码文件：code_q15.py

```
import pandas as pd
sale_tranc_df = pd.read_csv(r'文件路径 \Sales_Transactions_Dataset_Weekly.csv',
sep=',',
engine='python')                              #导入数据集
X = sale_tranc_df.iloc[:,1:53]                #提取数据集
```

16. 聚类时能够对数据进行 Zscore 标准化吗？

*17. 请用深度自动编码器将第 10 章的习题 14 的手写体图片进行降维，再用降维后

的数据训练一个分类模型。

参 考 文 献

[1] Sugiyama M．Introduction to Statistical Machine Learning[M]．Beijing：China Machine Press，2018.1.

[2] Luxburg U V．A Tutorial on Spectral Clustering[J]．Statistics & Computing，2007，17（4）：395-416.

[3] DBSCAN 原理，https://www.cnblogs.com/pinard/p/6208966.html.

[4] DBSCAN 过程可视化，https://www.naftaliharris.com/blog/visualizing-dbscan-clustering/.

第 3 篇
机器学习项目实战

第 17 章 行人检测项目

行人检测是自动驾驶的核心技术之一，是计算机视觉领域的一个热门话题。本章将以一个开源数据集为例，讲述行人检测的实现方法。本章将使用图像缩放、过采样技术对数据集进行预处理，从而统一数据集图像的尺寸并解决类别不均衡问题。结合 HOG 方法，将图像用其方向梯度统计向量表示，从而将图像转换为机器学习所能使用的数据格式。

另外，本章将从逻辑回归、软间隔 SVC 模型、KNN 算法、决策树、随机森林和 AdaBoost 中结合交叉验证法和网格寻优法，选择最适合该问题的模型和模型参数，同时训练出最优模型，并从多方面讨论其拟合优度，最后用该模型实现行人检测。

📖注意：本章用到的行人数据集来自 MIT 的开源数据集，如要用于商业用途，请获取相应的许可证。数据集来源于 http://cbcl.mit.edu/software-datasets/PedestrianData.html，也可以从本书的 GitHub 链接上下载。

17.1 技 术 清 单

本章主要采用的技术方法如表 17.1 所示。

表 17.1 技术清单

方　　法	用　　途	Python实现
二线性插值法	缩放图像，统一图像的尺寸	cv2.resize
边界SMOTE	过采样解决数据集的类别不均衡问题	imblearn.over_sampling.BorderlinSMOTE
HOG法	统计图像的方向梯度直方图，从而将图像转换为特征向量	cv2.HOGDescriptor
召回率	作为评价模型拟合优度的指标，用于筛选模型和模型参数并评价模型	sklearn.metrics recall_score
结合交叉验证的网格寻优法	筛选模型的参数	sklearn.model_selection GridSearchCV
交叉验证法	筛选模型	sklearn.model_selection cross_val_score
逻辑回归	实现行人检测的模型之一	sklearn.linear_model LogisticRegression
KNN算法	实现行人检测的模型之一	sklearn.neighbors KNeighborsClassifier

续表

方　　法	用　　途	Python实现
软间隔SVC	实现行人检测的模型之一	sklearn.svm .SVC
决策树	实现行人检测的模型之一	sklearn.tree DecisionTreeClassifier
随机森林	实现行人检测的模型之一	sklearn.ensemble RandomForestClassifier
AdaBoost	实现行人检测的模型之一	sklearn.ensemble AdaBoostClassifier

17.2　项 目 描 述

现有从网络上收集的有行人的图像和无行人的图像共 1987 张。其中，包含行人的图像有 924 张，无行人的图像有 1064 张，部分数据集的展示如图 17.1 和图 17.2 所示。

图 17.1　包含行人的图像（马赛克为笔者加上的原图并没有）

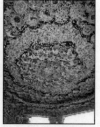

图 17.2　无行人的图像

根据数据集训练一个能够检测行人的模型。要求给出一张图像，能够判断图像中是否存在行人并将图像中的行人标记出来。

17.3　数据读取与预处理

已知数据集文件为压缩包文件，如图 17.3 所示。

🗜 car.zip	2020/3/30 17:34	WinRAR ZI
🗜 houses.zip	2020/3/30 17:43	WinRAR ZI
🗜 load.zip	2020/3/30 17:34	WinRAR ZI
🗜 pedestrians128x64.zip	2020/3/30 16:59	WinRAR ZI
🗜 plants.zip	2020/3/30 17:34	WinRAR ZI

图 17.3　数据集文件

每个压缩包文件下有若干张图像，其中，pedestrians128×64.zip 是由 924 张包含行人的 PPM 图像压缩而成，其余压缩包各包含几百张不包含行人的 JPG 图像，共 1064 张。除了 pedestrians128×64.zip 压缩包以外，由于数据采集的原因，其余压缩文件或多或少包含几张无法显示的图像，如图 17.4 所示。

图 17.4　部分图像无法打开

17.3.1　读取图像

要进行图像处理，需要将压缩文件中的所有图像读取到 Python 环境中。在 Python 中，使用 zipfile 模块并结合 os 模块可以轻易地压缩和解压缩文件。因此，这里使用这两个模块将数据集中的.zip 文件解压到指定路径下。以 car.zip、houses.zip、load.zip 和 plants.zip 为例，我们将其解压到一个名为 datasets 的文件夹中。

本项目的文件路径如下：

chapter17 ——> datasets：放置压缩包文件，如 car.zip、houses.zip 和 load.zip；

　　　　　　 ——> pic：放置本章的所有实例图片；

　　　　　　 ——> codes：放置本章的所有代码，如 load_dataset_neg.py。

代码文件（位于chapter17\codes下）：load_dataset_neg.py

```
import os
import zipfile
```

```python
import numpy as np
files = ['\plants.zip','\load.zip','\car.zip','\houses.zip']    #文件名
#datadir 为压缩文件所在路径，字符串前面的 r 用于去掉反斜杠的转义机制。..\表示当前文件
#的父目录，即 chapter17
datadir = r'..\datasets'
extractdir = r'..\datasets\pic_neg_file'    #datadir 为解压路径（目标路径）
"""定义解压缩函数"""
def un_zip(zipfilename, unziptodir):
    #如果目录 pic_neg_file 不存在，则自动创建一个新的文件
    if not os.path.exists(unziptodir):
        os.mkdir(unziptodir)
    zfobj = zipfile.ZipFile(zipfilename)    #打开压缩义件
    for name in zfobj.namelist():          #遍历压缩文件的所有子目录和文件
        if name.endswith('/'):
 #如果遍历压缩文件时遇到子目录，则在解压路径中创建该子目录
            sub_path = os.path.join(unziptodir,name)
 #将子目录名加上..\datasets\pic_neg_file 构成全局路径
            if not os.path.exists(sub_path):
                os.mkdir(sub_path)                #创建子目录
        else:
            #如果读取到文件（包括子目录里的文件），则将文件放置到当前路径中
            ext_filename = os.path.join(unziptodir, name)
            outfile = open(ext_filename, 'wb')    #读取文件
            outfile.write(zfobj.read(name))
            outfile.close()
```

然后调用函数 un_zip 即可将 car.zip、houses.zip、load.zip 和 plants.zip 解压到路径 datasets\pic_neg_file 下：

```python
for file in files:                           #利用 for 循环遍历所有 zip 压缩文件
    datadir_file = datadir+file              #构成完整的文件路径
    #使用自定义函数解压文件到目标路径 extractdir 下
    un_zip(datadir_file,extractdir)
```

解压完文件后，还需要将所有路径下的图像读取到 Python 环境中。由于图像包含中文名称，而 cv2 模块的 imread 函数在读取图像时无法识别中文路径，因此先要对所有图像更名。使用 os 模块和一个 for 循环即可实现更名操作，具体代码如下。

```python
"""由于 cv2 模块不能识别中文路径，因此将文件内的所有图像更名"""
i = 0                                  #将图像顺序更名为 picx.jpg 形式，从 i=0 开始递增
#遍历压缩路径下的所有文件和子目录
for root_path, dir_names, file_names in os.walk(extractdir):
    for file_name in file_names:                #对所有文件进行更名
        path = os.path.join(root_path, file_name)
        if not zipfile.is_zipfile(path):    #如果文件为压缩文件，则不进行更名操作
            try:
                file_name = 'pic'+str(i)+'.jpg'            #新文件名
                #得到新文件的完整路径
                new_path = os.path.join(root_path, file_name)
                os.rename(path, new_path)                   #更改文件名
                i=i+1
            except Exception as excep:
                print('error:', excep)
```

然后通过 os.walk 函数遍历 pic_neg_file 文件目录下的所有文件和子目录，并通过 cv2 模块的 imread 函数以灰度图像读取文件中的所有图像，定义函数如下。

```
"""函数说明:
    read_single_file 用于读取单一文件的内容
    read_files 用于从目录中读取所有文件的内容"""
import cv2                              #导入 opencv 模块
def read_single_file(filename):
    if os.path.isfile(filename):       #判断是否为单一文件
        img = cv2.imread(filename,0)   #以灰度图像的形式将图像文件读取到 Python 中
    return img                         #返回 img 矩阵
def read_files(path):
    for root,dirname,filenames in os.walk(path):     #遍历路径 path
        for filename in filenames:     #找到 path 中的文件（不是目录）
            filepath = os.path.join(root,filename)
            #执行函数 read_single_file，读取文件内容
            yield read_single_file(filepath)
"""函数说明: build_data_list 用于从读取的文件中构建数据集"""
def build_data_list(extractdir):
    img_list = []                      #构建一个空列表用于存放图像
    #读取文件中的每张图像从而构成一个图像列表
    for img in read_files(extractdir):
        img_list.append(img)           #构成一个由图像填满的列表
    return img_list                    #返回图像列表
```

调用函数 build_data_list，就可以将输入路径的所有文件、子目录下的图像全部读入 Python 环境中，从而构成一个由灰度图像（矩阵）构成的列表。

为了构成完整的数据集，还需要构建一个与图像列表长度相同的标签，该标签的所有元素全为 0，表示这些图像不包含行人。但是有一些图像无法显示，因此在使用 cv2.imread 读取这些图像时，将返回一个 NoneType 类型的变量（不是报错）。基于这一点，我们可以用逻辑表达式 is not None 剔除这些无法显示的图像。之后通过 NumPy 模块的 zeros 函数产生一个长度等于图像列表的标签。

```
"""定义一个生成数据集的函数"""
def data_generate():
    #运行函数 build_data_list，从而得到一个图像构成的列表，将该列表赋值该变量 data
    data = build_data_list(extractdir)
    data_del = [i for i in data if i is not None]      #删除无法读取的图像
    labels = np.zeros(len(data_del),dtype=np.int8)     #构建全 0 标签
    return data_del,labels
```

运行代码 data,labels = data_generate()即可产生数据集，其中，变量 data 为图像列表，labels 为与列表长度相同的由 0 元素构成的向量。

为了提高代码的易读性，可以将上述压缩文件的代码、更名的代码和产生数据的代码整合在主函数中：

```
def main():
    for file in files:                      #使用 for 循环遍历所有 zip 压缩文件
        datadir_file = datadir+file         #构成完整的文件路径
        #使用自定义函数解压文件到目标路径 extractdir 下
        un_zip(datadir_file,extractdir)
"""由于 cv2 模块不能识别中文路径，因此给文件内所有图像更名"""
    i = 0;                          #将图像顺序更名为 picx.jpg 形式，从 i=0 开始递增
    #遍历压缩路径的所有文件和子目录
    for root_path, dir_names, file_names in os.walk(extractdir):
        for file_name in file_names:                    #对所有文件进行更名
```

```
            path = os.path.join(root_path, file_name)
            if not zipfile.is_zipfile(path):          #如果文件为压缩文件则弹窗
                try:
                    file_name = 'pic'+str(i)+'.jpg'   #新文件名
                    #得到新文件的完整路径
                    new_path = os.path.join(root_path, file_name)
                    os.rename(path, new_path)          #更改文件名
                    i=i+1
                except Exception as excep:
                    print('error:', excep)

main()                                                #运行主函数
if __name__ == '__main__':                            # 主函数入口
    data,labels = data_generate()                     #产生数据集
```

由于我们将代码文件 load_dataset_neg.py 作为总工程文件的一个模块使用，因此在导入模块时不需要运行 data,labels = data_generate()语句，将该语句放置在主函数入口处即可。

同理，用同样的方法解压缩 pedestrians128×64.zip，读入所有图像并构成图像列表和标签。此时，标签为长度等于图像列表的全一向量。实现代码在 load_dataset_pos.py 中，这里不再展示。

为了提高代码的可读性，我们将 load_dataset_neg.py 和 load_dataset_pos.py 作为某文件的模块使用。为此，定义文件 data_create_prepro.py，导入上述文件并读取所有图像从而构成一个数据集。

代码文件：data_create_prepro.py

```
import load_dataset_neg
import load_dataset_pos                            #导入自定义代码文件
import cv2
#产生无行人的图像数据集
data_neg,labels_neg = load_dataset_neg.data_generate()
#产生包含行人的图像数据集
data_pos,labels_pos = load_dataset_pos.data_generate()
```

17.3.2　数据预处理

无行人的图像尺寸参差不齐，为了统一尺寸，可以调用 resize 函数通过二线性插值算法将图像尺寸缩放到128×64。如图 17.5 所示，缩放后的图像尺寸与包含行人的图像相同。

图 17.5　将无行人的图像进行缩放以统一所有图像的尺寸

另外，由于无行人的图像为 1064 张，而包含行人的图像有 924 张，因此有理由认为数据集存在类别不均衡的现象。为了保证数据集的数量，可以采用过采样的方法产生新个体。这里采用边界 SMOTE 法对带行人图像进行过采样，从而解决类别不均衡问题。过采样产生的部分图像如图 17.6 所示，可以看到新图像虽然模糊，但基本保持了行人的轮廓。

图 17.6　由边界 SMOTE 产生的新图像（图中的马赛克是笔者加上的）

要使图像能够用于机器学习模型中，还需要将图像转换为特征向量。由于直接将图像展开所得到的特征向量长度太大，并且对所有图像先缩放再展开会使行人的轮廓丢失[①]，而 HOG 方法在行人检测中有较好的效果，因此采用该方法将所有图像转换为特征向量。

将所有图像的预处理操作集成在一个函数 data_generate_final 中，代码如下。

```
def data_generate_final():
    data_neg_resize = []
    for img_neg in data_neg:
        img_neg_resize = cv2.resize(img_neg,(64,128),interpolation=
cv2.INTER_LINEAR)                          #使用二线性插值法缩放无行人的图像
        data_neg_resize.append(img_neg_resize)      #构成缩放后的数据集
    """将数据集结合在一起，得到总数据集"""
    X = data_pos + data_neg_resize
    y = np.concatenate((labels_pos, labels_neg))
    """将所有图像转换为向量，以便用于过采样"""
    X_fea = []
    for img in X:
        img_fea = img.flatten()
        X_fea.append(img_fea)
    """解决类别不均衡问题"""
    from imblearn.over_sampling import BorderlineSMOTE #导入边界 SMOTE 包
    over_sampling = BorderlineSMOTE()
    #由于 fit_resample 函数要求输入是一个向量，因此用 X_fea 作为函数的输入
    X_resample,y_resample = over_sampling.fit_resample(X_fea, y)
    """将 list 转换为 array"""
    X_re = []
    #因为 fit_resample 函数的输出为列表，因此需要重新将其转换为 numpy.array 类型
    for x_fea in X_resample:
        x_fea = np.array(x_fea,dtype=np.uint8)
        X_re.append(x_fea)
```

---

① 读者可以尝试将某张行人的图像缩放到 10×10，就会发现从图像中完全看不出行人的轮廓。

```
        """将向量 X_re 反转为图像"""
        img_resample = []
        for x_fea in X_re:
            x_fea
            img_back = x_fea.reshape([128,64],order='C')
            img_resample.append(img_back)
        """使用 HOG 方法将图像转换为梯度方向统计直方图构成的特征向量"""
        from img_transform import img_trans
        #使用 img_trans 函数将图像列表中的每张图像转换为 HOG 特征向量
        X_fea = img_trans(img_resample)
        y = np.array(y_resample,dtype=np.float32)        #转换数据格式为浮点型
        return X_fea,y
if __name__ == '__main__':                              # 主函数入口
X,y = data_generate_final()                             #产生数据集
```

其中，img_trans 为自定义函数，其作用是将图像列表转换为 HOG 特征向量构成的列表。其具体实现在文件 img_transform.py 中，代码如下。

代码文件：img_transfrom.py

```
import cv2
def img_trans(img_list):            #输入参数为一个由多幅图像构成的列表
    """设置 HOG 方法参数"""
    dect_win_size = (48,96)  #设置检测窗口的尺寸为 64×128，即包含 64×128 个像素
    block_size = (16,16)     #定义块的大小为 16×16
    cell_size = (8,8)        #定义胞元的大小为 8×8，即块中包含 4 个胞元
    win_stride = (64,64)     #定义窗口的滑动步长为：宽度方向 64，长度方向 64
    #定义块的滑动步长为：宽度方向 8，长度方向 8，即窗口之间存在两个重叠的胞元
    block_stride = (8,8)
    bins = 9                 #定义直方图柱数为 9，即将圆拆分成 9 等块供像素投影
    """使用 HOG 方法将图像集转换为向量集"""
    img_fea_list = []
    for img in img_list:
        hog = cv2.HOGDescriptor(dect_win_size,block_size,block_stride,
                            cell_size,bins)         #生成一个 HOG 对象并设置参数
        #使用 HOG 方法将图像转换为特征向量
        img_fea_hog = hog.compute(img,win_stride)
        img_fea_list.append(img_fea_hog)
    return img_fea_list
```

运行代码文件 data_create_prepro.py，可得长度为 2128 的特征向量构成的列表 X 和长度为 2128 的 0/1 标签向量 y。

为了提高代码的可读性，我们将文件 data_create_prepro.py 作为主文件 model_train_sel.py 的一个模块。由于 Sklearn 的某些函数要求输入为 np.array，所以还需要再次将列表 X 转换为矩阵。

代码文件（项目主文件）：model_train_sel.py

```
from data_create_prepro import data_generate_final
import numpy as np
X,y = data_generate_final()                         #产生数据集
X = np.array(X,dtype=np.float32)[:,:,0]             #将 list 转换为 np.narray
```

由此得到数据集 X, y，其中，X 是大小为（2128,1980）的矩阵，y 为长度为 2128 的 0/1 标签，0 表示图像中无行人，1 表示图像中包含行人。

17.4　参数筛选与模型筛选

为了训练一个能够用于行人检测的最佳模型，需要从逻辑回归、软间隔 SVC、决策树、KNN 算法、随机森林和 AdaBoost 中筛选出一个最适合该问题的模型。

17.4.1　参数筛选

很明显，需要设置参数的模型有软间隔 SVC、决策树、KNN 算法、随机森林和 AdaBoost，我们首先考虑软间隔 SVC、决策树和 KNN 算法。采用网格寻优法，结合 5 折交叉验证来选择合适的参数。在行人检测中应该注意模型犯第二类错误的可能性，即所选模型应该尽量将"疑似"包含行人的图像归为一类。因此，这里选择召回率作为评价模型拟合优度的指标。网格搜索的代码[②]如下：

```
"""筛选 KNN 算法的最适合参数 k"""
grid = {'n_neighbors':[3,5,7,9,11]}         #定义参数网格为近邻个数 k
recall_scorer = make_scorer(recall_score)   #用召回率作为评价模型的指标
grid_search = GridSearchCV(KNeighborsClassifier(),param_grid=grid,cv=5,
scoring=recall_scorer)
grid_search.fit(X,y)                        #进行网格寻优
print(grid_search.best_params_)             #输出最优的参数对
"""筛选最合适的 SVC"""
grid = {'C':[0.80,0.85,0.90,0.95,1.00],
        'kernel':['linear','rbf','poly']}   #定义参数网格惩罚参数 C 和核函数类型
grid_search = GridSearchCV(SVC(),param_grid=grid,cv=5,scoring=recall_scorer)
grid_search.fit(X,y)                        #进行网格寻优
print(grid_search.best_params_)             #输出最优的参数对
"""筛选最合适的决策树"""
grid = {'max_depth':[15,21,27,33,39,42],
        #定义参数网格为最大树深度和 α_ccp
        'ccp_alpha':[0.005,0.01,0.05,0.1,0.2]}
grid_search = GridSearchCV(DecisionTreeClassifier(),param_grid=grid,cv=5,
scoring=recall_scorer)
grid_search.fit(X,y)                        #进行网格寻优
print(grid_search.best_params_)             #输出最优的参数对
```

从上述代码中可以得出，KNN 算法的最优参数为 $k=3$；SVC 模型的最优参数为 $C=0.8$，核函数为 $\sigma=1$ 的 RBF；决策树模型的最优参数树深度为 15，$\alpha_{ccp}=0.05$。

可以看到，决策树模型的最优深度偏小，因此考虑将随机森林、AdaBoost 的子模型设置为深度为 5 的决策树。定义参数网格为子模型数量，从而筛选集成模型的最优子模型个数，代码如下。

```
"""筛选最合适的随机森林"""
#定义参数网格为子模型数量
grid = {'n_estimators':[500,1000,1100,1200,1300,1400,1500]}
grid_search = GridSearchCV(RandomForestClassifier(max_samples=0.67,
```

---

② 这里没有展示导入模块的代码，读者可以查看代码文件获取这部分代码。

```
max_features=0.33,max_depth=5)
                            ,param_grid=grid,cv=5,scoring=recall_scorer)
grid_search.fit(X,y)                                #进行网格寻优
print(grid_search.best_params_)                     #输出最优的参数对
"""筛选最合适的 AdaBoost"""
dtc = DecisionTreeClassifier(criterion='gini',max_depth=5)
grid = {'n_estimators':[200,300,400,500,1000]}      #定义参数网格
grid_search = GridSearchCV(AdaBoostClassifier(base_estimator=dtc)
                            ,param_grid=grid,cv=5,scoring=recall_scorer)
grid_search.fit(X,y)                                #进行网格寻优
print(grid_search.best_params_)                     #输出最优的参数对
```

运行上述代码，可得随机森林的最佳子模型数为 500，AdaBoost 为 1000。

17.4.2　模型筛选

得到各模型的最优参数后，还需要用到交叉验证筛选模型。这里使用 5 折交叉验证，分别计算各模型在每折交叉验证中的召回率 $S_i, i \in (1, 2, 3, 4, 5)$。比较各模型的 S_i 序列的均值，从而筛选模型，代码如下。

```
"""5 折交叉验证筛选模型"""
"""定义算法，算法中的参数是从网格搜索中得出的最优参数"""
lg = LogisticRegression(penalty='none')
knn = KNeighborsClassifier(n_neighbors=3)        #k=3 的 KNN 算法
svc = SVC(C=0.8,kernel='rbf')          #惩罚参数 C=0.8、核函数为 RBF 的软间隔 SVC
dtc = DecisionTreeClassifier(max_depth=15,criterion='gini',
ccp_alpha=0.05)                #剪枝条件为：最大深度为 15、α_ccp=0.05 的决策树
#子决策树的深度均为 5，包含 500 棵子决策树的随机森林
rf = RandomForestClassifier(n_estimators=500,max_depth=5,
                            max_samples=0.67,max_features=0.33)
#产生一个深度为 5 的决策树作为 Adaboost 的子模型
base_dtc = DecisionTreeClassifier(criterion='gini',max_depth=5)
#将子模型设置为 base_dtc、子模型个数为 500 个从而构成 AdaBoost 模型
adaboost = AdaBoostClassifier(base_estimator=base_dtc,n_estimators=1000)
"""用 5 折交叉验证计算所有模型的 Si """
#计算逻辑回归模型的 Si
S_lg_i = cross_val_score(lg,X,y,scoring=recall_scorer,cv=5)
#计算 KNN 模型的 Si
S_knn_i = cross_val_score(knn,X,y,scoring=recall_scorer,cv=5)
#计算 SVC 模型的 Si
S_svc_i = cross_val_score(svc,X,y,scoring=recall_scorer,cv=5)
#计算决策树模型的 Si
S_dtc_i = cross_val_score(dtc, X,y,scoring=recall_scorer,cv=5)
#计算随机森林模型的 Si
S_rf_i = cross_val_score(rf, X,y,scoring=recall_scorer,cv=5)
#计算 AdaBoost 模型的 Si
S_ada_i = cross_val_score(adaboost, X,y,scoring=recall_scorer,cv=5)
```

通过 NumPy 模块的 mean 函数可以算出各模型 S_i 序列的均值。总结各模型的 S_i 和 $\overline{S}$ 如表 17.2 所示。

表 17.2　各模型交叉验证的结果

模　　型	S_1	S_2	S_3	S_4	S_5	$\bar{S}$
逻辑回归	0.981221	0.99061	0.995305	1	0.900943	0.973616
KNN	0.704225	0.784038	0.784038	0.840376	0.768868	0.776309
软间隔SVC	0.985915	0.99061	0.981221	1	0.95283	0.982115
决策树	0.924883	0.948357	0.896714	0.924883	0.915094	0.921986
随机森林	0.943662	0.962441	0.920188	0.967136	0.943396	0.947365
AdaBoost	0.976526	0.981221	0.99061	1	0.95283	0.980237

由于逻辑回归、软间隔 SVC 和 AdaBoost 的 $\bar{S}$ 都比较大且数值十分接近。为了判断这 3 个模型是否等价，需要对 S_i 序列进行两两的 T 检验：

```
"""T 检验"""
from scipy.stats import ttest_ind          #导入相关模块
ttest_ind(S_svc_i,S_lg_i)                   #对 S_svc_i 和 S_lg_i 进行 T 检验
ttest_ind(S_svc_i,S_ada_i)                  #对 S_svc_i 和 S_ada_i 进行 T 检验
ttest_ind(S_ada_i,S_lg_i)                   #对 S_lg_i 和 S_ada_i 进行 T 检验
```

得出的结果如下：

```
Ttest_indResult(statistic=0.42340307073226513,
pvalue=0.6831545190332501)
Ttest_indResult(statistic=0.16700359747176827,
pvalue=0.8715113125439458)
Ttest_indResult(statistic=0.3298698574791017, pvalue=0.74997002876583)
```

从两两 T 检验的结果中可以看出，这 3 个模型的均值无明显差异。因此，在行人检测这个问题中，3 个模型的效果可以说是等价的。

那么如何选择模型呢？相比 AdaBoost，逻辑回归和软间隔 SVC 的训练时间短、模型复杂度也明显更低。而软间隔 SVC 与逻辑回归比较，虽然 T 检验的结果显示两者是等价的，但是考虑到实际上软间隔的 SVC 的总体召回率 $\bar{S}$ 比逻辑回归大，因此可以选择软间隔 SVC 作为行人检测模型。当然，逻辑回归比软间隔 SVC 容易训练，从这一点上来说也可以选择逻辑回归。

由于数据集的容量还算可观，因此考虑将其按 7：3 的比例拆分成训练集和测试集。在训练集中训练软间隔 SVC 模型，并分别计算模型在训练集和测试集中的拟合优度：

```
"""拆分数据集，训练逻辑回归模型"""
from sklearn.model_selection import train_test_split
X_train,X_test,y_train,y_test = train_test_split(X,y,test_size=0.3,
random_state=4)                              #将数据按 7：3 的比例拆分成训练集和测试集
svc = SVC(C=0.8,kernel='rbf')               #惩罚参数 C=0.8、核函数为 RBF 的软间隔 SVC
svc.fit(X_train,y_train)                     #模型训练
y_train_pred = svc.predict(X_train)
y_test_pred = svc.predict(X_test)
print('模型在训练集中的召回率为',recall_score(y_train, y_train_pred))
print('模型在测试集中的召回率为',recall_score(y_test, y_test_pred))
```

运行上述代码，即可训练一个惩罚参数为 0.8，使用 RBF 作为核函数的 SVC 模型，同时得出其在训练集、测试集中的拟合优度为：0.999 和 0.994。为了多方面的评价模型，可以计算模型的准确率、召回率、F1 值和精确度并构成一个报表：

```
"""计算模型的精确率、准确度、F1 值，生成一个报表"""
from sklearn.metrics import classification_report
print(classification_report(y_train, y_train_pred))
print(classification_report(y_test, y_test_pred))
```

运行上述代码，可得报表如表 17.3 所示。

表 17.3　SVC模型的拟合优度报表

SVC模型	类　　别	准　确　度	召　回　率	F1 值	精　确　率	个　体　数
训练集	无行人	1	1	1	1	749
	有行人	1	1	1		740
测试集	无行人	0.99	1	1	1	315
	有行人	1	0.99	1		324

从表 17.3 中可以看出，模型无论在训练集还是测试集，其拟合优度都是一流的，而且不存在过拟合问题。至此，我们可以完全采用该模型。

17.5　模 型 应 用

有了上述模型之后，对于任意图像，都可以将其尺寸缩放为128×64并用 HOG 方法转换为特征向量，从而供模型进行判断。图像可以从视频、摄像头或者普通的照片中收集而来。例如在自动驾驶领域，可以使用汽车的摄像头来收集图像，然后通过这幅图像判断是否存在行人，以做出刹车、避让等响应。

有时候我们需要将给定图像的行人全部标记出来。为了实现这样的功能，可以考虑用一个固定长宽的检测窗口，在给定图像中按一定的步长进行滑动。将窗口所框中的图像作为子图像，供模型进行判断。如果模型得出的结果为包含行人，则将该窗口用实线标记出来。就这样，通过滑动窗口判断图像的每一个角落，从而将行人标记出来。

将上述操作集成为一个函数，该函数将输入图像按上述方法进行识别，并将包含行人的窗口记录在输出变量 found 中：

```
import cv2
def pedestrians_detect(img,stride=16):
    found = []                              #定义一个空列表，用于存放包含行人的窗口
    for y in np.arange(0,img.shape[0],stride):
        for x in np.arange(0,img.shape[1],stride):
            if y + 128 > img.shape[0]:      #如果当前窗口超出图像范围则结束判断
                continue
            if x + 64 > img.shape[0]:
                continue
            sub_img = img[y:y+128,x:x+64]       #将当前窗口框中的地方构成子图
            """设置 HOG 方法参数，对子图使用 HOG 方法转换为特征向量"""
            #设置检测窗口的尺寸为 64×128，即包含 64×128 个像素
            dect_win_size = (48,96)
            block_size = (16,16)        #定义块的大小为 16×16
            cell_size = (8,8)           #定义胞元的大小为 8×8，即块中包含 4 个胞元
            #定义窗口的滑动步长，宽度方向为 64，长度方向为 64
            win_stride = (64,64)
            #定义块的滑动步长，宽度方向为 8，长度方向为 8，即窗口之间存在两个重叠的胞元
```

```
            block_stride = (8,8)
            bins = 9            #定义直方图柱数为9，即将圆拆分成9等块供像素投影
            hog = cv2.HOGDescriptor(dect_win_size,block_size,block_stride,
                    cell_size,bins)        #生成一个HOG对象并设置参数
            fea = np.array(hog.compute(sub_img,(64,64)))[:,0]
            #用训练好的SVC模型检测子图是否有行人
            y_pred = svc.predict(fea.reshape(1,-1))
            if y_pred == 1:                        #如果y_pred为1
                found.append((y,x,128,64))
    return found
```

通过 cv2.imread 函数读取一幅测试图像 test.jpg（图像在文件夹 codes 中），并用上述函数标记出测试图像中的所有行人。之后将 found 变量存储的边框通过 Matplotlib 模块的 patches 类绘制出来，代码如下。

```
img_test = cv2.imread('test.jpg',0)
found = pedestrians_detect(img_test)
"""画出图像和边框"""
import matplotlib.pyplot as plt
from matplotlib import patches                    #导入patches
fig = plt.figure()
ax = fig.add_subplot(111)
#画出原始图像，同时去掉坐标轴
plt.imshow(img_test,cmap='gray'),plt.axis('off')
for f in found:      #将found中的每个边框画出来
    ax.add_patch(patches.Rectangle((f[1],f[0]), f[3], f[2], color='b',
linewidth=3,fill=False))
    #画出边框
```

运行上述代码，得到的结果如图 17.7 所示。

图 17.7　行人检测结果

可以看出，虽然有部分行人没能检测出来，但是最终的结果还是比较可观的。

17.6　动态窗口调整与行人检测模型的改进

在 17.4 节中，我们得出模型的精确度几乎完美，但为什么在实际进行行人检测时，却有一部分的行人没有被"框"出来呢？

　　实际上，这是因为在训练集和测试集中，包含行人的图像中的行人都是几乎"填满"了图像，而在模型实际应用时不可能恰好填满一个128×64的窗口。也就是说，在实际应用中，图像中的行人的轮廓，因此，不可能所有子图像上的行人尺寸都与训练集相似。另外，由于滑动步长的原因，子图像上的行人轮廓可能"不完整"，进而导致没被准确地识别。

　　例如，适当地调整 pedestrians_detect 函数的参数 stride，将步长从原来的 16 降低到 2，得到的结果如图 17.8 所示。

图 17.8　将步长调为 2 识别行人

　　可以看出，虽然此时能够识别大部分的行人，但是所得到的方框却十分密集，这样的方框显然没有实际意义。因此，如何准确地识别图像中的所有行人，如何让方框恰如其分地"框"中图像中的行人是我们有待解决的问题。

　　那么应该如何改进模型呢？实际上，之所以结果不佳，一方面是因为窗口的大小是固定的，这样在滑动窗口的过程中，如果窗口内行人的轮廓恰好与窗口吻合，则行人容易被识别；如果不吻合，如行人只有部分轮廓位于当前窗口中、行人轮廓太大或者行人轮廓太小，都会导致模型无法有效地识别行人。另外，如果图像的尺寸不是窗口的整数倍，那么就会有部分图像"剩余"，这部分图像由于没能参与模型检测，从而导致该部分包含的行人被遗漏。

　　另一方面，由于模型输入必须是一个固定长度的向量，并且训练集中的数据均为行人的轮廓刚好"填满"图像的情况。因此，基于这两个缺点，使得模型自身就存在缺陷。如果能动态地调整窗口或让模型动态地学习，或许就能解决问题。

　　实际上，在某些应用中，如支付宝等软件在进行刷脸验证的时候，通常要求人们在某个固定的区域进行验证，也是基于同样的原因。所幸的是这些问题已经有了解决的办法，但是涉及比较深的深度学习和计算机视觉方面的知识，有兴趣的读者可以继续深入学习。

第18章 厨余垃圾处理的指标预测项目

生态文明建设是社会主义现代化的必经之路，因此在未来相当长的一段时间里，环保问题将会是我国社会发展的头等大事。而厨余垃圾是城市生活垃圾中有机物质的主要来源，在"北上广深"等大城市，厨余垃圾的日产量均超过 1 000 吨以上。

目前，我国对厨余垃圾的处理秉持"变废为宝"的原则，致力于将垃圾资源化。其中厌氧消化技术不仅能够处理厨余垃圾，而且可以产生有机肥和沼气资源。在世界能源紧缺的当代，这一点尤为重要。

本章根据一个厨余垃圾处理过程的输入、产出数据集，实现在垃圾的厌氧消化处理中，关键指标的预测与运行过程的自动预警。本章将会使用前面所学的知识，对数据进行缺失值处理、异常值检测和特征标准化。在缺失值处理中，本章将采用一元回归模型将模型的预测值替代为缺失值并对某些特征按行删除。另外，本章将采用 LOF 法进行异常检测。同时，为了消除量纲，我们使用 Zscore 法对数据进行特征标准化。

为了实现关键指标的预测，本章将从常见的机器学习模型如线性回归、KNN 算法、决策树等模型中筛选最佳模型和模型参数。考虑到普通的机器学习模型难以胜任，本章将尝试采用 BP 神经网络、集成神经网络模型。为了实现运行过程的预警，我们采用 *K*-Means 方法对个体进行聚类，从而分析出预警值。本章的最后将会分析解题过程中遇到的问题，进一步分析传统机器学习模型的缺陷。

18.1 技术清单

本章主要采用的技术方法如表 18.1 所示。

表 18.1 技术清单

方　法	用　途	Python实现
一元回归模型法	处理具有相关特征的缺失数据	Matlab cftool
按行删除法	按行删除某些难以找到相关特征的缺失数据	imblearn.over_sampling.BorderlinSMOTE
LOF法	检验异常数据	cv2.HOGDescriptor
Zscore标准化	进行特征标准化	sklearn.preprocessing StandardScaler
相关系数过滤法	进行特征过滤	numpy pandas
PCA	进行特征降维	sklearn.decomposition PCA
网格寻优法	筛选模型的参数	sklearn.model_selection GridSearchCV

方　法	用　途	Python实现
交叉验证法	筛选模型	sklearn.model_selection cross_val_score
线性回归	实现产出COD预测的模型之一	sklearn.linear_model LinearRegression
*K*近邻算法	实现产出COD预测的模型之一	sklearn.neighbors KNeighborsRegressor
软间隔SVR	实现产出COD预测的模型之一	sklearn.svm .SVR
决策树	实现产出COD预测的模型之一	sklearn.tree DecisionTreeRegressor
随机森林	实现产出COD预测的模型之一	sklearn.ensemble RandomForestRegressor
AdaBoost	实现产出COD预测的模型之一	sklearn.ensemble AdaBoostRegressor
BP神经网络	实现产出COD预测的模型之一	keras
绝对值最大标准化	特征标准化	sklearn.preprocessing MaxAbsScaler
K-Means聚类	分析产出物VFA正常水平和预警值	sklearn.cluster KMeans

18.2　项　目　描　述

在厨余垃圾的处理过程中,厌氧处理是一种高效率、低能耗且能够产生有机肥和沼气等清洁能源的工艺。但该工艺的控制指标较为复杂,受多种因素的影响,其稳定性和效率直接影响后续工艺的处理效率与效果。

已知文件 data.xlsx 包含 2017 年 11 月 29 日到 2019 年 10 月 20 日期间某厨余垃圾处理反应器的输入、产出及反应器参数。已知输入的参数包括有机质、输入量、总磷、压力负荷、磷度负荷、pH、温度、总固体量、挥发性物质总量;产出物参数包括产出 COD、COD 去除率、产出 VFA;反应器的参数包括反应器 pH 值、反应器温度;其余参数包括当地最低和最高气温。

如图 18.1 所示,在垃圾的厌氧处理过程中,产出 COD 或 COD 去除率是衡量厌氧反应器运行效率的关键指标,它表征反应器对垃圾的转换和净化能力,产出物 COD 越小或 COD 去除率越高,则处理垃圾的效率就越高。

图 18.1　厨余垃圾处理过程的重要指标

产出物的 VFA 能够反映反应器的负荷是否合理,当反应器正常运行时,VFA 应该维持在一定范围内;如果 VFA 偏高,则表明厌氧反应有失衡的趋势,如果继续偏高,则反应器的 pH 值将上升,使得厨余垃圾处理效率降低。

现在要求根据数据文件 data.xlsx 训练一个用于产出物 COD 预测的机器学习模型，同时分析正常运行时产出物 VFA 的合理区间并设置预警值。当 VFA 超出该预警值时，自动报警，以停止反应器的运行。

18.3　数据读取与预处理

如图 18.2 所示，数据集中存在大量的缺失数据，如当地最高气温、当地最低气温，存在非常多的缺失项。如果将这些数据按行删除，则信息的损失量太大。

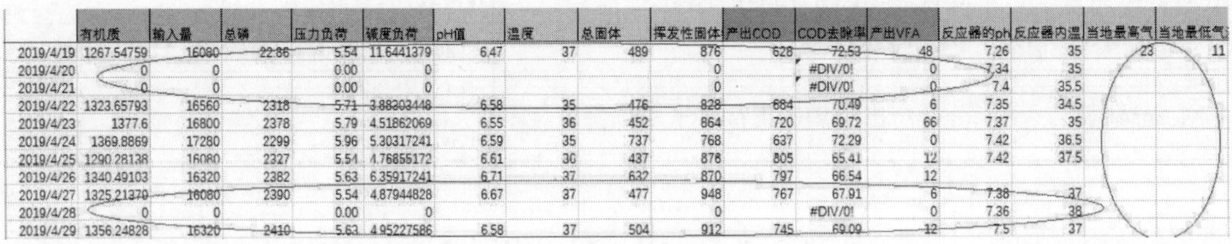

	有机质	输入量	总磷	压力负荷	碱度负荷	pH值	温度	总固体	挥发性固体	产出COD	COD去除率	产出VFA	反应器的pH	反应器内温	当地最高气	当地最低气
2019/4/19	1267.54759	16080	22.86	5.54	11.6441379	6.47	37	489	876	628	72.53	48	7.26	35		
2019/4/20	0			0.00						0	#DIV/0!		7.34	35	23	11
2019/4/21	0			0.00						0	#DIV/0!		7.4	35.5		
2019/4/22	1323.65793	16560	2318	5.71	3.88203448	6.58	35	476	828	684	70.49	6	7.35	34.5		
2019/4/23	1377.6	16800	2378	5.79	4.51862069	6.55	36	452	720	720	69.72	66	7.37	35		
2019/4/24	1369.8869	17280	2299	5.96	5.30317241	6.59	35	737	768	637	72.29	0	7.42	36.5		
2019/4/25	1290.28138	16080	2327	5.54	4.76855172	6.61	30	437	876	805	65.41	12	7.42	37.5		
2019/4/26	1340.49103	16320	2382	5.63	6.35917241	6.71	37	632	870	797	66.54	12				
2019/4/27	1325.21370	16080	2390	5.54	4.87944828	6.67	37	477	948	767	67.91	6	7.38	37		
2019/4/28	0			0.00						0	#DIV/0!		7.36	38		
2019/4/29	1356.24826	16320	2410	5.63	4.95227586	6.58	37	504	912	745	69.09	12	7.5	37		

图 18.2　部分数据展示

由于当地的最低和最高气温与日期密切相关，所以可以考虑使用一元函数拟合一个简单的机器学习模型，再用模型的预测值填补缺失数据。至于其他缺失项，由于缺失数量相对较少并且很难找到相关的特征来训练子模型，如果用平均值、中值等统计量来代替，则会对模型的精度产生较大的影响。因此，在填补完当地最高、最低气温后，对于其他缺失数据，可以将其按行删除。

为了训练出子模型，首先需要将时间用一个整数的时间序列 $n \in [1, 365]$ 表示，代码如下。

代码文件：load_dataset.py

```
import warnings
warnings.filterwarnings('ignore')            #忽略 warning 信息
import pandas as pd
#以 Dataframe 的形式读入数据集
waste_df = pd.read_excel(r'../datasets/data.xlsx')
def replace_n(df):
    time = df.iloc[:,0]                       #将数据集的第一列提取出来
    n = 362                #由于数据是从 12 月 28 日开始，所以应该将 n 设置为从 362 开始
    for i in range(0,len(df)):
        time[i] = n                           #将时间转换为整数序列
        n += 1
        if n == 366:      #如果 n 为 365，即满一年时，从头开始计数（忽略闰年）
            n = 1
    return df                                 #返回修改后的数据集
waste_df = replace_n(waste_df)                #进行替换
```

然后用 MATLAB 的 cftool 分别找到日期序列与当地最高和最低气温的函数关系，如图 18.3 所示，可以得到当地最高、最低气温，与日期序列的一元模型，并得出两个模型的 R 方分别为 0.835 和 0.850，模型的表达式为：

$$y_1 = -0.0009973x^2 + 0.3388x + 1.429$$

$$y_2 = -0.0009563x^2 + 0.3405x - 10.85$$

其中，自变量 x 为日期序列， y_1 和 y_2 分别为当地最高气温和最低气温。

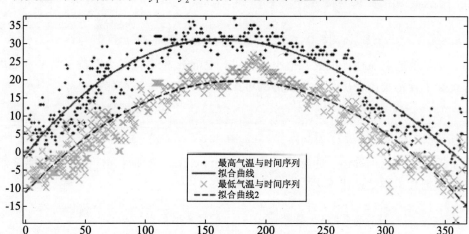

图 18.3　拟合曲线与实际数据点

由于一元模型的拟合优度较高，于是对当地气温的缺失数据可以用上述模型进行预测并将预测值填入缺失项，代码如下。

```
def tmp_replace(df):
    low_tmp = df.iloc[:,16]                      #提取当地最低气温
    high_tmp = df.iloc[:,15]                     #提取当地最高气温
    #得到缺失值索引
    nan_idx = low_tmp[low_tmp[:]!=low_tmp[:]].index.tolist()
    n = df.iloc[:,0]                             #获取时间序列
    def sub_model(x):                           #使用模型预测值替换缺失值
        y1 = -0.0009973*x**2+0.3388*x+1.429     #子模型
        y2 = -0.0009563*x**2+0.3405*x-10.85
        return y1,y2
    high_tmp.iloc[nan_idx],low_tmp.iloc[nan_idx] =
sub_model(n.iloc[nan_idx])
    #使用子模型的预测值替换数据的缺失值
    return df
waste_df = tmp_replace(waste_df)
```

对于其他缺失特征，由于无法找到它们的相关特征且其缺失数较少，因此可以直接考虑按行删除。

```
waste_df = waste_df.dropna()                    #按行删除其余特征项的缺失值
```

由于数据中或多或少存在异常值，但却无法准确预估异常个体占总样本的比例，因此这里使用 LOF 法进行异常值检测。同时，考虑到样本中的各个特征，它们的量纲、取值差异均很大，因此需要进行 Zscore 标准化后再检测异常值。之后将异常数据同样按行删除，代码如下。

```
from sklearn.preprocessing import StandardScaler
scaler = StandardScaler()
data_zscore = scaler.fit_transform(waste_df)    #进行 Zscore 标准化
from sklearn.neighbors import LocalOutlierFactor #导入 LOF 模块
lof = LocalOutlierFactor(n_neighbors=3)  #进行 LOF 异常值检验，设置近邻个数为 3
#输出异常标签，其中，1 代表正常，-1 代表异常个体
labels = lof.fit_predict(data_zscore)
```

```
waste_df['是否异常'] = labels                    #添加新的列，用于删除异常个体
#按行删除异常个体
waste_df = waste_df.drop(waste_df.loc[waste_df['是否异常']==-1].index)
waste_df = waste_df.drop(['是否异常'],axis=1)      #释放该列
```

由于异常值的取值往往很大或很小，在进行 Zscore 标准化时会影响正常特征的取值，因此在剔除了异常个体之后，还需要再次对数据进行 Zscore 标准化：

```
col_name = waste_df.columns.values.tolist()      #提取列名
data_zscore_again = scaler.fit_transform(waste_df)      #再次进行标准化
waste_df = pd.DataFrame(data=data_zscore_again,columns=col_name)
```

为了提高代码的可读性，通常将 load_dataset.py 作为总项目文件的一个模块来使用。因此，可以把数据预处理代码集成在一个函数中：

```
def data_generate():
    #以 Dataframe 的形式读入数据集
    waste_df = pd.read_excel(r'../datasets/data.xlsx')
    waste_df = replace_n(waste_df)
    waste_df = tmp_replace(waste_df)
    waste_df = waste_df.dropna()                        #按行删除
    from sklearn.preprocessing import StandardScaler
    scaler = StandardScaler()
    data_zscore = scaler.fit_transform(waste_df)        #进行 Zscore 标准化
    from sklearn.neighbors import LocalOutlierFactor          #导入 LOF 模块
    #进行 LOF 异常值检验，设置近邻个数为 3
    lof = LocalOutlierFactor(n_neighbors=3)
    #输出异常标签，其中，1 代表正常，-1 代表异常个体
    labels = lof.fit_predict(data_zscore)
    waste_df['是否异常'] = labels                        #添加新的列，用于删除异常个体
    #按行删除异常个体
    waste_df = waste_df.drop(waste_df.loc[waste_df['是否异常']==-1].index)
    waste_df_before = waste_df.copy()                    #复制一份未标准化的数据
    waste_df = waste_df.drop(['是否异常'],axis=1)        #释放该列
    col_name = waste_df.columns.values.tolist()          #提取列名
    data_zscore_again = scaler.fit_transform(waste_df)        #再次进行标准化
    waste_df = pd.DataFrame(data=data_zscore_again,columns=col_name)
    return waste_df,waste_df_before
```

这里将删除异常个体后、进行 Zscore 标准化之前的数据另外复制一份并传递给变量 waste_df_before。waste_df_before 主要用在 VFA 异常值分析部分。

考虑到输入的特征个数很多，而样本容量不大，为了解决维度灾难问题，需要根据相关系数进行特征过滤，代码如下。

代码文件：data_prepro.py

```
from load_dataset import data_generate
import numpy as np
import matplotlib.pyplot as plt
waste_df,_ = data_generate()                        #导入数据集
y = waste_df['产出 COD']                             #提出因变量
X = waste_df.iloc[:,[1,2,3,4,5,6,7,8,9,13,14,15,16]]    #提取出输入特征
corr_matrix = X.corr().abs()                        #求出相关矩阵
upper = corr_matrix.where(np.triu(np.ones(corr_matrix.shape),k=1).
astype(np.bool))                                     #提取相关系数矩阵的上三角
```

在变量窗口查看相关系数矩阵的上三角，如图 18.4 所示。可以看出，没有一个特征与其他特征的相关性很高，因此无法进行特征过滤。

Index	有机质	输入量	总磷	压力负荷	碱度负荷	pH	温度	总固体	挥发性固体物	反应器的pH	反应器内温度	当地最高气温	当地最低气温
有机质	nan	0.817	0.087	0.817	0.264	0.0711	0.523	0.148	0.188	0.138	0.505	0.362	0.341
输入量	nan	nan	0.0452	1	0.395	0.0586	0.404	0.0936	0.00113	0.0119	0.371	0.236	0.223
总磷	nan	nan	nan	0.0452	0.0734	0.133	0.391	0.0785	0.0153	0.131	0.404	0.32	0.345
压力负荷	nan	nan	nan	nan	0.395	0.0586	0.404	0.0936	0.00113	0.0119	0.371	0.236	0.223
碱度负荷	nan	nan	nan	nan	nan	0.278	0.0778	0.095	0.312	0.102	0.105	0.282	0.29
pH	nan	nan	nan	nan	nan	nan	0.0108	0.0582	0.124	0.261	0.0211	0.0543	0.0305
温度	nan	nan	nan	nan	nan	nan	nan	0.114	0.0507	0.283	0.958	0.813	0.839
总固体	nan	nan	nan	nan	nan	nan	nan	nan	0.0133	0.0285	0.132	0.0725	0.0904
挥发性固体物	nan	nan	nan	nan	nan	nan	nan	nan	nan	0.234	0.0597	0.059	0.11
反应器的pH	nan	nan	nan	nan	nan	nan	nan	nan	nan	nan	0.345	0.232	0.288
反应器内温度	nan	nan	nan	nan	nan	nan	nan	nan	nan	nan	nan	0.821	0.85
当地最高气温	nan	nan	nan	nan	nan	nan	nan	nan	nan	nan	nan	nan	0.959
当地最低气温	nan	nan	nan	nan	nan	nan	nan	nan	nan	nan	nan	nan	nan

图 18.4　数据特征的相关系数矩阵的三上角（不包括对角元素，对角元素为 1）

由于数据中不存在与所有特征相关性均非常高的特征，因此不能轻易地将特征删除和过滤。为了解决维度灾难的问题，只有考虑进行特征降维。这里使用 PCA 降维法将数据降低至 7 维，代码如下：

```
from sklearn.decomposition import PCA
pca = PCA(n_components=7)                          #指定 d=7 的 PCA 类
X_PCA = pca.fit_transform(X)                       #对输入数据进行 PCA 降维
```

为了查看 PCA 降维的效果，可以画出新特征的贡献与累计贡献，如图 18.5 所示。

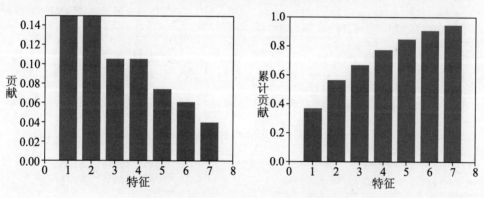

图 18.5　新特征与贡献、累计贡献直方图

从图 18.5 中可以看出，PCA 降维的效果可以接受。至此，数据预处理的工作告一段落。为了提高代码的可读性，可以将上述处理封装成一个函数，从而作为主项目文件的一个模块来使用。

```
"""封装代码"""
def data_generate_final():
    waste_df = data_generate()                     #导入数据集
    y_cod = np.array(waste_df['产出 COD'])          #提出输出因变量
    y_cod_rate = np.array(waste_df['COD 去除率 %'])
    y_vfa = np.array(waste_df['产出 VFA'])
    X = waste_df.iloc[:,[1,2,3,4,5,6,7,8,9,13,14,15,16]]  #提取出输入特征
    pca = PCA(n_components=7)                       #指定 d=7 的 PCA 类
```

```
        X_PCA = pca.fit_transform(X)                    #进行 PCA 降维
        return X_PCA,y_cod,y_cod_rate,y_vfa
```

18.4　参数筛选与模型筛选

本节将在线性回归、KNN 算法、回归决策树、软间隔 SVR、随机森林和 AdaBoost 算法中，找出一个最适合预测产出物 COD 的机器学习模型。很明显，要找到最合适的算法，首先应该筛选模型的参数。在这些算法中，带参数的模型有 KNN 算法、回归决策树、软间隔 SVR、随机森林和 AdaBoost。

18.4.1　参数筛选

首先考虑 KNN 算法、软间隔 SVR 和回归决策树。为了筛选最优参数，这里采用网格寻优法，结合 5 折交叉验证来选择合适的参数。同时，考虑到 MSE、MAE 为大多数模型的风险函数，我们使用 R 方作为评价模型的拟合优度指标[①]。

代码文件：model_sel.py

```
from data_prepro import data_generate_final
X_pca,y_cod,y_cod_rate,y_vfa = data_generate_final()       #导入数据集
"""筛选 KNN 算法最合适的参数 k"""
grid = {'n_neighbors':[3,5,7,9,11]}              #定义参数网格为近邻个数 k
r2_scorer = make_scorer(r2_score)                #用 R 方作为评价模型的指标
grid_search = GridSearchCV(KNeighborsRegressor(),param_grid=grid,cv=5,
scoring=r2_scorer)
grid_search.fit(X_pca,y_cod)                     #进行网格寻优
print(grid_search.best_params_)                  #输出最优的参数对
"""筛选 KNN 算法最合适的参数 k"""
grid = {'n_neighbors':[50,55,60,65,70]}          #定义参数网格为近邻个数 k
r2_scorer = make_scorer(r2_score)                #用 R 方作为评价模型的指标
grid_search = GridSearchCV(KNeighborsRegressor(),param_grid=grid,cv=5,
scoring=r2_scorer)
grid_search.fit(X_pca,y_cod)                     #进行网格寻优
print(grid_search.best_params_)                  #输出最优的参数对
"""筛选最合适的 SVR"""
grid = {'C':[0.4,0.5,0.6,0.7,0.8],
        'epsilon':[1.4,1.5,1.6,1.7,1.8],
        #定义参数网格惩罚参数 C、epsilon 和核函数类型
        'kernel':['linear','rbf','poly']}
grid_search = GridSearchCV(SVR(),param_grid=grid,cv=5,scoring=r2_scorer)
grid_search.fit(X_pca,y_cod)                     #进行网格寻优
print(grid_search.best_params_)                  #输出最优的参数对
"""筛选最合适的决策树"""
grid = {'max_depth':[8,10,12,14,15],
        'ccp_alpha':[0.05,0.055,0.06,0.065]} #定义参数网格为最大树深度和 α _ccp
grid_search = GridSearchCV(DecisionTreeRegressor(),param_grid=grid,cv=5,
scoring=r2_scorer)
```

[①] 这里没有展示导入模块的代码，读者可以参阅代码文件。

```
grid_search.fit(X_pca,y_cod)                       #进行网格寻优
print(grid_search.best_params_)                    #输出最优的参数对
```

运行上述代码，可以得出 KNN 算法的最优参数为 $k=60$；软间隔 SVR 的最优参数 $C=0.4$，$\tilde{\varepsilon}=1.5$，核函数为 RBF；决策树的最佳参数树深度为 15，$\alpha_{\text{ccp}}=0.055$。

可以看到，回归决策树的树深度偏高，鉴于样本容量不大，我们设置随机森林的子决策树的最大树深度为 5。对于 AdaBoost，这里使用线性回归模型作为其子模型。之后结合 5 折交叉验证进行网格寻优，找到两个集成模型的最佳子模型个数，代码如下。

```
"""筛选最合适的随机森林"""
grid = {'n_estimators':[110,115,120,125,130]}      #定义参数网格为子模型数量
grid_search = GridSearchCV(RandomForestRegressor(max_samples=0.67,
max_features=0.33,max_depth=5),param_grid=grid,cv=5,scoring=r2_scorer)
grid_search.fit(X_pca,y_cod)                       #进行网格寻优
print(grid_search.best_params_)                    #输出最优的参数对
"""筛选最合适的 AdaBoost"""
lr = LinearRegression()                            #定义子模型为线性回归
grid = {'n_estimators':[15,20,25,30,35]}           #定义参数网格
grid_search = GridSearchCV(AdaBoostRegressor(base_estimator=lr)
                  ,param_grid=grid,cv=5,scoring=r2_scorer)
grid_search.fit(X_pca,y_cod)                       #进行网格寻优
print(grid_search.best_params_)                    #输出最优的参数对
```

运行上述代码，可得随机森林的最佳子模型个数为 125，AdaBoost 为 25 个。

18.4.2　模型筛选

得到了各模型的最优参数后，还需要用到交叉验证筛选模型。这里使用 5 折交叉验证，分别计算各模型在每则交叉验证中的 R 方 $S_i, i \in (1,2,3,4,5)$，并比较它们的均值 $\bar{S}$，代码如下。

```
"""5 折交叉验证筛选模型"""
"""定义算法，算法中的参数是从网格中搜索出的最优参数"""
lr = LinearRegression()
knn = KNeighborsRegressor(n_neighbors=60)          #k=60 的 KNN 算法
#惩罚参数 C=0.4、epsilon=1.5、核函数为 RBF 的软间隔 SVR
svr = SVR(C=0.4,epsilon=1.5,kernel='rbf')
#剪枝条件为：最大深度=15，α_ccp=0.055 的决策树
dtr = DecisionTreeRegressor(max_depth=15,ccp_alpha=0.055)
rf = RandomForestRegressor(n_estimators=125,max_depth=5,max_samples=0.67,
max_features=0.33)            #子决策树的深度均为 5，包含 125 棵子决策树的随机森林
#将子模型设置为 lr，子模型个数为 25 个，从而构成 AdaBoost 模型
adaboost = AdaBoostRegressor(base_estimator=lr,n_estimators=1000)
"""用 5 折交叉验证，计算所有模型的 Si 并计算其均值"""
#计算线性回归模型的 Si
S_lr_i = cross_val_score(lr,X_pca,y_cod,scoring=r2_scorer,cv=5)
#计算 KNN 模型的 Si
S_knn_i = cross_val_score(knn,X_pca,y_cod,scoring=r2_scorer,cv=5)
#计算 SVR 模型的 Si
S_svr_i = cross_val_score(svr,X_pca,y_cod,scoring=r2_scorer,cv=5)
#计算决策树模型的 Si
S_dtr_i = cross_val_score(dtr, X_pca,y_cod,scoring=r2_scorer,cv=5)
```

```
#计算随机森林模型的 Si
S_rf_i = cross_val_score(rf, X_pca,y_cod,scoring=r2_scorer,cv=5)
#计算 AdaBoost 模型的 Si
S_ada_i = cross_val_score(adaboost,X_pca,y_cod,scoring=r2_scorer,cv=5)
```

运行上述代码，得到各模型的 S_i 和 $\bar{S}$ 如表 18.2 所示。

表 18.2　5 折交叉验证结果

模　　型	S_1	S_2	S_3	S_4	S_5	$\bar{S}$
线性回归	−0.24302	0.173384	−1.4665	−0.2979	−0.68196	−0.5032
KNN	−0.62978	0.080918	−1.46004	−0.02765	−0.64113	−0.53554
软间隔SVR	−0.70666	0.095345	−1.07854	−0.2762	−0.17202	−0.42762
决策树	−0.33479	−0.03892	−1.43814	−0.05033	−0.20742	−0.41392
随机森林	−0.24302	0.173384	−1.4665	−0.2979	−0.68196	−0.5032
AdaBoost	−0.40795	0.142813	−1.41544	−0.36421	−0.691	−0.54716

从表 18.2 中可以看出，以上模型的效果都不尽如人意。因此，我们抛弃上述的所有模型，改用神经网络解决问题。

18.5　神经网络预测产出物 COD

由于上述诸多模型的交叉验证结果都差强人意，所以考虑使用 BP 神经网络实现产出物 COD 的预测。

18.5.1　BP 神经网络

定义网络的隐藏层数为 7 层，并采用比例为 0.15 的节点 Dropout 正则化，网络的具体结构如表 18.3 所示。

表 18.3　BP神经网络的结构

层	节 点 个 数	激 活 函 数	Dropout正则化
输入层	7	无	无
隐藏层	256	Relu	0.15
隐藏层	128	线性函数	0.15
隐藏层	64	Relu	0.15
隐藏层	32	线性函数	0.15
隐藏层	16	Relu	0.15
隐藏层	8	线性函数	无
隐藏层	4	Relu	无
输出层	1	线性函数	无

将数据集按 7∶3 的比例拆分成训练集和测试集，并在训练集中训练 BP 神经网络模型。之后分别计算模型在训练集和测试集中的 R 方，代码如下。

代码文件：using_network.py

```
from data_prepro import data_generate_final
X_pca,y_cod,_,_ = data_generate_final()            #导入数据集
from keras.models import Sequential
import numpy as np
from keras.layers import Dense,Dropout             #导入神经层构造包
from sklearn.model_selection import train_test_split
X_train,X_test,y_train,y_test = train_test_split(X_pca,y_cod,
test_size=0.3,random_state=4)                       #按照 7∶3 的比例拆分数据
ANN = Sequential()                          #定义一个 sequential 类，以便构造神经网络
#构造第一层隐藏层，第一层隐藏层需要设置参数 input_shape，用来设置输入层的神经元个数
ANN.add(Dense(units=256,activation='relu',input_shape=(7,)))
ANN.add(Dropout(0.15))                #节点的 Dropout 正则化，Dropout 比例为 15%
#第二层隐藏层，神经元个数为 128，设置激活函数为线性函数
ANN.add(Dense(units=128,activation='linear'))
ANN.add(Dropout(0.15))
ANN.add(Dense(units=64,activation='relu'))
ANN.add(Dropout(0.15))
ANN.add(Dense(units=32,activation='linear'))
ANN.add(Dropout(0.15))
ANN.add(Dense(units=16,activation='relu'))
ANN.add(Dropout(0.15))
ANN.add(Dense(units=8,activation='linear'))        #隐藏层，无正则化
ANN.add(Dense(units=4,activation='relu'))
ANN.add(Dense(units=1,activation='linear'))        #输出层，激活函数为线性函数
ANN.compile(optimizer='adam',loss='mse',metrics=['mse'])
#使用 adam 作为参数的搜索算法，设置 MSE 作为风险函数
ANN.fit(X_train,y_train,epochs=500,batch_size=None,validation_data=
(X_test,y_test))
#对模型进行训练，最大迭代步数为 500，同时每次迭代用测试集进行一次模型评价
y_train_pred = ANN.predict(X_train)
y_test_pred = ANN.predict(X_test)          #输出模型在训练集和测试集中的预测值
print('模型在训练集中的 R 方为',r2_score(y_train,y_train_pred))
#分别计算模型的 R 方
print('模型在测试集中的 R 方为',r2_score(y_test,y_test_pred))
```

运行上述代码即可训练一个用于预测产出物 COD 的神经网络，得出模型在训练集、测试集中的 R 方分别为 0.94 和 0.23。

很明显，模型存在过拟合的现象，遗憾的是这个现象很难解决。即使使用了节点的 Dropout 正则化，模型依旧存在过拟合问题。通过调整 Dropout 正则化的比例，虽然过拟合问题会略微缓和，但模型却呈现出欠拟合的问题，而且模型在测试集中的拟合优度依然不尽如人意。

18.5.2　集成神经网络

联想到 Bagging 集成模型能够解决过拟合问题，可以考虑将以上神经网络进行 Bagging 集成，从而构建一个子模型为 50 的集成模型，代码如下。

代码文件：network_ensemble.py

```
from data_prepro import data_generate_final
X_pca,y_cod,_,_ = data_generate_final()            #导入数据集
```

```
from keras.models import Sequential
import numpy as np
from keras.layers import Dense,Dropout                    #导入神经层构造包
from sklearn.model_selection import train_test_split
from sklearn.metrics import r2_score
X_train,X_test,y_train,y_test = train_test_split(X_pca,y_cod,
test_size=0.3,random_state=4)                             #按照 7∶3 的比例拆分数据
"""定义神经网络构造函数"""
def create_network():
    ANN = Sequential()                      #定义一个 sequential 类，以便构造神经网络
    #构造第一层隐藏层，第一层隐藏层需要 input_shape，用来设置输入层的神经元个数
    ANN.add(Dense(units=256,activation='relu',input_shape=(7,)))
    ANN.add(Dropout(0.15))                        #节点的 Dropout 正则化，Dropout 比例为 15%
    #第二层隐藏层，神经元个数为 128，设置激活函数为线性函数
    ANN.add(Dense(units=128,activation='linear'))
    ANN.add(Dropout(0.15))
    ANN.add(Dense(units=64,activation='relu'))
    ANN.add(Dropout(0.15))
    ANN.add(Dense(units=32,activation='linear'))
    ANN.add(Dropout(0.15))
    ANN.add(Dense(units=16,activation='relu'))
    ANN.add(Dropout(0.15))
    ANN.add(Dense(units=8,activation='linear'))
    ANN.add(Dense(units=4,activation='relu'))
    ANN.add(Dense(units=1,activation='linear')) #输出层，激活函数为线性函数
    ANN.compile(optimizer='adam',loss='mse')
    return ANN
#使用 adam 作为参数的搜索算法，设置 MSE 作为风险函数
"""集成神经网络模型的搭建、训练与评价"""
from keras.wrappers.scikit_learn import KerasClassifier
from sklearn.metrics import make_scorer,accuracy_score
from sklearn.model_selection import GridSearchCV
from sklearn.ensemble import BaggingRegressor  #导入 Bagging 集成分类器库
ANN = KerasClassifier(build_fn=create_network,epochs=500,batch_size=None)
#以 ANN 为子模型，设置子模型个数为 50 个，新样本占总样本的 0~2/3
bagging = BaggingRegressor(base_estimator=ANN,
                    n_estimators=50,max_samples=0.67)
bagging.fit(X_train,y_train)                    #训练集成模型
y_train_pred = bagging.predict(X_train)
y_test_pred = bagging.predict(X_test)           #计算模型预测值
print('模型在训练集中的 R 方为',r2_score(y_train,y_train_pred))
print('模型在测试集中的 R 方为',r2_score(y_test,y_test_pred))
```

　　运行上述代码，即可训练一个子模型数为 50、子模型为表 18.3 所示的神经网络构成的 Bagging 集成模型。同时，分别计算该模型在训练集和测试集上的 R 方为-4.47 和-3.65。

　　这个结果让人大跌眼镜。可见，即使采用集成学习的方法，还是无法缓解过拟合问题。那么如何解决这个问题呢？这里姑且将其搁置一边，后面将会详细分析出现这个问题的原因与解决办法。

18.6　VFA 正常范围分析

　　由于正常运行时，VFA 应在维持在一定范围内；当 VFA 偏高时，表明厌氧反应有失衡的趋势，如果继续偏高，则反应器 pH 值将上升，使得厨余垃圾的处理效率降低。因此，

我们可以结合反应器 pH、COD 去除率和产出物的 VFA 来分析 VFA 的正常范围和预警值。

考虑到 VFA 偏高时，反应器的 pH 值会上升，并且 COD 去除率会下降，因此可以考虑将个体按产出物的 VFA、反应器 pH 和 COD 去除率进行聚类。根据各个簇的聚类中心，找到 pH 值偏高、COD 去除率偏低的聚类中心，然后根据该聚类中心的 VFA 值和相应簇中个体的 VFA，推断出 VFA 的预警值。

本节将采用 *K*-Means 算法，结合折臂图选择合适的聚类簇数 *k* 对数据集进行聚类。由于聚类算法在计算距离时对特征的量纲十分敏感，因此要对数据进行特征标准化。考虑到进行 Zscore 标准化会将数据中心化，因此这里使用绝对值最大标准化，即式（7.4）的特征标准化方法，代码如下[2]。

代码文件：vfa_analysis.py

```
from load_dataset import data_generate
#导入去除缺失值、异常值和没有经过标准化的数据
_,waste_df_before = data_generate()
#提取 3 个用于聚类的特征
X = waste_df_before[['COD 去除率 %','产出 VFA','反应器的 ph']]
scaler = MaxAbsScaler()                          #进行绝对值最大标准化
X = scaler.fit_transform(X)                      #进行绝对值最大标准化（式（7.4））
```

遍历聚类簇数 $k = 2,3,\cdots,7$，画出 k 与每次聚类的惯量构成的曲线（即折臂图），如图 18.6 所示。

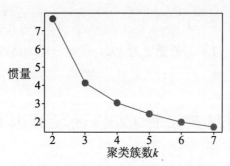

图 18.6 聚类簇数与惯量曲线（折臂图）

根据"拐点"原则，可以选择 *K*-Means 聚类的聚类簇数为 $k = 3$。聚类后，输出聚类中心。由于数据进行了标准化，在得到聚类中心之后，还需要对聚类中心进行逆标准化，从而观察出正常和异常的 VFA 值，代码如下。

```
"""折臂图 18.6 的代码"""
plt.rcParams['font.sans-serif']=['SimHei']       #画图时显示中文字体
plt.rcParams['axes.unicode_minus'] = False
kvals = np.arange(2,8)                            #遍历 k=2：7
inertias = []
for k in kvals:                                  #对每个 k 进行 K-Means 聚类，同时计算惯量
    km = KMeans(n_clusters=k)
    km.fit(X)
    inertias.append(km.inertia_)     #计算本次 K-Means 聚类的惯量
plt.plot(kvals,inertias,'o-',linewidth=3,markersize=12)       #画出折臂图
```

---

② 这里省略了导入模块的代码，读者可以参阅代码文件查看相关模块的导入。

```
plt.xlabel('聚类簇数 k',fontsize=16)                    #设置坐标轴名称
plt.ylabel('惯量',fontsize=16)
km = KMeans(n_clusters=3)                             #进行 k=3 的 K-Means 聚类
km.fit(X)
print(km.cluster_centers_)                           #输出 K-Means 聚类的聚类中心
X_centers = km.cluster_centers_                      #聚类中心
#对聚类中心进行逆标准化并输出结果
print('逆转换后，聚类中心的值',scaler.inverse_transform(X_centers))
```

运行上述代码，可得聚类中心和逆标准化的聚类中心如下：

```
[[0.86914501 0.09727751 0.9446214 ]
 [0.79967429 0.81368482 0.96217379]
 [0.84082219 0.26976012 0.93484961]]
逆标准化后聚类中心的值：
 [[ 66.46403     31.167713     7.4341704 ]
 [ 61.15156358 260.70461538   7.57230769]
 [ 64.29816751  86.43114187   7.35726644]]
```

可以看到当 VFA 达到 260 时，COD 去除率较低、反应器 pH 值偏高。至于另外两个聚类中心，可以发现其 VFA 皆较低，但它们的 COD 去除率较高、反应器 pH 值较低。因此可以分析出，产出物的 VFA 的正常范围应该为[0,100]，当超过 260 时就应该及时预警。当然，为了找到适当的预警值，我们可以查看属于第二簇（即 VFA 失常的簇）的个体中，VFA 的最低值代码如下：

```
X_belong_2=scaler.inverse_transform(X[km.labels_==1]) #找到属于第二簇的个体
print('最低 VFA',np.min(X_belong_2[:,1]))   #输出属于第二簇的个体中 VFA 的最低值
```

得出第二簇的个体中 VFA 的最低值为 192。保留一定的裕度，可以考虑设置产出物的 VFA=150 作为预警值。

18.7　预测产出物 COD 的挑战与解决方法

在预测产出物 COD 时，无论机器学习模型还是神经网络，其效果都乏善可陈。这是为什么呢？主要原因是反应器的状态与上一次或者之前的工作过程有关。由于在垃圾处理过程中，反应器是"不停机"运行的，因此上一次垃圾处理的残渣也会对当前的处理产生影响。例如，由于厌氧处理是依靠厌氧细菌的发酵进行的，因此上一次处理是否对厌氧细菌的生存产生影响也会造成本次处理的效果偏高或偏低。

正是由于这种数据的时序性，才导致普通的机器学习模型效果欠佳。而 BP 神经网络不是过拟合就是欠拟合，也是数据之间的时序性造成的。总体来说，模型的静态、与数据的时序性之间的不契合，导致模型永远无法恰拟合。

那么该如何预测产出物 COD 呢？一种方法是采用反馈型神经网络，如 Elman 网络和 NARX 网络。反馈型神经网络的特点是在隐藏层的输出中通过增加一层承接层，依靠承接层的延迟与存储，自联到隐藏层的输入、输出中。这种自联方式使得隐藏层对历史数据比较敏感，从而提高了网络学习时序数据、处理动态信息的能力。

鉴于神经网络不是本书的重点，因此这里只是简单介绍，希望读者不要止步，带着问题继续深度学习的征程！

附录 A   Python 语言基础知识

本书的代码基本上是用 Python 语言实现的，要读懂本书，需要读者掌握一些 Python 的基础知识。不过，零基础的读者也不必担心，本书的代码都是比较简单的，并且 Python 语言也是一个极其简单、易于理解的高级语言。但是为了更好地学习和读懂本书，下面简单介绍 Python 的一些基本概念和编程方法。

A.1   注　　释

代码注释有利于提高代码的可读性，帮助人们理解代码。在 Python 中，井号（#）后面的内容为单行注释，三个双引号（"""）里面的内容为注释块。例如：

```
"""这是注释代码块，注释参与代码的运行，用于提高代码的可读性"""
1+1                              #这是单行注释，用于解释本行代码的内容
```

☎提示：在 MATLAB 中，百分号（%）后面的内容为单行注释。

A.2   导　入　模　块

Python 之所以功能强大，在于其具有丰富的第三方模块，如 NumPy、Pandas、SciPy 和 Matplotlib 等。要使用模块中的函数和类等，需要先导入所在的模块，方法如下：

```
import numpy                    #导入 NumPy 模块
```

假设要用到 NumPy 模块中的 mean 函数，则需要在前面加上前缀 numpy：

```
numpy.mean.__doc__             #查看 NumPy 模块中，函数 mean 的帮助文档
```

如果觉得每次使用 mean 函数都需要加前缀很麻烦，则可以将 NumPy 模块更名，从而简化前缀的拼写：

```
import numpy as np
np.mean.__doc__
```

一些常用的更名有 pandas→pd，matplotlib.pyplot→plt 等。

如果不想在 mean 前加前缀，也可以用 from xxx import xxx 导入特定的函数：

```
from numpy import mean          #从 NumPy 模块中导入 mean 函数
mean.__doc__
```

也可以用通配符*导入 NumPy 中所有的函数：

```
from numpy import *
mean.__doc__
```

通过*导入所有的模块，虽然能够免除拼写前缀的麻烦，但是却会造成歧义。如果导入的其他模块中也包含 mean 函数，就会出现错误。

A.3 常用的数据结构

在 Python 中，常见的数据结构有字符串、列表、元组、集合和字典。区别于其他高级语言，字符串可以进行某些算术运算：

```
>>> 'zhuo'+'zhuo'+'zhuo'
zhuozhuozhuo
>>> 'zhuo'*3
zhuozhuozhuo
```

因此，字符串的加法是将字符串拼接，乘法是重复多遍后拼接。字符串的一个重点用法是格式字符串，格式字符串的概念和用法与 C 语言类似，用%作为格式化标志，例如：

```
>>>'Invented by%s, pi equals to %f ' %('Zu Chongzhi',3.1415)
'Invented byZu Chongzhi, pi equals to 3.141500'
```

列表与 C 语言的数组类似，其索引位置也是从 0 开始的。但是 Python 中的列表可以存放不同类型的数据。

```
>>> l = ['py','thon',1,['a',10]]
>>> l
['py', 'thon', 1, ['a', 10]]
>>> l[1]
'thon'
>>> l[3]
['a', 10]
```

元组相当于加了"紧箍咒"的列表，它具备列表的所有属性，但不能任意修改、删除元组中的元素。

```
>>> t = ('py','thon',1,['a',10])
>>> t
('py', 'thon', 1, ['a', 10])
>>> t[1] = 0                              #企图修改元组中的元素，弹出错误
Traceback (most recent call last):
  File "<pyshell#31>", line 1, in <module>
    t[1] = 0
TypeError: 'tuple' object does not support item assignment]
```

在 Python 中，集合这个数据结构与数学定义相同，它可以进行交集、差集和并集运算，并且集合中的所有元素不能重复。在定义集合时，如果发现重复的元素出现，则 Python 会自动将重复元素删除，仅保留其中的一个元素。

```
>>> s1 = set(['zhuo','python','C','C'])
>>> s2 = set(['zhuo','D','C'])
>>> s1 & s2                              #交集
{'zhuo', 'C'}
>>> s1 | s2                              #并集
```

```
{'D', 'zhuo', 'C', 'python'}
>>> s1 - s2                                          #差集
{'python'}
>>> s2 - s1
{'D'}
```

字典是一个由键值对构成的乱序数组集合，它只能通过键来访问键值对的值。

```
# 在'name':'zhuoo'中，分号前的'name'为键，分号后为值
>>> dic = {'name':'zhuoo','habit':'write'}
>>> dic['name']                                      #通过键访问相应的值
'zhuoo'
```

除了 Python 内置的数据结构之外，本书也经常使用第三方模块的数据结构，如
numpy.array 和 pandas.dataframe。Python 虽然提供了列表这一数据结构，但是由于列表的
内容可以是不同类型的元素，因此列表中保存了所有元素的指针。于是，创建一个包含 3
个变量的列表，就需要存储 3 个指针。这对于数字运算来说明显是不够高效的。而
numpy.array 的引入，有效地解决了这个问题。

在使用 numpy.array 格式之前，需要导入 NumPy 模块。创建一个 numpy.array 格式的
数据可以通过函数 array 来实现，而且可以通过调整参数 dtype 改变数据类型：

```
>>> array_np = np.array([[1,2],[3,4]],dtype=np.int8)
>>> array_np
array([[1, 2],
       [3, 4]], dtype=int8)
```

numpy.array 一般通过索引进行遍历，与列表类似，索引是以 0 开始的。

```
>>> array_np[1,1]
4
```

另一个强大的数据结构是 Pandas 模块的 dataframe，该数据结构几乎与 Excel 表一样直
观。dataframe 可以用 Pandas 的 DataFrame 函数创建，并根据索引或列名访问 dataframe 中
的元素。

```
>>> import pandas as pd
>>> df = pd.DataFrame({'col0':[1,2,3], 'col1':[4,5,6]})   #创建一个 dataframe
>>> df
   col0  col1
0    1     4
1    2     5
2    3     6
>>> df.iloc[:,1]                                     #获取第二列的所有元素
0    4
1    5
2    6
Name: col1, dtype: int64
>>> df['col0']                                       #通过列名访问 dataframe 的元素
0    1
1    2
2    3
Name: col0, dtype: int64
>>> df['col0'][0]                                    #范围为第一列第一行
1
```

A.4　结构表达式

与常见的高级语言不同，Python 一般用缩进的形式表示代码块，而不用花括号{}。另外，在 Python 中，随意缩进会使得程序报错并无法运行。因此，如果使用 Python 进行编程，务必要注意代码的整洁。

结构表达式通常包括条件表达式、循环表达式等。条件表达式的构成如下：

```
a = 100
if a > 10:
    #代码块用缩进表示，如果满足 a>10，则运行缩进内的代码
    print('a 大于 10，将 a 改为 0')
    a = 0
elif a>20:
    print('a 大于 20')
else:
    print('a 小于等于 10')
```

运行上述代码，将输出 "a 大于 10，将 a 改为 0"。可以看出，条件表达式是顺序执行且只满足某个条件，执行完相应的代码块之后就立即返回。

至于循环表达式，由于在本书的代码中没有用到 while 循环，因此这里仅介绍 for 循环的用法。for 循环能够遍历列表、集合、字典、numpy.array 和 pandas.dataframe 等，用法如下：

```
for i in l:            #遍历列表 l，列表 l 的定义见前面的内容
    print(i)           #输出列表的所有元素
```

运行上述代码，输出如下：

```
py
thon
1
['a', 10]
```

A.5　自定义函数

对于一些常用的操作，人们经常将其封装成一个函数，以便重复利用。在 Python 中，使用 def 关键字定义函数，使用 return 关键字指定返回值。区别于 C 语言和其他高级语言，Python 函数的返回值可以是多个。

```
def fun(x):            #x 为输入参数
    x = x+1
    y = 2*x**2         #**为幂运算，这里的运算指的是 2x 的平方
    return x,y
```

直接设置 result1,result2 = fun(x)即可使用函数，如果不想输出所有返回值，可以用下画线代替某个返回值，例如：

```
_,y = fun(2)           #得到变量 y=8
x,_ = fun(2)           #得到变量 x=3
```

A.6　模块化编程

在 Python 中，可以直接在控制台上输入代码。每输入一行代码，Python 解释器就会直接输出结果。但是在控制台上输入代码也存在缺点，如果代码需要修改，则需要将所有的代码重新输入一遍，这会带来很大的麻烦。因此，用 Python 进行编程时，通常先新建一个.py 文件，在文件中编写代码然后运行该文件。当然，控制台也有其用处，在测试某个函数的功能时，就可以用控制台编程。

另外，如果工程较大，在一个代码文件中实现所有的功能是很困难的，而且单一文件编程的麻烦还不止于此。例如，单一代码文件难以实现编程工作的分工；再如，单一代码文件无疑增加了阅读的难度，并使得代码难以维护。因此，通常将实现某个功能的代码集成为一个函数或类，并写在某个.py 文件中作为总项目文件的一个模块导入使用。下面结合一个小例子，介绍模块化编程的用法和注意点。

首先编辑一个 .py 文件。

代码文件：test_module.py

```
PI = 3.14
print('pi 的大小为',PI)
def circle_area(r):                    #定义一个能够计算圆面积的函数
    area = PI*r**2
    return area
print('半径为 2 的圆的面积为：',circle_area(2))
```

运行上述代码文件，输出如下：

```
pi 的大小为 3.14
半径为 2 的圆的面积为： 12.56
```

编辑另外一个.py 文件（文件所在路径与 test_module.py 相同），并导入 test_module.py 的 circle_area 函数。

代码文件：caclu.py

```
#从 test_module.py 文件（模块）中导入面积函数
from test_module import circle_area
print('半径为 3 的圆的面积为：',circle_area(3))
```

运行上述代码文件，输出如下：

```
pi 的大小为 3.14
半径为 2 的圆的面积为： 12.56
半径为 3 的圆的面积为： 28.26
```

可以看到，运行代码文件 caclu.py 时，将 test_module.py 文件也执行了一遍。因此，为了解决这个问题，需要修改文件 test_module.py，将部分代码集成到主函数入口处。

代码文件：test_module.py

```
PI = 3.14
def circle_area(r):                    #定义一个能够计算圆面积的函数
    area = PI*r**2
```

```
        return area
    if __name__ == '__main__':                    # 主函数入口
        print('半径为 2 的圆的面积为: ',circle_area(2))
        print('pi 的大小为',PI)
```

再次运行 caclu.py 文件，就不会输出多余的结果。也就是说，当 test_module.py 作为一个模块导入时，"if __name__ == '__main__':"内的子代码块是不会被运行的。

通过这样创建子文件，在子文件中编程，从而自下而上地构建代码，进而汇总成一个总项目文件，这就是模块化编程的方法。

附录 B　模型的保存与导入

在用 Sklearn 或 Keras 训练完模型后，如果模型效果很好，可以将模型保存到文件中。下次使用时，只要将文件导入 Python 即可。

B.1　保存与导入 Sklearn 模型

在本书中，几乎所有的机器学习模型都是用 Sklearn 实现的。在训练完模型后，可以用 sklearn.externals.joblib 模块保存和读取模型。通过函数 dump 可以将模型以 pickle 文件保存在指定路径中，并通过函数 load 读取 pickle 文件、导入模型。

示例代码：save_skl_model.py

```python
from sklearn.externals.joblib import dump,load
from sklearn.datasets import load_iris
from sklearn.linear_model import LogisticRegression
X,y = load_iris(return_X_y=True)              #导入数据集
lg = LogisticRegression()                     #定义模型
log.fit(X,y)                                   #训练模型
"""将模型 lg 保存到 pickle 文件中"""
dump(lg,'model.pkl')                           #将模型保存到代码所在的文件夹中
"""从 pickle 文件中导入模型"""
model = load('model.pkl')                      #从 model.pkl 文件中导入模型
```

B.2　保存与导入 Keras 模型

本书中的神经网络模型都是用 Keras 模块实现的。Keras 模块可以与 sklearn 模块交互（见 12.2.4 节），从而将 Keras 模型存储在 pickle 文件中。当然，Keras 模块本身也提供了保存模型的方法。通过函数 save 可以将训练好的神经网络模型以 HDF5 文件形式保存。通过 keras.models 模块的 load_model 函数可以读取 HDF5 文件，将模型导入 Python 中。

示例代码：save_keras_model.py

```python
from keras.models import Sequential
from keras.layers import Dense,Activation       #导入神经层构造包
from keras.utils import to_categorical          #导入 one-hot 编码方法
from sklearn.datasets import load_boston
from keras.models import load_model
X,y = load_boston(return_X_y=True)
ANN = Sequential()                              #定义一个 sequential 类，以便构造神经网络
```

```
#构造第一层隐藏层，第一层隐藏层需要 input_shape，用来设置输入层的神经元个数
ANN.add(Dense(units=64,activation='relu',input_shape=(len(X[1,:]),)))
ANN.add(Dense(units=1,activation='linear'))        #输出层，units 即节点个数
#使用 adam 作为参数的搜索算法，设置交叉熵作为风险函数（极大似然法），同时使用精确度作为
#度量模型拟合优度的指标
ANN.compile(optimizer='adam',loss='mse')
ANN.fit(X,y,epochs=100,batch_size=50)
#对模型进行训练，最大迭代步数为 100，随机搜索算法的 mini-batch 为 50
ANN.save('model.h5')                               #保存模型为 model.h5 文件
model = load_model("model.h5")                     #读取 model.h5 文件并导入模型
```

save 函数不仅可以保存训练好的模型，还可以将训练到一半的模型保存在 HDF5 文件中，并在读取 HDF5 文件、导入模型之后，继续模型的训练。